数学名著译丛

数　学

——它的内容，方法和意义

第二卷

〔俄〕A.D.亚历山大洛夫　等　著

秦元勋　王光寅　等　译

科学出版社

北　京

图字:01-2000-2677 号

内 容 简 介

本书是前苏联著名数学家为普及数学而撰写的一部名著,用极其通俗的语言介绍了数学各个分支的主要内容,历史发展及其在自然科学和工程技术中的应用。本书内容精练,由浅入深,只要具备高中数学知识就能阅读。全书共 20 章,分三卷出版。每一章介绍一个分支,本卷是第二卷,内容包括:微分方程、变分法、复变函数、数论、概率论、函数逼近论、计算方法和计算机科学等内容.

本书适于高等院校理工科师生、普通高中师生、工程技术人员和数学爱好者阅读。

Originally published in Russian under the title"Mathematics, Its Essence, Methods and Role"by A. D. Aleksandrov.

Copyright © 1956, Publishers of the USSR Academy of Sciences, Moscow. All rights reserved.

图书在版编目(CIP)数据

数学——它的内容,方法和意义(第 2 卷)/(俄罗斯)亚历山大洛夫等著;秦元勋等译. ——北京:科学出版社,2001

(数学名著译丛)

ISBN 978-7-03-009597-8

Ⅰ. 数… Ⅱ. ①亚… ②秦… Ⅲ. 数学 Ⅳ. O1

中国版本图书馆 CIP 数据核字(2001)第 044594 号

责任编辑:林 鹏 刘嘉善/责任校对:陈玉凤
责任印制:霍 兵 /封面设计:张 放

科学出版社出版
北京东黄城根北街 16 号
邮政编码:100717
http://www.sciencep.com

三河市骏杰印刷有限公司印刷
科学出版社发行 各地新华书店经销

*

2001 年 11 月第 一 版 开本:850×1168 1/32
2024 年 5 月第二十三次印刷 印张:12 7/8
字数:340 000

定价:49.00 元
(如有印装质量问题,我社负责调换)

目　　录

第 二 卷

第五章　常微分方程

§1.　绪　论

微分方程的例子　在前几章中我们所遇到的方程主要是求某几个量的数值．例如在求函数的极大值和极小值时，我们需要解方程去求函数的变化率为零的点；又如在第四章（第一卷）中研究求多项式的根的问题等等．所有这些情形都是在求个别的数值．但是在数学的应用中，时常遇到性质上完全新的问题，在这类问题中，函数本身是未知的，一些变量对另一些变量的依存规律本身是未知的．例如研究物体的冷却过程，我们要确定它的温度如何随时间而变化；在决定行星或星球的运动时，我们要决定它的坐标与时间的依存关系等等．

对于所要找的未知函数，我们时常可以作出它的方程，这类方程称为泛函方程，一般说，泛函方程的性质可以是各种各样的（研究稳函数的问题可以说是我们已经遇到过的最简单最原始的泛函方程）．

在第五、六及八章中，将研究未知函数的寻求问题．在这一章及下章中要研究未知函数的方程中最重要的方程，即所谓**微分方程**．从这个名称就可以知道，这个方程中不只出现函数本身，而且还出现它的某些阶的微商．

下面的等式可以作为微分方程的例子：

$$\frac{dx}{dt}+P(t)x=Q(t), \qquad \frac{d^2x}{dt^2}+m^2x=A\sin\omega t$$

$$\frac{d^2x}{dt^2}=tx, \quad \frac{\partial u}{\partial t}=\frac{\partial^2 u}{\partial x^2}, \quad \frac{\partial^2 u}{\partial t^2}=\frac{\partial^2 u}{\partial x^2},$$

$$\frac{\partial^2 u}{\partial x^2}+\frac{\partial^2 u}{\partial y^2}=0. \tag{1}$$

前面三个方程用 x 记作未知函数,而 t 记作独立变数;后面三个方程用 u 记作未知函数,这些函数依赖于两个变数 x 与 t 或 x 与 y.

对于数学,特别是对于数学的应用,微分方程所具有的重大意义主要是在于:很多物理问题与技术问题的研究可以化归为这类方程的求解问题.

电子计算机及无线电装置的计算,弹道的计算,飞机在飞行中稳定性的研究,或者化学反应过程的稳定性的研究,所有这些都可以化为微分方程求解的问题来进行.

某些物理现象所服从的物理规律可用微分方程表现出来,而这些微分方程则是这些规律的准确的量的(数值的)表示的工具,这种情形是经常最易遇到的. 读者在下一章中将会看到,例如用微分方程之形式表示出质量守恒定律与热能守恒定律.借助于微分方程,牛顿所发现的力学规律可以用来研究所有力学系统的运动.

我们用简单的例子来说明这一点.设所研究的质点具有质量 m,在 Ox 轴上运动,在时间 t 它的坐标用 x 来表示.

当质点运动时,它的坐标 x 也在随时间而变化,而要知道质点的运动也即是要知道 x 对于时间 t 的函数依存关系.设运动是在力 F 作用下进行的,又设力 F 是与用坐标 x 所定义的质点的位置,与运动的速度 $v = \dfrac{dx}{dt}$ 及与时间 t 有关的,即是 $F = F\left(x, \dfrac{dx}{dt}, t\right)$. 依照力学规律,作用于质点上的力 F 将引起运动的加速度 $w = \dfrac{d^2 x}{dt^2}$,使得质点的质量 m 乘这个加速度确切地等于作用力的大小,也即是,在运动的任何时间,等式

$$m \frac{d^2 x}{dt^2} = F\left(x \cdot \frac{dx}{dt}, \ t\right) \tag{2}$$

是应该满足的.

这便是描述质点运动过程的函数 $x(t)$ 所应满足的微分方程式.它是上述力学规律的简单的描述.它的意义在于可以把决定

质点运动的力学问题化为微分方程求解的数学问题.

下面读者可以找到其他的例子，说明各种不同的物理过程的研究如何可以化为微分方程的研究.

微分方程理论在十七世纪的末年开始发展起来，差不多是与微分及积分的计算同时产生的. 现在微分方程已经成为研究自然现象的强有力的工具. 在力学、天文学、物理学及技术科学中借助于微分方程已经取得了巨大的成就. 牛顿研究天体运动的微分方程, 从理论上得到行星运动规律, 而这些规律原来只是由凯普勒实验中得到的. 勒未累在 1846 年预言海王星的存在, 并在这个微分方程数值分析的基础上, 决定海王星在天空中的位置.

为了说明微分方程理论的一般特点, 首先要指出, 一般说来, 每一个微分方程不只有一个解而是有无限多个解, 而是有无限多个函数满足这个方程. 例如, 在前面所说的力学例子中, 不论开始时质点所在的位置如何以及开始时的速度如何, 只要在同样的函数 $F\left(x, \dfrac{dx}{dt}, t\right)$ 所表示的力作用下, 所有的运动都必须满足前述的质点运动的方程, 对应于每个运动有一个 x 对时间 t 的依存关系. 因为在力 F 作用下的运动可以有无限多个, 微分方程 (2) 也将有无限多个解.

一般说来, 每一个微分方程确定一整族的满足它的函数. 微分方程理论的基本问题是研究满足这个微分方程的函数. 微分方程理论使得有可能充分全面地表达出满足方程的所有函数的性质. 这在自然科学的应用上是特别重要的. 此外, 如果需要计算, 微分方程理论应保证有办法算出函数的数值. 如何做到这些, 下面将会谈到.

如果未知函数只与一个变量有关, 这种微分方程称为**常微分方程**. 而当未知函数与几个变量有关, 方程中又出现未知函数对几个变量的微商, 这种微分方程称为**偏微分方程**. 在(1)中前三个方程是常微分方程, 后三个是偏微分方程.

偏微分方程理论具有本质上与常微分方程理论不同的许多固

有特点. 有关偏微分方程的基本概念将在下一章中述及; 本章中我们只谈到常微分方程.

现在看看下面几个例子.

例1 镭衰变的规律是: 衰变速度与镭所存余的量成比例. 设已知在某一时间 $t=t_0$ 有 R_0 克的镭. 要确定在任何时间 t 镭的量.

设 $R(t)$ 是在时间 t 尚未衰变的镭的量, 衰变速度用量 $-\dfrac{dR}{dt}$ 来计量, 因为速度与 R 成比例, 我们得到

$$-\frac{dR}{dt}=kR, \tag{3}$$

式中 k 是一个常量.

要解决我们的问题便要由方程(3)决定函数 R, 为此, 注意到 $R(t)$ 的倒函数满足方程

$$-\frac{dt}{dR}=\frac{1}{kR}, \tag{4}$$

因为 $\dfrac{dt}{dR}=\dfrac{1}{\dfrac{dR}{dt}}$. 由积分计算知道具有形式

$$t=-\frac{1}{k}\ln R+C$$

的任意函数都满足方程(4), 式中 C 为任意常数. 由此关系, 我们定出 t 的函数 R. 我们有

$$R=e^{-kt+kC}=C_1 e^{-kt}. \tag{5}$$

由方程(3)的所有的解(5)中要提出在 $t=t_0$ 时取 R_0 值的那个解, 如果将 $C_1=R_0 e^{kt_0}$ 代入(5)我们就得到了这个解.

从数学的观点看来, 方程(3)是函数 R 变化的非常简单的规律的描述, 也就是说, 函数 R 的减少速度 $-\dfrac{dR}{dt}$ 与函数 R 本身的值成比例. 不仅在放射性衰变现象中, 而且在许多其他物理现象中, 满足这种函数变化的规律.

例如, 我们在物体冷却的研究中也遇到函数变化的同样的规

律，此时物体中的热量的减少是和物体的温度与其周围介质的温度之差成比例，在许多其他物理过程的研究中，也有这类规律．因此，虽然我们由镭的衰变引出方程(3)，但方程(3)应用的范围比镭的衰变这个特殊问题更有无比的广泛性．

例 2 设具有质量 m 的质点沿水平轴 Ox 运动于有阻力的介质中，例如在液体或气体中，受到依虎克定律作用的两个弹簧的弹性力的影响(图 1)．这个定律即是弹力向平衡位置起作用并与离平衡位置之偏差成比例．设平衡位置在点 $x=0$．则弹性力等于 $-bx(b>0)$．

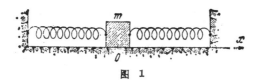

图 1

设介质阻力与运动之速度成比例，即等于 $-a\dfrac{dx}{dt}$，其中 $a>0$，又负号表示介质阻力的方向与运动速度的方向相反．当速度小时，关于介质阻力的这个假设与实验很符合．

基于牛顿定律质点的质量乘其加速度等于加于此质点的力的和，即是

$$m\frac{d^2x}{dt^2}=-bx-a\frac{dx}{dt}. \tag{6}$$

因此，在任何时间 t 表示质点运动位置的函数 $x(t)$ 满足微分方程(6)．我们将在后面的一节中研究这个方程．

如果除了上述各力外，还对质点施以外力 F，则运动的微分方程(6)将采取以下形式：

$$m\frac{d^2x}{dt^2}=-bx-a\frac{dx}{dt}+F. \tag{6'}$$

例 3 数学摆即是一个质量 m 的质点系于一个长度为 l 的线上(图 2)．我们假设在任何时候这个摆都在同一平面上——即图画所在的平面上．作用于质点的重力 mg 是将摆拉回平衡位置

OA 的力. 摆在任何时间 t 的位置可以用它与垂线 OA 相差的角 φ 来确定. 反时钟运动的方向作为 φ 角计算的正方向,设质点由

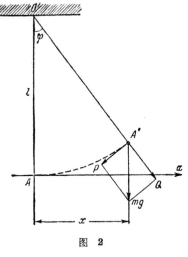

平衡位置 A 所经的道路为弧 $AA'=l\varphi$. 速度 v 将是沿圆的切线方向并将取以下的数值

$$v=l\frac{d\varphi}{dt}.$$

为了作出运动的方程,把重力 mg 分为两个分量 Q 与 P,第一个分量沿着 OA' 半径方向,第二个分量沿着圆周的切线方向. 分量 Q 不会引起速度 v 的数值的改变,因为它与相反方向的拉

图 2

力 OA' 相抵消. 只有分量 P 引起速度 v 的数值的变化. 它总是向着平衡位置 A 起作用,即是当角 φ 为正时,向减小 φ 的方向,当角 φ 为负时,向增加 φ 的方向. P 的数值等于 $-mg\sin\varphi$,因此摆的运动方程是

$$m\frac{dv}{dt}=-mg\sin\varphi$$

或

$$\frac{d^2\varphi}{dt^2}=-\frac{g}{l}\sin\varphi. \tag{7}$$

有趣的是,这个方程的解不能用有限形式表示为初等函数. 甚至就数学摆的振动这类简单的物理过程来说,要想用初等函数来给出它的准确表达式,也已经表示出初等函数所包含的范围是很贫乏的. 后面我们要看到,用初等函数可求解的微分方程是不多的. 常常会有这样的情形,在物理或力学中遇到的一些微分方程的研究迫使我们引入新的函数,对这些函数进行研究,从而将解决应用问题时所用的函数的范围加以扩大.

现在我们只研究摆的微小振动，即当忽视微小的误差后，把 AA' 弧看作它在 Ox 轴上的投影 x，把 φ 代替 $\sin\varphi$ 的情况。则 $\varphi \approx \sin\varphi = \dfrac{x}{l}$ 及摆的运动方程取更简单的形式

$$\frac{d^2x}{dt^2} = -\frac{g}{l} x. \tag{8}$$

下面我们要说明，这个方程可用三角函数来解，由此可能相当准确地描述摆的"微小振动"。

例4 赫尔姆霍尔茨的声学共振器（图3）是由容积为 v 的充满空气的容器 V 和圆柱形的颈部 F 所组成。近似地可将颈部 F 中的空气的质量看作具有质量 m 的柱子，

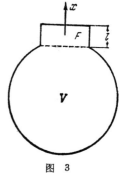

图 3

$$m = \rho s l, \tag{9}$$

式中 ρ 为空气密度，s 为颈部的横截面，l 为其长度。

设空气从平衡位置移动的大小为 x，则具有容积 v 的容器的空气压力由初始压力变化一些，以 Δp 记此变化。

假设压力 p 与体积 v 由绝热变化规律 $pv^k = C$ 相联系。则如果略去高阶的小量，我们得到

$$\Delta p \cdot v^k + pkv^{k-1} \cdot \Delta v = 0$$

及

$$\Delta p = -kp\frac{\Delta v}{v} = -\frac{kps}{v} x. \tag{10}$$

（在我们这种情形 $\Delta v = sx$）。在颈部中空气的运动方程可以写成

$$m\frac{d^2x}{dt^2} = \Delta p \cdot s, \tag{11}$$

式中 $\Delta p \cdot s$ 是在容量中的气体加于颈部中的空气柱的压力。由关系 (10) 及 (11) 我们得到

$$\rho l\frac{d^2x}{dt^2} = -\frac{kps}{v} x, \tag{12}$$

式中 ρ, p, v, l, k, s 都是常数。

例 5　在最简单的振动回路中的电振荡的研究也化为形式 (6) 的方程. 这个回路的图式如图 4 所表示. 这里左边表示电容

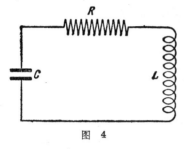

图 4

为 C 的电容器, 它的极板和自感 L 及电阻 R 串联成闭合回路. 设在某一时刻电容器得到一个电位差, 此后其电源即切断. 如果回路中不存在自感, 则电流就流动到电容器内不存在电位差时为止.

当有自感存在时, 则过程便完全两样、在回路中产生电振荡. 为要引出这个振荡的规律, 以 $v(t)$ 或简单地用 v 表示在时间 t 电容器极板上的电位差, 以 $I(t)$ 表示在时间 t 的电流强度, 以 R 表示电阻. 由熟知的物理规律, 在任何时间 $I(t)R$ 均等于全部电动势, 而后者包括电容器极板上电位差所产生的电动势 $-v(t)$ 以及自感电动势 $-L\dfrac{dI}{dt}$. 由此有

$$IR = -v - L\frac{dI}{dt}. \tag{13}$$

以 $Q(t)$ 记在时间 t 电容器上的电量. 则在回路上每时的电流强度等于 $\dfrac{dQ}{dt}$. 电容器极板上的电位差 $v(t)$ 等于 $\dfrac{Q(t)}{C}$. 因此, $I = \dfrac{dQ}{dt} = C\dfrac{dv}{dt}$, 等式 (13) 则改写为

$$LC\frac{d^2v}{dt^2} + RC\frac{dv}{dt} + v = 0. \tag{14}$$

例 6　图 5 中所表示的为电磁振荡的真空管振荡器的线路图, 由电容 C, 电阻 R 及自感 L 所组成的振荡回路作为基本振荡系统. 线圈 L' 及在图 5 中心所示的真空管组成所谓的反馈. 电池 B 是和 L, R, C 相联的能源, k 是真空管的阴极, A 为阳极, S 为栅极. 在这种线路图中, 在 L, R, C 回路中产生"自振". 在所有的实际的系统中, 在振动的过程, 能量必变成热或用其他形式传

到周围的物体上去. 因此, 为要保持振动的驻定状况, 为了保持振幅, 每一个实际的振动系统必须从外面取得能量. 自振与其他振动过程的区别在于, 为了保持这个系统的驻定振动状况, 外扰不必是周期的. 自振系统的装置要有个经常的能源, 在我们的例子中电池 B 保持驻定振动状况. 钟表、电铃、音乐家手中的弦与弓、人的声带及其他例子都是自振系统.

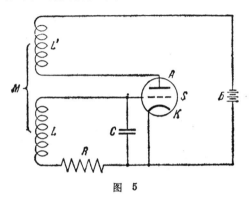

图 5

在 L, R, C 振动回路中的电流强度 $I(t)$ 满足方程

$$L\frac{dI}{dt} + RI + v = M\frac{dI_a}{dt}, \tag{15}$$

式中 $v = v(t)$ 是在时间 t 电容器极板上的电位差, $I_a(t)$ 是通过线圈 L' 之阳极电流; M 是线圈 L 与 L' 之间的互感系数. 方程(15)比方程(13)只多了一项 $M\frac{dI_a}{dt}$.

可设阳极电流 $I_a(t)$ 只和真空管的栅极 S 与阴极之间的电位差有关, 即是忽略了阳极的反作用; 在这个假定下, 这个电位差等于电容器 C 极板上的电位差 $v(t)$. 在图 6 中表示了 I_a 与 v 的函数相关的特性曲线通常用三次抛物线来表示这个曲线, 近似地可写成

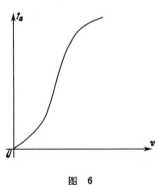

图 6

$$I_a = a_1 v + a_2 v^2 + a_3 v^3.$$

将此式代入方程(15)的右边，又利用

$$\frac{dv}{dt} = I,$$

我们得到 v 的方程

$$L\frac{d^2 v}{dt^2} + [R - M(a_1 + 2a_2 v + 3a_3 v^2)]\frac{dv}{dt} + v = 0. \qquad (16)$$

在这些例子中，对于已给的物理过程，寻找其示性的物理量的问题均化为求常微分方程解的问题。

微分方程论的问题 现在来给出确切的定义。在变数 x 与值

$$y(x), \ y'(x) = \frac{dy}{dx}, \ y''(x) = \frac{d^2 y}{dx^2}, \ \cdots, \ y^{(n)}(x) = \frac{d^n y}{dx^n}$$

之间的形如

$$F[x, \ y(x), \ y'(x), \ y''(x), \ \cdots, \ y^{(n)}(x)] = 0 \qquad (17)$$

的关系式，称为**一个未知函数 y 的 n 阶的常微分方程**。微分方程中，出现的未知函数的最高次微商，称为**微分方程的阶**。因此，在例 1 中所得到的微分方程是一阶，在例 2、3、4、5、6 中的是二阶。

如果将函数 $\varphi(x)$ 代替(17)中的 y，$\varphi'(x)$ 代替 y'，$\cdots$，$\varphi^{(n)}(x)$ 代替 $y^{(n)}$，使得(17)变成恒等式，则函数 $\varphi(x)$ 称为**微分方程(17)的解**。

物理与技术的问题时常化为常微分方程组，其中含有几个依赖于同一个独立变数的未知函数以及它们的微商。

为了说得更具体起见，以下主要只谈一个未知函数的不超过二阶的常微分方程，用这个例子来说明，所有的常微分方程及未知函数的个数，等于方程的个数的方程组的基本性质。

上面我们已经说过，每一个常微分方程不是只有一个解，而是有无限多个解。现在回到这个问题上来，首先用前面 2 到 6 的例子来说明一些明显的看法。在每个例子中所研究的与物理系统对应的方程，只是由这个系统的结构所完全确定。但在这些系统的每一个当中，可以发生不同的过程。例如，十分显然，依照方程(8)

运动的摆可以作非常不相同的振动. 摆的每一个振动与方程 (8) 的一个解相对应, 因此必有无限多个这样的解. 可以验证, 形如

$$x = C_1 \cos \sqrt{\frac{g}{l}}\, t + C_2 \sin \sqrt{\frac{g}{l}}\, t \qquad (18)$$

的任何函数都满足方程 (8), 其中 C_1 与 C_2 是任意常数.

物理上也是很明显的, 只有当我们在某一个时间 t_0 给定 x 等于 x_0 的 (初始) 值 (即物质质点与平衡位置最初的偏离) 以及运动的初始速度 $x_0' = \dfrac{dx}{dt}\Big|_{t=t_0}$ 时, 摆的运动才是完全确定的. 用这些初始条件可以决定公式 (18) 中的常数 C_1 与 C_2.

我们在其他例中所得的微分方程完全同样会有无穷多个解.

关于具有一个未知函数的 n 阶的微分方程 (17), 一般在很广泛的假定下可以证明有无数多个解. 更确切地说: 如果对于独立变数的某个 "初始值", 我们给定未知函数及其直到 $n-1$ 次微商的 "初始值", 则可找到方程 (17) 的满足这些 "给定初始值" 的解. 也可以证明, 用这些初始条件完全决定了解, 只存在一个满足上面已给初始条件的解. 关于这些我们后面将要更详细地讲到. 现在我们的目的是要指明, 函数及其 $n-1$ 个导数的初始值是可以任意给的. 我们可以任意选择, 作为所求解的 "初始状态" 的 n 个量.

设有可能性, 我们把某个 n 阶微分方程的所有的解用一个公式表示出来, 则这种公式中必定包含刚好 n 个独立任意常数, 由这些数的选取我们可以满足 n 个初始条件. n 阶微分方程的这种包含有 n 个独立常数的解普通常称为这个微分方程的通解. 例如方程 (8) 的通解为公式 (18), 其中有两个任意常数, 由公式 (5) 得到方程 (3) 的通解.

现在我们来看微分方程理论所遇到的问题的最一般的特点. 它们是各种各样的. 我们来谈其中最主要的.

设对微分方程再加上初始值, 则微分方程的解便完全确定了. 要求明显地表出解的公式, 是微分方程理论的首要问题之一. 只有在最简单的情形才能得到这种公式, 但如果找到了这种公式,

则对解的计算与研究都有很大的帮助.

理论应当对于形成解的特性的概念提供可能性: 解是否是单调的或是振动的? 是否是周期的或趋近于周期的等等.

很明显, 当我们将未知函数及其微商的初始值加以变动时(即被研究的系统的初始状态被改变)则解本身也将改变(即将换为另一个过程). 微分方程理论应当保证我们有可能讨论这种变化是怎样的. 特别是, 对于初始值的微小变化, 解本身的变化会不会是很小的, 因此, 解在这种情形下会不会是稳定的, 或者初始值的微小变化可能引起解本身的强烈的变化, 即它是不稳定的.

我们也应当不只是对于方程的每个单独的解, 而是对于它的所有的解的全体得出定性的以及如果可能时得出定量的分布图形. 在设计时常常发生选取参数的问题, 这些参数是仪器或机械的表征, 选出它以保证工作的良好进行. 仪器的参数是在描述这种仪器工作的微分方程中以某种形式的量出现. 理论应当帮助我们说明, 如果我们变化方程本身(变化其中出现的仪器参数), (仪器工作的)解将发生些什么影响.

最后, 当需要进行计算时, 即要用数值计算来求微分方程的解时, 理论应当提供给工程师及物理学家以可能更经济的与更快速的解的计算方法.

§2. 常系数线性微分方程

常微分方程中有一些重要的类型, 其通解可以用简单的已经很好的研究过的函数表示出来. 这些类型中的一类是对于未知函数及其微商是线性的(简称为线性的)常系数微分方程. 例如, 微分方程(3), (6), (8), (14)便是这种类型. 如果方程中不具有与未知函数无关的项, 则这个线性方程称为**齐次的**, 如具有这种项, 则称为**非齐次的**.

二阶常系数齐次线性方程   这种方程具有下面的形式

$$m \frac{d^2 x}{dt^2} + a \frac{dx}{dt} + bx = 0, \tag{6}$$

式中 m, a, b 是常数. 不妨设 m 为正的; 这并不失其普遍性, 因为我们已假设 $m \neq 0$, 如果 m 为负的, 我们只要将所有的系数都换一个负号便可以达到这种假定.

对这个方程来找具有指数函数 $e^{\lambda t}$ 形式的解, 要找常数 λ 使得函数 $x = e^{\lambda t}$ 满足方程. 将 $x = e^{\lambda t}$, $\frac{dx}{dt} = \lambda e^{\lambda t}$, 及 $\frac{d^2 x}{dt^2} = \lambda^2 e^{\lambda t}$ 代入方程 (6) 的左方, 得到

$$e^{\lambda t}(m\lambda^2 + a\lambda + b).$$

因此, 要 $x(t) = e^{\lambda t}$ 是方程 (6) 的解, 充分而且必要的条件是

$$m\lambda^2 + a\lambda + b = 0. \tag{19}$$

如果 λ_1 与 λ_2 是方程 (19) 的两实根, 则容易验证, 所有形式为

$$x = C_1 e^{\lambda_1 t} + C_2 e^{\lambda_2 t} \tag{20}$$

的函数都是方程 (6) 的解, 其中 C_1 与 C_2 是任意常数.

下面我们来证明, 如果方程 (19) 有不同的实根, 则公式 (20) 表示方程 (6) 的所有的解.

我们注意到方程 (6) 的下面的重要的性质:

1. 方程 (6) 的两个解的和也是这个方程的解.

2. 用常数乘方程 (6) 的解, 得到的也是一个解.

如果 λ_1 是方程 (19) 的重根的情形, 即是 $m\lambda_1^2 + a\lambda_1 + b = 0$ 与 $2m\lambda_1 + a = 0$[1]), 则函数 $te^{\lambda_1 t}$ 也将是方程 (6) 的解, 因为, 将这个函数及其导函数代入方程 (6) 的左边, 我们得到

$$te^{\lambda_1 t}(m\lambda_1^2 + a\lambda_1 + b) + e^{\lambda_1 t}(2m\lambda_1 + a),$$

由前述的两个等式, 这里便恒等于零了.

在这种情形下, 方程 (6) 的通解为

$$x = C_1 e^{\lambda_1 t} + C_2 t e^{\lambda_1 t}. \tag{21}$$

现在设方程 (19) 有复数根. 因为 m, a, b 均为实数, 这两个

---

1) 二次方程 (19) 的根 λ_1 与 λ_2 的和为 $\lambda_1 + \lambda_2 = -\frac{a}{m}$, 如果两根相等, 即 $\lambda_1 = \lambda_2$, 则由此可导出第二个等式.

复根便是共轭的. 设 $\lambda = \alpha \pm i\beta$. 方程

$$m(\alpha+i\beta)^2 + a(\alpha+i\beta) + b = 0$$

等价于两个等式

$$m\alpha^2 - m\beta^2 + a\alpha + b = 0 \text{ 及 } 2m\alpha\beta + a\beta = 0. \tag{22}$$

在这种情形下, 容易验证函数 $x = e^{\alpha t} \cos \beta t$ 及 $x = e^{\alpha t} \sin \beta t$ 是方程(6)的解. 实际上, 例如将函数 $x(t)e^{\alpha t} \cos \beta t$ 及其微商代入方程(6)的左边, 我们得到

$$e^{\alpha t} \cos \beta t (m\alpha^2 - m\beta^2 + a\alpha + b) - e^{\alpha t} \sin \beta t (2m\alpha\beta + a\beta),$$

而由等式(22)这个表示便恒等于零了.

如果方程(19)有复根, 方程(6)的通解便可写成

$$x = C_1 e^{\alpha t} \sin \beta t + C_2 e^{\alpha t} \cos \beta t, \tag{23}$$

式中 C_1 与 C_2 是任意常数.

方程(19)称为**示性方程**, 知道了方程(19)的根, 我们可以写出方程(6)的通解.

我们注意到, 对于常系数 n 阶线性齐次方程

$$a_n \frac{d^n x}{dt^n} + a_{n-1} \frac{d^{n-1} x}{dt^{n-1}} + \cdots + a_1 \frac{dx}{dt} + a_0 x = 0,$$

如果已知道代数方程, 也称为**示性方程**

$$a_n \lambda^n + a_{n-1} \lambda^{n-1} + \cdots + a_1 \lambda + a_0 = 0$$

的根时, 则微分方程的通解可以类似地用多项式, 指数函数及三角函数表示出来. 因此, 常系数线性齐次方程的积分问题归结为代数问题.

现在我们来证明公式(20), (21), (23)实际上给出了方程(6)的所有的解. 注意, 这些公式中的 C_1 与 C_2 经常可以这样选取, 使得函数 $x(t)$ 满足任何初始条件

$$x(t_0) = x_0, \quad x'(t_0) = x_0'.$$

由公式(20)可以由方程组

$$x_0 = C_1 e^{\lambda_1 t} + C_2 e^{\lambda_2 t_0},$$

$$x_0' = \lambda_1 C_1 e^{\lambda_1 t_0} + \lambda_2 C_2 e^{\lambda_2 t_0}$$

来决定 C_1 与 C_2, 对公式 (21) 与 (23) 也是类似的. 因此, 如果方程 (6) 有这样的解, 它不会在上述的公式中, 则对于同样的初始条件, 方程 (6) 有两个不同的解. 这两个不同的解的差可用 $x_1(t)$ 表示, 则 $x_1(t)$ 将满足方程 (6), 并且满足初始条件 $x_1(t_0)=0$, $x_1'(t_0)=0$, 而 $x_1(t)$ 不恒等于零. 现在我们来证明, 满足初始条件为零的方程 (6) 的解只有 $x_1(t) \equiv 0$. 首先假设 $m>0$, $a>0$, $b>0$. 用 $2\dfrac{dx_1}{dt}$ 乘等式

$$m\frac{d^2 x_1}{dt^2}+a\frac{dx_1}{dt}+bx_1=0 \tag{24}$$

的左右两方. 因 $2\dfrac{dx_1}{dt}\cdot\dfrac{d^2 x_1}{dt^2}=\dfrac{d}{dt}\left(\dfrac{dx_1}{dt}\right)^2$ 及 $2x_1(t)\dfrac{dx_1}{dt}=\dfrac{d}{dt}(x_1^2)$, 故等式 (24) 可以写成

$$\frac{d}{dt}\left[m\left(\frac{dx_1}{dt}\right)^2\right]+2a\left(\frac{dx_1}{dt}\right)^2+b\frac{d}{dt}(x_1^2)=0.$$

将这个等式从 t_0 积分到 t, 我们得到

$$m\left(\frac{dx_1}{dt}\right)^2+2a\int_{t_0}^t\left(\frac{dx_1}{dt}\right)^2 dt+bx_1^2(t)=0.$$

这个等式只能当 $x_1(t) \equiv 0$ 时成立. 否则我们将有方程的左边为正数, 而右边为零, 当 $t>t_0$ 时, 这是个矛盾. 同样可以研究 $t<t_0$ 的情形.

为了要对任意的常系数 m, a, b, 来证明我们的断言, 我们来看函数 $y_1(t)=x_1(t)e^{-\alpha t}$, 不难验算这个函数满足初始值为零的条件. 而当 $\alpha>0$ 取 α 相当大则可以使得函数 $y_1(t)$ 满足形如 (6) 的方程并且 $a>0$, $b>0$, $m>0$. 将 $x_1(t)=y_1(t)e^{\alpha t}$ 及其微商代入 (6) 便容易得到这个方程. 因此, 由前面已证实了的, 有 $y_1(t) \equiv 0$, 即 $x_1(t)=y_1(t)e^{\alpha t} \equiv 0$.

因此, 我们证明了公式 (20), (21), (23) 给出了方程 (6) 的所有的解.

我们来看看, 由这些公式可以得到方程 (6) 的解的那些性质.

用

$$\lambda_{1,2} = -\frac{a}{2m} \pm \sqrt{\frac{a^2}{4m^2} - \frac{b}{m}} \qquad (25)$$

表方程(19)的根. 由导致方程(6)的物理例子可设 $m>0$, $a \geqslant 0$, $b>0$.

情形 1 $a^2>4bm$. 示性方程(19)的两根为实的、负的且不相等. 在此情形, 公式(20)所给出的函数 $x(t)$ 表示方程(6)的通解. 这个公式所表示的函数和它的微商, 当 $t \to \infty$ 时, 趋于零, 并且不多于一个 t 值使这个函数为零, 也不多于一个 t 值使它的微商为零. 因此函数 $x(t)$ 不多于一个极大值或极小值. 物理意义便是, 由于介质的阻尼如此之大, 致使振动不会产生. 运动的质点穿过平衡位置 $x=0$ 不能多于一次. 此外, 质点达到离 $x=0$ 的点某个最远的位置, 然后开始慢慢地向平衡位置返回, 但不再穿过它.

情形 2 $a^2=4bm$. 方程(19)的两根相等, 公式(21)表示了方程(6)的通解. 在这种情形下, 当 $t \to +\infty$ 时, 函数 $x(t)$ 及其微商 $x'(t)$ 也趋于零. 此时 $x(t)$ 及 $x'(t)$ 不能多于一次为零. 具有横坐标 $x(t)$ 的运动质点的性质和情形 1 相同.

情形 3 $a^2<4bm$. 示性方程(19)的根的虚数部分不为零. 公式(23)给出方程(6)的通解. 对于方程(6)的所有的解而言, 质点 x 在 x 轴方向以同一不变的周期 $\dfrac{2\pi}{\beta}$ 振动, 其振幅为 $Ce^{\alpha t}$, 其中 $\alpha = -\dfrac{a}{2m}$.

不具外力干扰下, 物理系统的振动称为这个系统的**固有振动**. 由前面的例子 2, 3, 4, 5 可见这种系统的固有振动的周期只与系统的结构有关. 对于这些系统可能产生的所有的固有振动周期都是相同的. 在例 2 中周期等于 $2\pi : \sqrt{\dfrac{b}{m} - \dfrac{a^2}{4m^2}}$; 在例 4 中周期等于 $2\pi : \sqrt{\dfrac{kps}{v\rho l}}$; 在例 5 中周期等于 $2\pi : \sqrt{\dfrac{1}{LO} - \dfrac{R^2}{4L^2}}$.

如果 $a=0$, 也即是介质对运动没有阻力, 则振动的振幅是常数. 质点作谐振运动. 而当 $a>0$, 即介质对运动有阻力, 即使阻力小于($a^2 < 4bm$),振动的振幅趋于零,而运动衰减.

最后,在任何情况下,方程(6)的解 $x(t) \equiv 0$ 都表示在任何时间处于位置 $x=0$ 的质点 x 的平衡状态,这点我们称为平衡点.

如果方程(19)的两根的实数部分为负的,则由公式(20),(21),(23)所给出的解.可见,当 $t \to +\infty$,则这些解及其微商都趋于零,也即是,随着时间的增加,振动衰减下去.

而当方程(19)即使有一个根具有正实数部分的情形时,则方程(6)将有当 $t \to +\infty$ 时不趋于零的解,则当 $t \to +\infty$ 时方程(6)的某些解将为无界,如果 $m > 0$,则这种情形只有当 b 为负数或 a 为负数的时候才有可能.物理意义上,这种情形对应于弹性力不是将质点 x 吸返平衡位置而是推离平衡位置的情形或者介质的阻力是负的情形.这些情形虽然在本章开始时所举的例子中不存在,但它们在其他的物理模型中是存在的.

如果方程(19)的根 λ_1 与 λ_2 的实数部分为零,这种情形只有当方程(19)中 a 等于零时才有可能,则由公式(23),当 $\alpha=0$ 时,质点 $x(t)$ 作有限振幅及有限速度的谐振运动.

常系数非齐次线性方程 我们详细地来研究方程

$$m \frac{d^2x}{dt^2} + a \frac{dx}{dt} + dx = A \cos \omega t, \tag{26}$$

这是在弹性力、介质阻力及周期外力 $A \cos \omega t$ 作用下,质点的线性振动方程[参考§1方程(6')].

方程(26)称为非齐次线性方程.方程(6)是它对应的齐次方程.

现在来求方程(26)的通解.

注意到,非齐次方程的解与对应于它的齐次方程的解的和仍然是非齐次线性方程的解.因此,要找方程(26)的通解只要知道这个方程的任何一个特解便够了.方程(26)的通解可表为其一特解与其对应的齐次方程的通解的和.

自然可以希望,对于周期外力,运动也有同样的周期才合拍,故来找方程(26)具有形式 $x = B \cos(\omega t + \delta)$ 的特解,其中 B 与 δ 是某些常数.要决定 B 与 δ 使得函数

$$x = B \cos (\omega t + \delta)$$

满足方程 (26) 计算其微分 $\dfrac{dx}{dt} = -B\omega \sin(\omega t + \delta)$，及 $\dfrac{d^2x}{dt^2} = -B\omega^2 \cos(\omega t + \delta)$，并将结果代入 (26)，得 $m[-B\omega^2 \cos(\omega t + \delta)] + a[-B\omega \sin(\omega t + \delta)] + bB \cos(\omega t + \delta) = A \cos \omega t$. 由大家熟知的公式得到

$$B[(b - m\omega^2) \cos(\omega t + \delta) - a\omega \sin(\omega t + \delta)]$$
$$= B \sqrt{(b - m\omega^2)^2 + a^2\omega^2} \cos(\omega t + \delta') = A \cos \omega t,$$

其中 $\delta' = \delta + \gamma$，及 $\gamma = \operatorname{arc\,tg} \dfrac{a\omega}{b - m\omega^2}$. 显然，如果我们命

$$\delta = -\operatorname{arc\,tg} \frac{a\omega}{b - m\omega^2} \ \text{及} \ B = \frac{A}{\sqrt{(b - m\omega^2)^2 + a^2\omega^2}},$$

则函数 $x = B \cos(\omega t + \delta)$ 将满足方程 (26)。

当 $(b - m\omega^2)^2 + a^2\omega^2 \neq 0$，则 $B \cos(\omega t + \delta)$ 形式的解必定存在。在 $(b - m\omega^2)^2 + a^2\omega^2 = 0$ 的情形，即 $a = 0$ 与 $b = m\omega^2$ 时，则方程 (26) 具有以下的形式

$$m \frac{d^2x}{dt^2} + m\omega^2 x = A \cos \omega t.$$

很容易验证，此时，函数 $x = \dfrac{At}{2\sqrt{mb}} \sin \omega t$ 为特解。

非齐次方程 (26) 的解特称为强迫振动，因子

$$\varphi(\omega) = \frac{1}{\sqrt{(b - m\omega^2)^2 + a^2\omega^2}}$$

表示我们所要求的强迫振动的振幅 B 与扰动力的振幅 A 的比。函数 $\varphi(\omega)$ 所表示的曲线称为共振曲线，使 $\varphi(\omega)$ 达到最大值时的频率 ω 称为共振频率。现在来求它。如果 $\varphi(\omega)$ 在 $\omega_1 \neq 0$. 取最大值，则在 ω_1，$\varphi'(\omega)$ 变成零，即是

$$-4(b - m\omega_1^2) m\omega_1 + 2a^2\omega_1 = 0,$$

因此

$$\omega_1 = \sqrt{\frac{b}{m} - \frac{a^2}{2m^2}}.$$

此时
$$\varphi(\omega_1) = \frac{1}{a\sqrt{\dfrac{b}{m} - \dfrac{a^2}{4m^2}}}.$$

由此可见，当 a 越小，强迫振动在 $\omega = \omega_1$ 的振幅越大．对很小的 a，频率 ω_1 接近于数值 $\sqrt{\dfrac{b}{m}}$，即是自由振动的频率．当 $a=0$ 及 $b=m\omega^2$，则我们已看到，强迫振动有以下形式：

$$x = \frac{At}{2\sqrt{mb}}\sin\omega t,$$

即当 $t \to \infty$，这个振动的振幅无限增加．这种现象在数学上称为**共振**．当外力的周期与系统的固有振动的周期一致时，共振便产生了．在实际情形中，当外力的周期与固有振动的周期很接近时，系统的振动范围可能非常大．

在系统中产生巨大振动的可能性常常用于制造无线电技术中的各种放大器方面．但是大振动也可能导致某些建筑物，例如桥梁及横跨的建筑的破坏．因此，预见到共振或接近于共振的振动的发生的可能性是很重要的．

前面已提过，方程 (26) 的任何解可以由我们所求得的强迫振动和用公式 (20)，(21)，(23) 所表示的齐次方程的一个解的和表示出来．当 $a>0$ 及 $b>0$ 时，齐次方程的解在 $t \to \infty$ 时趋于零；即随着时间的增加，何任运动将趋近于我们所得到的强迫振动．如果 $a=0$，$b>0$，则强迫振动与系统的不衰减的固有振动叠加起来．当 $b=m\omega^2$ 及 $a=0$ 共振发生了．

如果在系统上施加某些周期外力 $f(t)$，则可以用以下方法来求得系统的强迫振动．在足够的准确度上，将 $f(t)$ 表为三角级数的一段[1]

$$\sum_{i=1}^{n}(a_i\cos\omega_i t + b_i\sin\omega_i t). \tag{27}$$

对这个和数的每一项求强迫振动．将 (27) 的每项所得的强迫振动加起来，便得到对应于力 $f(t)$ 的强迫振动．如果频率 ω_k 中有些与系统的固有振动的频率重合，则共振便发生了．

---

1) 参看第十二章，§7．

§3. 微分方程的解及应注意的几个方面

象常系数线性方程那样的所有的解可以用很简单的函数明显地表示出来的微分方程是不多的. 可以举出很简单的微分方程的例子,其通解不能由已知函数用有限个数的积分表示出来,或者说不能表示为积分.

在 1841 年,刘微尔已经证明,李嘉蒂型方程 $\dfrac{dy}{dx}+ay^2=x^2$ 的解不能用初等函数的有限个积分来表示,其中 $a>0$. 因此,能应用于广泛类型的微分方程的近似解的方法具有很大的意义.

找不到方程的准确解而只得到近似解这个事实,不应使我们感到不安. 首先,至少在原则上这种近似解可能达到任何高度的准确度. 其次,值得特别注意的是,在大部分情形,用来描述这个或那个物理过程的微分方程本身也不是完全准确的. 从 §1 中所举出的各个例子便可以看出这点.

发声共振器方程(12)在这方面表现得最明显. 在导出这个方程的时候,我们略去了容器颈部空气的压缩性以及容器中空气的运动. 其实当颈部的空气在运动时,容器中的空气也在运动,但是这两种运动的速度与位移是不相同的. 空气质点的位移在颈部比在容器中大. 因为我们略去了在容器中的空气移动,而只考虑其压缩性. 对于颈部的空气则相反,略去了压缩的能量而只考虑它的运动的动能.

当导出物理摆的微分方程时我们略去了链子的质量,即系着摆的链子看作没有质量的. 当导出回路中的电振荡方程(14)时我们略去了导体的自感,线圈的电阻. 一般说来,当导出任何物理系统的微分方程时,我们略去一些因素而理想化了它. 因此安德洛诺夫对这件事引起很大的注意,即只有当方程经过任何意义下的小变动时,其解也变动得很小,这种微分方程对于物理的研究才有特别的兴趣. 他称这种方程是"粗糙的". 这种方程特别值得全面的研究.

应当指出,在研究物理过程中,用微分方程来描述物理量的变化的规律,不只这个方程本身不完全准确,甚至于这些量的个数也只是很近似地定出的. 例如,严格地说就没有绝对的刚体. 因此当研究摆的振动时,我们应该考虑到系着摆的链子的变形,也应该考虑到,当作是质点的刚体本身的变形. 同样在研究系于弹簧上的重物的振动时,必须要考虑到弹簧的每一圈的质量. 但在这些例子中容易证明,摆或系重物的弹簧的每个个别质点的运动性质对于振动的性质很少影响. 如果考虑这些影响,问题便很复杂,而不能得到很好的近似解. 对应于物理的现实而言,这样得到的解并不优于前面§1中不考虑这些影响所得的解. 问题的这些理想化总是不可避免的. 在描述物理过程时,要考虑到过程的基本特点,而不能无例外地考虑到所有的各方面. 这不仅会使问题复杂化,而且在大部分情形使得问题的解决成为不可能. 在研究某一个过程时,物理及力学的问题在于找出尽可能少的量的个数,只要足够确切地决定在每个时间所研究的过程的状态;找出尽可能简单的微分方程,只要能很好地描述这些量的变化的规律. 这种问题常常是很不容易的. 在研究某一物理问题时,哪些不可省略,哪些可以省略是很关本质的,归根结底也只有用长时期的实验来解决. 只有当我们经过理想化的研究所得的答案和实验的结果符合时,才能认为这个规律是被理想化的.

关于量的个数减少的可能性的数学问题, 最简单而又示性的提法之一可叙述如下:

设我们首先对所研究的物理系统的状态在 t 时用两个变量 $x_1(t)$ 与 $x_2(t)$ 来表征它. 设决定它的变化的规律的微分方程有以下的形式

$$\frac{dx_1}{dt} = f_1(t,\ x_1,\ x_2),$$

$$s\frac{dx_2}{dt} = f_2(t,\ x_1,\ x_2). \tag{28}$$

在第二个方程中, 微商的系数是一个小的常数参数 ε. 如果我们置 $\varepsilon=0$, 则 (28) 的第二方程不再是微分方程. 它变成以下形式

$$f_2(t,\ x_1,\ x_2)=0.$$

由此决定 x_2 为 t 及 x_1 的函数, 代入方程 (28) 中的第一式, 我们便得到只有一个变量 x_1 的微分方程

$$\frac{dx_1}{dt}=F(t,\ x_1).$$

因此, 在这种研究下变量的数目降到一个. 现在要问, 在什么条件下, 我们取 $\varepsilon=0$, 所引起的误差很小. 可能出现这种情形, 当 $\varepsilon\to 0$ 时, $\dfrac{dx_2}{dt}$ 的量无限增大, 使方程 (28) 的第二方程的右边, 当 $\varepsilon\to 0$ 时, 不趋近于零. 类似于上面所提出的一系列的问题, 苏联数学家们已给了很完整的解答.

§4. 微分方程积分问题的
几何解释. 问题的推广

为简单计, 开始我们只研究一个具有一个未知函数的一阶微分方程

$$\frac{dy}{dx}=f(x,\ y),\qquad\qquad(29)$$

式中函数 $f(x,\ y)$ 在 $(x,\ y)$ 平面上的某一区域 G 中定义的. 过这个区域中每一点, 这方程的解的图形的切线的角系数即由方程 (29) 所规定. 假定在区域 G 中的每一点上, 用一线段来表示在这一点由 $f(x,\ y)$ 的值所决定的切线的方向 (这线段上正向或负向对我们均可采取), 则得到一个方向场. 则在初值条件 $y(x_0)=y_0$ 下微分方程 (29) 求解的问题可以归结如下: 在区域 G 中要找穿过点 $M_0(x_0,\ y_0)$ 的曲线 $y=\varphi(x)$, 这曲线上每一点的切线的方向是 (29) 在这点所定的值, 或者简单地说, 这曲线上的每一点有预先给定的方向.

从几何的观点来看, 在下面的一些情形中, 上述的问题的提法

有些不自然的地方：

1. 为使得在区域 G 中任何一点 (x, y) 其角系数 是 $f(x, y)$，我们必须除掉平行于 Oy 的方向，因为一般说来我们只研究有限的值；特别，我们需要假定方程(29)的右边的函数 $f(x, y)$ 在所有的点上只有有限值。

2. 所研究的曲线只是 x 的函数的图形，因此，如果某一曲线它与垂直于 Ox 轴的另一直线有多于一点的交点，这种曲线我们便必须除掉，因为我们研究的曲线是由 $y = \varphi(x)$ 而定的，这对一个 x 只有一个 y 值，即为 x 的单值函数；因此，又需要假定这个微分方程的所有的解都是 x 的单值函数。

由上面这些缺点看来，我们需要把微分方程(29)的求解问题的上述提法加以推广，即，需要允许在某些点的方向场可以平行于 Oy 轴．在这些点，对于 Ox 轴的角系数没有意义，而要利用对于 Oy 轴的角系数．对应于这种情形，除了考虑方程(29)还要考虑方程

$$\frac{dx}{dy} = f_1(x, y), \tag{29'}$$

式中 $f_1(x, y) = \dfrac{1}{f(x, y)}$，当 $f(x, y) \neq 0$．当方程(29)没有意义而方程(29′)有意义时，便要用方程(29′)．微分方程(29)与(29′)的积分问题可以提出如下：在区域 G 中找出所有的线，这些线上每一点的方向场由方程(29)及(29′)所给出．这些曲线我们称为方程(29)及(29′)或由方程(29)及(29′)所决定的方向场的积分线(**积分曲线**)．以后经常用单数的"方程(29)，(29′)"来代替多数的"方程(29)，(29′)"[1]．显然，方程(29)所有的图形都是方程(29)，(29′)的积分曲线．但并非所有的方程(29)，(29′)的积分曲线都是方程(29)的解的图形．例如当这种线与垂直于 Ox 轴的某一直线有多于一个的交点时，便是如此。

以下，如果已知

---

* 俄文文法上的简化，中文没有分别．——译者注

$$f(x, y) = \frac{M(x, y)}{N(x, y)},$$

则对于方程

$$\frac{dy}{dx} = \frac{M(x, y)}{N(x, y)},$$

我们便不用方程

$$\frac{dx}{dy} = \frac{N(x, y)}{M(x, y)}.$$

有时引入参数 t, 我们把这些方程写成方程组

$$\frac{dx}{dt} = N(x, y), \quad \frac{dy}{dt} = M(x, y),$$

其中 x 与 y 看作 t 之函数.

例 1　方程

$$\frac{dy}{dx} = \frac{y}{x}, \tag{30}$$

除了原点外, 给出了方向场. 这个方向场的图形如图 7. 方程 (30) 所决定的所有的方向都经过原点. 显然, 对任何 k, 函数

$$y = kx \tag{31}$$

都是方程 (30) 的解. 这个方程的积分线的全体可以由关系

$$ax + by = 0 \tag{32}$$

表出, 其中 a, b 为不同时为零的任意常数. Oy 轴是方程 (30) 的积分线, 但不是它的解的图形.

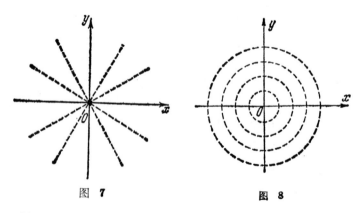

图 7　　　　　　　　图 8

由于在坐标原点处方程(30)不定出方向场，因此，严格地说，线(31)与(32)除掉原点之外才处处是积分线. 因此，正确地说，方程(30)的积分线不是通过坐标原点之直线，而是由坐标原点射出的半直线.

例2 方程

$$\frac{dy}{dx} = -\frac{x}{y} \tag{33}$$

除了坐标原点外处处都定义了方向场. 它的图形如图8. 在任何一点(x, y)，方程(30)与(33)所决定的方向互相垂直. 显然所有圆心在坐标原点的圆都是方程(33)的积分曲线. 这个方程的解又可写成两函数

$$y = +\sqrt{R^2 - x^2}, \quad y = -\sqrt{R^2 - x^2}, \quad -R \leqslant x \leqslant R.$$

以后，为简便计，对于严格地说来是"经过点(x, y)的解的图形"我们只称为"经过点(x, y)的解".

§5. 微分方程解的存在性与唯一性方程的近似解

微分方程解的存在性与唯一性的问题 我们回到n阶微分方程(17). 一般说来它有无限多个解，要从它的所有可能的解中，找出某一个确定的解，必须给方程加上补充条件，条件的个数应等于方程的阶数n. 这类条件可以有各种各样的性质，其形式则与导出这个方程的物理、力学或其他的问题密切相关. 例如，如果我们要研究力学系统的运动，设其开始时具有确定的初始状态，则附加的条件将是与独立变量的确定的(初始)值有关，称为问题的初始条件. 如果我们想定出悬桥建筑的悬挂下的曲线或者我们要研究两端支持住不负重物的梁的弯曲，我们遇到的附加条件与独立变量的不同的值有关(在我们的例中悬桥的两端点及梁的两支点). 可以举出很多例子说明附加于微分方程的条件可以非常多样性的.

设给定附加条件,我们要找满足这些条件的方程(17)的解.我们要提出的第一个问题是所求的解的存在性问题. 我们常是预先不能断定它的存在性. 例如设方程(17)描述了某个物理试验的工作规律,我们想确定,在这个试验中是否存在周期过程. 附加的条件便是,在这个试验中周期地回到过程的初始状态,我们预先不能说是否存在满足这个条件的解.

在所有的情形中,解的存在性与唯一性问题的研究使得我们有可能说明,附加那些条件对我们所研究的方程是可以满足的,那些唯一地确定了解. 对于描述某个物理现象的微分方程,指明解的存在性与唯一性的条件,并加以证明,对于这个物理理论本身,具有很大的意义,它指明了,描述这个现象的数学所采取的假设彼此不相矛盾和这个描述的完整性.

存在性问题的研究方法是多种多样的,但其中特别重要的是所谓直接法. 这类方法中要求的解的存在性是用作近似解的方法来证明的,这些近似解的极限收敛于我们的问题所求的确切解.这类方法不只是能够建立确切解的存在性,而且还有可能,至少从理论上,任意准确地接近它.

在本节下面为了明确起见,我们只研究具有已知初值的问题,对这个问题设法说明欧拉方法和逐次逼近法的思想.

欧拉折线法 设在平面(x, y)上的某区域G中给定微分方程

$$\frac{dy}{dx} = f(x, y). \tag{34}$$

我们已经指出过,方程(34)在区域G中定义一方向场. 在G中任取一点(x_0, y_0).过这一点作一角系数为$f(x_0, y_0)$的直线L_0,这直线切于过(x_0, y_0)点的积分线. 在直线L_0上任取一点(x_1, y_1),相当接近于(x_0, y_0)〔在图9上(x_1, y_1)点用1记〕. 过(x_1, y_1)作直线L_1,其角系数为$f(x_1, y_1)$,在其上取一点(x_2, y_2)(在图9上这点用2记)过(x_2, y_2)取直线L_2,在其上取(x_3, y_3)等等. 设$x_0 < x_1 < x_2 < x_3 < \cdots$,自然也设所有这些点$(x_0, y_0)$, (x_1, y_1), (x_2, y_2), $\cdots$都在G内. 连接这些点的折线叫做欧拉折线. 也可以在

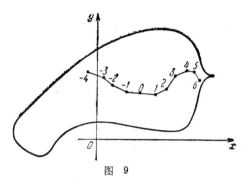

图 9

x 减少的方面作欧拉折线 (在图 9 上对应的角点用 -1, -2, -3 表之).

自然希望, 通过 (x_0, y_0) 点的每一条欧拉折线, 当每段都很短时, 可以作为通过 (x_0, y_0) 点的积分曲线 l 的某种表示, 当最长的段都趋近于零时, 即每段也趋近于零时, 欧拉折线接近于这条积分曲线.

在此时我们自然假定这个积分线存在. 事实上, 不难证明, 如果函数 $f(x, y)$ 在区域 G 内连续, 则可以选出无限序列的欧拉折线, 其最长的直线段趋近于零, 而这个序列收敛于某个积分曲线 l. 但是在此时, 一般说还不能认为是唯一的: 可能存在不同序列的欧拉折线, 它们收敛于不同的积分曲线, 均穿过同一点 (x_0, y_0). 拉夫伦捷夫作出了这样的例子, 具有连续函数 $f(x, y)$ 的(29)形式的微分方程, 在区域 G 中任何一点 P 的任何邻域中, 不只有一条而至少有两条积分线穿过 P 点. 为要使得经过区域 G 中的每一点只有一条积分线, 对函数 $f(x, y)$ 必须具有比连续性更多的补充条件. 例如, 假定函数 $f(x, y)$ 连续, 而且在 G 中对 y 有有界微商便足够了. 在这种情形下, 可以证明, 经过 G 内的每一点存在一条而且只有一条积分线, 而且当折线的最长线段趋近于零时, 过 (x_0, y_0) 点的所有的欧拉折线序列一致收敛于这一条唯一的积分线. 因此, 当折线的线段足够小时, 欧拉折线便可近似地取作方程 (34)的积分曲线.

由上可见，欧拉折线的作法是用切于积分线的直线段来代替积分线的小段的弧．在实际中常不是用切于积分线的直线段去作成对微分方程(34)的积分线的近似，而是用与积分曲线有更高阶相切的抛物线的线段来作近似．由此可以用更少的步骤来得到有同样准确度的近似解(即作近似线时用更少的曲线段)．抛物线

$$y=a_0+a_1(x-x_k)+a_2(x-x_k)^2+\cdots+a_n(x-x_k)^n, \tag{35}$$

在(x_k, y_k)点与方程(34)过此点的积分线有n阶相切，则其系数由公式

$$a_0=y_k, \tag{36}$$

$$a_1=\left(\frac{dy}{dx}\right)_{x=x_k}=f(x_k, y_k), \tag{36'}$$

$$2a_2=\left(\frac{d^2y}{dx^2}\right)_{x=x_k}=\left[\frac{df(x, y)}{dx}\right]_{x=k}$$
$$=f'_x(x_k, y_k)+f'_y(x_k, y_k)\left(\frac{dy}{dx}\right)_{x=x_k}$$
$$=f'_x(x_k, y_k)+f'_y(x_k, y_k)f(x_k, y_k), \tag{36''}$$

$$6a_3=\left(\frac{d^3y}{dx^3}\right)_{x=x_k}$$
$$=\left\{\frac{d}{dx}\left[f'_x(x, y(x))+f'_y(x, y(x))f(x, y(x))\right]\right\}_{x=x_k}$$
$$=f''_{xx}(x_k, y_k)+2f''_{xy}(x_k, y_k)f(x_k, y_k)$$
$$+f''_{yy}(x_k, y_k)f^2(x_k, y_k)+f'^2_y(x_k, y_k)f(x_k, y_k)$$
$$+f'_y(x_k, y_k)f'_x(x_k, y_k) \tag{36'''}$$

等等来确定．我们只要用多项式(35)来计算在$x=x_{k+1}$的值．我们不需要知道系数$a_0, a_1, a_2, \cdots, a_n$本身的值．存在很多方法来计算当$x=x_{k+1}$时多项式(35)的值，但是可以避免计算由(36)所决定的系数$a_0, a_1, \cdots, a_n$．

还有基于其他思想的找寻微分方程(34)的解的近似方法．可行方法中的一个是克雷洛夫(1863—1945)院士所发展的．

逐次逼近法　现在我们来谈谈与欧拉折线法有同样广阔应用范围的逐次逼近法．仍然假定我们所要找的微分方程(34)的解

$y(x)$满足初始条件

$$y(x_0) = y_0.$$

任取一个函数 $y_0(x)$ 作为解 $y(x)$ 的开始的近似. 为了简便起见,假定它满足初始条件, 只是这假定并不是必要的. 代入方程右边 $f(x, y)$ 中的未知函数 y, 用以下的方法作解 y 的第一次近似

$$\frac{dy_1}{dx} = f(x, y_0(x)), \quad y_1(x_0) = y_0.$$

因为方程右方的函数为已知, 所以 $y_1(x)$ 可用积分求出

$$y_1(x) = y_0 + \int_{x_0}^{x} f(t, y_0(t)) dt.$$

可以希望 $y_1(x)$ 与解 $y(x)$ 的差比 $y_0(x)$ 与解 $y(x)$ 的差小, 这是因为在作 $y_1(x)$ 时, 我们用了微分方程, 可能它将初始近似的误差改正了一些. 也可以看到, 如果用同样方法把第一次近似 $y_1(x)$ 改善一下, 则第二次近似

$$y_2(x) = y_0 + \int_{x_0}^{x} f(t, y_1(t)) dt$$

将更接近于所求的解.

假设, 这种改善的过程可以无限继续下去, 则作出一系列的近似

$$y_0(x), \ y_1(x), \ \cdots, \ y_n(x), \ \cdots.$$

它们是否收敛于解 $y(x)$ 呢?

更详细的研究证明, 当函数 $f(x, y)$ 连续及 f'_y 在区域 G 中为有界, 则至少对于离 x_0 不远之 x, 函数 $y_n(x)$ 真正地趋近于确切解 $y(x)$. 如果我们反复计算足够多次, 则我们可以得到具有任何准确度的解 $y(x)$.

象我们寻找方程 (34) 的近似积分线一样, 我们可以找两个或多个一阶微分方程的方程组的积分线. 只要我们能从这些方程把未知函数的微商解出来. 设, 例如已知方程组

$$\frac{dy}{dx} = f_1(x, y, z), \quad \frac{dz}{dx} = f_2(x, y, z). \tag{37}$$

设这些方程的右边为连续的, 又对 y 及对 z 在某一空间区域

G 内有有界偏微商. 在这些条件下, 可以证明, 在方程(37)的右边部分的定义区域 G 中, 经过每一点$(x_0,\ y_0,\ z_0)$有一条而且只有一条方程组的积分线

$$y=\varphi(x),\ z=\psi(x).$$

函数 $f_1(x,\ y,\ z)$ 与 $f_2(x,\ y,\ z)$ 是过 $(x,\ y,\ z)$ 点的积分线在这点的切线的角系数. 为了近似地求得 $\varphi(x)$ 与 $\psi(x)$ 可以用欧拉折线法或类似于应用到方程(34)的其他方法.

由初始条件计算常微分方程近似解的过程可以用在计算机上. 有工作得很快的计算机, 例如, 如果计算程序已经作好, 机器已准备计算, 计算机算出炮弹弹道的时间要比炮弹飞到弹着点的时间短得多(参看第十四章).

高阶微分方程与多个一阶微分方程组的联系   如果对于每个未知函数的最高阶微商可以解出来的常微分方程组, 一般说来都可以用引入新的未知函数把它们化为对所有的微商都解出来的一阶方程组. 例如, 设已知微分方程

$$\frac{d^2y}{dx^2}=f\left(x,\ y,\ \frac{dy}{dx}\right). \tag{38}$$

置

$$\frac{dy}{dx}=z. \tag{39}$$

则方程(38)可以写成以下形式

$$\frac{dz}{dx}=f(x,\ y,\ z). \tag{40}$$

这样方程(38)的每个解对应于由方程(39)及(40)所组成的方程组的某个解. 也容易看出, 方程组(39)及(40)的每个解也对应于方程(38)的解.

不包含独立变数的方程   在§1中所看到的摆的问题, 赫尔姆霍尔茨的声学共振器的问题, 最简单的电回路的问题, 真空管振荡器的问题, 都化为独立变数(时间 t)不明显出现的微分方程. 现在我们来研究这种类型的二阶方程的问题, 但对于这种类型的方程我们可以把它化为一个一阶的微分方程来研究, 并不是象前面

所说的那样，一个一般的二阶方程可以化成一个方程组. 这样使得研究大为方便.

因此，设给定不包含时间 t 的二阶微分方程

$$F\left(x, \frac{dx}{dt}, \frac{d^2x}{dt^2}\right)=0. \tag{41}$$

记

$$\frac{dx}{dt}=y, \tag{42}$$

又把 y 看成 x 之函数，那么

$$\frac{d^2x}{dt^2}=\frac{d}{dt}\left(\frac{dx}{dt}\right)=\frac{dy}{dt}=\frac{dy}{dx}\cdot\frac{dx}{dt}=y\frac{dy}{dx}.$$

因此方程 (41) 可以写成形式

$$F\left(x, y, y\frac{dy}{dx}\right)=0. \tag{43}$$

这样，方程 (41) 的每个解对应于方程 (43) 的一个解. 方程 (43) 的每个解 $y=\varphi(x)$ 则对应于方程 (41) 的无穷多个解. 这些解可以由方程

$$\frac{dx}{dt}=\varphi(x) \tag{44}$$

积分得到，其中 x 看作 t 的函数.

显然，如果 $x=x(t)$ 为满足此方程的任一解，则对任何常数 t_0，函数 $x(t+t_0)$ 也是满足这个方程的.

也可能出现这样的情形，并非方程 (43) 的所有的积分线都是一个 x 的函数的图形. 例如有闭曲线时便是如此. 那么，方程 (43) 的积分线应该分为若干段弧，其中每一段都是 x 的函数的图形. 对每一段，都要解方程 (44).

对应于方程 (41) 的物理系统的状态，可以用量 x 及 $\frac{dx}{dt}$ 来表示任何时候的特征，这些量称为系统的相. 对应于这些的平面 (x, y) 称为方程 (41) 的相平面. 这个方程的每个解 $x=x(t)$ 对应于平面 (x, y) 上的曲线

$$x=x(t),\ y=x'(t);$$

这里把 t 看作参数. 反之: 在平面 (x, y) 上方程(43)的每一条积分线 $y = \varphi(x)$ 对应于方程(41)的形如 $x = x(t + t_0)$ 的无限多个解; 式中 t_0 是任意常数. 在平面上有了方程(43)的积分线的分布的全部图形时, 不难表示出方程(41)的所有可能的解的性质, 例如方程(43)的每一条闭积分线对应于方程(41)的周期解.

用变换(42)将方程(6)化为方程

$$\frac{dy}{dx} = \frac{-ay - bx}{my}. \tag{45}$$

以 $v = x$ 及 $\dfrac{dv}{dt} = y$ 代入方程(16)我们同样得到

$$L\frac{dy}{dx} = \frac{-[R - M(a_1 + 2a_2x + 3a_3x^2)]y - x}{y}. \tag{46}$$

二阶方程(41)所对应的物理系统的每个时间的状态可以用两个量(相)[1] x 与 $\dfrac{dx}{dt}$ 来表示, 同样的, 对于高阶方程或方程组所描述的物理系统的状态可以由几个量(相)来表示. 前面所讲的是相平面, 这时就讲相空间了.

§6. 奇 点

在区域 G 中研究方程

$$\frac{dy}{dx} = \frac{M(x, y)}{N(x, y)}. \tag{47}$$

设 $P(x, y)$ 点在 G 内.

如果可能指出 P 点的这样的邻域 R, 经过 R 中的每点有一条而且只有一条方程(47)的积分线, 则我们称 P 点为方程(47)的**常点**. 如果找不出这样的 R, 则我们称 P 点为这方程的**奇点**. 奇点的研究对于微分方程定性理论有很大的意义, 下节我们将讨论定性理论.

---

1) 这时 $\dfrac{d^2x}{dt^2}$, $\dfrac{d^3x}{dt^3}$ 由方程(41)及微分公式(36)可由 x 及 $\dfrac{dx}{dt}$ 的值算出.

一个奇点如果它有一个邻域，在其中没有其他的奇点则这种奇点称为**孤立奇点**. 孤立奇点有特别重大的意义. 当研究(47)形式的方程时，设 $M(x, y)$ 与 $N(x, y)$ 对 x 与 y 有高阶偏微商，这种情形在应用中经常遇到. 对于这样的方程，区域中任一个内点，只要 $M(x, y) \neq 0$. 或 $N(x, y) \neq 0$，都是常点. 考虑任一个这样的内点 (x_0, y_0)，在这点上有 $M(x, y) = N(x, y) = 0$，为简便起见，把这点记作 $x_0 = 0$ 与 $y_0 = 0$. 只要把坐标原点移到 (x_0, y_0) 上去，便可以达到简化的目的. 将 $M(x, y)$ 与 $N(x, y)$ 用台勒级数依 x 与 y 之幂展开，并只考虑一次的项，则在 $(0, 0)$ 点的邻域内，我们得到

$$\frac{dy}{dx} = -\frac{M'_x(0, 0)x + M'_y(0, 0)y + \varphi_1(x, y)}{N'_x(0, 0)x + N'_y(0, 0)y + \varphi_2(x, y)}, \tag{48}$$

式中 $\varphi_1(x, y)$ 与 $\varphi_2(x, y)$ 是 x 与 y 的某种函数，使得

$$\lim_{\substack{x \to 0 \\ y \to 0}} \frac{\varphi_1(x, y)}{\sqrt{x^2 + y^2}} = 0 \quad \text{及} \quad \lim_{\substack{x \to 0 \\ y \to 0}} \frac{\varphi_2(x, y)}{\sqrt{x^2 + y^2}} = 0.$$

方程(45)与(46)便是这种类型. 方程(45)在 $x = 0$ 与 $y = 0$ 既不确定 $\frac{dy}{dx}$ 也不确定 $\frac{dx}{dy}$. 如果行列式

$$\begin{vmatrix} M'_x(0, 0) & M'_y(0, 0) \\ N'_x(0, 0) & N'_y(0, 0) \end{vmatrix} \neq 0,$$

则不论我们在原点给 $\frac{dy}{dx}$ 任何值，对于 $\frac{dy}{dx}$ 及 $\frac{dx}{dy}$ 的值在原点都是间断点. 因为，当沿不同的路线接近原点时，可以得到不同的极限值. 对于我们的微分方程，坐标原点是奇点.

已经证明，只要方程

$$\begin{vmatrix} \lambda - M'_y(0, 0) & -M'_x(0, 0) \\ -N'_y(0, 0) & \lambda - N'_x(0, 0) \end{vmatrix} = 0 \tag{49}$$

的两根的实数部分都不等于零，则在方程(48)中分母与分子中的函数 $\varphi_1(x, y)$ 与 $\varphi_2(x, y)$ 对于**孤立奇点**(在我们的情形是**坐标原点**)附近的积分曲线的分布的性质没有什么影响. 因此，要得到这种分布的概貌，我们只要研究方程

$$\frac{dy}{dx} = \frac{ax+by}{cx+dy} \tag{50}$$

在坐标原点附近积分线的分布情形,其中行列式

$$\begin{vmatrix} a & b \\ c & d \end{vmatrix} \neq 0.$$

我们注意到,积分曲线在微分方程奇点附近的分布性质,对于很多力学问题,例如在平衡位置附近运动的轨线的研究,具有很大的价值.

已经证明,在平面上总可以找到与 x 及 y 用等式

$$\begin{aligned} x &= k_{11}\xi + k_{12}\eta, \\ y &= k_{21}\xi + k_{22}\eta \end{aligned} \tag{51}$$

所联系的坐标 ξ 及 η, 其中 k_{ij} 是实数, 使得方程(50)化为下面三种类型之一:

1) $$\frac{d\eta}{d\xi} = k\,\frac{\eta}{\xi}, \quad \text{其中} \quad k = \frac{\lambda_2}{\lambda_1}. \tag{52}$$

2) $$\frac{d\eta}{d\xi} = \frac{\xi+\eta}{\xi}. \tag{53}$$

3) $$\frac{d\eta}{d\xi} = \frac{\beta\xi+\alpha\eta}{\alpha\xi-\beta\eta}. \tag{54}$$

这里 λ_1 与 λ_2 是方程

$$\begin{vmatrix} c-\lambda & d \\ a & b-\lambda \end{vmatrix} = 0 \tag{55}$$

的根. 如果这些根是不等的实根,则方程(50)化为(52)的形式. 如果这些根是相等的, 则依照 $a^2+d^2=0$ 或 $a^2+d^2\neq0$, 方程(50)分别能化为(52)或(53)的形式. 如果方程(55)的根是复数, $\lambda = \alpha\pm\beta i$, 则方程(51)化为(54)的形式.

分别研究方程(52),(53),(54). 先看下面的情形.

如果 Ox 与 Oy 两轴是互相垂直的, 则一般来说, $O\xi$ 与 $O\eta$ 两轴不是互相垂直的. 但为了图画的简单起见, 我们仍可把它们看成是互相垂直的. 此外, 在变换(51)下, 延 $O\xi$ 轴与 $O\eta$ 轴上的比例尺也可能变长或缩短; 不一定与 Ox 轴与 Oy 轴上的比例尺一

样. 但为简便起见,我们仍然可认为没有变化. 因此,例如对于如图 8 中所画的同心圆形,一般则可得中心在坐标原点的类似分布的一族椭圆.

方程(52)的所有的积分线可以由关系式

$$a\eta + b|\xi|^k = 0$$

表出,这里 a 与 b 是任意常数.

方程(52)的积分线的图形如图 10; 这里,我们假定 $k>1$. 在此情形下除了一条直线 $O\eta$ 外,其他所有的积分线均在坐标原点切于 $O\xi$ 轴. $0<k<1$ 的情形可以化为 $k>1$ 的情形,只要以 ξ 代 η,以 η 代 ξ,即只要 ξ 轴和 η 轴交换位置就行了. 当 $k=1$ 时,方程(52)化为方程(30),积分线分布的情形如图 7 所表示.

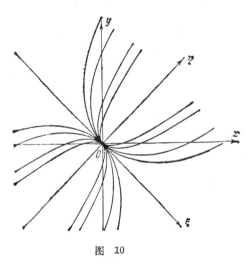

图 10

当 $k<0$ 时,方程(52)的积分线分布的情形如图 11. 在此情形下,只有 $O\xi$ 轴及 $O\eta$ 轴两条积分线通过 O 点. 其他的积分线向 O 点接近到一定的最小极距离之后又开始远离原点. 在这种形情下,我们称这点 O 为鞍点,因为积分线类似于山隘(鞍形)的等高线的图形.

方程(53)的所有积分线可用方程

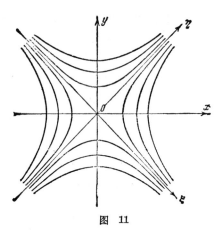

图 11

$$b\eta = \xi(a + b\ln|\xi|)$$

来表示，式中 a 与 b 为任意常数. 其图形如图 12; 所有的积分线在坐标原点上与 $O\eta$ 轴相切.

如果进入奇点 O 的某一邻近中的所有的积分曲线都沿一定的方向趋于 O 点，也就是在原点有确定的切线，如图 10 与 12 所表示的就是这样，则称 O 点为结点.

如果置 $\qquad \xi = \rho\cos\varphi, \quad \eta = \rho\sin\varphi,$

将 ξ, η 化到极坐标 $\rho, \varphi,$ 则方程(54)就很容易积分了. 这方程化为

$$\frac{d\rho}{d\varphi} = k\rho, \quad k = \frac{\alpha}{\beta},$$

由此得

$$\rho = Ce^{k\varphi}. \tag{56}$$

如果 $k > 0$, 则所有积分曲线, 当 $\varphi \to -\infty$ 时, 无限旋转地趋近 O 点(图 13). 如果 $k < 0$, 则当 $\varphi \to +\infty$ 时, 就产生同样的现象. 这种 O 点叫做**焦点**. 而当 $k = 0$ 时, 则积分线族(56)是由圆心在 O 的圆所组成的. 一般说来, 如果在 O 点的某一邻域中, 都是包围着 O 点的闭曲线, 其中包含 O 点, 则 O 点称为**中心**.

如果对方程(54)的右方的分母分子加上任意高阶项, 中心可

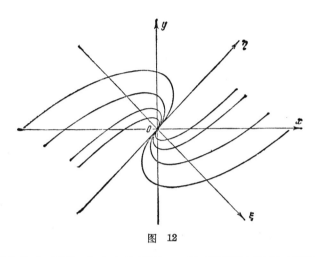

图 12

能变为焦点；因此，在中心的情形，一次项不能决定奇点附近的积分线的分布。

对应于方程(45)的方程(55)与示性方程(19)是一样的。因此，图10与图12表示，当数 λ_1 与 λ_2 同号时，对应于方程(6)的解

$$x=x(t),\ y=x'(t)$$

的曲线，在相平面 x, y 上的分布；图11对应于不同号的实数 λ_1 与 λ_2，而图13与图8（中心情形）对应

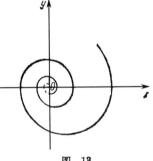

图 13

于复数 λ_1 与 λ_2 的情况。如果 λ_1 与 λ_2 的实数部分为负的，则当 $t\to+\infty$，点 $(x(t),\ y(t))$ 趋于原点 O；在这种情形点 $x=0,\ y=0$ 对应于稳定的平衡情形。如果 λ_1 与 λ_2 中的一个的实数部分为正的，则在点 $x=0,\ y=0$ 上，没有稳定的平衡。

§7. 常微分方程定性理论

微分方程定性理论在常微分方程的一般理论中占有重要位

置．由于力学及天文学的要求，在上世纪末开创了定性理论．

在很多应用问题中，要求从描述某些物理过程的微分方程，知道微分方程解的特性，并确定在自变量变动的有限或无限的变动区间中解的性质．因此，例在研究天体运动的天体力学中，行星或其他天体的运动是可以用微分方程来描述的，在无限增加的时间中，对于这种微分方程的解的性质的了解是很重要的．

前面我们已经说过，只有少数特别简单的方程，它的通解才能用已知函数的积分表示出来．因此产生了直接从方程式本身，来研究微分方程的解的性质的问题．因为微分方程的解，在平面上或空间中，可用曲线的形式来表示，因此产生了关于积分曲线的性质，其分布及其在奇点附近的结构等问题的研究．例如，它是否分布在平面的有限部分中，是否有趋于无限远的分支，是否有闭曲线等等．这类问题的研究构成微分方程定性理论的问题．

俄罗斯数学家李雅普诺夫及法国数学家庞卡莱是微分方程定性理论的奠基者．

在微分方程定性理论中，苏联科学所起的卓越作用，不只在于苏联学者开拓了重要的理论问题，而且还在于，在苏联最先对于解决物理与力学的问题，广泛应用了定性理论的深奥的结果．

在前一节中我们详细地研究了定性理论的一个重要问题——在奇点附近，积分曲线分布性质的问题．现在来看定性理论的若干其他基本问题．

稳定性　在本章开始所研究的例子中，系统的平衡态的稳定性与不稳定性的问题，不是由微分方程的研究来解决，而是基于物理情况来解决的．因此，在例 3 中很显然，如果处于平衡态 OA 的摆用外力移到某一附近位置 OA'，即是初始条件很小的变动，则摆的此后的运动不能远离平衡位置，初始偏差 OA' 越小，则摆的离平衡位置的偏差边越小，即是在这种情形平衡位置是稳定的．

在其他更复杂的问题中，平衡态稳定性问题的解决很复杂，而且只能借助于对应的微分方程的研究来解决．关于运动稳定性的问题与关于平衡态稳定性的问题是密切相关的．在这个领域内莫基的结果是属于李雅普诺夫的.

设某个物理过程用方程组

$$\frac{dx}{dt} = f_1(x, y, t),$$

$$\frac{dy}{dt} = f_2(x, y, t) \tag{57}$$

来描述. 为了简便起见, 我们只研究两个微分方程的方程组, 虽然我们以后的结论, 对于具多个微分方程的方程组也是适用的. 方程(57)的每一个特解由两个函数 $x(t)$ 与 $y(t)$ 所组成, 在本节中我们依照李雅普诺夫的说法, 称它为**运动**. 假设 $f_1(x, y, t)$ 与 $f_2(x, y, t)$ 有连续偏微商. 已经证明, 如果在任何时间 $t = t_0$ 给定函数值 $x(t_0) = x_0$ 与 $y(t_0) = y_0$, 则微分方程组(57)的解是唯一决定的.

满足初始条件

$$x = x_0 \quad 与 \quad y = y_0 \quad 当 \quad t = t_0$$

的方程组(57)的解用 $x(t, x_0, y_0)$, $y(t, x_0, y_0)$ 表示.

解 $x(t, x_0, y_0)$, $y(t, x_0, y_0)$ 称为**按李雅普诺夫的意义是稳定的**, 如果对所有 $t > t_0$ 函数 $x(t, x_0, y_0)$, $y(t, x_0, y_0)$ 变化得很少, 只要初始值 x_0 与 y_0 变动得很小.

更确切地说: 对于按李雅普诺夫的意义是稳定的解, 则差数

$$|x(t, x_0 + \delta_1, y_0 + \delta_2) - x(t, x_0, y_0)|,$$

$$|y(t, x_0 + \delta_1, y_0 + \delta_2) - y(t, x_0, y_0)| \tag{58}$$

对所有的时间 $t > t_0$, 可能小于任何预先给定的正数 ε, 只要把 δ_1 与 δ_2 的绝对值取得足够小就行了.

所有不是按李雅普诺夫意义稳定的运动都称为**不稳定**.

把所要研究的运动 $x(t, x_0, y_0)$, $y(t, x_0, y_0)$ 李雅普诺夫称之为未被扰动的, 而具有很接近的初始条件的运动 $x(t, x_0 + \delta_1, y_0 + \delta_2)$, $y(t, x_0 + \delta_1, y_0 + \delta_2)$ 称为被扰动的. 因此, 未被扰动的运动按李雅普诺夫意义稳定, 即表示对所有 $t > t_0$ 被扰动的运动与未被扰动的运动相差很小.

平衡的稳定性是运动稳定性的特例, 在此情形下, 对应的未被

扰动的运动是

$$x(t,\ x_0,\ y_0)\equiv 0 \quad 与 \quad y(t,\ x_0,\ y_0)\equiv 0.$$

反之, 系统(57)的任何运动 $x=\varphi_1(t)$ 与 $y=\varphi_2(t)$ 的稳定性问题可以化为某个微分方程组的平衡的稳定性问题. 为此, 只要把方程组(57)中, 旧的未知函数 $x(t)$ 与 $y(t)$ 换为新的未知函数

$$\xi=x-\varphi_1(t),\ \eta=y-\varphi_2(t). \tag{59}$$

在这种变换下方程式(57)的运动 $x=\varphi_1(t)$, $y=\varphi_2(t)$ 与运动 $\xi\equiv 0$ 与 $\eta\equiv 0$ 即平衡态相对应. 以下我们假定已经用过了变换(59), 只对解 $x\equiv 0$ 与 $y\equiv 0$ 来研究按李雅普诺夫意义的稳定性.

现在按李雅普诺夫意义的稳定性的条件就表示, 如果 δ_1 与 δ_2 足够小, 则被扰动的运动在平面 $(x,\ y)$ 上的轨线, 对任何 $t>t_0$, 不走出以点 $x=0,\ y=0$ 为心, 边长为 2ε, 边平行于坐标轴的正方形.

我们有兴趣于以下的情形, 我们并不能求出方程组(57)的积分, 然而仍能作出有关未被扰动的运动的稳定性或不稳定性的结论.

在实际上很重要的关于炮弹运动和飞机运动的稳定性问题, 在天体力学中重要的关于行星和其他天体运动的轨道的稳定性问题, 都归结为这类的研究.

假设, 函数 $f_1(x,\ y,\ t)$ 与 $f_2(x,\ y,\ t)$ 可以写成以下的形式

$$\begin{aligned}
f_1(x,\ y,\ t)&=a_{11}x+a_{12}y+R_1(x,\ y,\ t),\\
f_2(x,\ y,\ t)&=a_{21}x+a_{22}y+R_2(x,\ y,\ t),
\end{aligned} \tag{60}$$

其中 a_{ij} 是常数, 而 $R_1(x,\ y,\ t)$ 与 $R_2(x,\ y,\ t)$ 是 x, y 与 t 的函数, 适合

$$|R_1(x,\ y,\ t)|\leqslant M(x^2+y^2) \quad 与 \quad |R_2(x,\ y,\ t)|\leqslant M(x^2+y^2), \tag{61}$$

其中 M 为一正常数.

设在(60)所表示的方程组(57)中, 把 $R_1(x,y,t)$ 与 $R_2(x,y,t)$ 抛弃, 则得到常系数的微分方程组

$$\frac{dx}{dt} = a_{11}x + a_{12}y,$$

$$\frac{dy}{dt} = a_{21}x + a_{22}y, \tag{62}$$

把它称作非线性方程组(57)的第一次近似方程组.

在李雅普诺夫以前, 在稳定性问题的研究上, 基本上, 限制于第一次近似的稳定性的研究, 即是对方程式(62)的稳定性的研究, 把得到的结果看作适用于基本的非线性系统(57)关于稳定性问题的解答. 李雅普诺夫第一个证明, 在一般的情形下, 这个结论不成立. 另一方面, 他给出了一系列非常广泛的条件, 当这类条件满足时, 非线性方程式关于稳定性的问题由第一次近似完全解决. 这类条件中之一如下, 如果方程

$$\begin{vmatrix} a_{11}-\lambda & a_{12} \\ a_{21} & a_{22}-\lambda \end{vmatrix} = 0$$

的所有的根 λ 的实数部分为负的, 而且函数 $R_1(x, y, t)$ 与 $R_2(x, y, t)$ 满足条件(61), 则解 $x(t) \equiv 0$, $y(t) \equiv 0$ 按李雅普诺夫意义是稳定的. 如果至少有一根 λ 其实数部分为正的, 则当满足条件(61)时, 解 $x(t) \equiv 0$, $y(t) \equiv 0$ 是不稳定的. 李雅普诺夫也给了运动稳定性与不稳定性的一系列的其他充分条件[1]. 苏联数学家继续了李雅普诺夫的工作, 并取得了极大的成就.

如果方程(57)的右边与 t 无关, 则用方程组(57)的第二个方程除第一个方程, 我们得到

$$\frac{dy}{dx} = \frac{f_1(x, y)}{f_2(x, y)}. \tag{63}$$

坐标原点对这个方程是奇点. 在平衡态是稳定的情形, 在这点可能是焦点, 结点或中心, 但不能是鞍点.

因此, 根据奇点的性质可以来判断平衡态的稳定性或不稳定性.

积分曲线的全局分布 有时在微分方程组的定义区域上, "全局"地作出积分曲线的分布图是很重要的, 这里不必考虑保持比例

---

1) 李雅普诺夫运动稳定性通论.

尺的大小. 这方程组所定义的向量场的空间将看作某个物理过程的相空间. 则对应的微分方程组的积分曲线的图可以给我们, 对这方程式所可能产生的所有的过程(运动)的特性, 提供了一些概念. 在图 10 到图 13 我们在孤立奇点的邻域内, 对积分曲线的分布, 作出了详细的图形.

微分方程理论的最基本的问题之一是用尽可能简单的方法来找出在微分方程所有的定义区域中积分曲线族的分布图形, 就是这个微分方程组的积分曲线的"全局"分布的研究. 这个问题对于维数大于 2 的空间差不多完全没有研究过. 甚至于在 $M(x, y)$ 与 $N(x, y)$ 是多项式的情形下, 对一个如下形式

$$\frac{dy}{dx} = \frac{M(x, y)}{N(x, y)} \tag{64}$$

的方程而言, 这问题的解决也还差得很远.

以下我们将假设, 函数 $M(x, y)$ 与 $N(x, y)$ 有一阶连续偏微商.

如果微分方程(64)的右边在一单连通的区域 G 中已给定, 又 G 中所有点都是常点, 则积分曲线族可以用平行直线段族的图形来表示, 因为这时 G 中每点均有一积分线经过, 并且任何两积分线不相交. 而对于更一般的情形的方程(64), 它可能有奇点, 积分曲线的结构可能很复杂. 方程(64)有无限多个奇点(即分子分母同时变成零的点)的情形, 至少当 $M(x, y)$ 与 $N(x, y)$ 是多项式时, 可能看作是例外. 因此, 我们只限于研究方程(64)有有限多个孤立奇点的这类情形. 要作出这个方程的所有积分线的分布图, 则靠近每一个奇点的积分线的分布是很关键的.

所谓的**极限环**对于方程(64)的所有积分线的分布图, 也是非常本质的. 我们来研究一下方程

$$\frac{d\rho}{d\varphi} = \rho - 1, \tag{65}$$

式中 ρ 与 φ 是在平面(x, y)上的极坐标.

方程(65)的所有积分线的全体可以用公式

$$\rho = 1 + Ce^{\varphi} \tag{66}$$

来表示，式中 C 是任意常数，对于不同的积分线取不同的值. 如果 $C<0$，为了要使 ρ 不为负数，必须 φ 不取大于 $-\ln|C|$ 的值. 积分线族可分为

1) 圆 $\rho = 1 (C = 0)$;

2) 由坐标原点走出的螺线，它由内部趋近这个圆，当 $\varphi \rightarrow -\infty (C<0)$ 时;

3) 由圆外向圆趋近的螺线，当 $\rho \rightarrow -\infty (C>0)$ 时 (图 14).

圆 $\rho = 1$ 称为方程 (65) 的极限环. 一般来说，闭积分线 l 称为**极限环**，如果它可能被包含在一环形域内，这个环形域中所有的点对微分方程来说都是常点，又在这环形域中的其他积分曲线都不是闭的.

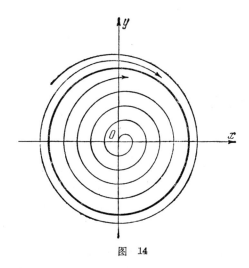

图 14

由方程 (65) 可见，圆上所有的点对它都是常点. 这表示极限环上的小段弧线与所有其他积分线上的小段弧没有什么区别.

在相平面 (x, y) 上，每个闭积分曲线对应于方程组

$$\frac{dx}{dt} = N(x, y), \quad \frac{dy}{dt} = M(x, y) \tag{67}$$

的一个周期解$[x(t), y(t)]$，而这方程组描述某个物理系统的变化规律．当 $t\rightarrow +\infty$ 时在相平面上趋近于极限环的这种积分线对应于当 $t\rightarrow +\infty$ 时趋近于周期解的运动．

设对任何充分接近极限环 l 的点 (x_0, y_0)，取作 $t=t_0$ 时的初始点，对于方程组(67)，由点$(x(t), y(t))$所描述的对应的积分线，当 $t\rightarrow +\infty$ 时，趋近于(x, y)平面上的极限环 l（这表明，所描述的运动趋近于周期解）．在这种情形对应的极限环称为稳定的．对应于这个极限环的振动相当于物理中的自振．在某些自振系统中，可能存在几个驻定的、但是不同振幅的振动过程．那一个出现是由初始条件来决定．如果在这个自振系统中出现的过程是可以用(67)形式的方程描述的话，则在相平面上这种自振系统对应于几个极限环．

到现在为止，即使对于已知的微分方程，求极限环近似方法的问题也还没有得到满意的解答．解决这个问题最广泛用到的方法是庞卡莱所建议的作"无切点的环线"的方法．它基于下面的定理的．设在(x, y)平面上已找到两个这样的闭线 L_1 与 L_2(环线)，它们具有下列性质：

1) L_2 线在 L_1 所包的区域的内部；

2) 在 L_1 与 L_2 之间的环域 Ω 中，方程(64)没有奇点；

3) L_1 与 L_2 上每点都有切线，而且这些切线的方向与方程(64)在这点的向量场的方向不相重合；

4) 在 L_1 及 L_2 的任一点上，对环域 Ω 的内法线和分量为$[N(x, y), M(x, y)]$的向量之间的角度的余弦都是同一符号的．

庞卡莱把 L_1 与 L_2 称为无切点的环线．在 L_1 与 L_2 之间至少有一条方程(64)的极限环．这个定理的证明是基于下面的很显然的事实．设当 t 增加时(或当 t 减少时)，方程(64)的所有积分线

$$x=x(t), \quad y=y(t)$$

(同样，可以是方程(67)的积分线，其中 t 为参数)都穿过 L_1 或 L_2 进入 L_1 与 L_2 之间的环域 Ω．它们必然要旋转接近于某个闭线

l_1, l_1 在 L_1 与 L_2 之间, 这是因为这个环域中的任一积分线均不能走出去,而在环域内部又没有奇点.

导求无切环线本身便是相当复杂的问题. 还不知道任何一般的方法. 对个别特例则找到了无切环线,由此证明了极限环的存在.

在无线电技术中对于真空管发动器方程(16)找出极限环(自振过程)具有很大的意义. 对形式(16)的方程,大约在 20 年前,克雷洛夫与波果留博夫对于有极限环的情况,提出近似计算的方法. 大约也在这时候, 苏联物理学家曼德尔斯塔姆巴巴勒克西与安德洛诺夫证明了,为了这个目的, 可以利用所谓小参数法,虽然这个方法在实际上过去已应用过了, 但是运用这规律的严格理论基础则是没有过的. 为了分析自振系统方程,安德洛诺夫第一个开始系统地应用了李雅普诺夫与庞卡莱以前在微分方程中所发展的方法. 这样,他得到了一系列重要的结果.

如前面已说过的,在物理中"粗糙"的方程组(参看§3)有很大的作用.安德洛诺夫与邦特里雅金作出了一系列的典型的研究,对(64)形式的粗糙的微分方程在(x, y)平面上的积分线的分布图都可以由这些典型图合并而成.很早便知道,当方程(64)遇微小变化时,中心很容易就被破坏了.因此,如果方程组是粗糙的, 在方程(64)的积分线的分布图中,不能出现中心(即包含奇点在内的一族闭积分线).

积分曲线全局分布的问题还远没有完全解决.我们注意到,同样可以想到更简单的问题, 实代数曲线, 在平面上可能有那些类型,即是由方程

$$P(x, y) = 0$$

所定的曲线的类型,其中 $P(x, y)$——n 次多项式,这问题也是还远没有完全解决. 只有当 $n<6$ 时, 这些曲线有什么样的类型才完全知道.

方程(64)的解决定在平面上的运动. 如果对平面上每一点 (x_0, y_0),作对应点 $[x(t, x_0, y_0), y(t, x_0, y_0)]$,其中 $x(t, x_0, y_0)$,

$y(t,\ x_0,\ y_0)$ 为方程组 (64), 当 $t=t_0$ 时, 具初值 $x=x_0$ 与 $y=y_0$ 的解, 则得到以 t 为参数的平面上的点变换. 与参数有关的类似的变换及其所产生的运动可以在球面、环面及其他流形上进行研究. 在动力系统理论中, 研究这些运动的性质. 这些运动在每一点的邻域中, 也是某个微分方程组的解. 在最近十年中动力系统的理论, 在苏联数学家斯捷巴诺夫、辛钦、波果留博夫、克雷洛夫、马尔科夫、涅梅茨基及其他人, 以及比尔可夫及其他外国学者的工作中, 得到广泛的发展.

在这一章中我们对常微分方程理论的现代情况给了一个概述, 并力求说明这个理论中所研究的问题. 我们的叙述从任何角度也不能追求全面. 我们被迫抛弃了方程理论的许多部分的讨论, 它们或者是更特殊问题的研究, 或者它们要求读者具备比我们假定所具备的数学知识要有更多的知识. 例如我们一点没有谈到一个广泛而重要的部门, 具有复变数的微分方程理论的研究. 我们没有可能谈到所谓边界值问题, 特别是在应用中, 有很大意义的固有函数理论.

我们只能很少注意到, 微分方程数值近似解及解析解的方法等等. 要想知道这些问题我们只有向读者推荐去读专门的书籍.

文　献

大 学 课 本

И. Г. 彼得罗夫斯基, 常微分方程论讲义, 商务印书馆, 1953 年版.

В. В. 斯捷班诺夫, 常微分方程, 商务印书馆, 1953 年版.

Л. Э. Эльсгольц, Обыкновенные дифференциальные уравнения, Гостехиздат, 1954.

这本书包括了微分方程理论的基本要点, 也叙述了微分方程积分的近似方法. 本书的对象主要是工程师及工科大学生.

单 行 本

А. А. Андронов и С. Э. Хайкин, Теория колебаний, ч. 1, ОНТИ, 1937.

本书中研究应用于振动理论中的微分方程. 在研究这些问题的时候, 应用了微分方程定性理论的方法.

B. B. 涅梅茨基与 B. B. 斯捷班诺夫, 微分方程定性理论,科学出版社，1956 年版.

书中叙述了这个理论的基础. 本书的对象是大学学生及科学工作者.

秦元勋 译

周毓麟 校

第六章 偏微分方程

§1. 绪　　论

在研究自然现象的时候，我们遇到偏微分方程的机会并不比遇到常微分方程的机会少．照例，当我们所研究的自然现象是用多变量的函数描述的时候，我们便遇到偏微分方程．在自然的研究中，产生了一类偏微分方程，这类偏微分方程是现在研究得最多的，或许是人类知识系统中最重要的，这就是数学物理方程．

首先我们来考虑任何介质的振动．设这介质的每点在平衡状态时的位置是 x, y, z，在振动时这点在时刻 t 的位移是一个向量 $\boldsymbol{u}(x, y, z, t)$，这向量与点的原来的位置 x, y, z 以及时间 t 有关．于是我们所要研究的现象就可用向量场来描写．但是不难看到，即使知道了这个向量场——介质的每一点的位移场——仍不足以完全了解这介质的振动．譬如我们还需要知道介质的每一点的密度 $\rho(x, y, z, t)$，每点的温度 $T(x, y, z, t)$ 以及内力，所谓内力就是这物体的每一部分所受的其余部分的作用力．

在空间和时间过程中，进行的物理过程，物理现象总是归结为空间某区域的点上物理量随着时间的变化．正如我们在第二章中（第一卷）所看到的，这些物理量是以四个自变数 x, y, z, t 的函数来描写的，这里 x, y, z 是空间任一点的坐标，t 是时间．

大家知道，物理量可以有不同的性质．其中一些是用数值来完全刻划的，如温度、密度等等，这些量叫做纯量．另一些是有方向的，那便是向量，如速度、加速度、电场的引力等等．向量不仅可以用它的长度和方向来表示，而且可用它的"分量"来表示，也就是把它分为三个互相垂直的向量的和，譬如这三个向量可以平行于坐标轴．

在数学物理中，纯量或纯量场可以用一个含有四个自变数的函数来表示，而在整个空间定义的向量，即通常所谓向量场，则可用三个含有四个自变数的函数来表示．这向量可以写成以下的形式

$$\boldsymbol{u}(x,\ y,\ z,\ t),$$

这里黑体字表示，$\boldsymbol{u}$ 是向量，或写成

$$u_x(x,\ y,\ z,\ t),\ u_y(x,\ y,\ z,\ t),\ u_z(x,\ y,\ z,\ t),$$

其中 $u_x,\ u_y,\ u_z$ 表示向量在坐标轴上的投影．

除向量与纯量以外，在物理中我们还遇到更复杂的量，如物体在一点的张力状态．这样的一些量叫做张量，但若选定坐标以后，每个这样的量仍然可以用一些含有四个自变数的函数来表示．

所以所有可能的物理现象总可以用某些多变数函数来描述．当然决不能强求这种描述是绝对精确的．

譬如，当用四个自变数的函数来描述介质的密度时，我们撇开了这样一件事实，即"在一点的"密度实际上是不存在的．我们所研究的物体具有分子构造，而且这些分子并不相互紧密地接在一起，而相互有一定的距离．它们之间的距离比起分子本身的大小来，一般是很大的．因此我们所说的密度是包含在某个小的——但不是过分小的——体积中的物质的质量对这体积的比．我们了解在一点的密度的意思是这个比值当体积缩小时的极限．介质的温度也是一个极抽象而且理想化了的概念．物体的温度是这物体的分子作无秩序运动所引起的．分子的能量是不同的，但是如果我们考虑包含着许多分子的一个体积，那末这些分子的无秩序运动的平均的能量便确定了这样一种特征，我们称之为温度．

与此相似，当我们讲到气体或液体在器壁上的压力时，我们不应该把这种压力想象为似乎有一部分气体或液体真正地压在器壁上．事实上，这一小部分在作无秩序运动时碰撞器壁又由器壁弹回．我们所描述为器壁上的压力者实际上是器壁的某部分所受到的大量分子的衡量的总和，这部分器壁从我们的观点来说是小的，但与气体或液体的分子之间的距离比较起来仍是很大的．这种类

似的例子很多. 数学物理所考虑的都是理想化了的量, 它们都是从这些量的许多具体性质而且考虑它们的平均数值而抽象得来的.

这种理想化似乎是粗糙的, 但是我们即将看到, 它给我们带来了很大的方便, 它使我们能很好地分析许多复杂的现象, 从其中提出主要方面, 撇开次要的东西.

数学物理方程的研究对象仍是这些经理想化了的现象之间的联系, 而这些现象是用一些多变数函数来描述的.

§2. 最简单的数学物理方程

物理量之间的基本的联系和关系被表示为物理和力学的定律. 这种联系是多种多样的, 并且从这些联系可以导出更多更复杂的联系, 这就是那些定律的数学推论. 物理和力学的定律可用数学的语言写成偏微分方程的形式, 有时也可以写成积分方程的形式, 这些方程便是未知函数之间的联系. 为了了解问题的实质, 我们列举数学物理方程的一些范例:

试把规定介质点的运动的一些基本物理定律, 写成数学的表现形式.

质量守恒方程和热能守恒方程 **1.** 首先想象在空间中取出一个固定的体积 Ω, 我们来描述在每个这样的体积中的质量的守恒定律. 为此需计算这体积中的物质的质量. 这质量 $M_\Omega(t)$ 可用以下的积分来表示:

$$M_\Omega(t) = \iiint_\Omega \rho(x, y, z, t) \, dx \, dy \, dz.$$

当然这质量不一定是常数: 因为在振动的过程中, 有一部分物质进入这个体积, 也有一部分物质移出这个体积, 所以每一点的密度在运动过程中是变化的. 将上面的积分对时间 t 求微分, 我们就得到质量的变化速度,

$$\frac{dM_\Omega}{dt} = \iiint_\Omega \frac{\partial \rho}{\partial t}\, dx\, dy\, dz.$$

这个质量的变化速度也可以用另一种方法来计算. 设曲面 S 是我们的体积 Ω 的边界, 我们可以表述每秒钟流过这边界面 S 的物质的量, 从 Ω 中流出的物质的量须冠以负号. 为此我们考虑边界面 S 的一小部分 ds, 这部分取得充分小, 可以把它看做是平面而且它上面的质点的位移可以看做是一致的. 从时间 t 到 $t+\Delta t$ 的过程中, 我们考察这部分面积上的质点. 我们首先注意

$$v = \frac{d\boldsymbol{u}}{dt}$$

是每部分的速度. 经过时间 dt 以后, ds 上的质点移动了 $\boldsymbol{v}\, dt$, 而移到 ds_1 的位置, 且原来在 ds_2 上的质点则移动到 ds 上来(图 1).

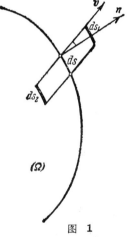

因此, 在这段时间中, 原来在 Ω 内的整个柱体 $ds_2\, ds$ 的物质从 Ω 中流出, 且结果流到 $ds\, ds_1$ 的位置. 这柱体的高等于 $v\, dt \cdot \cos(\boldsymbol{n},\ \boldsymbol{v})$, 其中 $\boldsymbol{n}$ 表示曲面的外法线方向; 柱体的体积等于

$$v \cos(\boldsymbol{n},\ \boldsymbol{v}) ds\, dt,$$

而质量等于

$$\rho v \cos(\boldsymbol{n},\ \boldsymbol{v}) ds\, dt.$$

把所有这样的柱体加起来, 我们就得到在时间 dt 从 Ω 中流出的质量的表达式

图 1

$$\iint_S \rho v \cos(\boldsymbol{n},\ \boldsymbol{v}) ds\, dt.$$

这里, 在速度是向着 Ω 内的地方, 余弦的符号是负的, 这就是说, 在积分中流入的物质算带有负号. 介质的运动速度和其密度的乘积称为流量. 质量的流量是一向量 $\boldsymbol{q} = \rho \boldsymbol{v}$.

为了得到物质流出的速度, 只须将以上得到的表达式除以 dt,

所以我们得物质流出的速度的表达式

$$\iint_S \rho v_n \, ds = \iint_S q_n \, ds,$$

式中 $v_n = v \cos(\boldsymbol{n}, \, \boldsymbol{v})$; $q_n = q \cos(\boldsymbol{n}, \, \boldsymbol{q})$.

向量 $\boldsymbol{v}$ 沿法线方向的分量可以用 $\boldsymbol{v}$ 和 $\boldsymbol{n}$ 沿坐标轴的分量 来表示. 由解析几何可以知道

$$v_n = v \cos(\boldsymbol{n}, \, \boldsymbol{v}) = v_x \cos(\boldsymbol{n}, \, \boldsymbol{x}) + v_y \cos(\boldsymbol{n}, \, \boldsymbol{y}) + v_z \cos(\boldsymbol{n}, \, \boldsymbol{z}),$$

因此我们可以把物质流出的速度的表达式改写成

$$\iint_S \rho(v_x \cos(\boldsymbol{n}, \, \boldsymbol{x}) + v_y \cos(\boldsymbol{n}, \, \boldsymbol{y}) + v_z \cos(\boldsymbol{n}, \, \boldsymbol{z})) \, ds.$$

因为只有在质量经过曲面 S 流入或流出时, Ω 中的质量才能发生变化, 根据质量守恒定律, 以上计算质量变化的两种方法应该给出相同的结果.

因此, 命 Ω 中质量的变化速度等于其输入的速度, 乃得

$$\iiint_\Omega \frac{\partial \rho}{\partial t} \, dx \, dy \, dz$$

$$= -\iint_S (\rho v_x \cos(\boldsymbol{n}, \, \boldsymbol{x}) + \rho v_y \cos(\boldsymbol{n}, \, \boldsymbol{y}) + \rho v_z \cos(\boldsymbol{n}, \, \boldsymbol{z})) \, ds$$

$$= -\iint_S (q_x \cos(\boldsymbol{n}, \, \boldsymbol{x}) + q_y \cos(\boldsymbol{n}, \, \boldsymbol{y}) + q_z \cos(\boldsymbol{n}, \, \boldsymbol{z})) \, ds.$$

此关系式对任何体积 Ω 皆成立. 这就叫做**连续性方程**.

这等式右边的积分可以用奥斯特洛格拉特斯基公式化为体积分. 此公式在第二章(第一卷)已引入, 由这公式得

$$\iint_S (\rho v_x \cos(\boldsymbol{n}, \, \boldsymbol{x}) + \rho v_y \cos(\boldsymbol{n}, \, \boldsymbol{y}) + \rho v_z \cos(\boldsymbol{n}, \, \boldsymbol{z})) \, ds$$

$$= \iiint_\Omega \left(\frac{\partial(\rho v_x)}{\partial x} + \frac{\partial(\rho v_y)}{\partial y} + \frac{\partial(\rho v_z)}{\partial z} \right) d\Omega.$$

由此可得

$$\iiint_\Omega \left(\frac{\partial \rho}{\partial t} + \frac{\partial(\rho v_x)}{\partial x} + \frac{\partial(\rho v_y)}{\partial y} + \frac{\partial(\rho v_z)}{\partial z} \right) d\Omega = 0.$$

我们得到以下的结果: 在任何体积 Ω 上, 函数

$$\frac{\partial \rho}{\partial t} + \frac{\partial (\rho v_x)}{\partial x} + \frac{\partial (\rho v_y)}{\partial y} + \frac{\partial (\rho v_z)}{\partial z}$$

或

$$\frac{\partial \rho}{\partial t} + \frac{\partial q_x}{\partial x} + \frac{\partial q_y}{\partial y} + \frac{\partial q_z}{\partial z}$$

的积分为零, 故这函数恒等于零. 这样一来, 我们得到连续性方程的另一形式——微分形式

$$\frac{\partial \rho}{\partial t} + \frac{\partial (\rho v_x)}{\partial x} + \frac{\partial (\rho v_y)}{\partial y} + \frac{\partial (\rho v_z)}{\partial z} = 0. \tag{1}$$

方程(1)是用偏微分方程的语言来叙述物理的定律的典型的例子.

2. 现在我们再来考虑一个这种问题, 即热量传导的问题.

如果在整个介质中, 有热量从一点传播到另一点. 我们想象在指定的介质内部取出某一曲面, 那么在热量的传播过程中, 将有热量通过这曲面的每一小部分 ds. 我们所考虑的热的传播现象可以用一特殊的向量——"热流向量"来描述, 我们用 τ 来表示这热流向量. 于是在每秒钟通过某面积 ds 的热量有表达式 $\tau_n ds$, 这表达式和我们以上推导连续性方程时所得到的流体在每秒钟通过面积 ds 的流量的表达式 $q_n ds$ 相类似. 这里用热流向量 τ 来代替以前的流体的流量 $q = \rho v$.

连续性方程表示流体在运动中的质量守恒定律, 用推导连续性方程的同样的方法, 我们可以得到一个新的偏微分方程, 它表示能量的守恒定律.

在每一点热能的体密度 Q 可以用下列公式来表示:

$$Q = CT$$

其中 C 是体热容, T 是热度.

于是不难得到方程

$$C \frac{\partial T}{\partial t} + \frac{\partial \tau_x}{\partial x} + \frac{\partial \tau_y}{\partial y} + \frac{\partial \tau_z}{\partial z} = 0. \tag{2}$$

如果把"密度"换为"能量密度", "流量"换为"热流向量", 则此方程的推导和连续性方程的推导完全一样. 于此我们须设: 在我们考

虑热导现象的介质中, 到处都没有热能产生. 但如果在介质中有热量输出, 则方程(2)就应该有所变化. 设 q 是热能"输出的密度", 即在单位时间中, 单位体积的介质所输出的热能, 则热能的守恒方程就具有下列比较复杂的形式

$$C \frac{\partial T}{\partial t} + \frac{\partial \tau_x}{\partial x} + \frac{\partial \tau_y}{\partial y} + \frac{\partial \tau_z}{\partial z} = q. \tag{3}$$

3. 将方程(1)对时间求微分, 我们还可以得到一个和连续性方程(1)同类型的方程. 我们假设气体围绕着它的平衡位置作微小振动. 于是我们可认为在这种振动过程当中, 密度的变化是很小的, 即 $\frac{\partial \rho}{\partial t}$, $\frac{\partial \rho}{\partial x}$, $\frac{\partial \rho}{\partial y}$ 和 $\frac{\partial \rho}{\partial z}$ 都是很小的量 且其与 v_x, v_y, v_z 的乘积可略去. 于是

$$\frac{\partial \rho}{\partial t} + \rho \left(\frac{\partial v_x}{\partial x} + \frac{\partial v_y}{\partial y} + \frac{\partial v_z}{\partial z} \right) = 0.$$

将这方程对时间求微分, 且略去 $\frac{\partial \rho}{\partial t}$ 和 $\frac{\partial v_x}{\partial x}$, $\frac{\partial v_y}{\partial y}$, $\frac{\partial v_z}{\partial z}$ 的乘积, 则得

$$\frac{\partial^2 \rho}{\partial t^2} + \rho \left(\frac{\partial \left(\frac{dv_x}{dt} \right)}{\partial x} + \frac{\partial \left(\frac{dv_y}{dt} \right)}{\partial y} + \frac{\partial \left(\frac{dv_z}{dt} \right)}{\partial z} \right) = 0. \tag{4}$$

运动方程 **1.** 介质的运动方程或平衡方程是用微分方程表示物理定律的重要范例. 设介质是由许多物质的部分所组成的, 并且这些部分以某速度运动着. 和第一个例子一样, 想象在我们的介质中取出某个体积 Ω, 在 Ω 中含有介质的一部分物质, 命 Ω 的边界是 S, 对于 Ω 中的这部分物质, 写出牛顿的第二定律. 牛顿第二定律是说: 在介质的整个运动过程, 某系统所有点的总动量的变化速度等于作用在这体积上的所有力的冲量之和. 从力学中知道, 动量是向量

$$\boldsymbol{P} = \iiint\limits_{\Omega} \rho \boldsymbol{v} \, d\Omega.$$

原来以密度 ρ 填满小体积 $d\Omega$ 的那一部分物质, 经时间 $\varDelta t$ 以后, 将以新的密度 ρ' 填满新的体积 $d\Omega'$, 但其质量不变

$$\rho' \, d\Omega' = \rho \, d\Omega.$$

在这一段时间中，速度由 v 变到 v'，这种速度的变化 $\Delta v = v' - v$ 引起了动量的变化

$$\rho' v' \, d\Omega' - \rho v \, d\Omega = \rho' v' \, d\Omega - \rho v \, d\Omega = \rho \Delta v \, d\Omega.$$

于是在单位时间中，动量的变化为

$$\rho \, \frac{\Delta v}{\Delta t} \, d\Omega \approx \rho \, \frac{dv}{dt} \, d\Omega.$$

把 Ω 中所有的部分加起来，我们就得出它的动量的变化速度

$$\iiint_{\Omega} \rho \, \frac{dv}{dt} \, d\Omega$$

或

$$\iiint_{\Omega} \rho \, \frac{dv_x}{dt} \, d\Omega, \quad \iiint_{\Omega} \rho \, \frac{dv_y}{dt} \, d\Omega, \quad \iiint_{\Omega} \rho \, \frac{dv_z}{dt} \, d\Omega.$$

$\Big($ 这里的微商 $\dfrac{dv_x}{dt}$, $\dfrac{dv_y}{dt}$, $\dfrac{dv_z}{dt}$ 并不是在空间某一点的而是在已知部分上 v 的各分量的变化速度，我们不用符号 $\dfrac{\partial}{\partial t}$ 而用 $\dfrac{d}{dt}$, 就是为了表明这一点. 显然 $\dfrac{d}{dt} = \dfrac{\partial}{\partial t} + v_x \dfrac{\partial}{\partial x} + v_y \dfrac{\partial}{\partial y} + v_z \dfrac{\partial}{\partial z}$. $\Big)$

作用在某体积上的力可能有两类：一类是作用在这体积中的每一部分上的力；另一类是作用在这体积的表面 S 上的力. 第一类是远作用力，而第二类是近作用力.

为了阐明上述的概念，假设我们所考虑的介质是液体. 于是作用在面积元素 ds 上的表面力是 $p ds$, 其中 p 是液体的压力，而此力的方向和外法线相反.

若以 n 表示沿曲面 S 的外法线的单位向量，则作用在面积元素 ds 上的力将等于

$$-pn \, ds.$$

此外，设 F 是作用在单位体积上的外力. 于是我们的方程可以写成

$$\iiint_{\Omega} \rho \, \frac{dv}{dt} \, d\Omega = \iiint_{\Omega} F \, d\Omega - \iint_{s} p n \, ds.$$

这就是运动方程的积分形式，就象连续性方程可化为方程 (1) 一样，这方程也可以化为微分方程的形式。结果我们得方程组

$$\rho \frac{dv_x}{dt} + \frac{\partial p}{\partial x} = F_x, \quad \rho \frac{dv_y}{dt} + \frac{\partial p}{\partial y} = F_y, \quad \rho \frac{dv_z}{dt} + \frac{\partial p}{\partial z} = F_z.$$

(5)

这方程组是牛顿的第二定律的微分表示形式。

2. 弦振动方程是用微分方程表示力学定律的另一范例。所谓弦是指弹性物质构成的细而长的物体，由于它很细，所以可认为是极其柔软的。在考虑弦的振动时，总假设它是被拉紧着的。想象在弦上的每一点 x 作一断面，则这断面将弦分为两边，且由每一边有一力作用在另一边上，此力的大小等于弦的张力，而其方向平行于弦的切线方向。

我们试考虑弦的某一小段。将弦上每点 x 离其平衡位置的距离记为 $u(x, t)$。我们假设弦的振动是在一个平面中进行的，且设这种位移垂直于 Ox 轴。我们把位移 $u(x, t)$ 用图形 (图2) 表示出来。我们考虑在点 x_1 和 x_2 之间的那一小段弦，于是有二力作用在这两点上，此力的大小等于弦的张力 T，而其方向平行于 $u(x, t)$ 的切线方向。

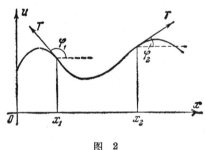

图 2

如果这弦是弯曲的，那么这二力的总作用不为零。根据力学的基本定律，这总作用力应该等于这段弦的动量的变化速度。

设每公分长的弦的质量为 ρ，则动量变化速度为

$$\rho \int_{x_1}^{x_2} \frac{d^2 u}{dt^2} \, dx.$$

如果用 φ 表示弦的切线和 Ox 轴的夹角，我们便有

$$T \sin \varphi_2 - T \sin \varphi_1 = \int_{x_1}^{x_2} \partial \, \frac{d^2 u}{dt^2} \, dx.$$

这就表示力学第二定律的基本方程的积分形式。不难把它表示为微分的形式。显然我们有

$$\rho \, \frac{d^2 u}{dt^2} = \frac{\partial}{\partial x} (T \sin \varphi).$$

由微分学就容易看到未知函数 u 和 $T \sin \varphi$ 之间有下列的关系：

$$\mathrm{tg} \, \varphi = \frac{\partial u}{\partial x}, \quad \sin \varphi = \frac{\mathrm{tg} \, \varphi}{\sqrt{1 + \mathrm{tg}^2 \varphi}} = \frac{\dfrac{\partial u}{\partial x}}{\sqrt{1 + \left(\dfrac{\partial u}{\partial x}\right)^2}},$$

且近似地设 $\left(\dfrac{\partial u}{\partial x}\right)^2$ 很小，则有

$$\sin \varphi \approx \frac{\partial u}{\partial x}.$$

于是

$$T \, \frac{\partial^2 u}{\partial x^2} = \rho \, \frac{\partial^2 u}{\partial t^2}. \tag{6}$$

这个方程就是**弦振动方程**的微分形式。

数学物理方程的基本形式　我们在前面已经说过，描述物理现象的偏微分方程一般都是几个未知函数的方程组。但在许多情形下，这些方程组可以化为一个方程。我们举出下列几个简单的例子来说明这一点。

我们来看一下前节中所考虑过的运动方程，要解这些方程必须同时考虑连续性方程，关于如何做法以后要谈到。

1. 我们首先考虑理想流体的定常流动的方程。

流体的所有可能的运动可以分为有旋运动和无旋运动，无旋运动也叫作**场位**运动。虽然无旋运动只是流体运动的一部分情形，而且在某种意义之下，液体或气体的运动总是有旋的，但是经验说明，在许多情形下，这些无旋运动十分精确地体现着流体的运动。此外，从理论上可以证明：在无粘性的流体中，如果一开始没有旋流，那么以后也就不会产生。

对于流体的场位运动, 存在一个纯量函数 $U(x, y, z, t)$, 叫作**速度势**, 速度向量 $\boldsymbol{v}$ 可以表示为

$$v_x = \frac{\partial U}{\partial x}, \ v_y = \frac{\partial U}{\partial y}, \ v_z = \frac{\partial U}{\partial z}.$$

直到目前为止, 在所有的情形下, 我们遇到的是四个未知函数的四个方程的方程组, 也可以说是一个纯量的方程和一个向量的方程, 其中包含一个未知的纯量函数和一个未知的向量场. 通常这些方程可以化为关于一个未知函数的一个方程, 但为二阶的. 我们先就简单的情况说起.

对于不可压缩液体的场位运动, 因 $\dfrac{\partial \rho}{\partial t} = 0$, 故有下列的两组方程: 连续性方程

$$\rho \left(\frac{\partial v_x}{\partial x} + \frac{\partial v_y}{\partial y} + \frac{\partial v_z}{\partial z} \right) = 0$$

和场位运动方程

$$v_x = \frac{\partial U}{\partial x}, \ v_y = \frac{\partial U}{\partial y}, \ v_z = \frac{\partial U}{\partial z}.$$

将这第二组方程表示出来的速度的数值代入第一个方程便得

$$\frac{\partial^2 U}{\partial x^2} + \frac{\partial^2 U}{\partial y^2} + \frac{\partial^2 U}{\partial z^2} = 0. \tag{7}$$

2. 也可以通过微商的关系, 将"热流"的向量场和一纯量——温度联系起来. 大家知道热量总是从物体较热的部分"流"向较冷的部分. 所以可以认为热流向量与温度的梯度向量相反. 很自然, 第一步近似地假设这向量的数值与所谓温度的梯度成正比. 实验证明这假设是正确的.

温度的梯度向量有分量

$$\frac{\partial T}{\partial x}, \ \frac{\partial T}{\partial y}, \ \frac{\partial T}{\partial z}.$$

命比例系数为 k, 便得下列三方程

$$\tau_x = -k \frac{\partial T}{\partial x}, \ \tau_y = -k \frac{\partial T}{\partial y}, \ \tau_z = -k \frac{\partial T}{\partial z}.$$

将这些数值代入热能的平衡方程

$$C\,\frac{\partial T}{\partial t}+\frac{\partial \tau_x}{\partial x}+\frac{\partial \tau_y}{\partial y}+\frac{\partial \tau_z}{\partial z}=q,$$

则得

$$C\,\frac{\partial T}{\partial t}=k\left[\frac{\partial^2 T}{\partial x^2}+\frac{\partial^2 T}{\partial y^2}+\frac{\partial^2 T}{\partial z^2}\right]+q. \tag{8}$$

3. 最后, 对于气体介质的微小振动, 譬如声的振动, 由方程

$$\frac{\partial^2 \rho}{\partial t^2}+\rho\,\frac{\partial}{\partial x}\left(\frac{dv_x}{dt}\right)+\rho\,\frac{\partial}{\partial y}\left(\frac{dv_y}{dt}\right)+\rho\,\frac{\partial}{\partial z}\left(\frac{dv_z}{dt}\right)=0$$

和运动方程(5)

$$\rho\,\frac{dv_x}{dt}+\frac{\partial p}{\partial x}=F_x,\ \ \rho\,\frac{dv_y}{dt}+\frac{\partial p}{\partial y}=F_y,\ \ \rho\,\frac{dv_x}{dt}+\frac{\partial p}{\partial z}=F_z,$$

假设没有外力($F_x=F_y=F_z=0$), 我们得

$$\frac{\partial^2 p}{\partial t^2}=a^2\left(\frac{\partial^2 p}{\partial x^2}+\frac{\partial^2 p}{\partial y^2}+\frac{\partial^2 p}{\partial z^2}\right) \tag{9}$$

(为此, 只须将加速度的表达式代入连续性方程, 且借助波义尔–马略特定律 $p=a^2\rho$ 将其中的密度 ρ 消去).

不仅对以上所考虑的问题, 而且对许多数学物理问题而言, 方程(7), (8)和(9)是典型的. 这些方程的详细研究使我们明确了许多物理现象.

§3. 始值条件和边值条件. 解的唯一性

和常微分方程一样, 除去极少的例外, 每个偏微分方程一般有无穷个特解. 所以在解决具体的物理问题时, 即寻求适合某方程的一个未知函数时, 必须会从无穷个互不相同的解中选取我们所需要的解. 为此, 除方程以外, 还须知道一些附加条件. 我们在上面已经看到, 偏微分方程是物理或力学的规律的表示式. 仅仅知道这种规律还不足预言某种现象. 譬如在天文学中, 要预言天体的运动, 当然须知道这些天体的质量, 并且除牛顿定律的一般公式以外, 还须要知道我们所研究的天体系统的原始状态, 即在某起初时间, 这些天体的分布及其速度. 在解决任何数学物理的问题时,

总会有类似的附加条件.

所以，一个数学物理的问题乃是要寻求一适合某些附加条件的偏微分方程的解.

关于上面所写出来的方程(7)，(8)和(9)，由于它们互不相同的特点，于是对它们所可能提出的问题和解决的问题也是互不相同的.

拉普拉斯方程和波桑方程．调和函数及其边值问题的解的唯一性. 现在我们比较详细地考虑上述问题的提法. 首先考虑拉普拉斯方程和波桑方程. 方程[1]

$$\Delta u = -4\pi\rho$$

叫做**波桑方程**,其中 ρ 一般有密度的意义. 在特殊情况下, ρ 可能为零. 当 $\rho \equiv 0$ 时,我们便得**拉普拉斯方程**

$$\Delta u = 0.$$

不难看到，任何波桑方程的两个特解之差是一个适合拉普拉斯方程的函数,或者说,它们的差是一个**调和函数**. 这样一来，波桑方程的解的整个集合化为调和函数的集合.

如果我们会用任一方法来建立波桑方程一个特解 u_0,那么用公式

$$u = u_0 + w$$

来变换未知函数,则得到关于新的未知函数 w 的拉普拉斯方程. 我们也可以将附加条件作相应的变换, 而得到关于新未知函数的附加条件,所以关于拉普拉斯方程的问题的研究是特别重要的.

正如许多数学问题一样，偏微分方程问题的正确提法往往是直接从实际中提示出来的. 解决拉普拉斯方程时所产生的附加条件也是由问题的物理提法导来的.

我们考虑某介质中定常的温度状态,即当热源保持不变时,考虑该介质中的温度分布情形. 在这些条件之下，经过某一段时间

---

1) 为了简单起见,我们用 Δu 表示下列的表达式:

$$\frac{\partial^2 u}{\partial x^2} + \frac{\partial^2 u}{\partial y^2} + \frac{\partial^2 u}{\partial z^2},$$

这表达式一般称为函数 u 的拉普拉斯算子.

以后，介质每一点的温度将不随时间而变化。 欲知道每一点的温度，我们求方程

$$\frac{\partial T}{\partial t} = \Delta T + q$$

的解，其中 q 是热量输出的密度，此解与 t 无关。我们得到

$$\Delta T + q = 0.$$

由此可见，我们的介质中的温度应适合波桑方程。 如果热量输出的密度为零，则波桑方程就变成拉普拉斯方程。

由简单的物理概念可以看到: 欲求出介质内部的温度，我们还必须知道介质边界上的情况。

显然，所有以前对介质内点考虑的物理规律，在介质的边界点上将有另外的表达形式。

在定常的温度分布问题中，在边界上，我们或者给出温度的分布，或者给出通过单位面积的热流量，或者给出温度和热流量之间的某个关系。

如果我们考虑体积 Ω 中的温度，设这体积的边界面是 S, 那么这些条件可写成

1) $\qquad\qquad T|_s = \varphi(Q),$ $\qquad\qquad$ (10)

或

2) $\qquad\qquad \dfrac{\partial T}{\partial n}\bigg|_s = \psi(Q),$ $\qquad\qquad$ (10′)

或在更一般的情形下

3) $\qquad\qquad \alpha\dfrac{\partial T}{\partial n}\bigg|_s + \beta T\bigg|_s = \chi(Q),$ $\qquad\qquad$ (10″)

其中 Q 表示曲面 S 上的任意点. 形式(10)的条件叫做边值条件. 在寻求拉普拉斯方程或波桑方程的解时，上述形式的一个边值条件就确定了我们所需的解的选取，并且一般是唯一地确定了这个解.

所以当求拉普拉斯方程或波桑方程的解时，必须且只须给出边界上的一任意函数[1]. 现在我们比较详细地考虑拉普拉斯方程.

---

[1] "任意函数"是指在这函数上，除某种正则性条件以外，不加其他特殊的限制.

如果我们知道一个调和函数(即适合拉普拉斯方程的函数)在区域的边界上取什么数值,那末这调和函数就完全地被确定.

我们先证明, 一个调和函数在区域内部任一点的数值不能大于它在边界上的数值的极大. 或更精确地说, 任何调和函数在边界上达到它的绝对极大值和绝对极小值.

由此立刻看到, 如果一调和函数在区域 Ω 的边界上的数值是常数, 那末这调和函数在这区域内部也等于这同一个常数. 因为若一函数的极大和极小是同一个常数, 则此函数到处都等于这个常数.

现在我们证明调和函数的绝对极大和绝对极小不能在区域的内部. 我们先注意: 若函数 $u(x, y, z)$ 的拉普拉斯算子 Δu 在整个区域中是正的, 则此函数在区域内部不能有极大; 若 Δu 为负, 则函数在区域内不能有极小. 诚然, 设函数 u 在某一点取极大, 则单独对每一个变数来说(将其余二变数保持不变), 函数在这点仍为极大. 由此可见, 这函数对每个变数的二阶微商为非正值. 这就是说, 这些二阶微商的和也是非正的, 故拉普拉斯算子不可能是正的. 同样可以证明: 若函数在某个内点上为极小, 则其拉普拉斯算子在这一点不可能为负. 这就是说, 若一函数的拉普拉斯算子在区域中到处为负, 则此函数在这区域中不可能有极小.

若某函数是调和函数, 则总可以将它作任意小的变化而使其拉普拉斯算子为正或为负; 为此只须加上以下的项

$$\pm \eta r^2 = \pm \eta(x^2 + y^2 + z^2),$$

其中 η 是任意小的常数.

一个函数是否在区域的内部有绝对的极大或绝对的极小, 加以十分微小的量并不改变这种性质. 如果一调和函数在区域的内部有极大, 则加以 $+\eta r^2$ 以后, 我们便得一个具正拉普拉斯算子的函数, 而这函数在区域的内部有极大, 但根据以上的证明, 这是不可能的. 这就是说, 调和函数不可能在区域的内部达到绝对极大.

同样可以证明, 调和函数也不可能在区域的内部达到它的绝对极小.

由以上所证明的定理可以推出一个重要结论：如果两个调和函数在区域的边界上取相同数值，则此二函数在整个区域的内部互相一致. 诚然, 这二函数之差 (仍为调和函数) 在区域的边界上为零, 故在区域内到处为零.

我们看到, 调和函数被它在边界上的数值所完全确定. 可以证明 (但不能详细地给出这个证明), 这些值可以任意给, 并且总可以找出一个调和函数取此边值.

如果知道通过物体表面的每个面积元素的热流量, 或知道温度和热流量之间规律, 则物体定常的温度分布就完全被确定了. 这事实的证明比较复杂, 待以后讨论数学物理问题的解法时, 再回到这问题上来.

热传导方程的边值问题 在非定常的情形下, 热传导方程的定解问题的提法与以上的是完全两样的. 从物理上可以看到, 仅仅知道边界的温度或仅知道边界上的热流量, 并不足以确定问题的解. 但若除此以外, 还知道在某个开始时刻的温度分布, 则问题就完全确定了. 因此, 欲寻求形如 (8) 的方程的解, 一般必须且只须给出一任意函数 $T_0(x, y, z)$ 作为原始的温度分布, 且在边界上还要给出一任意函数. 和以前一样, 这可以是物体表面上的温度分布, 或是通过表面每个面积元素的热流量, 或是温度和热流量之间的规律.

因此我们的问题的提法是: 寻求方程 (8) 的解, 它适合条件

$$T\,|_{t=0} = T_0(x, y, z) \tag{11}$$

以及下列三条件之一:

1) $$T\,|_s = \varphi(Q), \tag{12}$$

2) $$\frac{\partial T}{\partial n}\bigg|_s = \psi(Q), \tag{12'}$$

3) $$\alpha\,\frac{\partial T}{\partial n}\bigg|_s + \beta T\,|_s = \chi(Q), \tag{12''}$$

式中 Q 是曲面 S 上的任意点.

条件 (11) 叫**始值条件**, 而条件 (12) 叫**边值条件**.

我们不详细证明上述每个问题都有确定的解，而只考虑其中的第一个问题，而且只考虑介质内部没有热量输出的情形．我们来证明，方程

$$\Delta T = \frac{1}{a^2}\frac{\partial T}{\partial t}$$

和条件
$$T\big|_{t=0} = T_0(x, y, z),$$
$$T\big|_s = \varphi(Q)$$

只可能有一个解．

这个命题的证明与上述拉普拉斯方程的解的唯一性证明十分相象．首先我们证明，若

$$\Delta T - \frac{1}{a^2}\frac{\partial T}{\partial t} < 0,$$

则作为四个变元 x, y, z 和 $t(0 \leqslant t \leqslant t_0)$ 的函数 T 或者在变元 x, y, z 的区域 Ω 的边界上达到极小(或在 Ω 内达到极小，但必须在起始时刻 $t = 0$).

诚然，在相反的情形，T 在某内点达到极小，于是在这一点上，T 的所有一阶微商，包括 $\dfrac{\partial T}{\partial t}$ 在内，将等于零．而若这极小出现在 $t = t_0$，则 $\dfrac{\partial T}{\partial t}$ 非正．在这一点，T 对变元 x, y, z 的二阶微商皆非负．由此可见，$\Delta T - \dfrac{1}{a^2}\dfrac{\partial T}{\partial t}$ 将为非负．所以在我们的区域内部，不能达到极小值．

同样可以证明，若 $\Delta T - \dfrac{1}{a^2}\dfrac{\partial T}{\partial t} > 0$，则在 Ω 内，于 $0 < t \leqslant t_0$ 时，函数 T 不能有极大值存在．

最后若 $\Delta T - \dfrac{1}{a^2}\dfrac{\partial T}{\partial t} = 0$，则在 Ω 内，当 $0 < t \leqslant t_0$ 时，函数 T 不能达到绝对的极大或绝对的极小，因为，譬如 T 达到绝对极小，则加上一项 $\eta(t - t_0)$，而考虑 $T_1 = T + \eta(t - t_0)$，当 η 十分小时，不失去绝对极小的存在性，但此时 $\Delta T_1 - \dfrac{1}{a^2}\dfrac{\partial T_1}{\partial t}$ 为负，而这是不可能的．

用同样的方法可以证明，T 在所考虑的域内没有绝对极大.

所以，绝对极大和绝对极小只能在初始时刻 $t=0$ 达到，或在所考虑介质的边界 S 上达到. 如在初始时刻和边界 S 上，$T=0$，则对一切 $t \leqslant t_0$，在区域内部到处有 $T=0$. 如果任意两个温度分布 T_1 和 T_2 在初始时刻 $t=0$ 和在边界上相等，则其差 $T_1-T_2=T$ 将适合热传导方程，且于 $t=0$ 和边界上为零. 这就是说，T_1-T_2 到处等于零，故这二温度分布 T_1 和 T_2 到处相同.

在以后讨论数理方程的解法时，我们可以看到，T 在 $t=0$ 上的数值，以及等式(12)右边函数，可以任意指定，即每个这种问题皆有解存在.

振动能和振动方程的边值问题　我们现在考虑，在什么条件下我们已导出的，基本的数学物理方程的第三个方程，即方程(9)是可解的.

为了简单起见，我们考虑弦振动方程 $\dfrac{\partial^2 u}{\partial x^2}=\dfrac{1}{a^2}\dfrac{\partial^2 u}{\partial t^2}$，它和方程(9)很相似，仅仅是在空间变元的个数上有所不同. 这方程的右边是 $\dfrac{\partial^2 u}{\partial t^2}$，它表示弦上任一点的加速度. 对任一力学系统来说，如果知道了这系统每一点的初始位置和速度，则此系统的运动将完全被确定. 因此对弦振动方程来说，给出每点的初始位置和速度是自然的：

$$u\big|_{t=0}=u_0(x)$$

$$\frac{\partial u}{\partial t}\bigg|_{t=0}=u_1(x).$$

此外，我们在上面已经说过，这方程只能表示弦的内点的力学规律，它在弦的端点上就不再成立了. 所以在弦的两端必须给出补充条件. 如果弦的两端固定在平衡位置上，则我们将有

$$u\big|_{x=0}=u\big|_{x=l}=0.$$

这些条件有时也换为另一些比较复杂的条件，但这种变化并不是本质的.

对方程(9)也可以提出一些与此类似的定解问题. 欲定方程

(9)的一个解, 一般给出

$$p|_{t=0} = \varphi_0(x, y, z), \tag{13}$$

$$\frac{\partial p}{\partial t}\Big|_{t=0} = \varphi_1(x, y, z),$$

以及下列"边值条件"之一:

$$p|_s = \varphi(Q), \tag{14}$$

$$\frac{\partial p}{\partial n}\Big|_s = \psi(Q), \tag{14'}$$

$$\alpha \frac{\partial p}{\partial n}\Big|_s + \beta p\Big|_s = \chi(Q). \tag{14''}$$

这与以前的不同之点在于: (11)中只有一个始值条件, 而现在有两个始值条件(13).

条件(14)显然表示在所考虑体积的边界上的物理规律.

一般来说, 条件(13)与条件(14)中的任一个条件合起来就唯一地确定了问题的解. 但我们在这里不证明这一事实. 我们仅证明, 对(14)中的一个条件, 这样的解是唯一的.

如果我们知道某函数 u 适合方程

$$\frac{\partial^2 u}{\partial x^2} = \frac{1}{a^2} \frac{\partial^2 u}{\partial t^2}$$

和始值条件

$$u|_{t=0} = 0, \quad \frac{\partial u}{\partial t}\Big|_{t=0} = 0$$

以及边值条件

$$\frac{\partial u}{\partial n}\Big|_s = 0.$$

($u|_s = 0$ 的情形也很容易研究.)

我们证明在这些条件之下, 函数 u 将恒等于零.

为了证明这一性质, 我们需要引进一个概念, 利用这概念可以证明前面两个问题的解的唯一性. 在这里可以用物理的思想来阐述这一概念.

我们所需要援引的一个物理定律是"能量守恒定律"为了简单起见, 我们仍考虑振动着的弦, 弦的每一点的位移 $u(x, t)$ 适合方程

$$T\frac{\partial^2 u}{\partial x^2}=\rho\frac{\partial^2 u}{\partial t_2}.$$

从 x 到 $x+\Delta x$ 的弦的每个振动部分的动能可表为

$$\frac{1}{2}\Big(\frac{\partial u}{\partial t}\Big)^2\rho\, dx.$$

如果弦不在平衡位置,则除动能以外,它还有位能. 我们现在来计算这个位能. 仍考虑从 x 到 $x+\Delta x$ 之间的这一小段弦. 对 Ox 轴而言,这一小段的位置是倾斜,所以它的长度近似于

$$\sqrt{dx^2+\Big(\frac{\partial u}{\partial x}dx\Big)^2},$$

而其伸长量为

$$\sqrt{1+\Big(\frac{\partial u}{\partial x}\Big)^2}\,dx-dx\approx\frac{1}{2}\Big(\frac{\partial u}{\partial x}\Big)^2dx.$$

将这伸长量乘以张力 T,我们就得到这段被拉长了的弦的位能

$$\frac{1}{2}T\Big(\frac{\partial u}{\partial x}\Big)^2dx.$$

设弦长是 l, 如果我们把弦的所有点的动能和位能加起来,就得到这弦的总能量

$$E=\frac{1}{2}\int_0^l\Big[T\Big(\frac{\partial u}{\partial x}\Big)^2+\rho\Big(\frac{\partial u}{\partial t}\Big)^2\Big]dx.$$

如果作用在弦的两端的力不作功,特别当弦的两端固定时,则弦的总能量应保持为一常数.

这样我们就得到方程

$$E=\text{const.}$$

这样得来的能量守恒定律的表达式是基本力学方程的一个数学推论,它可以从基本力学方程推导出来. 因为我们已经把运动规律写成弦振动微分方程和端点上的条件,所以我们可以对能量守恒定律给一个数学证明. 诚然,按普通运算规则,将 E 对时间求微商,便得

$$\frac{dE}{dt}=\int_0^l\Big[T\frac{\partial u}{\partial x}\frac{\partial^2 u}{\partial x\partial t}+\rho\frac{\partial u}{\partial t}\frac{\partial^2 u}{\partial t^2}\Big]dx.$$

利用波动方程(6)，将式中 $\rho\,\dfrac{\partial^2 u}{\partial t^2}$ 换为 $T\,\dfrac{\partial^2 u}{\partial x^2}$，则 $\dfrac{dE}{dt}$ 化为

$$\frac{dE}{dt}=\int_0^l T\left[\left(\frac{\partial u}{\partial x}\,\frac{\partial^2 u}{\partial x\partial t}\right)+\frac{\partial u}{\partial t}\,\frac{\partial^2 u}{\partial x^2}\right]dx$$

$$=\int_0^l T\,\frac{\partial}{\partial x}\left(\frac{\partial u}{\partial x}\,\frac{\partial u}{\partial t}\right)dx$$

$$=T\,\frac{\partial u}{\partial x}\,\frac{\partial u}{\partial t}\bigg|_{x=l}-T\,\frac{\partial u}{\partial x}\,\frac{\partial u}{\partial t}\bigg|_{x=0}.$$

若 $\dfrac{\partial u}{\partial x}\bigg|_{x=0}$ 或 $u|_{x=0}$ 为零，且 $\dfrac{\partial u}{\partial x}\bigg|_{x=l}$ 或 $u|_{x=l}$ 也为零，则

$$\frac{dE}{dt}=0,$$

这就证明了 E 是常数。

对波动方程(9)，也可以用同样的方法证明能量守恒定律。若 p 适合方程(9)和条件

$$p\,\bigg|_s=0\quad\text{或}\quad\frac{\partial p}{\partial n}\bigg|_s=0,$$

则能量

$$E=\iiint\left[\left(\frac{\partial p}{\partial x}\right)^2+\left(\frac{\partial p}{\partial y}\right)^2+\left(\frac{\partial p}{\partial z}\right)^2+\frac{1}{a^2}\left(\frac{\partial p}{\partial t}\right)^2\right]dx\,dy\,dz$$

与时间 t 无关。

如果在初始的时刻，振动的总能量为零，那么它将恒为零，于是就不可能有运动发生。如果对于相同的始值条件和边值条件，波动方程有两个解 p_1 和 p_2，则其差 $v=p_1-p_2$ 将仍为波动方程的解，并且适合零边值条件和始值条件。

若我们计算函数 v 所描述的振动的"能量"，不难看到，这能量 $E(v)$ 在初始的时刻为零。于是在任何时刻，此能量也仍为零，所以函数 v 恒等于零，这就是说原来的两个解 p_1 和 p_2 相同。这就证明了问题的解的唯一性。

我们已经看到，对以上考虑的三个方程，我们所提出的问题都是正确的。

在上面的讨论中，我们也顺便研究了这些方程的解的一些简

单的性质. 我们所考虑的拉普拉斯方程的解具有极大的性质: 适合这方程的函数在其存在域的边界上达到其极大或极小.

描述介质中温度传播的函数具有另一种形式的极大性质, 即在任一点的温度的极大或极小随时间而消失. 任何一点上的温度, 只有当它附近点的温度比它高或低时, 才能上升或下降. 温度的图形是随着时间而越来越平滑的. 因为热量从较热的部分流向较冷的部分, 所以介质中的温度越来越平均.

与热的传播不同, 在波的传播中扰动是不会越来越平均的. 相反地, 振动既不会停止也不会逐渐平息下去, 而振动的位能和动能之和恒为一常量.

§4. 波 的 传 播

可以用一些很简单的范例清楚地说明振动的一些性质. 现在我们考虑下列的两个范例.

我们所要考虑的第一个范例是弦振动方程

$$\frac{\partial^2 u}{\partial x^2} = \frac{1}{a^2} \frac{\partial^2 u}{\partial t^2}. \tag{15}$$

可以验证, 这方程有两个以下形式的特解:

$$u_1 = \varphi_1(x - at), \quad u_2 = \varphi_2(x + at),$$

式中 φ_1 和 φ_2 是任意二阶可微的函数.

借直接的微分运算可以验证 u_1 和 u_2 适合方程(15), 可以证明

$$u = u_1 + u_2$$

是这方程的通解.

以 u_1 和 u_2 描述的振动的图象是非常有趣的. 为了便于考虑这种图象, 我们作以下的想象. 假设研究这弦振动的观察者不是停着不动的, 而是沿着 Ox 轴的方向以速度 a 移动. 对于这样的观察者来说, 弦上的点已不是看作固定的坐标系中的点, 而是看作运动着的坐标系中的点. 命 ξ 表示 x 在这系统中的坐标. 显然,

点 $\xi=0$ 在每一时刻将对应于数值 $x=at$. 由此可见

$$\xi=x-at.$$

我们可以把任何函数 $u(x,\ t)$ 表示为

$$u(x,\ t)=\varphi(\xi,\ t),$$

对于解 u_1 我们有

$$u_1(x,\ t)=\varphi_1(\xi),$$

因此, 在这个坐标系中, 解 $u_1(x,\ t)$ 是和时间没有关系的. 所以, 对以速度 a 运动着观察者来说, 这弦的变形是凝结不变动的. 而对于不移动的观察者来说, 则弦上有波沿着 Ox 轴的方向以速度 a 跑去.

同样, 解 $u_2(x,\ t)$ 可以看作是向相反的方向以速度 a 移动着的波.

对于无穷长的弦来说, 这两种波将无限地向远方传播. 当它们向不同的方向移动时, 它们可以互相叠置起来而形成奇特的图形. 两个波的相加的位移有时增大, 有时消失.

设 u_1 和 u_2 沿不同的方向向某一点移来, 如果它们的符号相同, 则位移增强; 如果它们的符号互异, 则位移减弱. 图 3 对两个特殊形式的波阐明了弦的一连贯的位置: 起初波相向而独立地

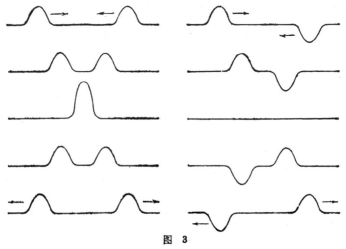

图 3

· 70 ·

移动,继而开始互相接触. 在第二种情况下,有一时刻振动完全消失,然后波又重新散开. 所有的这些波是不难观察到的.

我们所要考虑的第二个范例是空间中的波的传播.

我们以前推导出来的方程

$$\Delta u = \frac{1}{a^2} \frac{\partial^2 u}{\partial t^2},\qquad (16)$$

具有下列形式的两个特解

$$u_1 = \frac{1}{r}\,\varphi_1(r-at),\ u_2 = \frac{1}{r}\,\varphi_2(t+at),\qquad (17)$$

式中 r 表示从坐标原点到指定点的距离 $r^2 = x^2+y^2+z^2$, 而 φ_1 和 φ_2 表示任意二阶可微的函数.

欲验证 u_1 和 u_2 是解, 需较多的时间, 我们将不作这一验算.

这些解所描绘的波的图形一般和弦振动的情形一样. 就(17)中的第一个解来说, 如果不重视其因子 $\frac{1}{r}$, 那末此解形成一个沿 r 增大的方向传播的波. 这个波具有球对称性, 即在离原点的距离相同的各点, 这波的传播情形是完全一样的.

因子 $\frac{1}{r}$ 使波的振幅随其离原点的距离之增大成反比例地减小. 这样的振动叫做发散的球面波. 如果我们向水中投入一石子, 则有圆形在水面上传播, 这些传播着的圆可以看做是发散波的一种很好的表现; 所不同的仅在于这是圆形波而不是球面波.

方程(17)中的第二个解也很有意思, 它叫做收敛波, 这波向着坐标原点的方向传播. 其振幅逐渐增大, 而到原点附近增至无穷. 这种同心的球面波能使原来微小的振动聚集到一点而形成一个巨大冲击.

§5. 解　法

将任何解展成较简单的解的可能性　以上给出的数学物理问题的解可以用不同的方法得到. 虽然这些问题的解法是完全特殊

的,但是它们有一个共同的思想基础. 我们看到,当未知函数值很小时,则所有数理方程对这些未知函数及其微商都是线性的,边值条件和始值条件也都是线性的.

同一个方程的任意两个解的差将仍为这一方程的解, 唯方程的自由项为零. 这样的方程称为相应的纯方程. (例如,对波桑方程 $\Delta u = -4\pi\rho$ 来说,其相应的纯方程乃是拉普拉斯方程 $\Delta u = 0$.)

如果同一个方程的两个解也适合相同边值条件, 则其差适合相应的纯条件: 即这差在边界上的相应的表达式的值为零.

因此,对指定的边值条件,方程的所有的解可以通过以下的方法得到: 即把适合指定边值条件的任一特解加以纯方程而适合纯边值条件的一切可能的解(但一般不适合始值条件).

将适合纯条件和纯方程的解相加或乘以一常数, 仍得到纯方程的解,且适合纯条件.

如果适合纯条件和纯方程的解是某参数的函数, 则对这参数积分, 仍得适合纯条件和纯方程的解. 解决数理方程的所有线性问题的一种重要的方法——叠置法便是以这些事实为基础的.

我们试求形式为

$$u = u_0 + \sum_k u_k$$

的解,式中 u_0 是适合边值条件而不适合始值条件的方程的一个特解, u_k 是相应的纯方程的一些解,它适合纯边值条件. 如果方程本来就是纯的,而且边值条件也是纯的,则可以求形式

$$u = \sum_k u_k$$

的解.

欲借纯方程的特解 u_k 的选取, 使上述解能够适合任意始值条件,我们需要聚集足够多的这样的特解.

分离变数法 所谓分离变数法或傅里叶方法使我们能得到必要的上述特解.

通过范例

$$\Delta u = \frac{\partial^2 u}{\partial t^2}, \tag{18}$$

$$u|_s = 0, \ u|_{t=0} = f_0(x, y, z), \ \frac{\partial u}{\partial t}\bigg|_{t=0} = f_1(x, y, z)$$

来详细地研究这个方法.

为了求方程的特解, 我们首先假设所要求的函数 u 适合边值条件 $u|_s = 0$, 且可表为两函数之乘积, 其中一函数只与时间 t 有关, 而另一个只与空间变量有关,

$$u(x, y, z, t) = U(x, y, z)T(t).$$

将这个解代入方程, 便得

$$T(t)\Delta U = T''(t)U,$$

将这等式的两边除以 TU, 乃得

$$\frac{T''}{T} = \frac{\Delta U}{U}.$$

这等式的右边是只与空间变量有关的函数, 而左边与空间变量无关. 由此可见, 欲使这等式成立, 这等式的左右两边必为常数. 于是我们就得下列两个方程的方程组:

$$\frac{T''}{T} = -\lambda_k^2, \quad \frac{\Delta U}{U} = -\lambda_k^2.$$

为了表明所得到的常数为负(这可以严格证明), 我们用 $-\lambda_k^2$ 来表示等式右边的常数. 标数 k 用来表明 $-\lambda_k^2$ 的一切可能的数值可以有无穷多个, 而且在某种意义之下, 它们所对应的解构成一完备的函数族.

在上述两方程中除去分母, 我们就得到

$$T'' + \lambda_k^2 T = 0, \quad \Delta U + \lambda_k^2 U = 0.$$

我们知道, 式中的第一个方程有解

$$T = A_k \cos \lambda_k t + B_k \sin \lambda_k t;$$

这里 A_k 和 B_k 是任意常数. 可以引入辅助角 φ, 而将这解作更进一步的简化, 命

$$\frac{A_k}{\sqrt{A_k^2 + B_k^2}} = \sin \varphi_k, \quad \frac{B_k}{\sqrt{A_k^2 + B_k^2}} = \cos \varphi_k, \quad \sqrt{A_k^2 + B_k^2} = M_k.$$

于是 $T = \sqrt{A_k^2 + B_k^2} \sin(\lambda_k t + \varphi_k) = M_k \sin(\lambda_k t + \varphi_k)$. 函数 T 是以 λ_k 为频率以 φ_k 为相角的简谐振动.

对于纯边值条件,例如条件

$$U|_s = 0$$

(式中 s 是考虑域 Ω 的边界),

求方程

$$\Delta U + \lambda_k^2 U = 0 \tag{19}$$

的解的问题是比较困难而有兴趣的问题. 这问题的解并不总可以用已知函数的有限形式得到,但这些解恒存在,而且可以任意精确地求出.

于条件 $U|_s = 0$ 下,方程 $\Delta U + \lambda_k^2 U = 0$ 有显然解 $U \equiv 0$. 这个解是不足道的,而且对我们毫无用处. 若 λ_k 是随便取定的一常数,则我们的问题一般没有其他的解存在. 但确实有这样的数值 λ_k 存在,对于这些数值,方程有非零解.

根据下列的要求可以确定一切可能的常数值 λ_k^2: 即对每个这样的值,方程(19)有非零解,适合条件 $U|_s = 0$. (由此也可推出,用 $-\lambda_k^2$ 表示的数值是负的.)

对于每个可能的数值 λ_k,由方程(19)至少可以找到一个函数 U_k. 用它可以得到方程(18)的一个特解,

$$u_k = M_k \sin(\lambda_k t + \varphi_k) U_k(x, y, z).$$

这样的解称为我们所考虑的区域的**固有振动**. 常数 λ_k 给出这固有振动的频率,而函数 $U(x, y, z)$ 给出这固有振动的形状. 这函数叫做**固有函数**. 在任何时刻,若把函数 u_k 看做是变量 x, y, z 的函数,则它与 $U_k(x, y, z)$ 只差一个比例.

现在我们不可能详细证明固有振动和固有函数的所有的重要性质,我们仅仅将这些性质列举于下.

固有振动的第一个性质: 对于任何体积,有无穷多个固有振动的频率,或称为固有频率. 当标号 k 增大时,这些频率趋于无穷.

固有振动的第二个性质叫**直交性**. 对应不同的 λ_k 的两固有函数的乘积在区域 Ω 上的积分为零[1]

---

1) 如果有若干个本质上不相同的(线性无关的)函数 U 对应于同一数值 λ,则这个数值 λ 在集合 λ_k 中就出现相当多次. 对应于相同的 λ_k 的函数的直交性条件可以由这些函数的适当选取来保证.

$$\iiint_{\Omega} U_k(x, y, z)U_j(x, y, z)dx\,dy\,dz = 0 \quad (j \neq k).$$

当 $j=k$ 时, 我们可以设

$$\iiint_{\Omega} U_k(x, y, z)^2\,dx\,dy\,dz = 1.$$

只要将函数 $U_k(x, y, z)$ 乘以适当的常数, 便可以使这等式成立, 因为函数 U 乘以常数后仍为方程(19)和条件 $U|_s=0$ 的解.

最后, 固有振动的第三个性质: 如果不遗漏任一数值 λ_k, 则任意函数 $f(x, y, z)$, 只要它适合边值条件 $f|_s=0$ 且其一、二阶微商无间断, 于是它总可以用固有函数 $U_k(x, y, z)$ 任意精确地来表示. 任一这样的函数 $f(x, y, z)$ 可以表示为收敛的级数

$$f(x, y, z) = \sum_{k=1}^{\infty} C_k U_k(x, y, z). \tag{20}$$

固有函数的第三个性质使我们在原则上能把任意函数 $f(x,y,z)$ 表示为我们的问题的固有函数的级数形式, 而用第二个性质我们又可以决定这级数的所有系数. 诚然, 将等式(20)的两边乘以 $U_j(x, y, z)$, 且在整个区域 Ω 上积分, 便得

$$\iiint_{\Omega} f(x, y, z)U_j(x, y, z)dx\,dy\,dz$$

$$= \sum_{k=1}^{\infty} C_k \iiint U_k(x, y, z)U_j(x, y, z)dx\,dy\,dz.$$

由于直交性, 等式右边和号中所有 $k \neq j$ 的项皆为零, 而 C_j 的系数等于1. 因此我们得到

$$C_j = \iiint_{\Omega} f(x, y, z)U_j(x, y, z)dx\,dy\,dz.$$

以上所列举的固有振动的性质使我们可以解决振动的一般问题, 问题的始值条件是任意的.

为此, 我们考虑问题的解

$$u = \sum U_k(x, y, z)(A_k \cos\lambda_k t + B_k \sin\lambda_k t), \tag{21}$$

设法选取常数 A_k 和 B_k 使它适合

$$u|_{t=0} = f_0(x, y, z),$$

$$\frac{\partial u}{\partial t}\bigg|_{t=0} = f_1(x, y, z).$$

将 $t=0$ 代入(21)的右边, 我们看到, 正弦的项皆为零, 而 $\cos\lambda_k t$ 等于 1, 所以我们有

$$f_0(x, y, z) = \sum_{k=1}^{\infty} A_k U_k(x, y, z).$$

根据固有振动的第三个性质, 我们看到这种表示是可能的, 又由第二个性质, 我们有

$$A_k = \iiint_{\Omega} f_0(x, y, z) U_k(x, y, z) dx\, dy\, dz.$$

同样, 将公式(21)对 t 微分, 且代入 $t=0$, 我们有

$$\frac{\partial u}{\partial t}\bigg|_{t=0} = f_1(x, y, z)$$

$$= \sum_{k=1}^{\infty} \lambda_k (B_k \cos\lambda_k t - A_k \sin\lambda_k t)\bigg|_{t=0} U_k(x, y, z)$$

$$= \sum_{k=1}^{\infty} \lambda_k B_k U_k(x, y, z).$$

和以上一样, 由此可得

$$B_k = \frac{1}{\lambda_k} \iiint_{\Omega} f_1(x, y, z) U_k(x, y, z) dx\, dy\, dz.$$

知道了 A_k 和 B_k 我们就知道每个固有振动的振幅和相角.

这样我们就证明了, 将固有振动叠加起来可以得到纯边值条件的问题的一般解.

因此所有解都可以用固有振动组成; 并且若知道了始值条件, 便可以求得这每个固有振动的振幅和相角.

在自变量较少的情形的振动也可以用同样的方法来研究. 我们考虑两端固定的弦的振动作为一例, 弦振动方程是

$$\frac{\partial^2 u}{\partial t^2} = a^2 \frac{\partial^2 u}{\partial x^2}.$$

设弦长为 l, 而其两端固定

$$u|_{x=0} = u|_{x=l} = 0,$$

我们现在来求这问题的解. 仍然求特解
$$u_k = T_k(t)U_k(x).$$
和以前的推理一样, 显然
$$T_k''U_k = a^2 U_k''T_k,$$
或
$$\frac{T_k''}{T_k} = a^2 \frac{U_k''}{U_k} = -\lambda_k^2.$$
由此
$$T_k = A_k \cos \lambda_k t + B_k \sin \lambda_k t,$$
$$U_k = M_k \cos \frac{\lambda_k}{a} x + N_k \sin \frac{\lambda_k}{a} x.$$

我们用边值条件来求 λ_k 的值, 并不是对所有 λ_k 的值, 端点的两个条件皆可以适合. 由条件 $U_k|_{x=0}=0$ 得 $M_k=0$, 即 $U_k = N_k \sin \frac{\lambda_k}{a} x$. 代入 $x=l$, 得 $\sin \frac{\lambda_k l}{a}=0$. 这必须 $\frac{\lambda_k l}{a}=k\pi$, 式中 k 是整数. 这就是说
$$\lambda_k = \frac{ak\pi}{l}.$$
由条件 $\int_0^l U_k^2 dx = 1$ 得 $N_k = \sqrt{\frac{2}{l}}$.

最后, 我们有
$$U_k(x) = \sqrt{\frac{2}{l}} \sin \frac{k\pi x}{l}, \quad T_k = A_k \cos \frac{ak\pi t}{l} + B_k \sin \frac{ak\pi t}{l}.$$

因此我们看到, 弦的固有振动在整个弦上具有整数个正弦半波的形式. 每个固有振动皆有其一定频率, 并且这些频率可以按其增大的顺序排列为
$$\frac{a\pi}{l}, \ 2\frac{a\pi}{l}, \ 3\frac{a\pi}{l}, \ \cdots, \ k\frac{a\pi}{l}, \ \cdots.$$

大家知道, 在音弦振动时, 我们听到的就是这些频率. 频率 $\frac{a\pi}{l}$ 称为**基音频率**, 而所有其余的是所谓**泛音频率**. 固有函数 $\sqrt{\frac{2}{l}} \sin \frac{k\pi x}{l}$ 在区间 $0 \leqslant x \leqslant l$ 中改变 $k-1$ 次符号. 诚然, $\frac{k\pi x}{l}$ 从 0 变到 $k\pi$, 故其正弦改变 $k-1$ 次符号. 固有函数等于零的点

称为振动的**波节**.

譬如, 我们使弦在第一泛音的波节所对应的点处固定不动, 则基音就消失了, 我们只听到第一泛音, 它就提高了八度音. 在演奏乐器(如小提琴、中提琴和大提琴)时, 常使用这种方法.

在关于固有振动的问题的例子上, 我们已讨论了分离变数法. 但是这方法具有极广泛的应用领域: 它可以用来解决热传导问题以及很多其他问题.

对热传导方程

$$\Delta T = \frac{\partial T}{\partial t}$$

和条件

$$T|_s = 0,$$

和以前一样, 我们将有

$$T = \sum F_k(t) U_k(x, y, z).$$

于是

$$\frac{F_k'(t)}{F_k(t)} = -\lambda_k^2, \ \Delta U_k + \lambda_k^2 U_k = 0.$$

所以解具有形式

$$T = \sum_{k=1}^{\infty} e^{-\lambda_k^2 t} U_k(x, y, z).$$

这个方法可以用来解决其它的一些方程. 例如, 我们在圆

$$x^2 + y^2 \leqslant 0$$

内考虑拉普拉斯方程

$$\Delta u = 0,$$

如果我们所要寻求的解适合条件

$$u|_{r=1} = f(\vartheta),$$

式中 r 和 ϑ 表示平面上的点的极坐标.

拉普拉斯方程不难化为极坐标的形式

$$\frac{\partial^2 u}{\partial r^2} + \frac{1}{r} \frac{\partial u}{\partial r} + \frac{1}{r^2} \frac{\partial^2 u}{\partial \theta^2} = 0.$$

我们求这方程呈下列形式的解:

$$u = \sum_{k=1}^{\infty} R_k(r) \theta_k(\vartheta).$$

欲级数的每一项皆单独地适合方程, 我们就得到

$$\left[R_k''(r) + \frac{1}{r} R_k'(r) \right] \theta_k(\vartheta) + \frac{1}{r^2} \theta_k''(\vartheta) R_k(r) = 0.$$

将方程除以 $\dfrac{R_k \theta_k(\vartheta)}{r^2}$, 我们得到

$$\frac{r^2 \left[R_k''(r) + \frac{1}{r} R_k'(r) \right]}{R_k(r)} = - \frac{\theta_k''(\vartheta)}{\theta_k(\vartheta)}.$$

再命

$$\frac{\theta_k''(\vartheta)}{\theta_k(\vartheta)} = -\lambda_k^2,$$

于是

$$r^2 \left[R_k'' + \frac{1}{r} R_k' \right] - \lambda_k^2 R_k = 0.$$

不难看到, 函数 $\theta_k(\vartheta)$ 应为 ϑ 的周期函数, 以 2π 为周期. 求方程 $\theta_k''(\vartheta) + \lambda_k^2 \theta_k(\vartheta) = 0$ 的积分, 我们得到

$$\theta_k = a_k \cos \lambda_k \vartheta + b_k \sin \lambda_k \vartheta.$$

欲这函数以 2π 为周期, λ_k 必须是整数, 命 $\lambda_k = k$, 我们便有

$$\theta_k = a_k \cos k\vartheta + b_k \sin k\vartheta.$$

R_k 的方程有形式为

$$R_k = A r^k + \frac{B}{r^k}$$

的一般解. 若只保留当 $r \to 0$ 为有界的那些项, 我们就得到了拉普拉斯方程的一般解

$$u = a_0 + \sum_{k=1}^{\infty} (a_k \cos k\vartheta + b_k \sin k\vartheta) r^k.$$

这个方法也常常用来寻求方程 $\varDelta U_k + \lambda_k^2 U_k = 0$ 适合纯边值条件的非零解, 如果用这种方法可以把问题化为解常微分方程的问题, 我们就说这问题的变量可以完全分离. 苏联数学家斯捷巴诺夫曾证明, 仅仅在一些特殊的情形下, 可以用傅里叶方法将变数完全分离. 很早以前, 数学家就已经知道了分离变数法. 欧拉、伯努利和达朗贝尔实质上就用过这一方法. 但是, 我们已经说过, 在许多情形这方法是不能采用的; 那我们就要应用另一些方法. 现在

我们就来谈这些方法.

位势法 这个方法的实质和以前一样, 仍然是以特解的叠加而求一般形式的解. 现在用来作为基本特解的是在空间某些点上变为无穷的那些解. 我们现就拉普拉斯方程和波桑方程的例子来阐明这种方法.

命 M_0 是我们的空间中的某一点. 用 $r(M, M_0)$ 表示从这点 M_0 到某另一动点 M 的距离. 将 M_0 固定, 则

$$\frac{1}{r(M, M_0)}$$

是动点 M 的函数. 不难验证, 除去 M_0 点本身, 这函数是变点 M 在整个空间中的调和函数[1], 而在 M_0 点, 这函数及其微商变为无穷. 这种形式的函数的和

$$\sum_{i=1}^{N} A_i \frac{1}{r(M, M_i)},$$

仍然是点 M 的调和函数, 其中 $M_1, M_2, \cdots, M_N$ 是空间中的任意点. 这函数在所有点 M_i 有奇异性. 将点 $M_1, M_2, \cdots, M_N$ 任意稠密地分布在某区域 Ω 中, 同时将系数 A_i 减小, 我们可以将这表达式取极限而得到一新的函数

$$U = \lim \sum_{i=1}^{N} \frac{A_i}{r(M, M_i)} = \iiint_{\Omega} \frac{A(M')}{r(M, M')} \, d\Omega,$$

其中 M' 跑遍整个区域 Ω. 这种形式的积分叫做**牛顿位势**. 可以证明, 这样得到的函数 U 适合方程 $\Delta U = -4\pi A$. 但我们不在这里证明这个等式.

牛顿位势具有简单的物理意义. 为了说明这个意义, 我们先研究函数 $\dfrac{A_i}{r(M, M_i)}$.

这函数对坐标的偏微商是

$$A_i \frac{x_i - x}{r^3} = X, \quad A_i \frac{y_i - y}{r^3} = Y, \quad A_i \frac{z_i - z}{r^3} = Z.$$

将质量 A_i 置于 M_i 点上, 则它对任何物体有一个引力, 此力的方

---

[1] 即适合拉普拉斯方程.

向是向着 M_i 点,其大小与距离的平方成反比.我们现在来把这力分解成分量.如果作用在单位质量的质点上的力是 $\frac{A_i}{r^2}$,则这力方向和坐标轴方向的夹角余弦为 $\frac{x_i-x}{r}$, $\frac{y_i-y}{r}$, $\frac{z_i-z}{r}$.因此,引自中心 M_i 作用在点 M 的单位质量的力的分量等于 X, Y, Z,这就是函数 $\frac{A_i}{r}$ 对坐标的偏微商. 如果在某些点 M_1, M_2, $\cdots$, M_N 放置质量,则在 M 点的单位质量的质点将经受一个引力,此力等于从个别点 M_i 作用于此点 M 的力的总和,换言之,

$$X=\frac{\partial}{\partial x}\sum\frac{A_i}{r(M,\,M_i)},\ \ Y=\frac{\partial}{\partial y}\sum\frac{A_i}{r(M,\,M_i)},$$

$$Z=\frac{\partial}{\partial z}\sum\frac{A_i}{r(M,\,M_i)},$$

取极限,并将和号换成积分号,乃得

$$\bar{X}=\frac{\partial U}{\partial x},\ \bar{Y}=\frac{\partial U}{\partial y},\ \bar{Z}=\frac{\partial U}{\partial z},$$

式中 $U=\iiint\limits_{\Omega}\frac{A}{r}\,d\Omega.$

函数 U 的偏微商等于作用力的分量,这函数称为该力的位势.因此,函数 $\frac{A_i}{r(M,\,M_i)}$ 是 M_i 点的引力的位势,函数 $\sum\frac{A_i}{r(M,\,M_i)}$ 是诸点 M_1, M_2, $\cdots$, M_N 的引力的位势,而函数 $U=\iiint\limits_{\Omega}\frac{A}{r}d\Omega$ 是连续分布在体积 Ω 中的质量的引力的位势.

质量不但可以分布在某个体积中,而且我们可以把这些点 M_1, M_2, $\cdots$, M_N 分布在某个曲面 S 上.仍然把这些点的数目增大,并取极限,我们便得到积分

$$V=\iint\limits_{s}\frac{A(Q)}{r}\,ds, \tag{22}$$

式中 Q 是曲面 S 上的点.

不难看到,在曲面 S 的外部或曲面 S 的内部,这函数到处是

调和的. 可以证明, 这函数在曲面 S 上是连续的, 但其一阶微商有间断.

对固定的 M_i, 函数 $\dfrac{\partial \frac{1}{r}}{\partial x_i}$, $\dfrac{\partial \frac{1}{r}}{\partial y_i}$, $\dfrac{\partial \frac{1}{r}}{\partial z_i}$ 仍然是点 M 的调和函数. 由这些函数, 也可以作它们的和

$$\sum A_i \frac{\partial \frac{1}{r}}{\partial x_i} + \sum B_i \frac{\partial \frac{1}{r}}{\partial y_i} + \sum C_i \frac{\partial \frac{1}{r}}{\partial z_i},$$

除去点 M_1, M_2, $\cdots$, M_N 以外, 这函数到处是调和的.

我们仍然可以将点 M_1, M_2, $\cdots$, M_N 的数目增加, 作这些和的极限. 积分

$$
\begin{aligned}
W &= \iint \mu(Q)\left(\frac{\partial \frac{1}{r}}{\partial x'} \cos(\boldsymbol{n},\ \boldsymbol{x}) + \frac{\partial \frac{1}{r}}{\partial y'} \cos(\boldsymbol{n},\ \boldsymbol{y}) \right. \\
&\qquad \left. + \frac{\partial \frac{1}{r}}{\partial z'} \cos(\boldsymbol{n},\ \boldsymbol{z}) \right) ds \\
&= \iint_S \mu(Q) K(Q,\ M)\, ds
\end{aligned}
\tag{23}
$$

具有特殊的意义, 在这积分中, x', y', z' 是曲面 S 上的变点 Q 的坐标; $\boldsymbol{n}$ 是曲面 S 在 Q 点的法线方向; $\boldsymbol{x}$, $\boldsymbol{y}$, $\boldsymbol{z}$ 是坐标轴的方向; r 是从 Q 点到 M 点的距离, 这样就确定了函数 W 在 M 点的数值.

积分(22)称为**单层位势**, 积分(23)称为**双层位势**[1]. 和单层位势一样, 在曲面 S 的内部和外部, 双层位势是调和函数.

调和函数论中的许多问题可以借助于位势来解决. 关于在指

---

[1] 位势的名称是和下列物理事实有关的. 我们想象在曲面 S 上赋以电荷. 于是这电荷便在空间引起一个电场. 这个电场的位势将表示为积分(22). 所以这种积分(22)叫作单层位势.

如果曲面 S 是非导体的薄膜. 在这薄膜的一侧, 我们按某种规律分布同符号的电荷(如正电荷), 而在另一侧, 仍按这规律分布反符号的电荷, 这二电层的作用在空间形成一个电场. 可以证明, 这电场的位势可表示为积分(23).

定区域 Ω 中求一调和函数 u, 在这区域 Ω 的边界 S 上取指定边值 $2\pi\varphi(Q)$ 的问题, 可以利用双层位势来解决. 为了寻求这样的调和函数, 只须选取适当的函数 $\mu(Q)$.

按其实质, 这个问题好象是寻求级数

$$\varphi = \sum a_k U_k$$

的系数, 使它成为右边部分.

积分 W 有一个非常好的性质, 即当 M 点从曲面的里边趋近 Q_0 点时, 这积分的数值为

$$\lim_{M \to Q_0} W = 2\pi\mu(Q_0) + \iint_S K(Q, Q_0)\mu(Q)\,ds.$$

命这表达式等于已给的函数 $2\pi\varphi(Q_0)$, 我们就得到方程

$$\mu(Q_0) + \frac{1}{2\pi}\iint_S K(Q, Q_0)\mu(Q)\,ds = \varphi(Q_0).$$

这方程称为**第二类积分方程**. 关于这种方程, 已经有许多很好的理论. 随便用什么方法来解这个方程, 那么就得到我们所考虑的问题的解.

用同样的方法可以得到调和函数论中其它问题的解. 适当地择取位势, 确定其密度, 即确定其中的任意函数, 使它适合所提出的条件.

从物理的观点来看, 这就是说, 如果在曲面 S 上以适当的密度分布这种双层电荷, 那末所有调和函数都可以表为双层电位势.

近似解法. 伽雷尔金方法和网络法 **1.** 以前我们已经讲过了两种解决数理方程的方法: 分离变数法和位势法. 在十八世纪和十九世纪的学者(傅里叶、波桑、奥斯特洛格拉特斯基、李雅普诺夫等)的工作中, 就已经研讨了这些方法. 在二十世纪, 这些方法又从其他许多方法得到了补充. 我们现在来讲其中的两个方法——伽雷尔金方法和有限差分法. 有限差分法也可以称为网络法.

第一种方法是伽雷尔金院士为了解决下列形式的方程而提出的:

$$\sum\sum\sum\sum A_{ijkl}\frac{\partial^4 U}{\partial x_i\partial x_j\partial x_k\partial x_l}+\sum\sum\sum B_{ijk}\frac{\partial^3 U}{\partial x_i\partial x_j\partial x_k}$$

$$+\sum\sum C_{ij}\frac{\partial^2 U}{\partial x_i\partial x_j}+\sum D_i\frac{\partial U}{\partial x_i}+EU+\lambda U=0,$$

这方程包含一个未知参数 λ(其中 $i,\ j,\ k,\ l$ 互相独立地取 1, 2, 3 的值). 这个方程是从含自变量 t 的方程用分离变数法得来的, 正如从波动方程

$$\varDelta u=\frac{\partial^2 u}{\partial t^2}$$

得到方程 $\varDelta U+\lambda^2 U=0$ 一样. 我们的问题是要研究对什么样的数值 λ, 纯边值问题有非零解存在, 并且找到这些解.

伽雷尔金方法的实质可以简述如下: 该未知函数可以近似地表为

$$U\approx\sum_{m=1}^{N}a_m\omega_m(x_1,\ x_2,\ x_3),$$

式中 $\omega_m(x_1,\ x_2,\ x_3)$ 是一些适合边值条件的函数.

将它代入方程的左边, 就得到一个近似的等式.

$$\sum_{m=1}^{N}a_m\left\{\sum\sum\sum\sum A_{ijkl}\frac{\partial^4\omega_m}{\partial x_i\partial x_j\partial x_k\partial x_l}\right.$$

$$+\sum\sum\sum B_{ijk}\frac{\partial^3\omega_m}{\partial x_i\partial x_j\partial x_k}+\sum\sum C_{ij}\frac{\partial^2\omega_m}{\partial x_i\partial x_j}$$

$$\left.+\sum D_i\frac{\partial\omega_m}{\partial x_i}+E\omega_m\right\}+\lambda\sum_{m=1}^{N}a_m\omega_m\approx0.$$

为了简单起见, 将花括弧中的表达式记作 $L\omega_m$, 于是这方程可写成

$$\sum a_m L\omega_m+\lambda\sum a_m\omega_m\approx0.$$

在这近似等式的两边乘以 ω_n, 并且在我们所考虑的区域 Ω 上积分, 就得到

$$\iiint_{\Omega}\sum a_m\omega_n L\omega_m\,d\Omega+\lambda\iiint_{\Omega}\sum a_m\omega_m\omega_n\,d\Omega\approx0$$

这等式还可以写成

$$\sum_{m=1}^{N}a_m\iiint_{\Omega}\omega_n L\omega_m\,d\Omega+\lambda\sum_{m=1}^{N}a_m\iiint_{\Omega}\omega_m\omega_n\,d\Omega\approx0.$$

如果我们要这个等式准确地成立，于是我们就得到关于未知系数 a_m 的一次代数方程组。方程式的个数等于它的未知数的个数。欲使这方程组有异于零的解，则其行列式就必须为零。若将这行列式展开，我们就得到关于未知数 λ 的 N 次方程。

求得 λ 的数值，将它代入方程组，并且求这方程组的解，我们就得到了函数 U 的近似值。

伽雷尔金方法不仅可用于四阶方程，而且可以用于任何阶的各种类型的方程。

2. 我们所要讲的最后一个方程是所谓有限差分法或网络法。

函数 u 对变量 x 的微商是比值

$$\frac{u(x+\Delta x)-u(x)}{\Delta x}$$

的极限。这个比值也可以表为

$$\frac{1}{\Delta x}\int_x^{x+\Delta x}\frac{\partial u}{\partial x_1}dx_1,$$

再根据大家所知道的中值定理（见第二章 §8）

$$\frac{u(x+\Delta x)-u(x)}{\Delta x}=\frac{\partial u}{\partial x}\Big|_{x=\xi},$$

式中 ξ 是区间

$$x<\xi<x+\Delta x$$

中的一点。

函数 u 的所有二阶微商，无论是混合微商，或是对一个变量的微商，也都可以近似地表示为差商的形式。诚然，差商

$$\frac{u(x+\Delta x)-2u(x)+u(x-\Delta x)}{(\Delta x)^2}$$

可以表为以下的形式

$$\frac{1}{\Delta x}\left\{\frac{u(x+\Delta x)-u(x)}{\Delta x}-\frac{u(x)-u(x-\Delta x)}{\Delta x}\right\}$$

$$=\frac{1}{\Delta x}\left\{\left[\frac{u(x_1+\Delta x)-u(x_1)}{\Delta x}\right]\Big|_{x_1=x-\Delta x}^{x_1=x}\right\}.$$

根据中值定理。函数

$$\varphi(x_1)=\frac{u(x_1+\Delta x)-u(x_1)}{\Delta x}$$

的差商可以用微商的数值来代替. 所以

$$\frac{\varphi(x_1) - \varphi(x_1 - \Delta x)}{\Delta x} = \varphi'(\xi),$$

式中 ξ 是区间

$$x - \Delta x < \xi < x$$

中的某一个中间值.

因此,

$$\left(\frac{1}{\Delta x}\right)^2 [u(x + \Delta x) - 2u(x) + u(x - \Delta x)]$$

$$= \frac{1}{\Delta x} [\varphi(x) - \varphi(x - \Delta x)] = \varphi'(\xi).$$

另一方面

$$\varphi(\xi) = \frac{u(\xi + \Delta x) - u(\xi)}{\Delta x},$$

这就是说

$$\varphi'(\xi) = \frac{u'(\xi + \Delta x) - u'(\xi)}{\Delta x}.$$

再应用一次上述的公式,便可以看到

$$\varphi'(\xi) = u''(\eta),$$

式中 $\xi < \eta < \xi + \Delta x$.

由此可见

$$\left(\frac{1}{\Delta x}\right)^2 [u(x + \Delta x) - 2u(x) + u(x - \Delta x)] = u''(\eta),$$

式中 $x - \Delta x < \eta < x + \Delta x$.

如果微商 $u''(x)$ 是连续的, 且 Δx 的值充分小, 则 $u''(\eta)$ 和 $u''(x)$ 的差将任意小, 所以我们的二阶微商, 可以任意近似于上面所考虑的差商. 同样可以证明, 混合微商

$$\frac{\partial^2 u}{\partial x \partial y}$$

可以近似地表示为公式

$$\frac{\partial^2 u}{\partial x \partial y} = \frac{1}{\Delta x \Delta y} [u(x + \Delta x,\ y + \Delta y) - u(x + \Delta x,\ y)$$

$$- u(x,\ y + \Delta y) + u(x,\ y)].$$

现在回到我们的偏微分方程上来.

为了确定起见, 设我们考虑的方程是两个自变量的拉普拉斯方程

$$\frac{\partial^2 u}{\partial x^2} + \frac{\partial^2 u}{\partial y^2} = 0,$$

此外设未知函数 u 在区域 Ω 的边界 S 上的数值已经给定.

近似地取

$$\frac{\partial^2 u}{\partial x^2} = \frac{u(x+\Delta x,\ y) - 2u(x,\ y) + u(x-\Delta x,\ y)}{(\Delta x)^2},$$

$$\frac{\partial^2 u}{\partial y^2} = \frac{u(x,\ y+\Delta y) - 2u(x,\ y) + u(x,\ y-\Delta y)}{(\Delta y)^2}.$$

命 $\Delta x = \Delta y = h$, 于是

$$\frac{\partial^2 u}{\partial x^2} + \frac{\partial^2 u}{\partial y^2} = \frac{1}{h^2}\,[u(x+h,\ y) + u(x,\ y+h)$$
$$+ u(x-h,\ y) + u(x,\ y-h) - 4u(x,\ y)].$$

用以 $x = kh$, $y = bh$ 为顶点的正方形网络盖着区域 Ω(图 4).

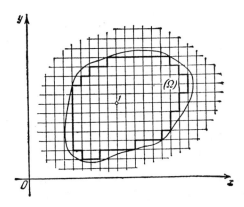

图 4

以网络在 Ω 中的正方形所构成的多角形来代替我们的区域 Ω, 以折线代替区域的边界. 将未知函数在边界 S 上的指定数值转移到这折线上来. 且对所有内点用方程

$$u(x+h,\ y)+u(x,\ y+h)+u(x-h,\ y)$$
$$+u(x,\ y-h)-4u(x,\ y)=0$$

近似地代替拉普拉斯方程. 这方程可改写为

$$u(x,\ y)=\frac{1}{4}[u(x+h,\ y)+u(x,\ y+h)$$
$$+u(x-h,\ y)+u(x,\ y-h)].$$

所以, 函数 u 在网络的每一点上的数值, 比如在图 4 中点 1 上的数值, 等于它邻近四点上的数值的算术平均值.

如果在多角形的内部有 N 个网络的点. 在每一个这样的点上, 我们就得到一个方程. 因此我们就得到了含有 N 个未知量的 N 个代数方程的方程组. 解这方程组, 我们便得到函数 u 在区域 Ω 内的近似值.

可以证明, 对拉普拉斯方程来说, 能以任意高的精确度得到它的解.

有限差分法将问题化为含 N 个未知量的 N 个方程的组来解决, 而且把所求函数在某网络的结点上的数值取为未知量.

可以证明, 这种差分方法可以用于数学物理的其他的问题, 可用来解微分方程, 也可用来解积分方程. 但在若干情形, 差分方法的应用遇到许多困难.

可以看到, 按网络法得到的 N 个未知量的 N 个代数方程的组, 或一般没有解存在; 或即使存在, 但与问题的真正的解相差很远. 当解方程组时, 如果误差越来越大, 也就是说, 如果把网络正方形的边长取得越小, 方程就越多, 若解决这方程组时得到的误差越大, 那末就发生以上所述的情况.

在上面拉普拉斯方程的例中, 不发生这样的情况, 在按近似方法解这方程时, 误差不但不越来越大, 而相反地逐渐减小. 对于热导方程或对于波动方程, 基本网络的选取则非常重要. 对这些方程既可以得到好的结果, 也可能得到坏的结果.

如果我们要用网络法来解决其中的某一个方程, 那末在选定 t 值的网络以后, 则对空间变量就不能选取过分小的网络. 否则我们就要得到关于未知函数的数值的非常不好的方程组. 解这方程组, 将得到振动得很快的结果, 而且振幅也很大. 这个结果与真正的解相差很大.

从简单的数值计算的例子, 可以看到各种不同的可能性. 我们考虑方程

$$\frac{\partial u}{\partial t} = \frac{\partial^2 u}{\partial x^2},$$

在温度与 y 和 z 无关的时候, 热导方程便化为这个方程. 设网络沿 t 值的间隔是 k, 而沿 x 值的间隔为 h, 则

$$\frac{\partial u}{\partial t} \approx \frac{u(t+k,\ x) - u(t,\ x)}{k},$$

$$\frac{\partial^2 u}{\partial t^2} \approx \frac{u(t,\ x+h) - 2u(t,\ x) + u(t,\ x-h)}{h^2}.$$

于是我们的方程可近似地写成形式

$$u(t+k,\ x) = \frac{k}{h^2} u(t,\ x+h) + \left(1 - 2\frac{k}{h^2}\right)u(t,\ x)$$
$$+ \frac{k}{h^2}u(t,\ x-h).$$

若知道 u 在某节时刻 t 的点 $x-h,\ x,\ x+h$ 的数值, 我们就不难得到 u 在下一节时刻 $t+k$ 的点 x 的数值. 命 k 是常数, 既网络沿 t 的时间距已选定. 我们考虑 h 的两种选取的情况. 在第一种情况, 命 $h^2 = k$; 在第二种情况, 命 $h^2 = 2k$. 用网络法来解决下列的问题.

在初始时刻, 对 x 的所有负值, $u = 0$; 而对 x 的所有非负值, $u = 1$. 于是若将未知函数在固定时刻的数值写在同一横行上, 我们就得到下面两个表.

表　1

t＼x	$-5h$	$-4h$	$-3h$	$-2h$	$-h$	0	h	$2h$	$3h$	$4h$	$5h$
0	0	0	0	0	0	1	1	1	1	1	1
k	0	0	0	0	1	0	1	1	1	1	1
$2k$	0	0	0	1	-1	2	0	1	1	1	1
$3k$	0	0	1	-2	4	-3	3	0	1	1	1
$4k$	0	1	-3	7	-9	10	-6	4	0	1	1
$5k$	1	-4	11	-19	26	-25	20	-10	5	0	1

表 2

t \ x	$-5h$	$-4h$	$-3h$	$-2h$	$-h$	0	h	$2h$	$3h$	$4h$	$5h$
0	0	0	0	0	0	1	1	1	1	1	1
k	0	0	0	0	$\frac{1}{2}$	$\frac{1}{2}$	1	1	1	1	1
$2k$	0	0	0	$\frac{1}{4}$	$\frac{1}{4}$	$\frac{3}{4}$	$\frac{3}{4}$	1	1	1	1
$3k$	0	0	$\frac{1}{8}$	$\frac{1}{8}$	$\frac{1}{2}$	$\frac{1}{2}$	$\frac{7}{8}$	$\frac{7}{8}$	1	1	1
$4k$	0	$\frac{1}{16}$	$\frac{1}{16}$	$\frac{5}{16}$	$\frac{5}{16}$	$\frac{11}{16}$	$\frac{11}{16}$	$\frac{15}{16}$	$\frac{15}{16}$	1	1
$5k$	$\frac{1}{32}$	$\frac{1}{32}$	$\frac{3}{16}$	$\frac{3}{16}$	$\frac{1}{2}$	$\frac{1}{2}$	$\frac{13}{16}$	$\frac{13}{16}$	$\frac{31}{32}$	$\frac{31}{32}$	1

在表 2 中，对任意时刻，我们得到从一点到另一点均匀下降的数值．这个表给出了热导方程的解的很好的近似．从表面上看来，如果把 x 值的间隔分得越细，则精确度似乎应该越高．但相反，在表 1 中，u 的数值从正值到负值振动得很快，而且达到非常大的数值，超过始值很多．显然，在这个表中得到数值与对应于真正解的数值相差很远．

从这个例子可以看到，如果我们想用网络法得到真正解的充分近似的数值，而得到我们所希望的精确的结果，我们必须很慎重地选择网络的格式，并且通过事先的研究来证明这种方法的应用是正确的．

借助数理方程而得到的某自然科学问题的解，给出了该方程所描述的物理现象的形式和过程的数学描述．

因为在用数理方程建立现象的模型时，总不免要从这现象的许多方面加以抽象，抛弃许多次要的成分，而抽出那些似乎是主要的东西，所以这样得到的结果就不是绝对真实的．这些结果仅仅对我们所考虑的那些图象或模型是绝对正确的．这些图象总必须和实验相对照，而验核我们所考虑的现象模型是否近似于现象本身和充分精确地表示了现象本身．

因此，最后判定结果的真实性的只是实际的试验．但是仅仅在有了深刻的理论以后，才能正确提出和了解这些实际的试验．

在考察乐器上振动的弦时，只有了解了固有振动的叠加规律，我们才能理解乐器所发出的所有音调的起源，研究了频率如何被弦的质料、弦的张力以及其两端固定的特性所决定，我们才能理解频率之间的关系．在这情况，理论不仅给出某种数量的计算方法，并且提示出什么数量是具有特征的、物理过程是怎样进行的，并且在这物理过程中应该观察什么．

所以，从实际需要发生的科学领域数学物理，本身影响了实际并对实际提出了进一步发展的道路．

数学物理和数学分析的其它领域有密切的关系，但我们不能在这里介绍这些关系，否则我们将牵连得太远了．

§6. 广 义 解

在过去所考虑的问题中，现象都是以适合微分方程的连续可微函数来描写的，如果引入这些方程的间断解，那么问题范围可以有本质的推广．

在许多情形下，事先就知道我们所考虑的问题不可能有二阶连续可微的解，这就是说，从前几节所叙述的问题的古典的提法来看，这样的问题是没有解的．虽然如此，尽管在二阶可微函数类中不能找到描述这物理现象的函数，但仍有相当的物理现象发生．我们列举一些简单的例子于下：

1) 如果弦是由两段不同密度的弦所构成的，则在方程

$$\frac{\partial^2 u}{\partial t^2} = a^2 \frac{\partial^2 u}{\partial x^2} \tag{24}$$

中，系数 a 在相应的部分等于不同的常数，于是方程(24)一般就不可能有古典(二阶连续可微的)解．

2) 设系数 a 为常数，但在开始的情形，弦子呈折线的形式，命此折线为 $u|_{t=0} = \varphi(x)$．在折线的顶点，函数 $\varphi(x)$ 一般没有一阶微商．可以证明方程(24)对于始值条件

$$u|_{t=0} = \varphi(x), \ u_t|_{t=0} = 0$$

不可能有古典解$\left(\text{今后以 } u_t \text{ 表示 } \frac{\partial u}{\partial t}\right)$．

3) 如果打击弦的某一小部分，那么由这种作用所引起的振动将以方程

$$\frac{\partial^2 u}{\partial t^2} = a^2 \frac{\partial^2 u}{\partial x^2} + f(x, t)$$

来描写. 式中 $f(x, t)$ 相当于打击所引起的作用, 它是一个间断函数, 仅仅在一个短促的时间内在一小段弦上异于零. 不难看到, 这个方程也没有古典解.

由这些例子就已经看到, 对未知解具连续微商的要求大大地缩小了可解问题的范围. 为了寻找可解问题的较大的范围, 首先允许被看做是问题的解的那些函数的最高阶微商可以有第一类的间断, 而且除去间断线以外, 这些函数到处适合方程. 可以证明方程 $\Delta u = 0$ 和 $\dfrac{\partial u}{\partial t} - \Delta u = 0$ 的解在其定义域内不可能有这样的(所谓弱的)间断. 而波动方程的解只可能在变量 x, y, z, t 的空间中的特殊形式的曲面(所谓特征曲面)上具有弱间断. 如果于 $t = t_1$, 把波动方程的解 $u(x, y, z, t)$ 看成是空间 x, y, z 中在时刻 $t = t_1$ 的一个纯量场. 于是 $u(x, y, z, t)$ 的二阶微商的间断曲面将在空间 x, y, z 中移动, 其速度等于波动方程中的拉普拉斯算子前的系数的平方根.

但是上述关于弦振动方程的第二个例说明, 我们也必须考虑一阶微商有间断的解, 而且例如在音波和光波的情况中, 还必须考虑其本身就具有间断的那种解. 在引起间断解时, 我们要研究的第一个问题是: 说明什么样的间断函数应该看作是各种方程以及关于这种方程的各种定解问题的解, 而这种解是物理上可以接受的. 譬如, 我们是否可以认为任何分区为常数的函数是拉普拉斯方程或波动方程的"唯一的解"呢? 因为它们除间断线以外都适合方程.

在明确这个问题的时候, 必须首先考虑到: 在包含所有允许解的那个最广的函数类中, 唯一性定理应该仍然成立. 很清楚, 譬如我允许任意分区光滑的函数, 那么这要求将不满足.

在起初, 确定允许解的原则是要使这种函数为这方程的古典解(在某种意义下)的极限. 比如, 在以上引入的第二个例中, 对应于函数 $\varphi(x)$ 的方程(24)的解在折点处没有微商, 但是它可以看作是这方程(24)的古典解 $u_n(x, t)$ 的一致收敛的极限, $u_n(x, t)$ 是对应于始值条件 $u_n|_{t=0} = \varphi_u(x)$, $u_{nt}|_{t=0} = 0$ 的解, 式中 $\varphi_n(x)$ 是二阶连续可微的函数, 当 $n \to \infty$ 时, 一致收敛于 $\varphi(x)$.

在以后, 又提出另一个原则来代替这个原则: 即允许解 u 应该适合一含任意函数 Φ 的积分恒等式, 来代替原来的方程 $Lu = f$.

这个积分恒等式是这样得来的: 命 Φ 是和方程同阶连续可微的任意函数, 它在方程定义域内的一有界域 D 的外部为零, 将方程 $Lu = f$ 的两边乘以 Φ, 将这样得到的等式在 D 上积分, 然后利用分部积分使其中不含 u 的微商. 结果得到我们所要的恒等式. 对方程(24)来说, 这积分恒等式为

$$\iint_D u\left(\frac{\partial^2 \boldsymbol{\Phi}}{\partial t^2} - \frac{\partial^2 (a^2\boldsymbol{\Phi})}{\partial x^2}\right)dx\,dt = 0.$$

一个函数适合这样的积分恒等式，则称为**广义解**. 索伯列夫对常系数方程证明了这两种原则界定义的允许解是等价的. 但是对于变系数方程，第一个原则可能是不适用的. 这些方程可能一般就**没有古典解**（参看例 1）. 在对方程系数的可微性质的极广的假设之下，第二个原则使我们可能确定广义解. 诚然，初看起来，这个原则有些过于形式的纯数学的特点，而没有直接提示如何提出类似于古典问题的问题.

我们现在给出这原则的另一种叙述方式，它与大家所熟知的汉弥登原理有关，从而可以看到，这原则就物理学的观点来说是正确的.

大家知道，在十九世纪的前半叶，各种数理方程的分析推论引导出新规律——所谓汉弥登原理的发现，由这个原理出发，使我们可以用一致的方法得到所有已知的数理方程. 我们用第三节中所考虑的关于固定端点的有界弦的振动问题例子，来阐述这个原理.

首先，对我们的弦建立所谓拉格朗日函数 $L(t)$，即动能和位能之差，由第三节可知

$$L(t) = \int_0^l \left[\frac{1}{2}\rho u_t^2 - \frac{T}{2}u_x^2\right]dx.$$

设函数 $u(x, t)$ 对应于弦的真正的运动，$v(x, t)$ 在 $x=0$ 和 $x=l$ 上等于零，而在 $t=t_1$ 和 $t=t_2$ 时和 $u(x, t_1)$ 及 $u(x, t_2)$ 重合的其它函数，与这样的函数 $v(x, t)$ 相比较，根据汉弥登原理，对于函数 $u(x, t)$，积分

$$S = \int_{t_1}^{t_2} L(t)dt$$

取极小值，这里 t_1 和 t_2 是任意固定的两个数，而函数 v 应该有有限的积分 S. 根据这个原则，S 的所谓第一变分（参看第八章）应该等于零，即

$$\delta S = \int_{t_1}^{t_2}\int_0^l [\rho u_t \boldsymbol{\Phi}_t - Tu_x \boldsymbol{\Phi}_x]\,dx\,dt = 0, \tag{25}$$

其中 $\Phi(x, t)$ 是任意对 x 和 t 的可微函数，而在长方形 $0 \le x \le l$, $t_1 \le t \le t_2$ 的边上等于零.

等式(25)便是那应该加于未知函数 $u(x, t)$ 的条件，如果知道 $u(x, t)$ 有二阶微商，则条件(25)可以有另一种形式. 对积分(25)施行分部积分，且应用变分法基本引理，可知 $u(x, t)$ 应适合方程

$$\frac{\partial}{\partial t}\left(\rho\frac{\partial u}{\partial t}\right) - \frac{\partial}{\partial x}\left(T\frac{\partial u}{\partial x}\right) = 0, \tag{26}$$

若 ρ 和 T 为常数，命 $a^2 = \dfrac{T}{\rho}$，则这方程和(24)相同.

不难看到，对所有上述 Φ，方程(26)的任何解 $u(x, t)$ 适合恒等式(25). 反

之则不然，因为 $u(x, t)$ 一般可以没有二阶微商．因此，如果我们用恒等 (25) 来代替方程 (26)，确乎把可解问题的范围扩大了．

为了确定弦振动的某个确定的规则，除边值条件

$$u(0, t) = u(l, t) = 0 \qquad (27)$$

以外，还必须提出始值条件

$$\begin{aligned} u(x, 0) &= \varphi_0(x), \\ u_t(x, 0) &= \varphi_1(x). \end{aligned} \qquad (28)$$

如果是在一阶连续可微函数类中求解，则可以除 (25) 以外，独立地提出条件 (27) 和 (28)，而把它们看成是补充条件．如果我们所要求的解"更坏一些"，那么这些条件在上述的形式下就失去意义，于是应该把它们部分地或全部地包含在积分恒等式中．

譬如，命 $u(x, t)$ 在 $0 \leqslant x \leqslant l$，$0 \leqslant t \leqslant T$ 中连续，而其一阶微商有间断．于是 (28) 中的第二个等式作为极限的条件，就失去了意义，在这种情况下，问题应该这样来提：即求一连续函数 $u(x, t)$，它适合条件 (27) 和条件 (28) 中的第一个条件，并且对所有在 $x = 0, x = l, t = T$ 等于零的连续可微函数 Φ，等式

$$\int_0^T \int_0^l \left[\rho u_t \Phi_t - T u_x \Phi_x \right] dx\, dt + \int_0^l \varphi_1 \Phi(x, 0)\, dt = 0 \qquad (29)$$

恒成立，函数 u 和 Φ 应有一阶微商，且其平方在长方形 $0 \leqslant x \leqslant l$，$0 \leqslant t \leqslant T$ 中勒贝格可积，对于 u 的这个限制的意思是说：弦的总能量按时间的中值

$$\frac{1}{2T} \int_0^T \int_0^l \left[\rho u_t^2 + T u_x^2 \right] dx\, dt$$

是有限的．对函数 u 这种限制，以及在其可能的变化 Φ 上的限制，是汉弥登原则的自然推论．

恒等式 (29) 就是泛函

$$\widetilde{S} = \int_0^T \int_0^l \left[\frac{\rho}{2} u_t^2 - \frac{T}{2} u_x^2 \right] dx\, dt + \int_0^l \varphi_1 u \Big|_{t=0} dx$$

的第一变分等于零的条件．因此在我们考虑的情况下，定弦的振动问题可以这样来提：即在所有适合条件 (27) 且于 $t = T$ 等于 $u(x, T)$ 的连续函数 $v(x, t)$ 中，寻求泛函 $\tilde{s}$ 的极小．此外，所寻求的函数还需要适合 (28) 中第一个条件．

在这里所援引的汉弥登原理，不仅使我们可以扩大方程 (24) 的允许解的函数类，而使我们能对它们提出边值问题．

以上所引入的广义解或它的某些微商并不是对空间的所有点都可以确定的，但这并不与实验相矛盾．匈特曾以他的研究大大地促进了数理方程的解的新观点的形成，他不止一次地指出这一事实．

譬如，我们要确定水道中液体的流动，那么在古典的意义之下，就得计算

流体中每一点的流速向量和压力. 但在实际上, 我们谈到的并不是流体在一点的压力, 而总是它在某面积上的压力; 也不说在指定点的速度向量, 而说在单位时间内通过某面积流量. 广义解的定义, 实质上提出了有直接物理意义那些量的计算.

欲使更多的问题可解, 就得在尽可能广泛的函数类中找解; 但是在这种广泛的函数类中, 唯一性定理仍需成立. 这样的函数类往往接受了问题的物理实质. 譬如在量子力学中, 作为许娄丁格方程的解的状态函数 $\psi(x)$ 是没有现实意义的; 而有现实意义却是积分 $a_\nu = \int_E \psi(x)\psi_\nu(x)dx$, 其中 ψ_ν 是某些平方可积的函数, 即 $\int_E \psi_\nu^2 dx < \infty$. 因此不应该在二阶连续可微的函数类找解 $\psi(x)$, 而应该在平方可积的函数类中求解. 在量子电动力学中, 关于在什么样的函数类中寻求所考虑的方程的解的问题, 到目前尚未彻底解决.

近三十年来数学物理的进展是和问题的这些新提法以及解决这些问题所必要的数学工具的创造有很多联系. 索伯列夫的所谓嵌入定理在这工具中占有中心的地位.

在这种或那种函数类中求广义解的特别方便的方法是有限差分法, 变分直接法(里茨和脱莱夫茨方法), 伽雷尔金方法和泛函算子法由各种问题所引起的变换的性质的研究是这些方法的基础. 在§5中已谈到伽雷尔金方法和有限差分法. 在这里我们阐述变分直接方法的基本思想.

让我们考虑确定固定周界的弹性膜的平衡位置的问题, 根据稳定平衡状态中位能的极小原理, 设 $u(x, y)$ 是确定薄膜位置的函数, 则在和 u 适合相同固定条件 $v|_s = \varphi$ 的所有其它连续可微函数 $v(x, y)$ 中, $u(x, y)$ 应该给出积分

$$J(u) = \iint_D (u_x^2 + u_y^2)dx\,dy$$

的极小值. 如果边界 s 和 φ 满足某些限制. 可以证明这种极小是存在的, 而且就是调和函数具备这样的性质, 所以我们要寻找的函数 u 是狄立克雷问题 $\Delta u = 0$, $u|_s = \varphi$ 的解. 反之亦然: 和所有适合固定条件的函数 $v(x, t)$ 相比较, 狄立克雷问题的解使得积分取极小值.

我们可以用里茨方法证明实现 J 的极小的函数 u 的存在性, 并且能以任意精确的程度来计算这个函数 u. 我们取二阶连续可微函数的集合 $\{v_n(x, y)\}$, $n = 0, 1, 2, \cdots$, 当 $n > 0$ 这些函数在边界上为零, 而 $v_0(x, y)$ 在边界上等于 φ. 我们对呈形式

$$v = \sum_{k=1}^n C_k v_k + v_0$$

的函数, 考虑积分 J, 其中 n 是固定的, 而 C_k 是任意数, 于是 $J(v)$ 将为 n 个

未知变量 $C_1, C_2, \cdots, C_n$ 的二次多项式，我们确定 C_k 使这多项式取极小值，于是就得到含有 n 个未知量的 n 个线性代数方程的方程组，而其行列式异于零。所以 C_k 可以唯一确定。我们用 $v^n(x, y)$ 表示其相应的 v，如果 $\{v_n\}$ 适合某个"完备性"条件，则当 $n \to \infty$ 时，v^n 将收敛于某个函数，这函数就是我们所要找的问题的解。

最后，我们要指出，在这一章中仅仅对最简单的线性的力学问题作了一个描述，还有许多与更一般的偏微分方程有关的、远没有研究彻底的问题还没有提到，而这些问题还远没有得到彻底的研究。

文　献

Р. Курант и Д. Гильберт, Методы математической физики, Т. I—II. Перев. с нем. Гостехиздат, 1951 (I 有中译本)。

在这本书中包含很多数学物理的方法。

В. И. Смирнов, Курс высшей математики, Т. II. Изд. 14—е. Гостехиздат, 1956. (有中译本)。

这一卷中有一章叙述了最简单的数学物理问题的解法。

Ф. Франк и Р. Мизес, Дифференциальные и интегральные уравнения математической физики, Перев. с нем. ОНТИ, 1937.

这本书是由若干作者根据原来黎曼讲座的讲义而写成的，其中给出了物理各部分许多问题的数学提法和与这些问题有关的方程的研究。

近代大学课程（均有中译本）

И. Г. Петровский, Лекции об уравнениях с частными производными, Изд. 2—е, Гостехиздат. 1953.

В. И. Смирнов, Курс высшей математики. Т. IV, Изд. 3—е, Гостехиздат, 1953.

С. Л. Соболев, Уравнения математической физики, Изд. 3—е. Гостехиздат, 1954.

专　门　著　作

О. А. Ладыженская, Смешанная задача для гиперболического уравнения, Гостехиздат, 1953.

С. Г. Михлин, Проблема минимума квадратичного функционала, Гостехиздат, 1952.

С. Л. Соболев, Некоторые применения функционального анализа в математической физике, Изд. ЛГУ. 1950.

王光寅 译
周毓麟 校

第七章 曲线和曲面

§1. 关于曲线和曲面理论的对象和方法的概念

在中学几何课程里只研究最简单的线:直线、折线、圆和圆弧;而对于面,除掉讨论平面以外,只讨论多面体、球、圆锥、圆柱等的表面. 在范围更广的课程中还研究另一些曲线,首先是圆锥截线:椭圆、抛物线、双曲线. 但是研究**任意的**曲线和曲面总完全不是初等几何的事实. 初看起来好像不能说出,对任意的曲线和曲面,可以举出和探讨些什么样的普遍性质. 然而这种研究却是十分自然和必要的.

在实践活动和自然知识的所有方面,我们经常遇到各种形状的曲线和曲面. 行星在空间中的路线,轮船在海上的路线,炮弹在空中的路线,切削刀具在被加工的金属上留下的痕迹,车轮在公路上留下的痕迹,笔尖在自动记录器纸带上的痕迹,操纵发动机活塞的凸轮的周界,美术图案的花纹,悬挂着的缆索的形状,特殊绕法的螺旋弹簧的形状,诸如此类的各种曲线是说不完的. 立体的表面、薄壳、油罐、飞机的外壳、套子、金属薄片等等,给出各种各样的曲面. 物品加工的方法、光学性质、立体的流线型、薄壳的刚性、坚固性和可变性以及许多其他的性质,在很大程度上都依赖于物体表面的几何形状.

当然,切削刀具在被加工的金属上留下的小道并非数学上的曲线. 即使是四壁极薄的油罐,也不是数学上的曲面. 但是把现实的对象设想成数学的曲线和曲面,即使只是最初的近似,已经足以用于研究许多问题了.

现实的线总是有粗细的,我们是在舍弃了限制粗细程度的所有因素的基础上引起数学曲线的概念的，因此我们把曲线设想成绝对地细的线、没有粗细的线．我们从这个抽象概念所反映出来的是物体的完全现实的普遍性质，这种性质是物体在其厚度和宽度比其长度小得多的情况下所具有的．

同样地，舍弃了在减少薄壳厚度时所受到的限制和在确定物体表面的精确位置时所受到的限制，我们就引出了数学曲面的概念．我们不预备给出这些极其熟知的概念的严格定义．我们只是指出一下，它们的精确的数学定义并不简单，而且是属于拓扑学的范围的．

最后，数学分析的发展推动了我们去研究各种曲线和曲面．这只要回想一下，例如曲线正是函数——数学分析的最重要的概念——的几何形象．然而在各种曲线中确实还可以遇到与分析的研究并不相干的曲线．

假如说在古希腊时代已经创立的初等几何学中还不能说到任意的曲线或曲面，那末在解析几何学中已经可以说：“每一条曲线都由方程来表示”和“带两个变数 x, y 的任意方程在坐标平面上总表示曲线”．同样地，在坐标系统中曲面由方程 $z=f(x, y)$ 或 $F(x, y, z)=0$ 所给定．确立了几何学和分析学的紧密联系的坐标方法，同时给出了用方程来确定曲线和曲面的方法．

然而解析几何仍然限制于使用代数和初等几何的方法，而且并未深入地进行各种类型的图形的研究．至于任意的曲线和曲面的研究则是一个新的部门——曲线和曲面的理论，它也叫做微分几何学．

必须立刻指出的是，微分几何要求所研究的曲线和曲面服从一些普遍的条件，这些条件是为了在研究曲线和曲面时有应用分析学的方法的可能性．然而即使这样，可取的曲线和曲面的种类的多样化在实质上还是没有限制的，因此它们还能以必要的精确性在巨大数量的问题中反映出所研究的现实对象．“微分几何学”这个名称本身表明了这理论所用的方法！它利用微分法作为基本的方法而且首先研究曲线和曲面的“微分的”性质，即曲线和曲面"在点上"的性质[1]. 例如, 曲线在一点处的方向由切线、弯曲程度——曲率(以后将会给出它的确切的定义)等等来刻画. 微分几何学研究曲线和曲面的微小片段的性质, 而且只有在较为深入地展开了其理论时才过渡到各种曲线和曲面的"整体的"研究, 即在它们的整个延展范围上作研究.

微分几何学的发展与分析学的发展有不可分割的联系. 分析学的基本运算——微分和积分——都有直接的几何意义. 就像在第二章(第一卷)里所已经指出过的那样, 对应于求函数 $f(x)$ 的微分的是作曲线

$$y = f(x)$$

的切线. 切线的斜率(即切线对 Ox 轴的倾角的正切)正是函数 $f(x)$ 在对应点处的导数 $f'(x)$ (图1), 而曲线

$$y = f(x)$$

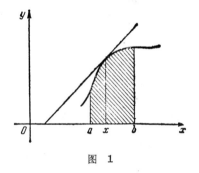

图 1

之"下"的面积, 其数值正是这个函数在对应的界限内的积分 $\int_a^b f(x)dx$. 由于在分析学里研究的是任意的函数, 所以提到的是任意的曲线或曲面. 在分析学中首先讨论的是研究曲线在平面上的情况的一般步骤: 它的上升和下降, 弯曲程度的大小, 它的凸面所对的方向, 改变弯曲之处, 等等. 由法国数学家罗皮塔尔在1695年出版的第一本分析学教程的名称"用来理解曲线的无穷小分析", 就表明了分析学与曲线理论的紧密联系.

在十八世纪中叶,当微分法和积分法在牛顿、莱布尼茨和他们

---

1) 微分几何首先研究曲线和曲面"在点上"的性质(即依赖于已知点的充分小的领域的性质),并且这些性质由这样一些量来刻画,这些量由在给定曲线或曲面的方程中出现的那些函数(在已知点处)的导数来表达. 就因为这样, 所以微分几何要求所研究的曲线和曲面服从一些条件, 以便保证应用微分法的可能性: 也就是要求曲线或曲面可以用这样的方程来给定, 在这些方程中出现的函数具有足够数量的逐次的导数.

的最初的继承者们之后达到了充分的发展时，就显示出了它们在几何学中更进一步的应用的可能性．从那时起已经开始了曲线和曲面理论的本质的发展．对于空间中的曲线和曲面提出了许多问题，它们与平面曲线的情形相仿，但是却无可比拟地具有更复杂和更丰富的内容．这些问题逐渐脱离分析学在几何中的简单应用的范围，而导致独立的曲线和曲面理论的形成．在十八世纪后半有很多数学家参加发展这个理论的原理的工作，他们是克雷洛、欧拉、孟日等等，在其中特别是欧拉，应该被认为是曲面的普遍理论的创立者．关于曲线和曲面理论的第一部独立的著作"分析学在几何中的应用"[1]是孟日在 1795 年刊行的书．在这些数学家的研究中，特别是在孟日的书名中，可以明显地看到促使微分几何学发展的因素．那就是力学、物理学、天文学的日益增长的要求，即归根结底技术和工业的要求，而对于这种要求，已有的初等几何是完全不够用的了．

　　与实践问题有关的还有高斯(1777—1855)关于曲面理论的经典著作．高斯在 1827 年刊行的著作"关于曲面的一般研究"奠定了作为数学的独立领域的曲面微分几何的基础．在高斯的书中发展了曲面理论的一些普遍的方法和问题，我们将会在§4中谈到它们．高斯特别是从地理制图的要求出发的．地理制图的问题包括如何最精确地在平面上画出地球表面各部分的地图．完全正确的地图在这时是不可能的；尺度比例必须受到地球表面弯曲程度的影响而有所改变．所以就发生了关于寻求最精确的绘图方法的问题．制图学在很古的时代已经开始了，但是它的一般理论的创立还是最近时代的成就，而且没有曲面的一般理论和分析学的一般方法的发展，这种成就是不可能有的。我们注意到，地图制作的困难的数学问题之一是车比雪夫(1821—1894)的研究对象．他所获得的还有关于曲面上的曲线网的重要结果．他还把纯实用的问题

----

1) 伽斯巴尔·孟日 (1746—1828) 不仅是一个著名的学者，并且是法国革命的活动家(海军部长，后来是革命军队的大炮和弹药生产的组织者)．他经历了从雅各宾党人到拿破仑帝国拥护者这个法国资产阶级的特有道路．

化成一些这样的研究.

一般的从一个曲面到另一个曲面的映射问题和曲面的变形问题, 现在已经是几何学中心部分之一. 在这方面的重要结果还是捷尔特 (现在的塔尔土) 大学的教授闵定格 (1806—1885) 在 1838 年得到的.

在上一世纪的后半叶, 曲线和曲面的理论已经在它们自己的基础上形成了 (假如说的是所谓"古典的微分几何学", 以区别于将在 §5 中谈到的更新的方面). 已经得到了曲线理论的基本方程——所谓佛锐耐公式. 在 1853 年, 闵定格在塔尔土大学的学生彼德逊 (1828—1881) 的学位论文中获得了和利用了曲面理论的基本的方程; 在 15 年之后这些方程又被意大利数学家科达奇所获得, 这些方程通常是以后者命名的. 彼德逊在塔尔土读完大学以后, 作为中学教师而在莫斯科生活和工作. 他虽然没有取得相当于他的杰出科学成就的任何科学院的职位, 但是他多少还是莫斯科数学会和从 1866 年起直到现在都在莫斯科刊行的"数学汇刊"杂志的创立者之一. 微分几何学的莫斯科学派就是从彼德逊开始的.

"古典"微分几何学发展的著名的总结是法国几何学家达尔布在他 1887—1896 年刊行的四卷"一般曲面理论讲义"里作出的. 在我们的这个世纪内, 古典微分几何继续有所发展, 但是在曲线和曲面理论的研究中心, 大部分已转向新的方面, 在那些方面所研究的图形和其性质的范围还要更为广泛.

§2. 曲 线 理 论

在微分几何学里确定曲线的方法 在分析学和解析几何里我们已知可用方程来确定曲线. 在平面上的直角坐标里, 曲线可以用方程

$$y = f(x)$$

或者更普遍的方程

$$F(x, y) = 0$$

来给定. 然而这种方法只适合于平面曲线 (即在平面上的曲线),

可是还必须能用方程来确定空间曲线（即不能含于任何平面内的曲线）．可以取螺旋线作为这种曲线的例子(图 2)．

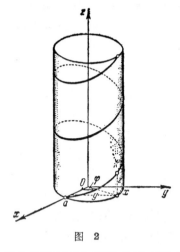

图 2

为了微分几何的目的和在许多别的问题里的需要，最好把曲线看作点的连续运动的轨迹．当然，已给定的曲线可以从其他来源而得，但是我们总可以设想有着某个点沿着这条曲线而运动．

我们假定在空间中已经取定了一个笛卡儿坐标系．如果让点 X 以从 $t=a$ 到 $t=b$ 的时间沿着曲线而运动，则这个动点的坐标就是时间的函数 $x(t)$, $y(t)$, $z(t)$．可以取飞机的飞行或者炮弹的飞驰作为直观的例子．反之，如果预先给定了函数 $x(t)$, $y(t)$, $z(t)$，则就可以用它们来决定动点 X 的坐标．随着 t 的改变而运动的点，因而也就画出一条曲线．因此，空间中的曲线可以用下列形式的三个方程来给定：

$$x=x(t), \ y=y(t), \ z=z(t).$$

同样地，平面上的曲线由两个方程决定：

$$x=x(t), \ y=y(t).$$

这个给定曲线的方法是最普遍的．

让我们来讨论一下螺旋线作为例子．它在点的螺旋运动下得到，它由绕一条直线——螺旋轴——的等速旋转和沿着这条轴的等速移动合成．我们取螺旋轴作为 Oz 轴．设在时刻 $t=0$ 时点在 Ox 轴上．让我们来找出点的坐标对时间的依赖性．如果沿 Oz 轴的移动以速度 c 来进行，则显然在这个方面随时间 t 而得的增量是

$$z=ct.$$

如果 φ 是绕 Oz 轴的旋转角而且 a 是从点到轴的距离，则从图 2 可

以看出

$$x = a\cos\varphi,\ y = a\sin\varphi.$$

因为旋转是等速的,所以角 φ 与时间成正比, $\varphi = \omega t$（ω 是旋转的角速度）。因此我们得到

$$x = a\cos\omega t,\ y = a\sin\omega t,\ z = ct.$$

这就是螺旋线的方程;随着 t 的改变,动点以这样的坐标画出一条螺旋曲线。

当然,变数 t,或者像普通所说参数 t,并不必须具有时间的意义。此外,从给定的参数 t 可以转到另一个参数,例如可以用公式 $t = u^3$ 或者一般地 $t = f(u)$ 引进另一个变数 u[1]。在几何学中,最自然的是取曲线上从某个固定点 A 算起的曲线弧的长度 s 作为参数。与弧长 s 的每个可能的值对应的是弧 AX 本身。所以 X 的位置由量 s 完全决定,因而点 X 的坐标就可以表示成弧长 s 的函数,

$$x = x(s),\ y = y(s),\ z = z(s).$$

所有这一些(以及可能的其他一些)给定曲线的方法[2],都打开了在研究曲线时进行计算的道路。只要用方程表述了曲线,就可以运用数学分析来研究曲线的性质。

在微分几何学中,与平面曲线有关的是三个基本概念: 长度、切线和曲率。与空间曲线有关的还有所谓密接平面和挠率。现在我们就要依次来说明这些概念的意义和价值。

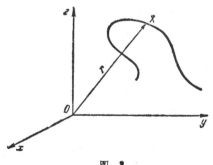

图 3

长度 每一个人所已经形成的关于长度的直观看法必须精确

---

1) 这时严格地说,函数 f 必须是单调的。
2) 空间中的曲线还可以作为由方程 $F(x, y, z) = 0$ 和 $G(x, y, z) = 0$ 决定的两个曲面的交线来给定,即曲线由这两个方程的全体来给定。在理论的推导中最方便的是用向量来给定曲线,即用从坐标原点引到点 X 的向量 $r = \overrightarrow{OX}$ 来决定这个点的位置。随着向量 r 的改变,终点 X 画出给定的曲线(图 3)。

化，才能转化成数学曲线的长度的正确定义，这定义引向确定的数值特征，而且被用来以任意的正确程度计算曲线的长度和在谈到长度时作严密的论证．对于所有数学概念都是这样．从不成熟的观念到不变的和正确的定义的过程正是从关于对象的不科学的认识到科学的认识的过程．为了技术和自然科学的需要，概念的正确化终究还是必须的．技术和自然科学的发展要求研究长度、面积和其他一些几何量的性质．

简单的和最合乎需要的长度定义是这样的：曲线的长度是内接于这曲线的折线的长度当折线的顶点在这曲线上无限制地密集时的极限．

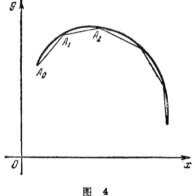

图 4

这样的定义是从自然的测量方法出发的．在曲线上顺次记出点 A_0, A_1, A_2, … （图 4），来测量它们之间的距离．这些距离的总和（这个总和正是内接折线的长度）表示出曲线的近似的长度．为了更正确地决定长度，自然需要更密地选取这些点 A，那时才能更好地照顾到曲线的弯曲．最后，长度的正确的值就被定义为当这些点 A 无限制地密集时的极限值[1]．因此，长度的这个定义正是用愈来愈小的脚步来测量长度的方法的推广．

从长度的定义容易引出计算它的公式，只要曲线是用解析式子给定的．然而我们注意到，数学公式完全不是单为计算用的．他们还代表确立了不同数学量之间关系的定理的简缩写法．这种关系的理论价值可能远远超过了公式的计算价值．举例说，由公式

---

1) 所说的极限（即长度）的**存在**，即使对于位在有限制的区域里的曲线，也不是早已知道的．如果曲线非常曲折，则它的长度可以是很大的．可以用数学的方式给出非常"弯曲的"曲线，而使它的任何一段弧都没有有限的长度（内接于这曲线的折线的长度是无界地增大的）．

$$c^2 = a^2 + b^2$$

表出的毕达哥拉斯定理就完全不是为了计算斜边 c 的平方，而首先是指出直角三角形各边之间的依赖性．

让我们在这里推导出在笛卡儿坐标里由方程 $y=f(x)$ 给定的平面曲线的长度．这时我们假定函数 $f(x)$ 有连续的导数．

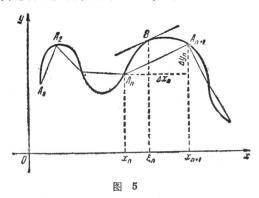

图 5

画出内接于曲线的折线(图5)．设 A_n, A_{n+1} 是它的两个邻接的顶点，而 x_n, y_n 和 x_{n+1}, y_{n+1} 是这两个顶点的坐标．线段 $A_n A_{n+1}$ 是一个直角三角形的斜边，它的直角边等于

$$\Delta x_n = |x_{n+1} - x_n|, \quad \Delta y_n = |y_{n+1} - y_n|.$$

因而，按照毕达哥拉斯定理，

$$A_n A_{n+1} = \sqrt{(\Delta x_n)^2 + (\Delta y_n)^2} = \sqrt{1 + \left(\frac{\Delta y_n}{\Delta x_n}\right)^2}\, \Delta x_n.$$

容易设想，假如通过点 A_n 和 A_{n+1} 的直线平行地向上或向下移动，则在直线脱离曲线的时刻，它就占有这曲线的某个点 B 处的切线的位置，这就是说，在曲线的片段 $A_n A_{n+1}$ 上至少存在一个点，在这点处的切线的倾角与弦 $A_n A_{n+1}$ 的倾角相同(这个显然的附注容易作严密的证明)．

利用以上所说的，我们把比值 $\dfrac{\Delta y_n}{\Delta x_n}$ 换成点 B 处的切线的倾角的正切，即把 $\dfrac{\Delta y_n}{\Delta x_n}$ 换成导数 $y'(\xi_n)$，这里 ξ_n 是点 B 的横坐标．现在这一段的长度就有式

$$\overline{A_n A_{n+1}} = \sqrt{1+y'^2(\xi)}\, \Delta x_n.$$

整个折线的长度是其各段的长度之和. 当用记号 $\sum$ 来缩短加号的写法时, 我们有

$$s_{\text{лом}} = \sum \sqrt{1+y'^2(\xi_n)}\, \Delta x_n.$$

为了得到曲线的长度, 现在只要在量 Δx_n 中的最大者趋向零的条件下过渡到极限,

$$s = \lim_{\Delta x \to 0} \sum \sqrt{1+y'^2(\xi_n)}\, \Delta x_n.$$

但是按照在第二章(第一卷)中所给出的积分的定义, 这个和式的极限正是积分. 那就是说, 这是函数 $\sqrt{1+y'^2}$ 的积分. 因此, 平面曲线的长度由下列公式表出:

$$s = \int_a^b \sqrt{1+y'^2}\, dx, \tag{1}$$

这里积分界限 a 和 b 是 x 在所讨论的曲线弧的端点处的值.

空间曲线长度是对应的, 但是稍有不同的公式, 推导的根据也是同一些东西.

要依照这些公式实地来计算长度, 当然并不总是简单的. 例如圆的长度用公式(1)来计算就很复杂. 但是, 我们已经说过, 公式并不只用来作计算的; 特别地, 公式(1)对于长度性质的研究, 对于长度与其他几何量的关系等等, 都是很重要的. 在第八章里我们就有用到公式(1)的地方.

切线 平面曲线的切线在第二章(第一卷)里已经讨论过了. 对于空间曲线来说, 切线的意义是完全相似的. 为了在点 A 处决定切线, 在曲线上取与 A 不同的点 X, 而且引割线 AX. 然后让点 X 沿着曲线去接近 A. 如果这时割线 AX 趋向一个极限位置, 则有这个极限位置的直线就叫做曲线在点 A 处的切线[1].

如果区分了曲线的起点和终点, 因而也就区分了它的通行次

---

1) 从第二章图 18 的例子看出, 割线的极限位置可以不存在. 那里所画的曲线 $y = x \sin \dfrac{1}{x}$ 在零的附近上下摆动, 使得当 A 趋向 O 时, 割线 OA 总是从直线 OM 摆动到直线 OL 和反过来从直线 OL 摆动到直线 OM.

序，则就可以说点 A 和 X 中哪一个是第一个，哪一个是第二个．（例如当列车从莫斯科开到海参威时、鄂木斯克显然在伊尔库茨克之前．）由于这个缘故，就可以在割线上用箭头指出从第一个点到第二个点的方向．这种"有向割线"的极限是"有向切线"（图 6）．切线上的箭头表明沿曲线的运动在通过点 A 的时刻向着哪一个方向．在点沿着曲线运动时，在每一时刻的运动速度，其方向都沿着它所产生的曲线的切线．

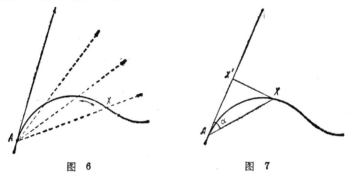

图 6   图 7

切线具有一个重要的几何性质：在接近切点处，曲线与这条直线的差异在一定的意义下小于与任何别的直线的差异．这时曲线上的点到切线的距离与它到切点的距离比起来是很小的．正确地说，比值 $\dfrac{XX'}{AX}$（图 7）当 X 趋于 A 时趋向零[1]．因而在曲线的一小段上可以用切线来代替它，所具有的误差与所取线段的大小相比是很小的．为了简化推导而把曲线的小段换成切线的线段，就是利用切线的这个性质．在连上极限过程以后，这种方法给出十分正确的结果．

我们有趣地看到，对于不是直线的曲线，即对于没有原来意义的方向的曲线，我们在拿它与直线比较以后，就能在每个点处决定它的方向．于是方向概念就被推广了，它得到了它原来没有的意

---

1) 这个断言直接从切线定义本身得出．实际上，从图 7 看到，$\dfrac{XX'}{AX}=\sin\alpha$，这里 α 是切线和割线 AX 之间的角．因而 $\dfrac{XX'}{AX}$ 随着 α 同时趋向零．

义．这个新的方向概念反映了沿曲线的运动的现实的本质，即它在每一时刻都有方向，同时连续地改变它的方向．

曲率 要用眼睛来判断道路、细杆或者图上的线段的弯曲程度，并不一定需要数学家．但是即使对于最简单的力学问题，这种一般的看法也是不够的，而弯曲程度的正确的定性特征是必要的．这特征的获得明白地表出了关于曲率是曲线方向改变快慢的直观看法中所存在的内容．

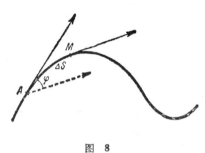

图 8

设 A 是曲线上的点，M 是接近 A 点的(图 8)．在这些点处的切线之间的角表出曲线的从 A 到 M 的片段上的旋转．我们把这个角记做 φ，旋转的平均速度，更正确地是在长度 Δs 的片段 AM 上以单位长度来算的平均旋转，显然是 $\dfrac{\varphi}{\Delta s}$．于是作为曲线在点 A 处的平均旋转速度的曲率，自然就定义为比值 $\dfrac{\varphi}{\Delta s}$ 当 $M \to A$ 时（换句话说就是当 $\Delta s \to 0$ 时）的极限了．总之，曲率由下列公式定义：

$$k = \lim_{\Delta s \to 0} \frac{\varphi}{\Delta s}.$$

作为例子，我们来讨论圆的曲率(图 9)．明显地，半径 OA 和 OM 之间的角 φ 和在点 A 和 M 处的切线之间的角 φ 是相等的，这是因为它们的边互相垂直的缘故．角 φ 所张的弧 AM 有长度 $\Delta s = \varphi r$，于是

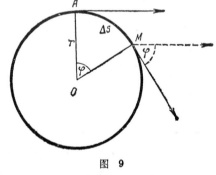

图 9

$$\frac{\varphi}{\Delta s} = \frac{1}{r}.$$

这说明比值 $\dfrac{\varphi}{\Delta s}$ 是常数,因而作为这个比值的极限值的圆的曲率,在圆的所有点处都相同而等于半径的倒数[1]。

让我们来导出由方程 $y=f(x)$ 给定的平面曲线的曲率的公式。我们取固定点 N 作为计算长度的起点(图 10)。在点 A 和 M 处的切线之间的角 φ,按绝对值显然等于切线倾角从 A 到 M 的改变量

$$\varphi = |\Delta \alpha|.$$

由于角 α 可能减小,所以我们要取绝对值。

我们所感到兴趣的量

$$k = \lim_{\Delta s \to 0} \frac{\varphi}{\Delta s} = \lim_{\Delta s \to 0} \frac{|\Delta \alpha|}{\Delta s} = \lim_{\Delta x \to 0} \frac{\dfrac{|\Delta \alpha|}{\Delta x}}{\dfrac{\Delta s}{\Delta x}} = \frac{|\alpha'|}{s'}.$$

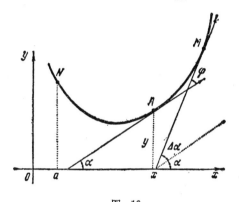

图 10

曲线弧 NA 的长度由积分

$$s = \int_a^x \sqrt{1+y'^2}\, dx$$

表示,因而 $s' = \sqrt{1+y'^2}$。

---

1) 我们注意到,拿曲线与作为曲率的模范或标准的圆来比较,一般地也可以达到任意曲线的曲率的概念。那就是说:曲率是这样一个圆的半径的倒数,这个圆是在所考虑的点处以最好的方式接近于已知曲线的。

还要来求 α'. 我们知道 $\operatorname{tg}\alpha = y'$；因而 $\alpha = \operatorname{arc\,tg} y'$. 后面这个等式对 x 求微分，我们得到

$$\alpha' = \frac{1}{1+y'^2}\, y''.$$

总之，最终地有

$$k = \frac{|\alpha'|}{s'} = \frac{|y''|}{(1+y'^2)^{3/2}}.$$

在普通的分析学教程和微分几何学教程里还导出用别种方法给定曲线时的对应的公式和关于空间曲线的公式。

得到的公式可以用来给出曲率的另一个几何解释，这在很多问题里是有用的。那就是说，曲线在已知点处的曲率可以用下列公式表出

$$k = \lim_{l \to 0} \frac{2h}{l^2},$$

这里 h 是从曲线上的点到已知点处的切线的距离，l 是切线上从切点到曲线上的点在切线上的投影点这个线段的长度(图 11)。

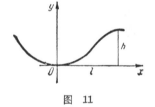

图 11

为了证明，我们取直角坐标系，使坐标原点与曲线的已知点重合，使 Ox 轴与曲线在这个点处相切重合(图 11)。(为了简单起见，我们只考虑平面曲线) 于是 $y' = 0$，因而 $k = |y''|$. 按照泰勒公式展开给定曲线的函数 $y = f(x)$ 以后，我们得到：$y = \frac{1}{2} y'' x^2 + \varepsilon x^2$ (这时考虑了 $y' = 0$ 这事实)。这时当 $x \to 0$ 时有 $\varepsilon \to 0$. 由此得出

$$k = |y''| = \lim_{x \to 0} \frac{2|y|}{x^2},$$

而且因为 $|y| = h,\ x^2 = l^2$，所以

$$k = \lim_{l \to 0} \frac{2h}{l^2}.$$

这个公式表明，曲率刻画了曲线离开切线的速度。

我们来谈一下曲线概念与力学问题的一些重要联系。

我们先讨论以下的问题. 设有一条柔软的线挂在一个圆柱子上(图 12)，并且这条线处在一个平面上. 需要求出在每个点处这线对于柱子的压力, 更正确地也就是决定极限

$$p = \lim_{\Delta s \to 0} \frac{P}{\Delta s}, \tag{2}$$

这里 P 是长度 Δs 的包含已知点的一段线作用于柱子的力 $\boldsymbol{P}$ 的大小. 为了简单起见，我们假定沿整条线的张力 $\boldsymbol{T}$ 的大小 T 是相同的.

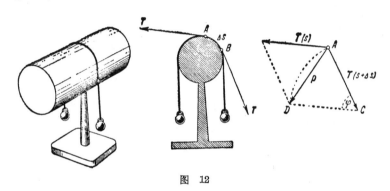

图 12

我们考虑点 A 而且取一段线 AB[1]. 在这长度 Δs 的一段线 AB 上，除去柱子的反作用力以外，作用的只是两个外力——端点处的张力, 它们大小相等而方向则沿着端点处的切线向着两侧. 因而这一段线对柱子的压力 $\boldsymbol{P}$, 几何地就等于两个端点处的张力之和. 从图 12 可以看到，向量 $\boldsymbol{P}$ 是等腰三角形 OAD 的底边. 这个三角形的两腰都等于 T, 而顶点 C 处的顶角 φ 则等于切线从 A 到 B 的旋转角.

角 φ 随着 Δs 的减小而减小, 而在 $\boldsymbol{P}$ 和点 A 处的切线之间的角则趋向直角. 因而压力的方向垂直于切线.

为了求出压力的大小, 我们要用到圆的微小的弧按长度接近于它所张的弦这个事实, 而且我们就把弦 AD 的长度, 即量 P, 换

---

1) 取点 A 是中点的一段线当然更自然些, 但是这并不改变最后的结果, 反而引起计算上的一些麻烦.

成弧 AD 的长度 $T\varphi$. 于是按公式(2)我们得到

$$p=\lim_{\Delta s\to 0}\frac{P}{\Delta s}=\lim_{\Delta s\to 0}\frac{T\varphi}{\Delta s}=T\lim_{\Delta s\to 0}\frac{\varphi}{\Delta s}=Tk.$$

总之,在每个点处的压力就等于曲率与线上张力的乘积,其方向则垂直于在这个点处的切线.

我们再来讨论另一个问题. 设质点(即很小的物体)沿着平面上的一条曲线以大小不变的速度 v 而运动. 问它在已知点 A 处的加速度是怎样的? 按照加速度的定义,它等于速度(在时间 Δt 内)的改变量对时间的增长 Δt 之比值的极限. 这时所取的速度不仅有大小,而且有方向,即我们讨论的是速度向量的改变. 因此,从数学上看,关于加速度的大小的问题就化成求极限

$$w=\lim_{\Delta t\to 0}\frac{|\boldsymbol{v}(t+\Delta t)-\boldsymbol{v}(t)|}{\Delta t},$$

这里 $\boldsymbol{v}(t)$ 是在点 A 处的速度,而 $|\boldsymbol{v}(t+\Delta t)-\boldsymbol{v}(t)|$ 则是表示速度之差的向量的长度. 我们所关心的极限还可以改写成

$$\lim_{\Delta s\to 0}\frac{|-\boldsymbol{v}(t)+\boldsymbol{v}(t+\Delta t)|}{\Delta s}\lim_{\Delta t\to 0}\frac{\Delta s}{\Delta t},$$

这里 Δs 是在时间 Δt 内所通过的弧的长度.

如果注意一下图13,而且考虑到速度在每个点处的方向都沿着切线,而它的大小又是常数,那末要以几何方式求出 $-\boldsymbol{v}(t)+$

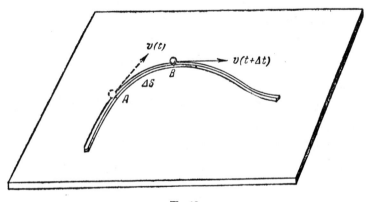

图 13

$\boldsymbol{v}(t+\varDelta t)$，正好与上一个问题中求出向量 $\boldsymbol{P}$ 没有任何区别．因而可以利用上一个问题的现成的解，把张力换成速度而写成

$$\lim_{\varDelta s \to 0} \frac{|-\boldsymbol{v}(t)+\boldsymbol{v}(t+\varDelta t)|}{\varDelta s} = vk.$$

此外，$\lim\limits_{\varDelta t \to 0} \dfrac{\varDelta s}{\varDelta t} = v$．因而最终地可以说，物体在沿曲线作均匀运动时所经受的加速度就等于曲率乘上速度平方的乘积

$$w = kv^2, \tag{3}$$

加速度的方向则沿着曲线的法线，即沿着垂直于切线的直线．

引用几何的类比，使我们能够在解决关于加速度的问题时利用关于线的问题的解，这再一次地说明，数学的概念和结论在舍弃了具体特性之后，是如何地促使这些结论富有各种各样应用的可能性呀．

我们还注意到，从力学观点反映了运动方向的改变的曲率，与造成这种改变的力有密切的关系．在等式(3)的两边乘上运动着的质点的质量 m 以后，很容易得到表示这个关系的式子．我们有

$$F_n = mw = v^2 mk.$$

这里 F_n 是作用于点上的力在法线方向的分力的大小．

密接平面 虽然空间曲线不在一个平面上，但是通常在它的每个点 A 处可以取一个平面 P，在这个点的邻近，曲线与它的差异小于曲线与任何别的平面的差异．这样的平面叫做曲线在已知点处的密接平面．

密接平面自然是这样的平面，它尽可能更紧密地依附于通过点 A 的曲线和已知曲线的切线 T．但是通过点 A 和包含着 A 的直线 T 的平面有很多．为了在所有这些平面中找出曲线与

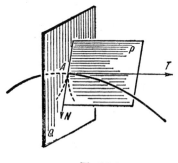

图 14

其差异最小的平面，我们试着来考察一下曲线与切线的差异．为

此我们沿着切线来察看曲线,换句话说,我们把已知曲线投射到所谓法平面 Q 上,这是通过 A 而垂直于 T 的平面(图 14). 已知曲线的包含着 A 的片段的投影在平面 Q 上形成一条新的曲线(在图 14 上这条曲线用虚线画出). 这曲线通常在点 A 处有一个尖端. 如果得到的曲线在点 A 处有切线 N,则通过 T 和 N 的平面 P 自然就是在 A 邻近最紧密地依附于已知曲线的平面,也就是在点 A 处的密接平面. 可以证明,当给定曲线的函数有二阶导数而且曲线在点 A 处的曲率不是零时,密接平面一定存在,而且它的方程可以非常简单地用给定曲线的函数的一阶和二阶导数来表出.

如果说切线的性质可以用来把微小片段的曲线看做直线,而且这样做所造成的误差与曲线片段的长度相比是很小的,那么密接平面的性质使我们能够把微小片段的空间曲线看做平面曲线,用它在密切平面上的投影来代替它,并且这里的误差甚至于与曲线片段的长度平方相比也是微小的.

在空间中垂直于切线的直线是很多的: 它们铺满了曲线在已知点处的法平面. 在这些直线中可以区别出处在密接平面上的一条直线 N. 这条直线叫做曲线的**主法线**. 通常它还有固定的方向——向着曲线在密接平面上的投影的凹进的一侧. 对于空间曲线说,主法线占有平面曲线的唯一法线的地位. (特别地,如果有一根柱子迫使具有张力 T 的柔软的线保持空间曲线的形状,那么曲线在每个点处对于柱子的压力都等于 Tk 而且沿着主法线的方向. 又如果有质点沿着空间曲线以大小不变的速度 v 而运动,那末它的加速度就等于 kv^2 而且方向沿着主法线.)

挠率 当沿着曲线从一个点变到另外一个点时,密接平面的位置自然随之而改变.正像切线的旋转速度由曲率刻画一样,密接平面的旋转速度也由一个新的量——曲线的**挠率**来刻画. 这时就像在曲线的情形那样,速度以对于所通过的弧长的比值来计算,即如果 Ψ 是在固定点 A 和邻近它的点 X 处的密接平面之间的角,而 Δs 是弧 AX 的长度,那末在点 A 处的**挠率** τ 就定义成

极限[1]

$$\tau = \lim_{\Delta s \to 0} \frac{\psi}{\Delta s}.$$

挠率的符号依赖于密接平面在沿着曲线的运动下向着哪个方向旋转.

这样一来,可以设想当点沿着曲线运动时,同时随着运动的有密接平面以及画在它上面的切线和主法线,并且切线在每一时刻都向着法线一侧以由曲率决定的速度而转动,密接平面则绕着切线以由挠率决定的速度和方向而转动.

运用微分方程论的最简单的手法,可以证明一个基本定理,大致说来它相当于说有相同曲率和挠率的曲线是相等的.我们来解释一下这个命题.如果从曲线的起点沿着曲线作不同弧长 s 的移动,则依赖于量 s,我们达到曲线上的不同的点,在每个点处都有它独有的曲率 k 和挠率 τ 的值.因而 $k(s)$ 和 $\tau(s)$ 对于每条曲线说都是从曲线起点算起的路程 s 的某些函数.

所说的定理断定,如果两条曲线的曲率和挠率作为弧长的函数是相同的,则这两条曲线是相等的(即其中的一条经过运动可以与另一条重合).这样一来,曲率和挠率作为沿曲线的弧长的函数已经完全决定了这条曲线,只除掉这曲线在空间中的位置,因而可以说曲线的所有性质全都包含在它的长度、曲率和挠率的依赖关系之中.因此这三个概念在研究关于曲线的各种问题时成为一个合理的基础.利用它们还可以获得我们马上就要接触到的曲面理论的最简单的概念.

当然,这一些还不是曲线理论的全部.在其中还可以引出与曲线有关的很多别的概念;研究特殊类型的曲线,曲线族,曲线在曲面上的位置,关于曲线的整体形状的问题,等等.这些问题

----

1) 可以证明螺旋线在其所有的点处有同样的挠率,而且可以从比较曲线与在已知点的邻域里以最好的方式逼近曲线的螺线,来引进任意曲线的挠率的概念.挠率还刻画了曲线对于平面的差异.在与曲率的某种联合下,挠率刻画了曲线离开它的密接平面的速度.

和解决它们的方法几乎与所有的数学分支都有联系. 可以利用这个理论的力量来解的问题的范围也是特别丰富和多样化的.

§3. 曲面理论的基本概念

确定曲面的方法 为了用分析学的方法来研究曲面, 自然必须能解析地来给定曲面. 给定曲面最简单的是用方程

$$z = f(x, y),$$

式中 x, y, z 是曲面上的点的笛卡儿坐标. 这时函数 $f(x, y)$ 并不必须对于所有的 x, y 都有定义——它的给定区域可以有各种的结构. 例如对于在图 15 上画出的曲面, $f(x, y)$ 给定在一个圆环的内部. 用方程 $z = f(x, y)$ 给定曲面的一些例子, 我们在解析几何里已经知道了. 例如我们知道, 方程 $z = Ax + By + C$ 给定平面; 方程 $z = x^2 + y^2$ 给定旋转抛物面(图 16). 为了应用微分法, 函数 $f(x, y)$ 必须有一阶和二阶(有时还需要以后几阶)导数. 由这种方程确定的曲面叫做**正则曲面**. 几何上表明(虽然不完全正确)曲面是连续地弯曲而没有折断和别的奇异性的. 要研究不服从这些条件的曲面, 例如有尖点的、有棱的、或有其他奇异性的曲面, 需要一些新的研究工具(参看 §5).

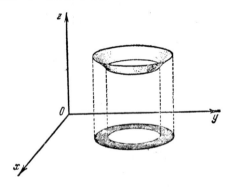

图 15

然而并不是每一个曲面都可以整个地用形状 $z=f(x, y)$ 的方程来表示的，即使是没有奇导性的曲面也是如此. 如果与函数 $f(x, y)$ 的给定区域中的每一个值 x, y 对应的是完全确定的 z, 则这就说明平行于 Oz 轴的每一条直线都不应该与曲面有多于一个的公共点 (图17). 所以即使是非常简单的曲面，如像球面和圆柱面，也不能整个地用形状 $z=f(x, y)$ 的方程来给定. 在这些情形里，曲面可以用别种方式，例如用形状 $F(x, y, z)=0$ 的隐方程来给定. 在那时候，中心在坐标原点而且有半径 R 的球面有方程

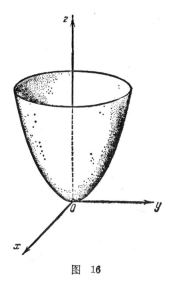

$$x^2+y^2+z^2=R^2,$$

图 16

又方程 $x^2+y^2=r^2$ 给出半径 r 的圆柱面.

当研究的只是曲面的小块时 (而在古典的微分几何学里基本

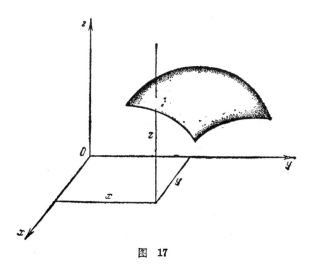

图 17

上就限于这一类的问题),用方程 $z=f(x, y)$ 给定曲面的方法是完全适合于普遍情形的,因为平滑曲面的每一个充分小的小块都可以表示成这样的形状. 我们就采用这种方法作为基础,至于别的给定曲面的方法则将在 §4 和 §5 中谈到.

切平面 正像平滑曲线在每个点处有切线,曲线在这个点的邻域里最接近于这切线一样,许多曲面在它的每个点处都有所谓**切平面**.

下面是切平面的正确的定义. 通过曲面 F 上的点 M 的平面 P 叫做曲面 F 在这个点处的切平面,如果在平面 P 和从 M 引向曲面上任意点 X 的射线 MX 之间的角 α,当点 X 接近点 M 时趋向于零(图 18). 所有与曲面上通过点 M 的曲线相切于点 M 的直线,显然处在切平面上.

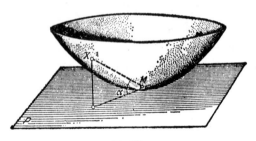

图　18

如果曲面在每个点处都有切平面,而且当从一个点变到另一个点时,切平面的位置是连续地改变的,这个曲面就叫做**平滑曲面**.

在切点邻近,曲面与切平面只有很小的差异,如果点 X 沿曲面接近点 M,则点 X 到切平面的距离与它到点 M 的距离相比是很小的(读者在图 18 上设想点 X 接近于 M,就很容易检验这一点). 这样一来,曲面在点 M 邻近是如何地贴合于切平面呀. 所以在一阶逼近下,曲面的小块,或者说曲面的"元素",可以换成切平面的小块. 切平面在切点处的垂直线,也是曲面在这个点处的垂直线,它叫做曲面的**法线**.

这种用切平面的小块代替曲面的小块的可能性在很多情形里出现．举例说，光线从曲面上的反射就是像从平面上的反射一样地进行的，这就是说，反射光线的方向由普通的反射定律决定：入射光线和反射光线与曲面的法线处在同一个平面上，而且入射光线和反射光线与法线组成相等的角（图19），就像反射是对着切平面而进行似的．同样地，在光线通过曲面而折射时，每一条光线在曲面元素上的折射也按照普通的折射定律，就像这是平面元素一样．在光学器械中所有关于光线的反射和折射的计算，就是根据这一些附注的．再有例如互相接触的刚体在接触点处有公共的切平面．物体通过它们表面的元素而互相接触，而且一个物体在另一个物体上的压力在没有摩擦力时其方向是沿着接触点处的法线的．这个事实在物体不止在一个点处相切时也对，那时在每个接触点处，压力的方向都是沿着对应的法线的．

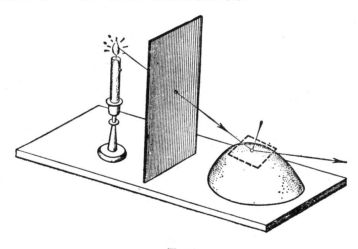

图　19

在用平面的小块来代替曲面元素的基础之上，还可以来定义各种曲面的面积．把曲面分成了小块 F_1, F_2, $\cdots$, F_n, 而且把每个小块投射到曲面在这小块的某个点处的切平面上（图20）．我们得到一些平面区域 P_1, P_2, $\cdots$, P_n. 它们的面积之和

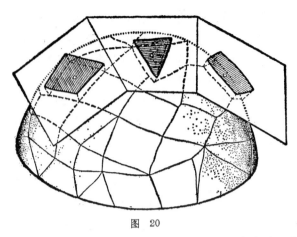

图 20

给出曲面面积的近似值. 曲面面积本身就定义成小块 $P_1, P_2, \cdots,$ P_n 的面积之和在曲面分割愈来愈细时的极限[1]. 由此可以导出用二重积分表出的正确的面积公式.

从这些附证已经可以看出切平面概念的价值. 在很多问题中, 曲面元素利用平面来作近似的表示还充分地和必要地照顾到曲面的弯曲性.

曲面上的曲线的曲率 曲面在已知点处的弯曲性由曲面离开其切平面的迅速程度来决定. 但是在不同的方向曲面可以以不同

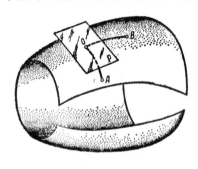

图 21

的速度离开切平面（例如画在图 21 上的曲面, 在 OA 方向就比在 OB 方向更快地离开平面 P）. 所以用曲面上向着不同方向的曲线的曲率来决定曲面的弯曲性是很自然的.

可以这样地做到. 我们通过点 M 引切平面 P 而且取定法线的确定方向（图 22）. 我们来讨论通过点 M 处的法线的平面截割曲面而成的曲线; 这些曲

---

1) 在第八章 §1 里所利用的面积的表达式就是这样地导出的.

线叫做**法截线**. 法截线的曲率带有符号, 当它的凹面向着法线一侧时, 法截线的曲率取正号, 当凹面向着另外一侧时, 曲率取负号. 例如在图 23 上所画的马鞍状的曲面上, 当箭头指出的是曲面的法线的方向时, 截线 MA 的曲率被认为是正的, 而截线 MB 的曲率则是负的.

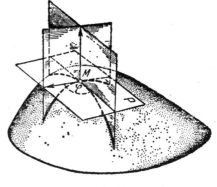

图 22

法截线由它所在的平面与切平面上一条初始的射线所成的角 φ 给定(图 22). 知道了依赖于角 φ 的法截线的曲率 $k(\varphi)$, 我们就有了关于曲面在点 M 的邻域里的结构的十分完全的观念.

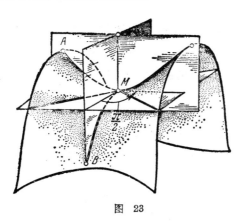

图 23

曲面可以弯曲成各种各样的形式, 因而曲率 k 对于角 φ 的依赖关系看来可以是任意的. 事实上却并非如此. 对于在微分几何里研究的正则曲面, 存在着由欧拉发现的简单法则, 这法则确定了通过已知点而向着不同方向的法截线的曲率之间的关系.

可以证明, 在曲面的每个点处存在着这样两个方向:

(1) 它们互相垂直；

(2) 向着这两个方向的法截线的曲率 k_1, k_2 是所有法截线的曲线中的最大值和最小值[1]；

(3) 与曲率 k_1 的法截线组成 φ 角的法截线的曲率 $k(\varphi)$ 由下列公式表出：

$$k(\varphi) = k_1 \cos^2 \varphi + k_2 \sin^2 \varphi. \tag{4}$$

这样的方向叫做曲面在已知点处的**主方向**，而曲率 k_1, k_2 则叫做曲面在已知点处的**主曲率**。

这个欧拉定理表明，尽管曲面是各种各样的，它们在每个点邻近的结构，以与已知点的变动相比是二阶微小的正确性来考虑，可能有的只是一些完全确定的类型。事实上，如果量 k_1 和 k_2 有相同的符号，则 $k(\varphi)$ 的符号是不变的，而且曲面在所研究的点邻近有画在图 22 上的形状。如果 k_1 和 k_2 有不同的符号，例如 $k_1 > 0$，$k_2 < 0$，则法截线的曲率显然要改变符号。这是因为当 $\varphi = 0$ 时曲率 $k = k_1 > 0$，而当 $\varphi = \dfrac{\pi}{2}$ 时我们有 $k = k_2 < 0$。

从关于 $k(\varphi)$ 的公式(4)不难肯定，当 φ 从 0 变到 π 时，$k(\varphi)$ 的符号改变两次[2]，因此，在曲面的所讨论的点邻近，曲面有马鞍的形状(图 23)。

当数 k_1 和 k_2 中有一个是零时，那么曲率总保持同一符号，但是对于 φ 的一个值它成为零。例如在柱面(图 24)上的每一个点处就是如此。在一般情形中，曲面在这种点邻近有接近于柱面的形状。

最后当 $k_1 = k_2 = 0$ 时，所有的法截线都有零曲率。在这种点邻近曲面特别"密切地"依附于切平面。因而这种点叫做**平面化的点**。在图 25 上给出了这种点的一个例子(点 M)。曲面在平面化

----

1) 特别当 $k_1 = k_2$ 时，所有法截线的曲率都相同(例如在球的情形)。

2) 通过简单的计算可以证明，当 $\varphi = \text{arctg}\sqrt{-\dfrac{k_1}{k_2}}$ 和 $\varphi = \pi - \text{arctg}\sqrt{-\dfrac{k_1}{k_2}}$ 时，$k(\varphi) = k_1 \cos^2 \varphi + k_2 \sin^2 \varphi$ 成为零，第一种情形符号从正变到负，第二种情形从负变到正。

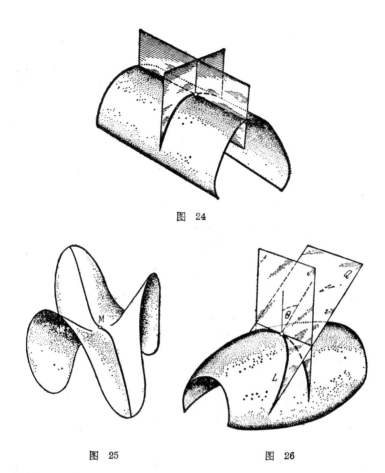

图 24

图 25   图 26

的点邻近的性质可以是非常复杂的.

现在让我们来讨论曲面与任意不通过法截线的平面 Q 的截线(图 26). 梅涅[1] 曾经证明过, 这种线 L 的曲率 k_L 与向着同一个方向(即切平面与平面 Q 的交线的方向)的法截线的曲率 k_H 有着简单的关系. 这个关系由下列公式表出:

$$k_L = \frac{|k_H|}{\cos\theta},$$

1) 梅涅(1754—1793)是法国的数学家而且是孟日的学生,是革命军队的将领,他因为在战争中受伤而死亡.

这里 θ 是法线和平面 Q 之间角的 (在球面的例子里可以特别直观地看出这个公式的真正意义).

最后, 曲面上以平面 Q 作为密接平面的**任意曲线的曲率**, 可以证明是重合于曲面与平面 Q 的交线的曲率的.

总之, 在知道了 k_1 和 k_2 以后, 曲面上的任意曲线的曲率就由它的切线的方向以及它的密接平面和曲面法线之间的角决定. 因此, 曲面在已知点处的弯曲特性由两个数 k_1 和 k_2 决定. 这两个数的绝对值等于两个互相垂直的法截线的曲率, 它们的符号则表明对应法截线的凹面方向对于曲面法线的取定方向的关系.

让我们来证明上面所引进的欧拉定理和梅涅定理.

1. 在证明欧拉定理时我们利用下面的引理. 如果函数 $f(x, y)$ 在已知点处有连续的二阶导数, 则坐标轴可以旋转这样一个角 α, 使得在新坐标里, 混合导数 $f_{x'y'}$ 在这个点处等于零[1]. 我们知道, 经过转轴, 新变数 x', y' 与旧变数 x, y 的关系由下列公式表示:

$$x = x'\cos\alpha - y'\sin\alpha; \quad y = x'\sin\alpha + y'\cos\alpha$$

[参看第三章 (第一卷) § 7]. 为了证明这个引理, 我们注意到

$$\frac{\partial x}{\partial x'} = \cos\alpha, \quad \frac{\partial y}{\partial x'} = \sin\alpha, \quad \frac{\partial x}{\partial y'} = -\sin\alpha, \quad \frac{\partial y}{\partial y'} = \cos\alpha.$$

现在可以按照复合函数的微分法则来计算导数 $f_{x'y'}$. 经过计算我们得到

$$f_{x'y'} = f_{xy}\cos 2\alpha + \frac{1}{2}(f_{yy} - f_{xx})\sin 2\alpha,$$

由此容易推出, 当

$$\operatorname{ctg} 2\alpha = \frac{1}{2}\frac{f_{xx} - f_{yy}}{f_{xy}}$$

时确实有 $f_{x'y'} = 0$.

现在让我们来讨论由方程 $z = f(x, y)$ 给定的曲面 F, 并且我们取所研究的 M 作为坐标原点, 而在切平面 P 上选取坐标轴 Ox 和 Oy, 使得 $f_{xy}(0, 0) = 0$. 我们在平面 P 上取与 Ox 轴组成角 φ 的任意直线, 来讨论沿着这条直线方向的法截线 L (图 27). 按照在 § 2 中所引入的公式, 曲线 L 在点 M 处的带有符号的曲率等于

$$k_L = \lim_{\xi \to 0} \frac{2f(x, y)}{\xi^2}.$$

---

1) 我们利用了缩写的偏导数记号, 例如把 $\dfrac{\partial f}{\partial x}$ 写成 f_x 把 $\dfrac{\partial^2 f}{\partial y^2}$ 写成 f_{yy} 等等.

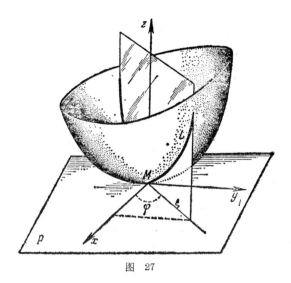

图 27

这里 $f(x, y)$ 是 L 上的点到所取直线的带有符号的距离. 按照泰勒公式 (第二章 §9) 展开 $f(x, y)$ 而且注意到 $f_x(0, 0)=f_y(0, 0)=0$ (因为 Ox 轴和 Oy 轴都在切平面上), 我们得到

$$f(x, y)=\frac{1}{2}(f_{xx}x^2+f_{yy}y^2)+\varepsilon(x^2+y^2),$$

这里当 $x\to 0,\ y\to 0$ 时有 $\varepsilon\to 0$. 对于 L 上的点, 我们有 $x=\xi\cos\varphi,\ y=\xi\sin\varphi,\ \xi^2=x^2+y^2$ (图27), 因此我们得到

$$k_L=\lim_{\xi\to 0}\frac{f_{xx}\xi^2\cos^2\varphi+f_{yy}\xi^2\sin^2\varphi+2\varepsilon\xi^2}{\xi^2}$$
$$=f_{xx}\cos^2\varphi+f_{yy}\sin^2\varphi.$$

令 $\varphi=0,\ \varphi=\frac{\pi}{2}$, 我们肯定 $f_{xx},\ f_{yy}$ 就是 Ox 轴和 Oy 轴方向的法截线的曲率 $k_1,\ k_2$. 所以得到的公式就是欧拉公式, $k=k_1\cos^2\varphi+k_2\sin^2\varphi$ (至于说 k_1 和 k_2 是最大的和最小的曲率则从这个公式就可以推出).

2. 为了证明梅涅定理, 我们来讨论法截线 L_H 和另一条截线 L, 截线 L 的平面从截线 L_H 的平面旋转一个角 θ 而得到, 就像在图28上所画的一样. 我们还让 Ox 轴和 Oy 轴都在切平面上, 使得 Ox 轴在坐标原点处切于曲线 L_H 和 L. 曲线 L 上有坐标 $x, y, f(x, y)$ 的点 X 到 Ox 轴的距离 $h(x, y)$ 显然等于 (见图28).

$$h(x, y)=\frac{|f(x, y)|}{\cos\theta}.$$

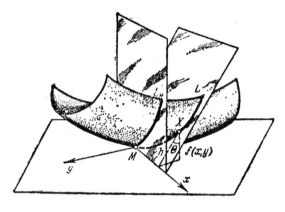

图　28

利用泰勒公式，我们照以下的方式来变换曲线 L 的曲率 k_L 的表达式：

$$k_L = \lim_{x \to 0} \frac{2h(x, y)}{x^2} = \lim_{x \to 0} 2 \frac{|f(x, y)|}{x^2 \cos\theta}$$
$$= \lim_{x \to 0} \frac{|f_{xx}x^2 + 2f_{xy}xy + f_{yy}y^2 + 2\varepsilon(x^2 + y^2)|}{x^2 \cos\theta}, \tag{5}$$

并且当 $x, y \to 0$ 时有 $\varepsilon \to 0$. 因为 Ox 轴切于曲线 L，所以显然有 $\lim\limits_{x \to 0} \dfrac{y}{x} = 0$.
因而在公式(5)中过渡到极限，我们得到

$$k_L = \frac{|f_{xx}|}{\cos\theta}.$$

但是在我们所选取的坐标系里，曲线 L_H 有方程 $z = f(x, 0), y = 0$，对于
这条曲线有 $|k_H| = |f_{xx}|$. 因而 $k_L = \dfrac{|k_H|}{\cos\theta}$ 梅涅定理也就证明了.

平均曲率　在曲面理论的很多问题里，起重要作用的不是主
曲率本身，而是与它们有依赖关系的量：所谓曲面在已知点处的**平**
均曲率和**高斯曲率**(或称**总曲率**). 我们就要详细地来谈一下它
们.

曲面在已知点处的平均曲率是指主曲率的和的一半，即

$$K_{cp} = \frac{1}{2}(k_1 + k_2).$$

为了引入利用这个概念的例子，我们来讨论下面的力学问题.

假定在某个物体 F 的表面上紧紧地绷上了一块有弹性的(设是橡皮的)薄膜. 问在物体 F 表面的每个点处薄膜的压力有多大?

点 M 处的压力是由薄膜作用于包含点 M 的曲面小块的单位面积上的力来量出的; 正确地说, "在点 M 处"的压力是作为这样一个比值的极限来量出的, 那就是所说的力对小块面积的比值当小块向着点 M 缩小时的极限.

我们在曲面上点 M 周围取一个不大的曲边矩形, 它的各边有长度 Δs_1 和 Δs_2 而且分别向着垂直于点 M 处的第一和第二主方向(图 29)[1]. 在矩形的每条边上作用着与边长

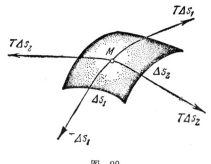

图 29

和薄膜的张力 T 成正比的力(根据薄膜张开时的假定了的均匀性). 所以在垂直于第一方向的一双边上作用着近似地等于 $T\Delta s_1$ 的力而且其方向沿着曲面的切线. 同样地, 作用于矩形另一双边的是等于 $T\Delta s_2$ 的力. 为了求出在点 M 处的压力, 必须拿这四个力的合力被矩形的近似地等于 $\Delta s_1 \Delta s_2$ 的面积除, 然后在 Δs_1, $\Delta s_2 \to 0$ 时过渡到极限. 让我们单独地先把前两个力加起来, 再用 $\Delta s_1 \Delta s_2$ 去除它们的合力.

如果从侧面来观察这个曲边矩形(图 30), 则可以看出这两个力的方向沿着第一法截线的切线, 而且它们所在的两点之间的距离正好等于 Δs_2. 所以我们所关心的极限的计算问题正是与在 §2 里已经解决过的线在柱上的压力问题相同的问题. 利用原来的结果, 就得到我们所关心的极限等于 $k_1 T$, 这里 k_1 是第一法截线的曲率. 同样地讨论了另外两个力, 我们最后引出公式

$$P_M = T(k_1 + k_2) = 2TK_{\text{cp}}.$$

---

[1] 我们的论证并不严密, 然而在估计了这里所许可的误差以后, 可以更严密地确立同一个结果.

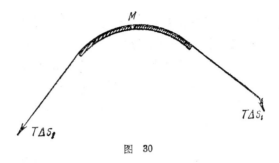

图 30

得到的结果有很多重要的推论．我们来讨论一个例子．

已知液体的表面薄膜在所有方向都有同样的一个表 面 张 力．当液体边界有弯曲的形状时，按照上面所说的，就是这个张力产生了与边界曲面在已知点处的平均曲率成比例的表面薄膜在液体上的压力．

由于这个原因，在非常小的一滴里必须分布巨大的压力，才能阻止它分成一些更小的小滴．在蒸汽冷却时，通常是在灰尘和带电微粒周围形成水滴的．在真空里，小量重新冷却的蒸汽是很难形成水滴的．而如果让具有很大速度的微粒通过这些蒸汽，拔动分子的游离状态，则环绕着微粒所通过的路径，离子在一瞬间形成蒸汽的小滴而成为微粒的可见的痕迹．（在核子物理学中就是根据这一点来建立应用很广的威尔逊雾室的，它是被利用来观察各个带电微粒的运动的．）

由于液体能向各个方面均匀地传送压力，液体小滴在没有别的压力来源时应该具有这样一种形状，使得它的表面在所有的点处都有同样的平均曲率．在所谓柏拉图实验里有两种同样比重的液体，其中一种液体凝聚成块悬浮在另一种液体的内部而呈平衡状态．可以认为悬浮液体受到的只是由张在其边缘的曲面所造成的压力[1]．这时可以证明，"悬浮的"液体总具有球的形状．实验结果引出一种想法，有定常平均曲率的每一个闭曲面是球面．这个

---

1) 压力随深度而增加一节可以忽略不计，因为它对于两种液体说是相同的（由于它们比重相同）．因而在它们的各部分的边缘，由深度所造成的内外补充压力是彼此平衡的．

定理确实是对的, 但是它的严密的数学证明却非常困难.

还可以从另一侧面来达到这个的目的. 由于液体的表面薄膜趋于缩小, 而液体的体积是不能改变的, 自然就要求悬浮液体在一定的体积下具有最小的表面. 可以证明, 具有所说性质的立体也是球体.

我们所得到的在薄膜的侧面压力和它的平均曲率之间的关系, 还可以应用到张在一定周界上的肥皂薄膜的形状问题上. 在这时候由于薄膜的沿着曲面法线方向的压力并无任何支撑物的反作用力来平衡(这时薄膜根本就没有套在任何支撑物上), 所以这种压力应该等于零, 而对于所求的曲面我们就有条件

$$K_{cp} = 0. \tag{6}$$

利用平均曲率的解析表示, 从这个条件得到一个微分方程, 于是问题就化成在所求曲面通过已知周界的条件下来解这个微分方程[1]. 这个困难问题牵涉到很多的研究.

求张在已知周界上的极小面积的曲面的问题也引出同一个方程(6). 从物理的观点看来这种一致是很自然的, 因为薄膜趋于缩小, 而且唯有当其表面在已知条件下达到可能的极小面积时, 才是稳定的平衡状态. 由于这后一个问题, 零平均曲率的曲面叫做**极小曲面**.

极小曲面的数学研究之所以引起大家的注意, 部分原因是在肥皂薄膜的实验中出现了大量的各种各样的极小曲面. 在图 31 上就画着张在不同周界上的两种肥皂薄膜的图象.

高斯曲率　曲面在已知点处的**高斯曲率**是指主曲率的乘积

$$K = k_1 k_2.$$

高斯曲率的符号决定了曲面在所讨论的点邻近的结构的特性. 当 $K > 0$ 时曲面有碗的形状 (k_1 和 k_2 同号), 当 $K < 0$ 时, k_1 和 k_2 不同号, 曲面有马鞍的形状. 我们以前说过的曲面结构的其他情形相当于高斯曲率等于零的情形. 高斯曲率的绝对值给出的

---

[1] 对于由方程 $z = z(x, y)$ 给定的曲面, 方程(6)可以化成
$$(H z_y'^2) z_{xx}'' - 2 z_x' z_y' z_{xy}'' + (1 + z_x'^2) z_{yy}'' = 0.$$

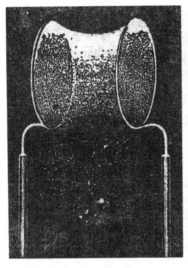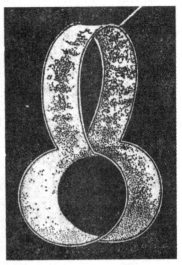

图 31

是从各个方向的曲率分布抽象出来的曲面的一般弯曲程度的观念．假如转向高斯曲率的另一个定义，不运用关于曲面上的曲线的研究成果，以上事实就成为特别明显的了．

让我们来讨论曲面 F 的不大的一块 G，它包含着点 M 于其内部，在这一块曲面的每个点处作出曲面的法线．

如果从某一个点画出这些法线，则它们形成一个立体角（图32）．当小块 G 愈大而且曲面在这小块上弯曲得愈利害时，这个立体角的量就愈大．因而小块的弯曲程度可以用法线所形成的立体角的量对于小块 G 本身的面积的比值来刻画；曲面在已知点处的弯曲程度自然就用这个比值当 G 收缩成点 M 时的极限来量出了[1]．可以证明，这个极限就等于在点 M 处的高斯曲率的绝对值．

决定高斯曲率在曲面理论中的地位的是以下的重要性质．设

----

1) 为了量出立体角，可以取立体角的顶点为中心作出一个单位球面．球面与立体角相交而成的区域的面积就可以取作立体角的量（图32）．

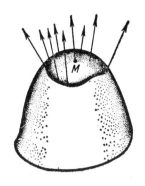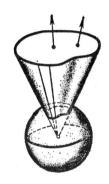

图　32

想所讨论的曲面由可以弯曲但是无伸缩性的材料（例如薄洋铁皮）制成．它的一小块可以经受弯曲，使它改变形状而不把制成它的材料拉长或折断．这时主曲率将要改变，但是正像高斯所证明的，在每个点处的主曲率的乘积 $k_1 k_2$ 却保留不变．曲面理论中的这个重要结果表明，高斯曲率不同的曲面具有很大的差别性，即使允许曲面经过可能的弯曲——无伸缩的变形，也不能使这样两个曲面彼此叠合．举例说，球面的小块随便怎么弯曲也不能"铺"到平面上或放置在有另一个半径的球面上．

我们讨论了曲面理论的一些基本的概念．至于这个理论所运用的方法，则在一开头就已经说过，它们首先包括分析学的应用，特别是微分方程理论的应用．我们在证明欧拉定理和梅涅定理时，已经举出了利用分析学的最简单的例子．我们应该指出，为了解决更复杂的问题，还需要把曲面理论的问题化成分析学的问题的特殊方法．这种方法的基础是引入所谓曲纹坐标，这是高斯在其与下一节将要讲述的问题有关的工作中首先作了深入发展的．

§4. 内蕴几何和曲面的弯曲变形

内蕴几何　上面已经说过，曲面的弯曲变形是指它的这样的变形，它保留了曲面上曲线的长度不变．举例说，卷成筒状的纸片从几何观点看来就是平面小块的弯曲变形. 事实上, 这时曲面确实没有伸展, 而且画在纸上的所有曲线的长度在卷起纸片时也没有改变. 保留不变的还有另外一些与曲面有关的几何量, 例如曲面上的图形的面积. 曲面在弯曲变形下不改变的所有性质, 就组成曲面的所谓**内蕴几何**的对象.

这是什么样的一些性质呢? 显然, 在任意的弯曲变形下可以保留的只是那样一些性质, 它们只以有限步的计算依赖于曲线的长度, 即它们可以用在曲面上所产生的测量方法来确定. 弯曲变形是保留曲线长度的任意变形, 而经过**任何**弯曲变形都不改变的每一个性质都可以这样或那样地通过长度来决定. 大家说, 内蕴几何简单地就是**曲面上的几何**. "内蕴几何"这名词的本身的意义是说, 研究的只是曲面本身的内在的性质, 而不依赖于曲面在空间中是怎么样弯曲的[1]. 举例说, 如果我们在纸片上用直线段连结两个点, 然后弯曲这张纸(图33), 则线段就变成一条曲线, 然而它是曲面上连结两个已知点的最短曲线这个性质仍然保留; 因此它属于内蕴几何. 反之, 这条曲线的曲率依赖于纸片的弯曲程度, 因此已经不归于内蕴几何了.

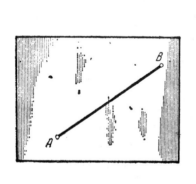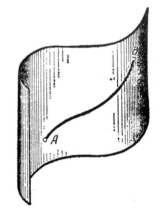

图 33

---

1) 我们要指出的是, 内蕴几何的概念推广空间的数学概念, 因而它在现代物理学中占有非常重要的地位, 在第十九章(第三卷)里将会详细地说到这一点.

一般地说，由于平面几何的结论不牵涉到包容这个平面的空间的性质，平面几何的全部定理都属于从平面的弯曲变形所得到的任意曲面的内蕴几何。可以说，平面几何是平面的内蕴几何。

内蕴几何的另一个大家知道的例子是球面几何，在测量地球表面时我们实质上就要用到它。这个例子特别适宜于说明内蕴几何概念的本质。事实是，由于地球有很大的半径而把直接看到的一块地面理解成平的，因而在测量很大的距离时而观察到的与平面几何的差异就出现在我们面前，并非作为地球表面在空间中的弯曲的结果，而是作为由地球表面本身的几何性质所表示的"地面几何"所特有的法则。

应该指出，研究内蕴几何的观念本身当在高斯那儿产生时就是与测量学和地图制图学有关的。这两种实用科学实质上都与地球表面的内蕴几何有联系。地图制图学处理的特别是当把一部分地球表面画到平面上时比例尺所受到的歪曲，因此也就要处理地球表面的内蕴几何与平面几何的差异。同理可以想像其他曲面的内蕴几何：设想在已知曲面上生活着某种微小的生物，在这种生物的视界之内曲面看来像是平的（我们知道，任何平滑曲面的充分小的一片与切平面只有很小的差别）；那么这种生物就不会注意到曲面是在空间中弯曲的，只有在测量较大的距离时，他们才会肯定他们的几何学服从另外一些法则，这些法则正是相当于他们所生存的曲面的内蕴几何的。至于这些法则确实随曲面的不同而有差别，则可以用以下的论断来肯定。在曲面上取一个点 O，我们来讨论这样的曲线 L，在曲面上量得的这曲线上的任意点到点 O 的距离（即连接这点与点 O 的最短曲线的长度）都等于常数 r（图 34）。曲线 L 从内蕴几何的观点看来正是半径 r 的圆周。用来表示曲线 L 的长度 $s(r)$ 依赖于 r 的公式是属于已知曲面的内蕴几何的。然而这种依赖关系却可以是各种各样的：例如在平面上 $s(r) = 2\pi r$；在半径 R 的球面上不难算出是 $s(r) = 2\pi R \sin \dfrac{r}{R}$；在图 35 所画的曲面上，从 r 的某个值开始，具有已知中心 O 的圆周的长度

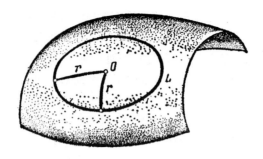

图 34

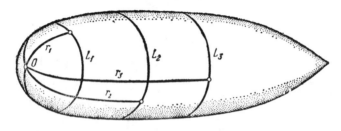

图 35

变得完全不依赖于 r，而后来又变成递减的．因此，以上所说的各种曲面具有不同的内蕴几何．

内蕴几何的基本概念 为了说明内蕴几何的概念和定理的范围，让我们来看一下作为平面的内蕴几何的平面几何．平面几何的对象是平面上的图形和它们的性质，这些性质通常是以长度、角度、面积等等基本几何量之间的关系表出的．当然，角和面积属于平面的内蕴几何的严格的根据是在于：可以证明角和面积都能用长度来表出．这是因为，只要知道已知角所在的三角形各边的长度，就可以算出这个角；三角形的面积也可以按它的各边来计算，而任意多角形的面积则可以把它分成三角形来计算．

把平面几何看作平面的内蕴几何，并不必需限制在中学平面几何的范围．相反地，它可以展开得非常远，加进新的问题，只要所引用的概念以有限次测量长度的计算作为基础就成．例如在平面几何里可以顺次地引入曲线长度的概念，曲边图形面积的概念等等; 它们全都属于平面的内蕴几何.

在任意曲面的内蕴几何里可以引进同样一些概念. 曲线的长度在这时是原始的概念; 至于角和面积情况稍有些复杂. 假如已知曲面的内蕴几何与平面几何有差别, 那么我们就不能按普通的公式用长度来决定角和面积. 然而, 我们曾经说过, 曲面在已知点邻近与其切平面很少差异. 确切地说, 下面的断言成立: 假如把包含已知点 M 的曲面小片投射到这点处的切平面上, 那么在曲面上量得的两点之间的距离与它们的投影之间的距离的差, 比起它们到点 M 的距离来是高于二阶的无穷小量. 所以在决定属于曲面的已知点的几何量时, 假如是用不高于二阶的无穷小量为主的极限过程得到这些几何量, 则就可以把曲面的小片换成它在切平面上的投影. 这时从切平面上量得的量对于曲面来说就是内蕴几何的量. 这种把曲面小片看作平面的可能性是定义内蕴几何的所有概念的基础.

作为例子, 我们来讨论角和面积的定义. 依据一般的原则, 曲面上曲线之间的角定义为它们在切平面上的投影之间的角(图36). 显然, 用这种方法定义的角与曲线的切线之间的角重合. 在§3中给出过的面积的定义基于同样的原则. 最后, 为了刻画曲线在曲面"内部"的弯曲需要引进测地曲率的概念; "测地曲率"这个名称是从地球表面上的测量而来的. 曲线在已知点处的**测地曲率**

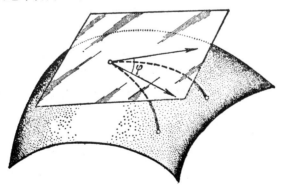

图 36

定义为它在切平面上的投影的曲率(图 37).

这样一来，我们断定平面几何的基本概念都可以引进任意曲面的内蕴几何中去.

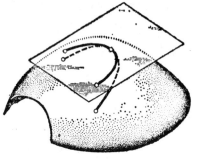

图 37

还很容易在任意曲面上定义与平面上的基本图形相仿的图形. 譬如说，我们已经谈到过圆，它就可以像在平面上一样来定义. 还可以定义线段的同类物——"最短线"作为曲面上连接两个已知点的曲线中的最短者.

然后, 自然可以定义三角形(作为以三条最短线为界的图形)、多角形等等. 然而所有这些图形和几何量的性质都依赖于曲面本身, 因而在这意义下就存在着无穷多种不同的内蕴几何. 但是内蕴几何作为曲面理论的特殊部分, 主要研究的是在任意曲面的内蕴几何里都成立的那些一般的法则, 而且在这时需要说明这些法则如何地通过刻画已知曲面的几何量而表示出来.

我们曾经指出过，曲面的最重要的特征之一——它的高斯曲率——在弯曲变形下不变，即只依赖于曲面的内蕴几何. 原来高斯曲率就主要方面还刻画了曲面在已知点邻近的内蕴几何与平面几何的差异程度. 作为例子，我们在曲面上讨论以已知点 O 为中心而且有极小的半径 r 的圆. 在平面上这种圆的周长 $s(r)$ 由公式 $s(r)=2\pi r$ 表示. 在不同于平面的曲面上，圆周长度对半径的依赖关系是另一个样子；这时可以证明，当 r 很小时，$s(r)$ 与 $2\pi r$ 的差别主要依赖于圆心处的高斯曲率 K，那就是说，

$$s(r)=2\pi r-\frac{\pi}{3}Kr^3+sr^3,$$

这里当 $r\to0$ 时 $s\to0$. 换句话说，当 r 很小时，圆周长度可以按照普通的公式来计算，误差是三阶微小，并且这个误差(以高于三阶的精确性)与高斯曲率成正比. 特别地，如果 $K>0$，则微小半

径的圆周长度比平面上同样半径的圆周长度小些，如果 $K<0$, 则相反地要来得大些。不过后面这个结论不难直观地看出，在曲面的具有正曲率的点邻近曲面的形状像"碗"，曲面上的圆周就短些；而在具有负曲率的点邻近，圆周沿着"马鞍子"而成波浪形，因而有些拉长(图38).

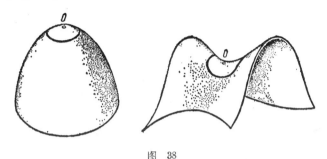

图 38

从以上所引的定理推出，具有变动的高斯曲率的曲面是几何地不均匀的，它的内蕴几何的性质随着点的改变而改变。如果说内蕴几何问题的特征使它接近于平面几何，那么上述的不均匀性就成为它与平面几何的很大的原则性的区别所在。譬如说，在平面上任何三角形的各角之和都等于两个直角；而在任意的曲面上，由最短线组成的三角形的各角之和是不确定的，即使知道了三角形所在的曲面和指出了三角形的"大小"（例如各边的长度）. 然而，如果知道了在这三角形的每个点处的高斯曲率 K, 则它的各角 α, β, γ 之和就可以按下列公式来计算：

$$\alpha+\beta+\gamma=\pi+\iint K\,d\sigma,$$

这里积分是对三角形的面积来求的。作为特例，这个公式包括了关于平面上和单位球面上的三角形各角之和的熟知的定理。在平面上，$K=0$ 和 $\alpha+\beta+\gamma=\pi$, 而在单位球面上，$K=1$ 和 $\alpha+\beta+\gamma=\pi+S$, 这里 S 是球面三角形的面积。

可以证明，高斯曲率为零的曲面的任何充分小的片段都可以弯曲（或者更常说成展开）到平面上，因为它有与平面相同的内蕴几何. 这种曲面叫做**可展曲面**. 而如果高斯曲率接近于零, 则虽然曲面已经不能展开到平面上, 但是它的内蕴几何与平面几何只有很小的差别. 这再一次表明, 高斯曲率表示曲面的内蕴几何与平面几何的差异的程度.

测地曲线 在内蕴几何里起着直线的作用的是所谓测地曲线, 它也常常简单地叫做"测地线".

平面上的直线可以定义为由彼此有一部分重叠的线段组成的线. 同理可以定义测地线, 只是线段换成了最短线. 换句话说, **测地线是曲面上的这样的曲线, 它的每一个充分小的弧都是最短线.** 并非每一条测地线就整体来看都是最短线, 关于这一点可以以球面为例, 球面上的每一个大弧都是测地线, 但是只有不超过半圆周的大圆弧才是最短线. 我们还看到, 测地线甚至可以是闭曲线.

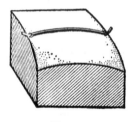

图 39

为了说明测地线的一些重要的性质, 我们来讨论下面的力学模型[1]. 设在曲面 F 上绷着一条两端固定的拉紧的橡皮线 (图 39)[2]. 当橡皮线有最短的长度时, 它就处在稳定状态, 因为它每一改变位置都需要拉长, 因而只有在外力的作用下才可能发生. 这说明沿最短线放置的线处在平衡状态. 为了平衡, 必须在每一段线上的弹力都与曲面的向着法线方向的反作用力相平衡. (我们认为曲面是平滑的, 而且在线和曲面之间没有摩擦力.) 但是在 §2 里曾经确定过, 由柱上拉紧的线所产生的压力, 其方向向着沿这线的曲线的主法线的方向. 所以我们导出了这样的结果: 测地线在每个点处的主法线与曲面的法线同方向. 逆定理也成立: 在正则曲面上的具有所说性质的任何曲线都是测地线.

测地线的上述性质可以用来导出下面的重要事实: 如果质点

---

1) 我们早已说过, 我们下面的论述并不要求严格证明测地线的性质. 我们的目的只是说明其中的一些重要性质罢了.

2) 拉紧的线只能绷在凸曲面上, 因此为了不造成例外, 最好设想曲面是两层的, 而线则绷在它的两层之间.

沿曲面运动时,除掉曲面的反作用力以外不受任何其他力的作用,则它的轨迹就是一条测地线. 事实上,我们从§2知道,点的沿着法线的加速度的方向与轨迹的主法线方向相同,而由于作用于点上的唯一的力是曲面的反作用力,轨迹的主法线就要与曲面的法线重合,所以根据上述的逆定理,轨迹是测地线. 测地线的最后这个性质还大大地加深了它与直线的相仿性. 正像自由的点在惯性作用下沿着直线运动一样,拘束在曲面上的点在没有外力时沿着测地线而运动[1].

从测地线的同一个性质还可以推得下面的定理:如果两个曲面沿着一条曲线彼此相切,而这曲线在其中一个曲面上是测地线,那么这曲线在另一个曲面上也是测地线. 事实上,因为在这曲线的每个点处两个曲面有公共的切平面,所以它们在这些点处有公共的法线,而因为在其中的一个曲面上曲线是测地线,这法线又与曲线的主法线重合. 因此,在第二个曲面上曲线也是测地线.

从这个结果还推得测地线的两个直观的性质. 其一,假如把有弹性的长方形薄片(例如钢皮尺)沿着它的中分线紧密地贴在曲面上,那么它就与这曲面沿着测地线而相切. (实际上,由于接触曲线在尺上是测地线,所以它在曲面上也是测地线.)其二,如果有某个曲面在平面上沿着一条直线而滚动,那么这直线在曲面上的痕迹是一条测地线[2]. 这两个例子都可以举圆柱为例来说明和利用把平面长条的中分线贴到圆柱的实验来肯定(图40),这时中分线的位置或者沿着母线,或者沿着圆周,或者沿着螺旋线(不难证明,圆柱面只有这几种类型的测地线). 假如让圆柱在用白粉画出直线的平面上滚动,那么在圆柱上出现的也是这同一些曲线.

测地线与平面上直线的相仿性还可以补上一个重要的性质,这个性质常常被取作测地线的定义. 那就是说,平面上的直线可以定义为零曲率的曲线,而曲面上的测地线则可以定义为测地曲

---

1) 这里所谓"外力"我们是指除曲面反作用力外的所有的力.

2) 这个命题实质上与上一个命题等价,因为曲面在平面上以所说的方式滚动就相当于把一条平的带子贴到曲面上.

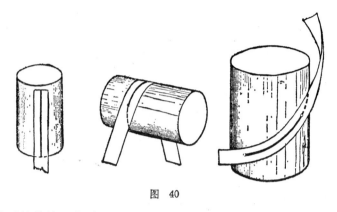

图 40

率为零的曲线.（我们记得，当考虑曲线在曲面的被研究的点处的切平面上的投影时，曲线在这点处的测地曲率就是这投影在同一点处的曲率;参看图 37.）测地线的这个定义重合于原来定义的自然性可以用下面的想法来加以说明.如果在某条曲线的每个点处切平面上的投影的曲率等于零，那么曲线在离开切线时主要就向着曲面法线的方向，因而曲线的主法线也就正好向着曲面法线的方向，而曲线就显得是原来意义下的测地线.反过来，如果曲线是测地线，则它的主法线（因而也就是曲线与切线的差异的主要部分）方向向着曲面法线的方向，所以在把曲线投射到切平面上时就得到这样一条曲线，它与切线的差异大大地小于原来的曲线与切线的差异，而且所得的投影的曲率就等于零.

在各种不同的曲面上，测地线的情况可以是种类繁多的.在图 41 上举例画着旋转双曲面上的若干条测地线.

曲面的弯曲变形　研究曲面在弯曲变形下不改变在性质的内蕴几何，密切地联系着弯曲变形本身的研究.曲面的弯曲变形的理论属于几何学中最富有内容和最困难的部分，它包含着大量的问题，虽然其中有一些问题的提法简单而又自然，但是直到今天还没有获得最终的解决.

欧拉和闵定格也研究过曲面的弯曲变形的问题，但是关于任意曲面的弯曲变形的普遍的结果是在后来才得到的。

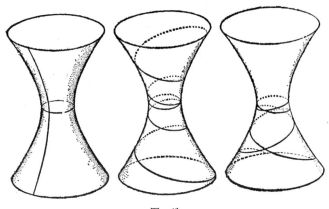

图　41

　　在弯曲变形的一般理论里首先发生的是曲面是否总能弯曲变形的问题, 而且假如能够弯曲变形的话, 那末这种弯曲变形又具有怎样的自由度? 对于所谓 **解析曲面**, 即可以用能展成泰勒级数的坐标函数给定的曲面, 这个问题在上一世纪末叶由法国几何学家达尔布解决了. 特别地有以下的事实: 如果在曲面上取定任意一条测地线而且在空间中给定任意一条有同样长度但是到处没有零曲率的(解析)曲线, 那么包含已知测地线的充分狭窄的曲面长条就可以作这样的弯曲变形, 使得测地线变成给定的曲线[1]. 这个定理表明, 曲面长条可以作完全任意的弯曲变形. 然而还可以证明, 如果测地线所应该变成的曲线已经给定, 则曲面最多可以用两种方式作弯曲变形. (举例说, 如果这曲线是平面曲线, 则曲面的两个位置就正好对称于这个平面.) 而如果测地线是直线, 则最后这个命题不成立, 因为可以举柱状曲面的任意弯曲变形作为例子来说明这一点.

　　我们定义弯曲变形作为曲面的这样的变形, 经过这种变形, 曲面上的所有曲线的长度都保留不变. 这时说的是变形的最终结果; 至于曲面本身在变形过程中将会变得怎样的问题则没有牵

----

1) 把测地线变成具有零曲率的曲线的情形是例外的, 因为不难肯定, 对于高斯曲率为正数的曲面, 这显然是不可能的.

涉到. 然而假如把曲面看做由能弯曲而不能伸缩的材料做成的，则自然可以讨论在变形的每一时刻长度都保留不变(在物理学上这就相当于无伸缩性的物体)的连续的变形. 这种变形叫做**连续**的弯曲变形.

初看起来，可以认为，任何连续变形都能用连续的过程来实现，然而这并非事实. 例如可以证明，有圆槽形状的曲面(图 42)就不允许连续的弯曲变形(这同时说明了这样一个大家知道的事实，圆形的水桶要比方形的水桶来得坚固)，虽然这种曲面是可以作弯曲变形的；只要沿着它与水平面相切的圆把它割开，把其中的一片换成它对于这平面的镜面反射图形(在图 43 上，正像在图 42 上一样，为了直观起见，只画出所讨论的曲面的一半). 圆槽的圆环形状阻碍它作连续的弯曲变形从直观上看来是很明显的(而像直槽那样的曲面，相当于上面所写的那种弯曲变形是可以连续地完成的).

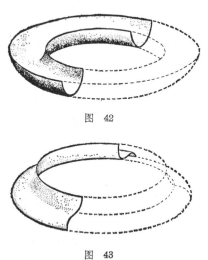

图　42

图　43

假如限于曲面的充分小的片段，那么要它作连续的弯曲变形就没有什么看得见的障碍了，而且可以意想到，曲面的微小片段的任何弯曲变形总可以用连续的方式实现，只是在必要时需要补充一个镜面反射. 这确实是对的, 但是必须在曲面的所讨论片段上高斯曲率不成为零的条件下(不算它处处等于零的情形). 而如果高斯曲率在一些个别的点处变成零, 则就像叶菲莫夫在1940年所证明了的, 即使是曲面的充分小的片段, 也可以不许可作保留正则性的弯曲变形. 举例说, 由方程 $z = x^9 + \lambda x^6 y^3 + y^9$ (这里 λ 是超越数)给定的曲面就是这样, 它的任何包含坐标原点的(即使是充分小的)片段都不许可作充分正则的连续的弯曲变形. 叶菲莫夫定理是古典微分几何中的新的和有些出于意外的成果.

与弯曲变形理论的一般问题同时, 在几何学中有很多地方是研究曲面的一些特殊类型的弯曲变形的.

曲面的内蕴几何与它的空间形式的联系 我们已经知道, 曲面和曲面上的图形的某些直接与它的空间形式有联系的性质, 即某些所谓"外在几何的"性质, 由曲面的内蕴几何决定. 举例说, 曲面的主曲率的乘积(高斯曲率)就由它的内蕴几何决定. 另一个例子: 对于处在曲面上的曲线, 主法线到处与曲面法线重合的必要和充分的条件是, 这曲线具有确定的内蕴几何的性质, 它即是测地线.

曲面的空间形式只是以一定的任意性随着曲面的这种内蕴几何而被决定.

曲面的空间形式对它的内蕴几何的依赖性可以解析地用方程来表出, 在这些方程里出现刻画内蕴几何的量和刻画曲面的外在的弯曲性的量. 这些公式中的一个是由高斯提出的, 那就是用属于内蕴几何的量来表示高斯曲率的公式. 另外两个方程是在§1里提到过的彼德逊-科达奇方程.

高斯-彼德逊-科达奇方程完全地包括了在曲面的内蕴几何和它在空间的弯曲性之间的联系, 因此在任意曲面的内蕴几何的量和外在几何的量之间的所有可能的关系, 至少是以隐蔽的形式, 已经包括在这些方程之中了.

由于曲面在空间中的形式不单由它的内蕴几何决定, 自然会发生这样的问题: 为了完全决定曲面, 还需要给定哪样一些外在几何的量？原来,如果两个曲面有同样的内蕴几何,而且这两个曲面在对应的点和方向上的法截线的曲率在取定符号后是相等的, 那么这两个曲面本身也就相等,即可以通过运动而使它们叠合.我们应该指出,彼德逊比波奈早15年发现这个定理,虽然这定理常常以后者来命名.

曲面理论的解析的工具 分析学在曲面理论里的系统的应用引导出特别适合于这个目的的解析工具的创立. 在这方面的有决定意义的一步是由高斯引入的, 那就是用所谓曲纹坐标解析地给定曲面的方法. 这个方法是平面上的笛卡儿坐标的观念的自然推广, 而且与曲面的内蕴几何密切有关, 在内蕴几何里用方程 $z=f(x, y)$ 来给定曲面已经变得不方便了. 不方便的原因在于曲面上的点的坐标 x, y 在弯曲变形下要改变. 为了消除这种不方便, 人们在曲面本身之上引进坐标,用与每个点有关的两个数 u, v 来决定这个点(这些数在经过弯曲变形后还与已知点有关). 空间的坐标 x, y, z 每每就是 u, v 的这个或那个函数了. 在曲面上给定一个点的数 u 和 v 叫做这个点的**曲纹坐标**. 这个概念是这样命名的: 如果固定其中一个坐标(例如 v)的值, 而让另一个坐标变动, 那末我们就在曲面上得到一条坐标曲线. 坐标曲线在曲面上组成曲线网,就像平面上的坐标网似的. 我们注意到,在地球面上用经度和纬度决定点的位置的熟知方法并非别的, 而正是在球面上引进的曲纹坐标;在这情形里坐标网由圆周——经线和纬线组成[1](图44). 为了用曲纹坐标来给定曲面的空间位置,需要决定曲面的点依赖于 u 和 v 的情况, 例如把从某个固定的起点引向曲面的点的向量 $\boldsymbol{r}$(所谓曲面的向径)给定为 u 和 v 的函数, $\boldsymbol{r}=\boldsymbol{r}(u, v)$(这等价于把向量 $\boldsymbol{r}$ 的分量 x, y, z 给定为 u 和 v 的函数)[2]. 为

---

1) 特别是,早在笛卡儿在平面上引入通常的坐标以前好久,地理坐标就在实际应用中出现了.

2) 高斯自然并没有利用向量的记号. 他直接把曲面上的点的三个坐标分别定义为 u 和 v 的函数. 在汉弥登和格拉斯曼的工作成果中出现的向量,最先在物理学中得到广泛的应用,而且直到很晚(实际上是在二十世纪内)才成为讲述解析几何和微分几何时的传统的工具.

了给定处在已知曲面上的曲线，需要给定坐标 u 和 v 作为一个变数 t 的函数，在这以后，在这条曲线上变动的点的向径就可以用复合函数 $\boldsymbol{r}[u(t),v(t)]$ 表示.

图 44

导数和微分的概念可以逐句地推广到向量函数上；这时从导数是 $\frac{\Delta\boldsymbol{r}}{\Delta t}$ 当 $t\to 0$ ($\boldsymbol{r}$ 是参数 t 的函数)时的极限的定义直接推出，曲线向径的导数是向量，它的方向沿着这条曲线的切线(图 45). 可以搬到向量上的还有普通导数的基本性质，特别是复合函数的微分法则

$$\frac{d\boldsymbol{r}[u(t),\,v(t)]}{dt}=\frac{\partial\boldsymbol{r}}{\partial u}\frac{du}{dt}+\frac{\partial\boldsymbol{r}}{\partial v}\frac{dv}{dt}=\boldsymbol{r}_u u'_t+\boldsymbol{r}_v v'_t, \tag{7}$$

这里 $\boldsymbol{r}_u$, $\boldsymbol{r}_v$ 是向量函数 $\boldsymbol{r}(u,v)$ 的偏导数.

可以证明，曲线的长度由下列积分表示:

$$s=\int\sqrt{x'^2(t)+y'^2(t)+z'^2(t)}\,dt.$$

因此，曲线长度的微分等于

$$ds=\sqrt{x'^2(t)+y'^2(t)+z'^2(t)}\,dt.$$

但是因为 $x'(t)$, $y'(t)$, $z'(t)$ 正是向量 $\dfrac{d\boldsymbol{r}}{dt}=\boldsymbol{r}'_t$ 的分量，所以可以写成

$ds=|\boldsymbol{r}'_t|dt$, 这里 $|\boldsymbol{r}'_t|$ 表示向量 $\boldsymbol{r}'_t$ 的长度. 对于处在曲面上的曲线, 按照(7)

图 45

我们得到

$$ds=|\boldsymbol{r}_u u'_t+\boldsymbol{r}_v v'_t|dt.$$

按照向量代数的法则计算等式右边的向量长度的平方[1], 我们得到

$$ds^2=[\boldsymbol{r}_u^2 u'^2_t+2\boldsymbol{r}_u\boldsymbol{r}_v u'_t v'_t+\boldsymbol{r}_v^2 v'^2_t]\,dt^2.$$

换成 u 和 v 的微分, 而且引进记号

$$\boldsymbol{r}_u^2=E(u,\ v),$$
$$\boldsymbol{r}_u\boldsymbol{r}_v=F(u,\ v),$$
$$\boldsymbol{r}_v^2=G(u,\ v),$$

我们就有

$$ds^2=E\,du^2+2F\,du\,dv+G\,dv^2.$$

我们看到, 曲面上弧长微分的平方是微分 du 和 dv 的二次形式, 其系数与曲面的点有关. 这个二次形式叫微曲面的第一个二次形式. 在曲面的每个点处给定了第一个二次形式的系数 $E, F,$ G 以后, 就可以按照公式

$$s=\int_{t_1}^{t_2}\sqrt{E u'^2_t+2F u'_t v'_t+G v'^2_t}\,dt$$

来计算任意曲线的长度, 因此也就完全决定了曲面的内蕴几何.

作为例子, 我们来说明角和面积如何用 E, F, G 来表示. 设从一个点引出两条曲线, 其中一条由方程 $u=u_1(t), v=v_1(t)$ 给定, 而另一条由方程 $u=u_2(t), v=v_2(t)$ 给定. 于是这两条曲线的切向量就是向量

$$\boldsymbol{r}_1=\boldsymbol{r}_u\frac{du_1}{dt}+\boldsymbol{r}_v\frac{dv_1}{dt},$$

$$\boldsymbol{r}_2=\boldsymbol{r}_u\frac{du_2}{dt}+\boldsymbol{r}_v\frac{dv_2}{dt}.$$

这两个向量之间的角的余弦等于它们的数量乘积 $\boldsymbol{r}_1\boldsymbol{r}_2$ 被它们的长度的乘积 $r_1 r_2$ 除,

$$\cos\alpha=\frac{\boldsymbol{r}_1\boldsymbol{r}_2}{r_1 r_2}$$

$$=\frac{\boldsymbol{r}_u^2\dfrac{du_1}{dt}\dfrac{du_2}{dt}+\boldsymbol{r}_u\boldsymbol{r}_v\left(\dfrac{du_1}{dt}\dfrac{dv_2}{dt}+\dfrac{du_2}{dt}\dfrac{dv_1}{dt}\right)+\boldsymbol{r}_v^2\dfrac{dv_1}{dt}\dfrac{dv_2}{dt}}{r_1 r_2}$$

---

[1] 向量长度的平方等于向量与其自己的数量乘积, 而对于数量乘积, 我们知道 [参看第三章(第一卷)§9], 普通去括弧的法则成立.

回想到 $\boldsymbol{r}_u^2=E$, $\boldsymbol{r}_u\boldsymbol{r}_v=F$, $\boldsymbol{r}_v^2=G$ 我们得到

$$\cos\alpha=\frac{E\dfrac{du_1}{dt}\dfrac{du_2}{dt}+F\left(\dfrac{du_1}{dt}\dfrac{dv_2}{dt}+\dfrac{du_2}{dt}\dfrac{dv_1}{dt}\right)+G\dfrac{dv_1}{dt}\dfrac{dv_2}{dt}}{\sqrt{E\left(\dfrac{du_1}{dt}\right)^2+2F\dfrac{du_1}{dt}\dfrac{dv_1}{dt}+G\left(\dfrac{dv_1}{dt}\right)^2}}$$

$$\cdot\frac{1}{\sqrt{E\left(\dfrac{du_2}{dt}\right)^2+2F\dfrac{du_2}{dt}\dfrac{dv_2}{dt}+G\left(\dfrac{dv_2}{dt}\right)^2}}.$$

为了得到面积的公式，我们来讨论曲边四边形，设它的各边是曲线 $u=u_0$, $v=v_0$, $u=u_0+\Delta u$, $v=v_0+\Delta v$. 我们近似地把它换成切平面上的一个平行四边形，这个平行四边形是以切于坐标曲线的向量 $\boldsymbol{r}_u\Delta u$ 和 $\boldsymbol{r}_v\Delta v$ 为边的 (图 46). 这个平行四边形的面积是 $\Delta s=|ru||rv|\Delta u\Delta v\sin\varphi$, 这里 φ 是在 $\boldsymbol{r}_u$

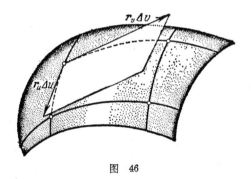

图 46

和 $\boldsymbol{r}_v$ 之间的角. 因为 $\sin\varphi=\sqrt{1-\cos^2\varphi}$, 所以

$$\Delta s=|\boldsymbol{r}_u||\boldsymbol{r}_v|\Delta u\Delta v\sqrt{1-\cos^2\varphi}=\sqrt{\boldsymbol{r}_u^2\boldsymbol{r}_v^2-|\boldsymbol{r}_u|^2|\boldsymbol{r}_v|^2\cos^2\varphi}\,\Delta u\Delta v.$$

回想到, $\boldsymbol{r}_u^2=E$, $\boldsymbol{r}_v^2=G$, $|\boldsymbol{r}_u|\cdot|\boldsymbol{r}_v|\cos\varphi=\boldsymbol{r}_u\boldsymbol{r}_v=F$, 我们得到 $\Delta s=\sqrt{EG-F^2}\,\Delta u\Delta v$. 把平行四边形的面积加起来，而且在 Δu, $\Delta v\to 0$ 时过渡到极限，我们就得到面积的公式

$$S=\iint\limits_{D}\sqrt{EG-F^2}\,du\,dv.$$

这里积分是对于与已知曲面片段对应的变数 u, v 的变化区域 D 进行的.

因此，曲纹坐标在研究曲面的内蕴几何时是非常适用的.

原来曲面在空间中的弯曲性也可以用微分 du 和 dv 的一个二次形式来刻画. 事实上，假如 $\boldsymbol{n}$ 是曲面在点 M 处的单位法向量，而 $\Delta\boldsymbol{r}$ 是当从点挪动一下时曲面的向径的改变量，那么曲面与切平面的差异 h(图 47) 就等于 $\boldsymbol{n}\Delta\boldsymbol{r}$. 按泰勒公式展开 $\Delta\boldsymbol{r}$，我们得到

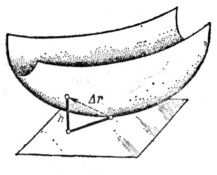

图 47

$$h = n dr + \frac{1}{2} n d^2 r + \varepsilon (du^2 + dv^2),$$

这里当 $\sqrt{du^2 + dv^2} \to 0$ 时有 $\varepsilon \to 0$. 因向量 dr 处在切平面上,所以 $n dr = 0$;最后一项 $\varepsilon(du^2 + dv^2)$ 与微分 du 和 dv 的平方相比是微小的. 留下的是主要项 $\frac{1}{2} n d^2 r$. 两倍于 h 的主要部分的量 $n d^2 r$ 是 du 和 dv 的二次形式

$$n d^2 r = n r_{uu} du^2 + 2 n r_{uv} du \, dv + n r_{vv} dv^2.$$

这个二次形式就表明曲面与切平面的差异的特征. 它叫做曲面的第二个二次形式. 它的依赖于 u 和 v 的系数常常记做

$$n r_{uu} = L, \quad n r_{uv} = M, \quad n r_{vv} = N.$$

知道了第二个二次形式,我们就可以计算曲面上的任意曲线的曲率. 事实上,应用公式 $k = \lim\limits_{l \to 0} \dfrac{2h}{l^2}$,我们得到,方向与微分比值 $du:dv$ 对应的法截线的曲率等于

$$k_n = \frac{n d^2 r}{ds^2} = \frac{L \, du^2 + 2M \, du \, dv + N \, dv^2}{E \, du^2 + 2F \, du \, dv + G \, dv^2}.$$

如果所讨论的曲线不是法截线,那么按照梅涅定理,只要用向着同一个方向的法截线的曲率除以曲线的主法线和曲面法线之间的角的余弦就成.

第二个二次形式的引入给出了研究曲面的弯曲性的解析方法. 特别地,就可以纯解析地获得欧拉定理和梅涅定理,获得高斯曲率和平均曲率的表示式等等.

前面说过的彼德逊定理表明,同时取定的两个二次形式决定一个曲面只差它在空间中的位置,因此,曲面的任意性质的研究从解析方面看就化成研究这两个二次形式. 最后我们要指出,两个二次形式的系数并不是互不相关的;前面提到过的在曲面的内蕴几何和它的空间形式之间的联系,解析地就以第一个和第二个二次形式的系数之间的三个关系（高斯-科达奇方程）表出．

§5. 曲线和曲面理论中的新方向

曲线族和曲面族 虽然曲线和曲面理论的原理在很大程度上在上一世纪中叶已经完成了，但是这理论过去继续有发展，今天还在继续发展着．同时在这理论中逐渐增加了一系列新的方向，扩大了在现代微分几何中所研究的图形和其性质的范围．不过这些方面中的一个早在微分几何的萌芽时期就已经出现了．我们指的是"族"的理论，即曲线和曲面的连续集合的理论．但是因为直到曲线和曲面理论的原理已经完全形成时，"族"的理论才开始了深入的发展，在这意义下可以认为它是新的方向．

图形的连续集合一般叫做 **n 参数的族**，假如这集合的每个图形由 n 个参数的值给定，并且假定所有刻画一个图形的量（关于图形的位置、形状等等）至少是连续地随着这些参数而改变的．从这个普遍定义的观点看来，可以认为曲线是单参数的点族，而曲面则是二参数的点族．因为平面上的圆由三个参数给定：中心的两个坐标和半径，所以平面上的所有圆周的集合就是三参数的曲线族．

曲线族或曲面族的理论中的最简单问题是求出所谓族的包络的问题．假如一个曲面在其每个点处与一个曲面族中的一个曲面相切，而且它以这种方式与曲面族中的每一个曲面相切，这曲面就叫做这曲面族的**包络**．譬如说，中心的已知直线上的等半径的球面族的包络是圆柱面（图48），而以已知平面的所有点为中心的这种球面族的包络则由两个平行平面组成．同样地可以定义曲线族的包络．在图49上画着以不同的角度从喷泉中喷出的水流；在同一个平面上的这种水流形成一个曲线族，这些曲线可以近似地认为是抛物线．在照片上可以清楚地看出它们的包络，它好象是水冠的周界．当然，并不是每一个曲线族或曲面族都有包络（举例说，平行的直线族就没有包络）．求任意族的包络的简单而普遍的

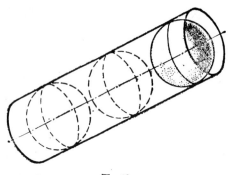

图 48

图 49 (a)

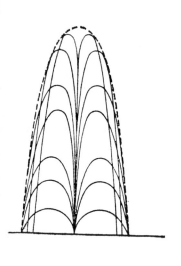

图 49 (b)

方法是有的; 对于平面上的曲线族, 这种方法还是莱布尼兹所给出的哩.

　　每一条曲线显然是它自己的切线的包络. 同理, 每一个曲面是它自己的切平面的包络. (这恰好是用给定曲线的切线族来给定曲线或者用给定曲面的切平面族来给定曲面的新方法的根据.
在很多问题中,这种给定曲线或曲面的方法是很方便的.)

一般地说,在曲面的不同的点处,切平面是不同的,因此曲面的切平面族通常是二参数的. 但是在某些情形下,例如在柱面的情形,切平面族是单参数的. 可以证明下面的重要定理成立. 有单参数的切平面族的曲面是而且只是可以摊开到平面上的曲面,即它的任何充分小的片段都可以弯曲成平面的片段. 这就是我们在§4中提到过的可展曲面. 每个这种样子的解析曲面都由直线段组成,而且或者是平面(平行直线组成),或者是锥面(聚集于一个点的直线组成),或者由某一条空间曲线的切线组成.

包络理论常常在工程问题(例如在传动理论)里利用. 我们来讨论两个齿轮 A 和 B. 它们的相对运动可以这样设想: 假定齿轮 A 是固定的,而齿轮 B 则沿着它滚动(图50). 于是齿轮 B 的周界在取不同的位置时就在齿轮 A 的平面上形成一个曲线族,而齿轮 A 的周界应该总与它们相切,即是这族的包络. 当然,对于传动来说这还是不够的,还应该考虑从一对齿到另一对齿的衔接,但是上面指出的条件毕竟是主要的,齿轮的形状总应该满足这个条件.

我们曾经说过,包络的问题只不过是曲线族和曲面族理论中最简单的和早已解决了的问题. 族的理论就其可能包含的问题来说不见得会比例如曲面理论更窄些. 探讨得

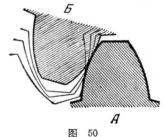

图 50

特别多的是"线汇"理论,即各种二参数的曲线族(特别是直线族,所谓直线汇)的理论. 在这理论中应用的方法实质上与曲面理论中所用的方法相同.

直线汇的理论早在孟日的著作"论沟和堤"中已经开始,这著作的名称表明,孟日的研究是在联系到实际问题时产生的;谈到的是从沟到堤上的最便利的运土法.

在上一世纪中叶才开始的线汇理论的系统发展,在很大程度

上是与几何光学有关的；因为在均匀介质中的光线的集合常常是直线汇.

非正则曲面和"整体"几何 曲线和曲面（以及曲线族和曲面族）的理论是在上世纪末叶形成的，通常把它叫做古典微分几何；作为它的标志的特别是以下的特征.

首先，它只讨论"充分平滑的"即所谓正规的曲线和曲面，也就是说它们是由具有足够多个导数的函数所给定的. 因而像具有尖端和棱角的曲面，例如多面体表面和锥面，不是完全排斥到讨论之外，就是只讨论曲面上平滑的片段了.

其次，古典微分几何专门研究曲线和曲面的充分小的片段的性质（"局部"的几何学），而完全不关心整个闭曲面有什么性质这种问题（这种问题已经属于所谓"整体"的几何学了）.

揭露"局部"几何和"整体"几何的差别的典型例子可以由曲面的弯曲变形来给出. 举例说，早在 1838 年，闵定格就证明了球面的充分小的片段可以作弯曲变形（"局部"的定理）. 同时它还提出了整个球面不能作弯曲变形的假设. 这后一个定理直到 1899 年才由别的数学家证明了. 恰好，对于由可以弯曲但是确实不能伸展的材料做成的球面，我们很容易用实验来揭示它的不可弯曲性. 举例说，虽然乒乓球是用很容易弯曲的材料做成的，但是它却是很坚固的. 再有一个例子是我们在§4 里已经说到过的普通的洋铁水桶；由于水桶具有圆形的边缘，它整个地说是坚固的；然而同一个曲面的个别片段却是可以弯曲的. 如同我们所看到的，在曲面的"局部"性质和"整体"性质之间可以发现实质上的差别.

我们在§4 里获得过初步知识的测地线理论，也给我们一个特征性的例子. 测地线在"局部"上，即在小片段上，乃是最短线，但是它"整体"地可以完全不是最短线，而且可以像在球面上大圆的情形一样是封闭的.

读者不难注意到写在§4 中的关于测地线的定理基本上是"局部"的定理. 而关于测地线的整个伸展情况的问题则是属于**整体几何**的. 举例说，大家知道，在正则曲面上的一个很小的邻域内, 只有唯一的测地线连接两个充分接近的点. 而假如从测地线的伸展范围上离开这两个点非常远的地方来看测地线, 则按照莫尔斯定理, 在闭曲面上的任意一对点都可以用无穷多条测地线把它们连结起来. 举例说, 圆柱侧面上的两个点 A 和 B 就可以用完全不同的测地线来连结它们: 只要在从 A 到 B 的路径上取绕圆柱次数不同的各种螺旋线. 属于"整体"几何的还有由列斯台尔尼克和史尼雷尔曼所证明的关于闭测地线的庞卡来定理, 这定理将会在第十八章(第三卷)里谈到.

证明这些定理, 就像证明"整体"几何中很多其他定理一样, 显得是难以用古典微分几何的普通方法来做到的, 因而需要创造新的方法.

正如"整体"几何的问题不可避免地会引起数学家们的注意, 在科学中也不可能坚持单是正则曲面这个限制, 因为我们经常遇见非正则的、不能连续地弯曲变形的曲面, 例如立方体、圆锥、有尖的边缘的凸透镜等等的表面.

此外, 很多解析曲面在自然扩展下必然会出现"奇异性"——违反了正则性, 例如出现棱角和尖端. 譬如圆锥面的片段在扩展后就要引向顶点——尖端, 在那儿是违反曲面的平滑性的.

最后提到的事实只不过是下列重要定理的特别情形. 不是柱面的任何可展曲面在自然的扩展下总要遇到棱角(在锥面情形是尖端), 在遇到棱角时这曲面已经不能在保持正则性的条件下再扩展了.

因此, 在曲面的"整体"情况和它的奇异性之间有很深的联系. 这正是为什么解决"整体"问题和研究具有"奇异性"(棱角, 尖端, 曲率的间断处等等)的曲面应该同时进行的原因之一.

同样的新方向也在分析学中发生. 例如在第五章§7里说过的微分方程的定性理论, 就研究微分方程在其整个定义区域里的解的性质, 即所谓"整体"的性质. 因而它特别注意"奇异性", 注意正则性的破坏, 注意方程的奇异点. 此外, 现代的分析学所研究的对象包括了非正则的函数, 而它正是古典分析学所不研究的(参看

第三卷第十五章）；这就使几何学在研究更一般的曲面时有了新的工具．最后，在通常处理具有某种极值性质的曲线或曲面的变分法里，有时达到极值的极限曲线会显得不是正则曲线．在这种问题的提法中所必须的曲线类或曲面类的封闭性，也要求推广所讨论的曲线或曲面的范围——首先至少得包括最简单的非正则曲线或曲面．总之，几何学中的新方向的产生并不是孤立的，而是与数学的整个发展密切地有联系的．

大约在 50 年前才开始解决"整体"问题和不仅研究正则曲面的转变．有很多数学家参加了这个新方向的研究．赫尔曼·闵可夫斯基(1864—1909)作出了第一个重要的贡献，建立了几何学中宽广的一章——凸体理论的初步．顺便说一下，促使闵可夫斯基进行这些研究的问题之一是关于正方格子的问题，这问题是与数论和几何结晶学有密切联系的．

一个立体叫做凸的，假如通过它的表面的每个点，都可引不会截割这个立体的平面，即这个立体可以用它表面的任何点支持在平面上(图 51)．凸体由它的表面决定，而且在很大程度上当我们说到凸体理论和闭凸曲面理论时是没有差别的．关于凸体的普遍定理的真实性，通常并不需对它的表面的平滑性或"正则性"作任何补充的假定．即是说这些定理通常属于整个的凸体或整个的凸曲面．因此，凸体和凸曲面的理论在其基本方面就打破了古典微分几何的限制．然而凸体和凸曲面的理论还稍稍与古典微分几何有些联系；这两种理论的统一是很晚才发生的．

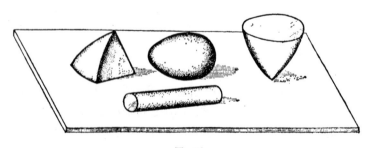

图 51

从 1940 年起，A. Д. 亚历山大洛夫发展了一般曲线和曲面的理论．这理论不仅包括了古典微分几何的正则曲面，而且也包括了非平滑的曲面：多面体表面，任意凸曲面和其他曲面．虽然问题的提法和这理论的结论有很大的普遍性，但是作为这理论的基础的首先是直观的几何概念和几何方法，当然它确实还要利用现代分析学的概念和方法．这理论的基本方法之一是用多面形（多面体表面）逼近一般的曲面．这个方法的最简单情形是每一个中学生都知道的，譬如把圆柱的侧面积当做角柱面积的极限来计算就是如此．在一系列的情形里这方法给出强有力的结果，这些结果或者是用别的方法所不能得到的，或者是在引向极限的解析过程中需要很大的努力和引起复杂的思考．这个方法是这样的，先对多面形解决了问题，然后用过渡到极限的方法把结果搬到一般的曲面上．

关于从已知的摊开图形粘合成一个凸多面形的条件的定理，乃是一般凸曲面理论的原理之一．这个定理从叙述上看完全是初等的，然而却有非初等的证明而且引出关于一般凸曲面的极为深入的推论．读者当然知道如何粘合成立方形的盒子，例如，由十字形的纸样来粘合成立方形(图 52)．这个用纸片粘合多面形的方法可发展成为"摊开和粘合"的一般方法，这方法在曲面理论的多种问题中给出强有力的结果而适宜于实际应用．

这理论中的一些深入的结果是由坡果列洛夫获得的．特别地，他证明了任意闭凸曲面作为一个整体是不能在保留它的凸性的条件下作弯曲变形的．在 1949 年获得的这个结果结束了很多著名的数学家的工作，这些数学家在 50 年的长时期中企图证明这个定理，但是只在这样或那样的补充条件下才得到它的证明．坡果列洛夫的结果在结合了"摊开和粘合"的方法以后，不仅给出了这个问题的完全的解，而且几乎是最终地阐明了关于闭的和不闭的凸曲面的可弯曲性和不可弯曲性的全部问题．他还确立了新的理论与"古典的"理论的密切联系．

这样一来，终于建立了这样的曲面理论，它不仅包括了古典

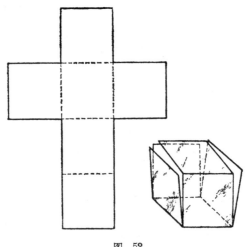

图 52

的理论，而且包括了多面形、任意凸曲面和极为一般的非凸曲面
的理论．遗憾的是我们不能在这里详细地说一下这个理论中的结
论和尚未解决的问题，虽然这一点是可以做到的，因为它们很多都
是极为直观的，而且尽管它们的严密证明是困难的，为了理解问题
的提法却并不需要特别的知识．

前面在谈到曲面的弯曲变形的§4里，我们曾处理过正则的
（连续地弯曲的）曲面在保留其正则性的条件下的弯曲变形．相反
地，在刚才提到的坡果列洛夫定理里，并不要求原来的和弯曲成的
曲面的正则性，但却添上了两个曲面都是凸曲面的要求．

明显地，假如允许得到的曲面不必是凸曲面和可出现绉折，则
球面的弯曲变形就成为可能的了．只要从球面割一块而把它从原
来的位置变成翻转过来的形状，即像把球面的片段压向里面去一
样，我们就得到这种弯曲变形的一个例子．不久以前由美国数学
家涅什和荷兰数学家凯伯所获得的结果是特别出于意外的．他们
证明了，假如只保留曲面的平滑性而允许在曲面的曲率中出现某
种跳跃（即对于已知函数撤去了二阶导数的连续性、有界性甚至存
在性的任何要求），则曲面作为一个整体就可能以很大程度的任意

性作弯曲变形了．特别地,球面片段就可以弯曲成某种小块,这种小块是具有很小的波浪状绉纹的平滑曲面．通过关于这种变形的某种认识，就可清楚地想像由柔软物质(例如布)做成的球形口袋是能够极为任意地弄绉的．至于赛璐珞的小球则是另一回事了．它的弹性表面不但不允许伸展,而且也不允许突然的弯曲,因而这种小球就显得是非常坚固的了．

各种变换群的微分几何 本世纪的开端从古典微分几何发掘出一系列新方向，它们是统一在一个观点之下的．这指的是专门研究曲线、曲面和曲线族、曲面族的这样一些性质，它们是在这种或那种形式的变换下不变的性质．古典微分几何研究在运动下不变的性质,但是自然可以考虑其他的几何变换．例如,在空间范围里把直线还变成直线的变换叫做**射影变换**．很久以前已经产生了所谓射影几何，它研究在任意射影变换下保留不变的图形的性质．射影几何就其所研究的问题说是与通常的初等几何和解析几何相类的,直到本世纪开始才在很多数学家的工作中开始发展"射影微分几何",即类似于古典微分几何的曲线、曲面和曲线族、曲面族的理论,只是专门研究它们在任意射影变换下保留着的性质．这方向的创始工作是美国数学家维尔琴斯基的，以及意大利数学家富比尼和捷克数学家切赫的工作．

同样地还产生了"仿射微分几何"，它研究曲线、曲面和曲线族、曲面族在仿射变换下保留的性质,所谓仿射变换是不但把直线变成直线，而且不违反直线的平行性的变换．德国数学家伯拉什喀和他的学生们把几何学的这一部分发展成宽广的理论．还可以提到"保角几何"，在这种几何学中研究图形在不改变任意曲线之间的角的变换下保留的性质．

一般地说，可能有的"几何"是种类繁多的，因为其中每一个在一定的意义下都可以取任意的变换群作为基础，而且研究图形在这个群中的变换下保留的性质．定义各种"几何"的这种原则我们还将在第十七章(第三卷)里谈到．

苏联数学家们(菲尼可夫，拉普捷夫和其他人)也有成就地发展了和发展着微分几何的新方向. 但是在我们这一篇概述中无法描述造成微分几何各个方面成就的现代研究的全貌.

文　献

Д. Гильберти, С. Кон-Фоссен, Наглядная геометрия., Гостехиздат, 1951.

概括大量的几何结果, 文字通俗, 内容丰富. 有一章专门讲述微分几何.

Л. А. Люстерник, Кратчайшие линии (вариационные задачи), Популярные лекции по математике, вып. 19. Гостехиздат, 1955.

关于测地线的书, 以大量的直观材料为依据的.

大 学 教 科 书

П. К. 拉舍夫斯基, 微分几何教程, 高等教育出版社 1955 年版.

С. П. 菲尼可夫, 微分几何教程, 高等教育出版社 1954 年版.

专 门 著 作

А. Д. Александров, Внутренняя геометрия выпуклых поверхностей, Гостехиздат, 1948.

讲述凸曲面理论中的新结果的专门著作.

В. Ф. Каган, Основы теории поверхностей в тензорном изложении, Гостехиздат, ч. I, 1947; ч II; 1948.

关于曲面理论的篇幅很大的著作, 在其中用统一的方法叙述了大量古典的和近代的成果.

裘光明 译

孙以丰 校

第八章 变 分 法

§1. 绪 论

变分问题举例 为了弄清楚在变分法[1]中所研究的问题的范围, 我们先来考虑一些个别的问题.

1. 最快滑行曲线 最速降线或最快滑行曲线问题是历史上变分法开始发展的第一个问题.

在所有连接 M_1 及 M_2 两点的曲线之中, 求一曲线, 使当质点在重力影响之下, 没有初速地沿此曲线从 M_1 运动达到点 M_2 所需时间为最短.

为了求这个问题的解, 我们应该考虑所有可能的连接 M_1 与 M_2 的曲线. 如果任取一条确定的曲线 l, 它就给出了质点沿着它滑下所需时间的确定的值 T, 时间 T 依赖于曲线 l 的选择, 而在所有的, 连接 M_1 与 M_2 的曲线之中要选出给出 T 的最小值的那一条曲线.

最速降线问题可以用另一形式给出.

经过点 M_1 及 M_2 作一垂直平面, 显然最快滑行曲线应该在这平面内, 所以求最快滑

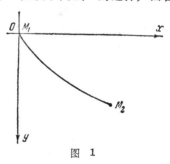

图 1

行曲线时我们就只需要限于这个平面内的曲线里来寻找了. 把点 M_1 取作坐标原点, 轴 Ox 指向水平而轴 Oy 垂直向下(见图1). 点 M_1 的坐标就是 $(0, 0)$; 把点 M_2 的坐标叫做 (x_2, y_2). 任取一条可由方程

---

[1] "变分法"这个名称的来源将在下面阐明.

$$y = f(x), \quad 0 \leqslant x \leqslant x_2. \tag{1}$$

给出的曲线, 其中 f 是连续可微函数. 因为曲线经过 M_1 与 M_2, 函数 f 在区间 $[0, x_2]$ 的两端应满足条件

$$f(0) = 0, \quad f(x_2) = y_2. \tag{2}$$

如果在曲线上取任意一点 $M(x, y)$, 则质点在曲线上的这个位置上运动的速度 v 与这点的 y 坐标具有物理学中熟知的关系式

$$\frac{1}{2} v^2 = gy,$$

或

$$v = \sqrt{2gy}.$$

质点走过曲线的弧长元素 ds 所需要的时间为

$$\frac{ds}{v} = \frac{\sqrt{1 + y'^2}}{\sqrt{2gy}} \, dx,$$

因此质点沿曲线从 M_1 滑行到 M_2 的整个时间为

$$T = \frac{1}{\sqrt{2g}} \int_0^{x_2} \frac{\sqrt{1 + y'^2}}{\sqrt{y}} \, dx. \tag{3}$$

求最速降线就和解下列极小值问题等价: 在满足条件 (2) 的所有的函数 (1) 之中, 求相应于积分 (3) 的最小值的那个函数.

2. 面积最小的旋转曲面 在连接平面上的两个点的曲线之中, 求把它绕 Ox 轴旋转所得曲面面积为最小的那条曲线.

设给定的点为 $M_1(x_1, y_1)$ 及 $M_2(x_2, y_2)$, 并考虑任一可由方程

$$y = f(x) \tag{4}$$

给出的曲线.

如果曲线经过 M_1 及 M_2, 则函数 f 将满足条件

$$f(x_1) = y_1, \quad f(x_2) = y_2. \tag{5}$$

绕 Ox 轴旋转后, 这曲线描成一个曲面, 其面积的数值等于积分

$$S = 2\pi \int_{x_1}^{x_2} y \sqrt{1 + y'^2} \, dx. \tag{6}$$

这积分的值依赖于曲线也就是依赖于函数 $y = f(x)$ 的选择. 在所有满足条件 (5) 的函数 (4) 之中, 我们要找出使积分 (6) 取最小值的

那个函数.

3. 变形了的薄膜的平衡 所谓薄膜就是有弹性的曲面,它在静止时是平的而只在张力作用时自由弯曲和作功. 我们认为,变形了的薄膜的位能与其表面面积的增量成比例.

设在静止状态,薄膜占有平面 Oxy 的区域 B (图 2). 把薄膜的边界 l 在垂直于 Oxy 平面的方向作变形,并用 $\varphi(M)$ 表示边上点 M 的位移. 同时薄膜的中间部分也就有了变形. 试求薄膜边界具有给定的变形时薄膜的平衡位置.

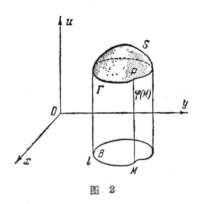

图 2

具有高度的准确性可以认为在上述变形下,所有薄膜上的点都只垂直于 Oxy 平面地移动. 以 $u(x, y)$ 记点 (x, y) 的位移. 在变形状态下,薄膜的面积为[1]

$$\iint_B (1+u_x^2+u_y^2)^{\frac{1}{2}}dx\,dy.$$

如果薄膜元素的变形很小,以致 u_x 和 u_y 的高次幂和它们的低次幂相比较时可以略去不计,上述面积的表达式可以换成更简单的

$$\iint_B \left[1+\frac{1}{2}(u_x^2+u_y^2)\right]dx\,dy.$$

薄膜面积的变化为

$$\frac{1}{2}\iint_B [u_x^2+u_y^2]\,dx\,dy;$$

变形的位能就具有值

$$\frac{\mu}{2}\iint_B [u_x^2+u_y^2]\,dx\,dy, \tag{7}$$

---

1) 此处以及本章各处,偏导数都只用在函数记号的下方写出的下标表示,这个下标指明我们是对哪个自变量来求偏导数的.

式中 μ 是依赖于薄膜的弹性性质的常数.

由于薄膜边界上的点的位移是给定的, 函数 $u(x, y)$ 在区域 B 的边界 l 上要满足条件

$$u|_l = \varphi(M). \tag{8}$$

在平衡位置时, 变形的位能具有最小的可能的值, 因此确定薄膜的点的偏差的函数 $u(x, y)$, 应该从下列极小问题来求: 在所有在区域 B 上连续可微和满足边界条件 (8) 的函数 $u(x, y)$ 之中, 求使积分 (7) 取最小值的函数.

泛函的极值与变分法　　上面举的例子使我们有可能对在变分法中所考虑的问题的范围有所了解. 但是为了确切地来确定变分法在数学中的地位, 我们应该来熟悉一些新的概念. 注意数学分析的基本概念之一是函数概念. 在最简单的情形下函数关系可以这样表示. 假定 M 是任何一个实数集合. 假定集合 M 中的每一个数 x 对应于某一个数 y, 就说在集合 M 上确定了函数 $y=f(x)$. 集合 M 往往叫做函数的定义区域.

泛函的概念是函数概念的直接而又自然的推广, 并且泛函的概念还包含函数概念作为它的特殊情形.

假定 M 是一个由任何对象组成的集合. 这些对象的本性现在对我们来说是没有关系的. 这些对象, 例如, 可以是空间的点、线、函数、曲面及力学体系的状态或者甚至可以是力学体系的运动, 等等. 为简便计, 在以后我们把它们叫做集合 M 的元素, 而以字母 x 记之.

如果 M 的每一个元素 x 对应于一数 y, 就说在集合 M 上确定了泛函 $y=F(x)$.

如果集合 M 是数 x 的集合, 那么泛函 $y=F(x)$ 就是具有一个自变量的函数. 当 M 是数偶 (x_1, x_2) 的集合或平面上的点的集合时, 泛函就是含两个自变量的函数 $y=F(x_1, x_2)$, 等等.

对于泛函 $y=F(x)$ 我们提出下列问题:

在 M 的所有的元素 x 之中, 求使泛函 $y=F(x)$ 取极小值的元素.

同样可以陈述这个泛函的极大值问题。

注意，如果把泛函 $F(x)$ 改号，而考虑泛函 $-F(x)$，那么 $F(x)$ 的极大值（极小值）就变成了 $-F(x)$ 的极小值（极大值）。所以把极大值和极小值分别研究是没有意义的，因为它们的理论是非常相象的。以后我们主要只谈泛函的极小值。

在最快滑行曲线的问题中，我们要去找它的极小值的泛函是积分(3)，也就是质点沿曲线滑行的时间。这个泛函是确定在所有可能的满足条件(2)的函数(1)之上的。

在薄膜的平衡位置的问题中，泛函是薄膜变形的位能(7)，我们需要去求它在所有满足边界条件(8)的函数 $u(x, y)$ 的集合上的极小值。

每一个泛函都由两个因素来确定，一是元素 x 的集合 M，在 M 上这泛函被给定；一是对每一个元素 x 赋以对应的数（即泛函的值）的规律。求泛函的最大的和最小的值的方法无疑地与集合 M 的性质有关。

变分法是泛函理论的一个特殊章节。在变分法中讨论确定在函数集合上的泛函，而变分法的任务则是建立这种泛函的极值理论。

在建立了变分法和物理学、力学中许多部门的联系之后，这支数学就具有特别重大的意义。其原因可以从下面看出来。下面即将弄明白，为使一个函数给出泛函的极值，这个函数必须满足一定的微分方程。另一方面，我们在谈微分方程的章节中已经说过，往往力学和物理学中量的规律也可以写成微分方程的形式。而事实上许多的这种微分方程同时也是变分法中的微分方程。这就提供了把力学的和物理学的方程考虑成相应的泛函的极值条件的可能性，和把物理学的规律表示成求某些量的极值（特别是极小值）的形式的可能性。这就允许我们在力学和物理学中，把这样或那样的物理规律代以与之等价的"极小原理"而引进新的观点。同时这也开辟了利用求相应泛函的极小，来准确地或者近似地解决物理问题的新道路。

§2. 变分法的微分方程

欧拉微分方程 读者请注意，一个可微函数 f 在某点 x 具有极值的必要条件是它的微商 f' 在这点等于零：$f'(x)=0$，或者说必要条件是函数的微分等于零：$df=f'(x)dx=0$，也是一样的.

我们最近的目的是求变分法中与这相类似的条件，和弄清楚给出泛函的极值的函数应该满足怎样的必要的要求.

我们来证明，这种函数应该满足一定的微分方程. 方程的形状依赖于所研究的泛函的形状. 我们从所谓变分法的最简单的积分开始叙述，所谓变分法的最简单的积分就是具有下列积分表达式的泛函：

$$I(y)=\int_{x_1}^{x_2} F(x,\ y,\ y')dx. \tag{9}$$

积分符号后面的函数 F 依赖于三个自变量 $(x,\ y,\ y')$. 假定当变量 y' 取任何值而变量 x 与 y 在 Oxy 平面的某区域 B 内时，函数 F 确定且对 y' 及 x，y 两次连续可微.

令 y 为 x 的一个函数

$$y=y(x). \tag{10}$$

设它在区间 $x_1 \leqslant x \leqslant x_2$ 上连续可微，而 y' 为它的导数.

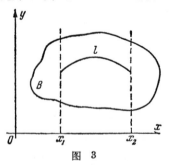

图 3

几何上，函数 $y(x)$ 是平面 Oxy 上在区间 $[x_1,\ x_2]$ 上的一条曲线 l（见图 3）.

积分 (9) 是在最快滑行曲线问题中遇到的积分 (3) 和在面积最小的旋转曲面问题中遇到的积分(6)的推广. 积分(9) 的值依赖于函数 $y(x)$ 或曲线 l 的选择，而关于它的极小的问题具有下列意义.

给定函数(10)（曲线 l）的集合 M. 要在这个集合内找出一个

函数 y（曲线 l）使积分 $I(y)$ 取最小值.

首先我们应该确切地定义这个函数集合 M，在这个集合 M 上，我们来研究积分 (9) 的值. 在变分法中我们通常称这个集合中的函数为容许作比较的函数. 考虑固定边值的问题. 这里容许函数的集合由以下两个要求来确定:

(1) $y(x)$ 在区间 $[x_1, x_2]$ 上连续可微;

(2) 在区间的两端 $y(x)$ 取预先给定的值:

$$y(x_1) = y_1, \qquad y(x_2) = y_2. \tag{11}$$

在其他别的方面，函数 $y(x)$ 可以完全是任意的. 如果用几何的话来说，我们研究区间 $[x_1, x_2]$ 上的所有可能的经过两点 $A(x_1, y_1)$ 及 $B(x_2, y_2)$ 且可由方程 (10) 给出的光滑曲线. 我们假定给出积分的极小的函数存在并且把它记作 $y(x)$.

下面的简单而又巧妙的想法，在变分法中经常运用着，它给出了很简单地弄清楚 $y(x)$ 所应当满足的必要条件的可能性. 主要的事情是它允许把积分 (9) 的极小问题转变成为函数的极小问题.

考虑依赖于数字参变量 α 的函数族

$$\bar{y}(x) = y(x) + \alpha \eta(x) \tag{12}$$

为使对于任何 α，$\bar{y}(x)$ 仍是容许函数，我们应当假定 $\eta(x)$ 连续可微并且在区间 $[x_1, x_2]$ 的两端都等于零:

$$\eta(x_1) = \eta(x_2) = 0. \tag{13}$$

就 $\bar{y}(x)$ 计算，积分 (9) 是参变量 α 的一个函数

$$I(\bar{y}) = \int_{x_1}^{x_2} F(x, y + \alpha\eta, y' + \alpha\eta') dx = \phi(\alpha)^{1)}.$$

因为 $y(x)$ 给出了积分的极小值，函数 $\phi(\alpha)$ 应该在 $\alpha = 0$ 时具有极小值，而其导数在这点就当然要等于零，

$$\phi'(0) = \int_{x_1}^{x_2} [F_y(x, y, y')\eta + F_{y'}(x, y, y')\eta'] dx = 0. \tag{14}$$

上面这个等式是任何连续可微并且在区间 $[x_1, x_2]$ 两端为零

---

1) 差 $\bar{y} - y = \alpha\eta$ 叫做函数 y 的变分（即改变量）并记作 δy，而差 $I(\bar{y}) - I(y)$ 叫做积分 (9) 的全变分. 因此就有了变分法的名称.

的函数 $\eta(x)$ 所都应当满足的. 为了获得由此引出的结果,最好把条件(14)中的第二项用分部积分法变成

$$\int_{x_1}^{x_2} F_{y'}\eta' dx = -\int_{x_1}^{x_2} \eta \frac{d}{dx} F_{y'} dx,$$

而把条件(14)变成了另外的形状

$$\Phi'(0) = \int_{x_1}^{x_2} \left[F_y - \frac{d}{dx} F_{y'} \right] \eta\, dx = 0. \tag{15}$$

可以证明下面的简单引理.

假定满足条件:

(1) 函数 $f(x)$ 在区间 $[a, b]$ 上连续;

(2) 函数 $\eta(x)$ 在区间 $[a, b]$ 上连续可微且在区间两端为零.

如果对于任何的这种函数 $\eta(x)$, 积分 $\int_a^b f(x)\eta(x)dx$ 等于零, 那么就有 $f(x)\equiv 0$.

事实上,假定在某一点上函数 f 不等于零,我们证明那就必然要有使 $\int_a^b f(x)\eta(x)dx \neq 0$ 的函数 $\eta(x)$ 存在, 而与引理的条件矛盾.

因为 $f(c) \neq 0$ 而 f 连续, 故在 C 点附近有一个区间 $[\alpha, \beta]$ 存在,在这区间内 f 处处不等于零,因而也就不变号.

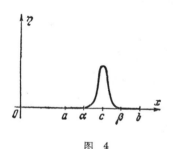

图 4

我们总可以作出函数 $\eta(x)$ 使在区间 $[a, b]$ 上连续可微, 在 $[\alpha, \beta]$ 上恒正,而在 $[\alpha, \beta]$ 之外处处等于零(见图4).

函数 $\eta(x)$ 可以是由下列等式确定的:

$$\eta(x) = \begin{cases} 0, & 在[a, \alpha]上, \\ (x-\alpha)^2(\beta-x)^2, & 在[\alpha, \beta]上, \\ 0, & 在[\beta, b]上. \end{cases}$$

但是对于这个函数 $\eta(x)$,

$$\int_a^b f\eta\, dx = \int_a^\beta f\eta\, dx.$$

然而上面这个积分不能等于零,因为乘积 $f\eta$ 在积分区间内不为零,也不变号.

由于等式 (15) 是要对于任何连续可微且在区间 $[x_1,\ x_2]$ 两端都为零的 $\eta(x)$ 都成立的,我们根据引理,就可以肯定这只有在

$$F_y - \frac{d}{dx} F_{y'} = 0 \tag{16}$$

时才可能发生. 计算出对 x 的导数,(16)就是

$$\begin{aligned}
&F_y(x,\ y,\ y') - F_{xy'}(x,\ y,\ y') - F_{yy'}(x,\ y,\ y')y' \\
&\quad - F_{y'y'}(x,\ y,\ y')y'' = 0.
\end{aligned} \tag{17}$$

这等式是关于函数 y 的二阶微分方程. 它叫做**欧拉方程**.

我们可以得出下列结论.

如果函数 $y(x)$ 给出了积分 $I(y)$ 的极小值,那么它就应当满足欧拉微分方程(17). 这在变分法中的意义和在函数的极值理论中的必要条件 $df=0$ 的意义完全一样. 它使我们马上排除了所有不满足这个条件的容许函数,因为对于这些函数积分必然不可能达到极小值. 这就非常有力地压缩了我们必须研究的容许函数的范围,于是我们可以把我们的注意力集中到方程(17)的解了.

方程(17)的解具有对于任何 $\eta(x)$ 都使导数

$$\left\{ \frac{d}{d\alpha} I(y+\alpha\eta) \right\}_{\alpha=0} = 0$$

的性质,而它的意义相当于函数的逗留点. 所以往往说积分 $I(y)$ 在(17)的解上具有逗留值.

在我们的固定边值的问题中,远不必求欧拉方程的所有的解,我们只须求其中在点 x_1, x_2 取预先给定的值 y_1, y_2 的那些解.

注意欧拉方程 (17) 是二阶方程,它的通解要包含两个任意常数

$$y = \varphi(x,\ C_1,\ C_2).$$

这两个任意常数应当要由积分曲线通过点 A 及 B 的条件来决定. 这就给出了两个用来求常数 C_1, C_2 的方程

$$\varphi(x_1,\ C_1,\ C_2) = y_1,\ \varphi(x_2,\ C_1,\ C_2) = y_2.$$

在许多情形下这组方程只有一组解，那时就只有一条积分曲线经过 A 和 B.

寻找可能给出积分的最小值的函数的问题已化为解下列微分方程的边值问题，即在区间 $[x_1,\ x_2]$ 上求方程(17)的能在区间两端依次取值 $y_1,\ y_2$ 的解.

后面的这个问题，往往能够利用微分方程理论中的熟知的方法来解决.

我们再一次指出，这个边值问题的解还只仅仅是具有给出最小值的可能性，在以后还必须再检查它是不是的确给出积分的最小值. 但特别在应用上常遇到的特殊情况下，欧拉方程完全解决了求积分的最小值的问题. 假定事先已经知道，给出积分的最小值的函数存在，并且还假设欧拉方程只有一个解满足边值条件(11)，因而就只有一条容许曲线能够给出最小值. 在这些条件下，可以肯定，所求得的方程(17)的解，确实给出积分的最小值.

例题 前面已经得出，最快滑行曲线的问题可以化成求积分

$$I(y) = \int_0^{x_2} \frac{\sqrt{1+y'^2}}{\sqrt{y}}\, dx$$

在满足边值条件

$$y(0) = 0,\ y(x_2) = y_2$$

的函数集合上的最小值.

在这个问题里

$$F = \sqrt{\frac{1+y'^2}{\sqrt{y}}}.$$

欧拉方程为 $-\dfrac{1}{2} y^{-\frac{3}{2}} \sqrt{1+y'^2} - \dfrac{d}{dx}\left(y^{-\frac{1}{2}} \dfrac{y'}{\sqrt{1+y'^2}} \right) = 0.$

经过化简之后，它可以化成

$$\frac{2y''}{1+y'^2} = -\frac{1}{y}.$$

把等式两边都乘以 y'，并积分之，得

$$\ln(1+y'^2) = -\ln y + \ln k$$

或
$$y'^2 = \frac{k}{y} - 1,$$

$$\sqrt{\frac{y}{k-y}}\, dy = \pm dx.$$

现在令 $y = \frac{k}{2}(1-\cos u)$, $dy = \frac{k}{2}\sin u\, du$.

经过代换与化简以后,得到

$$\frac{k}{2}(1-\cos u)\, du = \pm dx.$$

于是, 积分以后即得 $x = \pm \frac{k}{2}(u - \sin u) + C$. 因为曲线应该经过坐标原点, 故有 $C = 0$.

由此可见, 最速降线是旋轮线

$$x = \frac{k}{2}(u - \sin u), \quad y = \frac{k}{2}(1 - \cos u).$$

常数 k 应当从这条曲线经过点 $M_2(x_2, y_2)$ 的条件求出.

依赖于几个函数的泛函 我们研究过的、变分法的最简单的泛函 (9) 只依赖于一个函数. 在应用上当研究的对象(或其行为)只由一个函数关系确定时, 就会遇到这种泛函. 例如, 平面上由点的横坐标与纵坐标的依赖关系来确定的曲线, 由质点的坐标与时间的依赖关系来确定的该质点沿轴的运动, 等等.

同样也常常可以遇到不能像这样简单地确定的对象. 为了给出空间的曲线, 必须有两个函数关系来把它的两个坐标用第三个坐标表示, 空间的点的运动由它的三个坐标对时间的依赖关系来确定, 等等. 研究这种较复杂的对象就引出了具有几个变函数的变分问题*.

我们只限于讨论泛函依赖于两个函数 $y(x)$ 与 $z(x)$ 的情形, 因为函数的个数更多时在原则上并没有什么分别.

我们提出下列问题. 容许进行比较的一对对的函数 $y(x)$ 与 $z(x)$ 由下列条件确定:

---

* 具有几个变函数的变分问题, 就是具有几个函数作为变量的泛函的变分问题.——译者注

(1) 函数

$$y=y(x), \quad z=z(x) \tag{18}$$

都在区间 $[x_1, x_2]$ 上连续可微.

(2) 在区间两端, 这些函数取已知值

$$\begin{aligned} y(x_1)=y_1, \quad y(x_2)=y_2, \\ z(x_1)=z_1, \quad z(x_2)=z_2. \end{aligned} \tag{19}$$

在所有可能的这种一对对的函数 $y(x)$ 与 $z(x)$ 中, 我们要求出一对, 使积分

$$I(y, z) = \int_{x_1}^{x_2} F(x, y, z, y', z')\, dx \tag{20}$$

取最小值.

在三维空间 x, y, z 中, 每一对容许函数对应于一条由方程 (18) 确定而又经过点 $M_1(x_1, y_1, z_1)$ 及 $M_2(x_2, y_2, z_2)$ 的曲线 l.

我们应当求积分(20)在所有这种曲线组成的集合上的最小值.

假定给出积分的极小值的一对函数存在, 并记作 $y(x)$ 与 $z(x)$. 我们在考察这对函数的同时, 我们还考察其他的函数对

$$\bar{y}=y+\alpha\eta(x), \quad \bar{z}=z+\alpha\zeta(x),$$

式中 $\eta(x)$ 与 $\zeta(x)$ 是任意一对连续可微而在区间的两端 x_1, x_2 都等于零的函数. $\bar{y}, \bar{z}$ 于是也是容许函数, 当 $\alpha=0$ 时, 它们就是函数 y 和 z. 把它们代入(20)

$$\begin{aligned} I(\bar{y}, \bar{z}) &= \int_{x_1}^{x_2} F(x, y+\alpha\eta, z+\alpha\zeta, y'+\alpha\eta', z'+\alpha\zeta')\, dx \\ &= \Phi(\alpha), \end{aligned}$$

得到的积分是 α 的函数. 因为当 $\alpha=0$ 时, $\bar{y}, \bar{z}$ 就是 y, z, 函数 $\Phi(\alpha)$ 当 $\alpha=0$ 时应取极小值. 在取极小值的点上, Φ 的导数应等于零,

$$\Phi'(0)=0.$$

计算出导数即有

$$\int_{x_1}^{x_2} \{F_y \cdot \eta + F_z \cdot \zeta + F_{y'} \cdot \eta' + F_{z'} \cdot \zeta'\}\, dx = 0,$$

或者,把含 η' 及 ζ' 的两项分部积分以后,有

$$\int_{x_1}^{x_2} \left\{ \left[F_y - \frac{d}{dx} F_{y'} \right] \eta(x) + \left[F_z - \frac{d}{dx} F_{z'} \right] \zeta(x) \right\} dx = 0.$$

这个等式应该对于任何一对连续可微且在区间两端都等于零的函数 $\eta(x)$ 与 $\zeta(x)$ 都满足. 所以,根据前面证明过的基本引理,容易断言下列两个条件应当满足:

$$F_y - \frac{d}{dx} F_{y'} = 0,$$

$$F_z - \frac{d}{dx} F_{z'} = 0. \tag{21}$$

所以,如果函数 y, z 使积分 (20) 取极小值, 它们就应当满足欧拉微分方程组(21).

这种结论再一次允许我们把关于积分(20)的极小值的变分问题代以微分方程论的边值问题: 试在区间 $[x_1, x_2]$ 上,求微分方程组(21)的满足边值条件(19)的解 y, z.

和前面的情形一样, 这开辟了解决所提出的极小值问题的一个可能的途径.

作为应用欧拉方程组 (21) 的例子,我们考察牛顿力学中的奥斯特洛格拉特斯基–汉弥登变分原理,我们只考察这个原理的最简单的形式.

取质量为 m 的物体,并且认为这物体的大小与形状可以忽略而可以把它看成一个质点.

假定质点从它在时间 t_1 所在的位置 $M_1(x_1, y_1, z_1)$, 在时间 t_2 移到了位置 $M_2(x_2, y_2, z_2)$. 假定运动服从牛顿力学的规律,并且运动是由于力 $\boldsymbol{F}(x, y, z, t)$ 的作用产生的,这力依赖于点的位置和时间 t 并且具有位函数 $U(x, y, z, t)$. 所谓力 $\boldsymbol{F}$ 具有位函数 U 的含义是力 $\boldsymbol{F}$ 在三个坐标轴方向的分量 F_x, F_y, F_z 是某一个函数 U 对于相应的坐标的偏导数:

$$F_x = \frac{\partial U}{\partial x}, \quad F_y = \frac{\partial U}{\partial y}, \quad F_z = \frac{\partial U}{\partial z}.$$

假定运动是自由的,不受任何约束[1].

牛顿的运动方程是

$$m\frac{d^2x}{dt^2}=\frac{\partial U}{\partial x}, \quad m\frac{d^2y}{dt^2}=\frac{\partial U}{\partial y}, \quad m\frac{d^2z}{dt^2}=\frac{\partial U}{\partial z}.$$

根据牛顿力学的规律,点按确定的途径完成位移. 与点的"牛顿运动"的同时,我们考察它的其他运动,这些运动简称"容许的运动". 我们用两个要求来定义"容许的运动",即在时间 t_1 质点据有位置 M_1 而在时间 t_2 则据有位置 M_2.

怎样来区别质点的"牛顿运动"和它的任何其他的"容许的运动"呢? 奥斯特洛格拉特斯基-汉弥登原理就给出了区别这个的可能性.

引进质点的动能

$$T=\frac{1}{2}m(x'^2+y'^2+z'^2)$$

并作出所谓作用积分

$$I=\int_{t_1}^{t_2}(T+U)dt.$$

原理的内容是: 质点的"牛顿运动"与它的其他"容许的运动"的区别就在于"牛顿运动"使作用积分达到逗留值.

作用积分依赖于三个函数: $x(t)$, $y(t)$, $z(t)$.

由于在所有进行比较的运动中,质点的开始位置和终了位置都是一样的,这些函数的边值是固定的. 这里我们就有了具有三个在区间 $[t_1, t_2]$ 的端点取固定的值的变函数的变分问题.

前面曾经约定,如果某条曲线是欧拉方程的积分曲线,我们就说在这曲线上积分(17)具有逗留值. 在我们的问题中,被积函数

$$F=T+U=\frac{1}{2}m(x'^2+y'^2+z'^2)+U(x, y, z, t),$$

依赖于三个函数,而对于积分的逗留值,应该满足三个微分方程组

---

1) 对于奥斯特洛格拉特斯基-汉弥登原理这是非本质的: 在力学体系上可以添加任何的,甚至是非定常的但只要是整式的约束,也就是说,可以写成方程式的形式而不包含坐标对于时间的导数的约束.

成的方程组

$$F_x - \frac{d}{dt} F_{x'} = 0,$$

$$F_y - \frac{d}{dt} F_{y'} = 0,$$

$$F_z - \frac{d}{dt} F_{z'} = 0.$$

由于 $F_x = \frac{\partial U}{\partial x}$, $F_{x'} = mx'$, … 等等，欧拉方程组就和牛顿力学中的运动方程组相同．这就建立了上述原理的正确性．

多重积分的极小值问题　我们要求读者注意的最后一个变分法的问题是多重积分的极小值问题．由于和解决这种问题有关的事实对于任何重数的多重积分都是类似的，我们只就多重积分中最简单的情形即二重积分来讨论．

设 B 为平面 Oxy 上由围线 l 围成的区域．容许作比较的函数集合由下列条件确定：

(1) $u(x, y)$ 在区域 B 内连续可微；

(2) u 在 l 上取给定的值

$$u|_l = f(M). \tag{22}$$

在所有函数 u 中，求使积分

$$I(u) = \iint_B F(x, y, u, u_x, u_y)\, dx\, dy \tag{23}$$

取极小值的函数．

函数 u 的边界值的给定，意味着在空间 (x, y, u) 中给定了在 l 之上的一条空间围线 Γ（参看第 161 页图 2）．

考虑所有经过 Γ 而在区域 B 上的一切可能的曲面 S．在它们之中，我们希望求出使积分 (23) 为极小的曲面．

像以前一样，我们假定给出积分的极小的函数存在，并且把它记做 u．同时考虑其他的函数

$$\bar{u} = u + \alpha \eta(x, y)$$

式中 $\eta(x, y)$ 是任何连续可微函数，并且在 l 上等于零．于是函数

$$I(u) = \iint_B F(x, y, u+\alpha\eta, u_x+\alpha\eta_x, u_y+\alpha\eta_y)\,dx\,dy = \Phi(\alpha)$$

应当在 $\alpha = 0$ 时取极小值. 在这种情形下,它的一阶导数在 $\alpha = 0$ 时应为零,

$$\Phi'(0) = 0,$$

或

$$\iint_B [F_u\eta + F_{u_x}\eta_x + F_{u_y}\eta_y]\,dx\,dy = 0. \tag{24}$$

我们用奥斯特洛格拉特斯基公式来改变上式中后面的两项.

$$\iint_B [Fu_x\eta_x + Fu_y\eta_y]\,dx\,dy$$

$$= \iint_B \left[\frac{\partial}{\partial x}(Fu_x\eta) + \frac{\partial}{\partial y}(Fu_y\eta)\right]dx\,dy$$

$$- \iint_B \left[\frac{\partial}{\partial x}(Fu_x) + \frac{\partial}{\partial y}(Fu_y)\right]\eta\,dx\,dy$$

$$= \int_l [Fu_x\cos(n, x) + Fu_y\cos(n, y)]\eta\,ds$$

$$- \iint_B \left[\frac{\partial}{\partial x}(Fu_x) + \frac{\partial}{\partial y}(Fu_y)\right]\eta\,dx\,dy.$$

沿 l 的围线积分应该等于零,因为在围线 l 上函数 η 等于零. 所以条件(24)可以表成形式

$$\iint_B \left[F_u - \frac{\partial}{\partial x}(Fu_x) - \frac{\partial}{\partial y}(Fu_y)\right]\eta\,dx\,dy = 0.$$

这个等式应该为任何连续可微而在边界 l 上为零的函数 η 所满足.

所以,和前面的类似,可以断定,在区域 B 的所有的点上,应当满足方程

$$F_u - \frac{\partial}{\partial x}Fu_x - \frac{\partial}{\partial y}Fu_y = 0. \tag{25}$$

于是,如果函数 u 给出积分(23)的极小值,它就应当满足偏微分方程(25).

正像所有前面的问题一样,这里也建立了求一个积分的极小值的变分法的问题与微分方程(在这里是偏微分方程)的边值问题的联系.

例题　边界上有变形的薄膜上的点的偏差 $u(x, y)$ 应当从在给定边值 $u|_{l}=\varphi$ 时位能

$$\frac{\mu}{2} \iint_{B} [u_{x}^{2}+u_{y}^{2}] \, dx \, dy$$

是极小的条件求出.

为简单计,不考虑常数因子 μ, 可以取

$$F = \frac{1}{2}(u_{x}^{2}+u_{y}^{2}),$$

而方程(25)具有形状

$$-\frac{\partial}{\partial x}(u_{x}) - \frac{\partial}{\partial y}(u_{y}) = 0,$$

或

$$\Delta u = \frac{\partial^{2} u}{\partial x^{2}} + \frac{\partial^{2} u}{\partial y^{2}} = 0.$$

因此, 确定薄膜的点的偏差的问题化成了求在区域的围线上取给定值 φ 的调和函数了(**参看第 6 章, §3**).

§3. 变分法问题的近似解法

我们指出变分法问题一些近似解法的思想来结束这一章.

为确定计,我们只对固定边值的容许函数讨论最简单的泛函

$$I(y) = \int_{x_{1}}^{x_{2}} F(x, y, y') \, dx.$$

假定 $y(x)$ 是求 I 的极小的问题的解, 而 $m=I(y)$ 是积分的相应的极小值. 显然,如果我们能求出容许函数 $\bar{y}$, 使积分的对应值 $I(\bar{y})$ 和 M 很接近, 那么我们可以预期 $\bar{y}$ 也和准确的解 y 相差很小. 此外,如果我们做出了一序列容许函数 $\bar{y}_{1}, \bar{y}_{2}, \cdots$, 使 $I(\bar{y}_{n}) \to m$, 那么可以希望这个序列会按这种或那种意义收敛到解 y, 而对于充分大的下标计算出 $\bar{y}_{n}$, 我们就可以求出具有任意高的准确度的解.

根据我们所选择建立"极小化序列" $\bar{y}_{n}(n=1, 2, \cdots)$ 的这样或那样的法则,我们就得到了变分问题的这种或那种近似解法.

最早的近似方法是折线法或欧拉法．把区间 $[x_1, x_2]$ 分成许多部分．例如，把这些部分取成一样长，使分点为

$$x_1, x_1+h, x_1+2h, \cdots, x_1+nh=x_2, h=\frac{x_2-x_1}{n}.$$

做出顶点在分点之上的折线 p_{n-1}．它的顶点的纵坐标记做

$$b_0, b_1, b_2, \cdots, b_{n-1}, b_n.$$

并且要求这些折线具有相同的起点与终点．这样所有的容许折线都合于 $b_0=y_1$, $b_n=y_2$．所以折线由纵坐标

$$b_1, b_2, \cdots, b_{n-1}$$

确定．

现在的问题就是应该如何选择折线 p_{n-1}（也就是选择它的顶点 b_i 的纵坐标）使它能尽可能的最接近问题的准确解．

为了达到这个目的，自然这样来进行．对折线计算积分 I 的值，这个值要依赖于 b_i：

$$I(p_{n-1})=\Phi(b_1, b_2, \cdots, b_{n-1}).$$

也就是说，积分是这些纵坐标的函数．现在选择 b_i 使 $I(p_{n-1})$ 取极小值．为了确定所有的 b_i，我们有方程组

$$\frac{\partial}{\partial b_i} I(p_{n-1})=0, \quad (i=1, 2, \cdots, n-1).$$

因为对于任何容许曲线，包括问题的准确解，都可以用这样的折线去任意地逼近，使得不但它们在平面上的位置很接近，而切线的方向也可以很接近，所以非常明显，从计算结果就得出一序列的折线 p_{n-1}，这个序列差不多肯定将是极小化序列．取 n 充分大，我们可求出在整个区间 $[x_1, x_2]$ 上和解近似到任何程度的折线．当然，收敛性的事情是应当对每一个情形进行具体研究的．

下面的非常便于计算的方法也在物理学和技术科学中极广泛地应用．

取一个满足边值条件 $\varphi_0(x_1)=y_1$, $\varphi_0(x_2)=y_2$ 的任意函数 $\varphi_0(x)$ 及一串在区间 $[x_1, x_2]$ 两端为零的函数 $\varphi_1(x)$, $\varphi_2(x)$, $\cdots$.

然后作线性组合

$$S_n(x) = \varphi_0(x) + a_1\varphi_1(x) + \cdots + a_n\varphi_n(x).$$

对于系数 a_1, a_2, $\cdots$, a_n 的任何一组数值，函数 $S_n(x)$ 都是容许函数.

用 $S_n(x)$ 代替积分 I 中的 y，并完成必要的计算，我们就得到系数 a_i 的一个函数.

现在选择 a_i 使这个函数取它的最小值，这些系数应从方程

$$\frac{\partial}{\partial a_i} I(S_n) = 0 \quad (i = 1, 2, \cdots, n)$$

求出. 解这组方程，一般来说，我们得到给出 $I(S_n)$ 的极小值的确定的一组系数值 $\bar{a}_1$, $\cdots$, $\bar{a}_n$，从而作出了解的近似式

$$\bar{S}_n(x) = \varphi_0(x) + \bar{a}_1\varphi_1(x) + \cdots + \bar{a}_n\varphi_n(x).$$

这种近似序列 $\bar{S}_n(n=1, 2, \cdots)$，不是对于任何选择的 φ_i 都是极小化序列. 为了使得 $\bar{S}_n$ 是极小化序列，函数序列 φ_i 必须满足某些"完备性"条件，关于这些的说明我们就不再涉及了.

文　献

Л. А. Люстерник, Кратчайшие линии (вариационные задачи), Популярные лекции по математике, вып. 19. Гостехиздат, 1956.

大 学 教 材

Н. И. Ахиезер, Лекции по вариационному исчислению, Гостехиздат, 1955.

М. А. Лаврентьев и Л. А. Люстерник, Курс вариационного исчиаления, Гостехиздат, 1950.

В. И. Смирнов, Курс высшей математики, т. IV, изд. 3-е, Гостехиздат, 1953.

胡祖炽 译

冯　康 校

第九章　复变函数

§1. 复数和复变函数

复数和它在代数中的意义　在数学中, 由于解代数方程的关系, 我们就引进了复数. 代数方程
$$x^2+1=0 \tag{1}$$
在实数域中是不可解的, 因此, 就促使我们引入一个由等式
$$i^2=-1 \tag{2}$$
所定义的约定的数 i, 叫做虚单位. 设 a 和 b 是实数, 则形如 $a+bi$ 的数叫做**复数**. 关于这种数的运算, 我们把它们当作二项式来加、来乘, 正如同运算实数一样. 假若这时我们利用等式 (2), 则复数经过算术运算, 结果仍旧得到复数[1]. 复数的除法运算, 这是定义作乘法的逆运算的, 也是一个经常成立的一意运算, 只要除数不等于零就行. 这样一来, 复数的引进首先就说明了一个值得注意的 (但暂时还是形式上的) 现象: 除了实数之外, 还存在另外的数, 关于复数, 所有的算术运算皆成立.

下一步就是复数的几何解释. 每一复数 $a+bi$ 可以用 Oxy 平面上坐标为 (a, b) 的点来表示, 或者用一个从原点引到 (a, b) 点的向量来表示, 这对复数又引进了一个新的看法. 复数, 这是一个实数对 (a, b), 我们对它, 已经明确地规定了加法运算和乘法运算, 它们和实数运算一样服从同样的规律. 这时发生了一个值得注意的现象: 两个复数之和
$$(a+bi)+(c+di)=(a+c)+(b+d)i$$
在几何上由表示两个被加项的向量作成的平行四边形的对角线来表示 (图 1). 因此, 复数是按照力学和物理学中所出现的向量: 力、

---

1) 读者在中学里就应当已经知道了复数, 参考第四章(第一卷)§3.

速度、加速度等相加的规律来相加的. 这就使得我们有理由认为复数不仅具有单纯形式推广的意义，而且还可以用来表示实有的物理量.

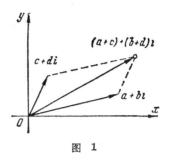

图 1

我们进一步还可以看出，这种看法在实际的数学物理问题中将取得多么大的成就.

然而把复数引进来这一件事首先还是在发现代数和分析的规律方面开始带来了成就. 实数域，它对于算术运算说来是封闭的，但对于代数运算则是不够完全的，就像(1)这样一个简单的方程在实数域中尚且没有根. 高等代数的基本定理，即任何复系数代数方程

$$z^n + a_1 z^{n-1} + \cdots + a_{n-1}z + a_n = 0$$

必有 n 个根，这是一个特别重要的事情[1].

这定理指出，复数做成了一个数系，它就某种意义来说，关于代数运算是完全的，只把 (1) 这样一个方程的根加到实数域中去，由于导出了数 $a+bi$，在这种数做成的域中，就使得任何代数方程都可解，这不是一件简单的事情. 高等代数的基本定理已经指出了，多项式的理论，即使这些多项式都具有实系数，当且仅当我们把多项式的值在整个复数域中来考虑的时候，才可能得到最终的形式. 代数多项式论的进一步的发展越来越肯定了这种观点. 只有当我们把多项式作为一个复变函数来考虑的时候，它的性质才弄得清楚.

幂级数和复变函数 分析的发展显示出了一系列的事实，这些事实指出了，引进复数这一件事不只是在多项式论中具有重要意义，而且对于另一个非常重要的函数类，即可以展成幂级数

$$f(x) = a_0 + a_1(x-a) + a_2(x-a)^2 + \cdots \tag{3}$$

的函数类，也具有重大的意义.

正如我们在第二章(第一卷)中曾经说过的，无穷小量分析的发

---

1) 参看第四章(第一卷)§3.

展要求我们在函数这一概念上，以及在数学中定义函数的各种可能的方法上，需要建立起更为精确的观点．在这里，我们不来谈论这些富有趣味的问题，我们只提醒一下，在分析学发展的最初阶段中，它显示出了，最常遇到的函数在它的定义域之内每一点的附近皆可展成幂级数．例如所谓的**初等函数**就都具有这种性质．

分析中大量的具体问题皆导致可展成幂级数的函数．另一方面，人们有着一种愿望，要把"数学"函数的定义和"数学"公式联系在一起，而用来作为一个"数学"公式，幂级数则有一种适于各种用途的形式．这种现象甚至使得我们产生了一种奢望，要想把分析限于研究可以展成幂级数的函数，这种函数因而得到**解析函数**之名．科学的发展证明了这种限制是不适当的．数学物理中的一些问题已经使得我们必须跑到解析函数类的范围外面去．解析函数类就连（比如说）那些可以用具有角点的曲线来表示的函数也不包括．但解析函数类，由于它的值得注意的性质以及它的多方面的用途，它已经成为数学中所研究的最重要的一类函数．

因为在计算幂级数的每一项时，只需要用到算术运算，所以那些可以用幂级数来表示的函数的函数值对于变数取复数值时也可以算出，只要对于这些值级数仍然保证收敛就行，像这样定义实变函数关于复变数的值，我们称之为它在复域内的"扩展"．因此，解析函数，正如多项式一样，不仅对于实变数值可以进行讨论，而且对于复变数值也可以进行讨论．不仅如此，我们还可以研究复系数的幂级数，解析函数的性质，正如多项式的性质一样，当且仅当把它放在复域中来讨论的时候，才能完全予以揭露．我们现举一例阐明上面所说．

我们现在来看两个实变函数

$$e^x \quad \text{和} \quad \frac{1}{1+x^2}.$$

这两个函数在整个实轴 Ox 上都是有限的、连续的，而且可以微分任意多次，它们可以展成泰勒级数，例如在原点 $x=0$ 的附近，有

$$e^x = 1 + \frac{x}{1!} + \frac{x^2}{2!} + \cdots, \tag{4}$$

$$\frac{1}{1+x^2}=1-x^2+x^4-x^6+\cdots. \tag{5}$$

所得的级数前一个对于一切 x 值皆为收敛, 而第二个级数则只当 $-1<x<+1$ 时收敛. 若仅就变数取实值时来研究函数 (5), 则不可能发现出到底是它的什么样的性质使得它的泰勒级数在 $|x|\geqslant 1$ 时发散. 但若转到复域中来看, 则即可说明这一现象, 我们现在对于变数取复值时来研究级数 (5).

$$1-z^2+z^4-z^6+\cdots \tag{6}$$

这级数的 n 项之和

$$s_n=1-z^2+z^4-z^6+\cdots+(-1)^{n-1}z^{2n-2},$$

可以如同对于实值 z 一样算出

$$s_n+z^2s_n=1+(-1)^nz^{2n},$$

由此即得

$$s_n=\frac{1+(-1)^nz^{2n}}{1+z^2}.$$

这式子指出, 当 $|z|<1$ 时,

$$\lim_{n\to\infty}s_n=\frac{1}{1+z^2},$$

因为 $|z|^{2n}\to 0$. 由是, 对于满足不等式 $|z|<1$ 的复数 z, 级数 (6) 收敛, 并以 $\frac{1}{1+z^2}$ 为其和, 当 $|z|\geqslant 1$ 时, 级数 (6) 发散, 因为这时差数 $s_n-s_{n-1}=(-1)^{n-1}z^{2n-2}$ 不趋于零.

不等式 $|z|<1$ 指出, z 点与坐标轴原点的距离不超过 1. 因此, 使得级数 (6) 收敛的点在复平面上做成一个以坐标轴原点为心的圆, 在这圆的圆周上有两个点 i 和 $-i$, 函数 $\frac{1}{1+z^2}$ 在这两点变为无穷; 这两点的出现也就是级数 (6) 的收敛域受到限制的原故.

幂级数的收敛域 幂级数

$$a_0+a_1(z-a)+a_2(z-a)^2+\cdots+a_n(z-a)^n+\cdots \tag{7}$$

在复平面上的收敛域常是一个以 a 点为心的圆.

我们现在来证明这一命题, 它具有阿贝尔定理之名.

我们先来指出，复数项级数

$$w_1 + w_2 + \cdots + w_n + \cdots \tag{8}$$

可以看作两个级数，各由数 $w_n = u_n + iv_n$ 的实部分和虚部分的系数所组成：

$$u_1 + u_2 + \cdots + u_n + \cdots, \tag{9}$$

$$v_1 + v_2 + \cdots + v_n + \cdots. \tag{10}$$

级数 (8) 的部分和 s_n 可以用级数 (9) 和 (10) 的部分和 σ_n 和 τ_n 来表示：

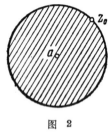

图 2

$$s_n = \sigma_n + i\tau_n,$$

因此，级数 (8) 的收敛与否就和级数 (9) 和 (10) 的收敛与否等价，而且级数 (8) 的和数 s 可以用级数 (9) 和 (10) 的和数 σ 和 τ 表出：

$$s = \sigma + i\tau.$$

在作了上述这一说明之后，下面的引理就变得很清楚。

若级数 (8) 的项就绝对值的大小而言小于几何级数

$$A + Aq + \cdots + Aq^n + \cdots$$

的项，此时，A 和 q 为正数，且 $q < 1$，则级数 (8) 收敛。

事实上，若 $|w_n| < Aq^n$，则

$$|u_n| \leqslant |w_n| < Aq^n, \quad |v_n| \leqslant |w_n| < Aq^n,$$

故 [参看第二章 (第一卷) §14] 级数 (9) 和 (10) 收敛，因而级数 (8) 也收敛。

我们现在来证明，若幂级数 (7) 在某一点 z_0 收敛，则它在以 a 点为心，边界经过 z_0 的圆内亦为收敛 (图 2)。假若这点已经证明，我们由此就容易推出，级数 (7)

$$a_0 + a_1(z - a) + \cdots + a_n(z - a)^n + \cdots$$

的收敛域或为全平面，或为 $z = a$ 一点，或为某一半径为有限的圆。

于是，设若级数 (7) 在 z_0 点收敛，则级数 (7) 的一般项对于 $z = z_0$ 当 $n \to \infty$ 时趋于零，而这也就是说，级数 (7) 的一切项皆在某一圆之内；设 A 为这样的一个圆的半径，则对于任何 n，

$$|a_n(z_0-a)^n| < A. \tag{11}$$

我们现在任取一点 z, 它和 a 点的距离小于 z_0 点到 a 点的距离, 而来证明级数在 z 点收敛.

显而易见,

$$|z-a| < |z_0-a|,$$

因此

$$q = \frac{|z-a|}{|z_0-a|} < 1. \tag{12}$$

我们来估计级数 (7) 在 z 点的一般项,

$$|a_n(z-a)^n| = \left| a_n(z_0-a)^n \left(\frac{z-a}{z_0-a} \right)^n \right|$$

$$= |a_n(z_0-a)^n| \left(\frac{|z-a|}{|z_0-a|} \right)^n;$$

由不等式 (11) 和 (12), 即得

$$|a_n(z-a)^n| < Aq^n,$$

这也就是说, 级数 (7) 在 z 点的一般项小于一收敛几何级数的一般项. 根据上面所证明的引理, 级数 (7) 在 z 点收敛.

一个圆, 假若幂级数于其中为收敛, 于其外为发散, 则称之为**收敛圆**. 这圆的半径叫做该级数的**收敛半径**. 收敛圆周必然通过复平面上使得函数的正则情况受到破坏的点中与 a 点最为接近的一点.

幂级数 (4) 在全复平面上皆为收敛; 幂级数 (5), 正如已经证明了的, 它的收敛半径等于 1.

复变指数函数和三角函数 幂级数可以用来作实变函数在复平面上的 "拓展". 例如对于复数值 z, 可以用下面的幂级数定义函数 e^z:

$$e^z = 1 + \frac{z}{1!} + \frac{z^2}{2!} + \cdots. \tag{13}$$

同理, 我们引入复变三角函数

$$\sin z = \frac{z}{1!} - \frac{z^3}{3!} + \frac{z^5}{5!} - \cdots, \tag{14}$$

$$\cos z = 1 - \frac{z^2}{2!} + \frac{z^4}{4!} - \cdots. \tag{15}$$

这几个级数在全平面上皆为收敛.

我们现在把三角函数和指数函数之间当转入复域时所出现的关系予以指出,这将是有益处的.

在等式(13)中以 iz 代 z,即得

$$e^{iz} = 1 + i \frac{z}{1!} - \frac{z^2}{2!} - i \frac{z^3}{3!} + \frac{z^4}{4!} + \cdots$$

将无因子 i 的各项和有因子 i 的各项分别集中在一起,则得

$$e^{iz} = \cos z + i \sin z. \tag{16}$$

同理可得

$$e^{-iz} = \cos z - i \sin z. \tag{16'}$$

公式(16)和(16')名为欧拉公式. 关于 $\cos z$ 和 $\sin z$ 解出(16)和(16'),即得

$$\cos z = \frac{e^{iz} + e^{-iz}}{2},$$

$$\sin z = \frac{e^{iz} - e^{-iz}}{2i}. \tag{17}$$

非常重要的是,指数定律对于复变数值仍然成立:

$$e^{z_1} \cdot e^{z_2} = e^{z_1 + z_2} \tag{18}$$

因为对于复变数值我们已经用级数(13)定义了函数 e^z,故(18)式应当由这定义出发来加以证明.

由定义,

$$e^{z_1} \cdot e^{z_2} = \left(1 + \frac{z_1}{1!} + \frac{z_1^2}{2!} + \cdots\right) \cdot \left(1 + \frac{z_2}{1!} + \frac{z_2^2}{2!} + \cdots\right).$$

我们现在把级数逐项相乘. 在乘出级数时,我们可以将所得之项写成正方形:

$$1 \cdot 1 + 1 \cdot \frac{z_2}{1!} + 1 \cdot \frac{z_2^2}{2!} + 1 \cdot \frac{z_2^3}{3!} + \cdots$$

$$\cdots + \frac{z_1}{1!} \cdot 1 + \frac{z_1}{1!} \cdot \frac{z_2}{1!} + \frac{z_1}{1!} \cdot \frac{z_2^2}{2!} + \frac{z_1}{1!} \cdot \frac{z_2^3}{3!} + \cdots$$

$$\cdots + \frac{z_1^2}{2!} \cdot 1 + \frac{z_1^2}{2!} \cdot \frac{z_2}{1!} + \frac{z_1^2}{2!} \cdot \frac{z_2^2}{2!} + \frac{z_1^2}{2!} \cdot \frac{z_2^3}{3!} + \cdots$$

$$\cdots + \frac{z_1^3}{3!}\cdot 1 + \frac{z_1^3}{3!}\cdot\frac{z_2}{1!} + \frac{z_1^3}{3!}\cdot\frac{z_2^2}{2!} + \frac{z_1^3}{3!}\cdot\frac{z_2^3}{3!} + \cdots.$$

我们现在把同类项集合在一起. 容易证明, 在我们的表上这种项皆在同一对角线上. 于是即得

$$e^{z_1}\cdot e^{z_2} = 1 + \left(\frac{z_2}{1!} + \frac{z_1}{1!}\right) + \left(\frac{z_2^2}{2!} + \frac{z_2}{1!}\cdot\frac{z_1}{1!} + \frac{z_1^2}{2!}\right) + \cdots. \quad (19)$$

这级数的一般项为

$$\frac{z_2^n}{n!} + \frac{z_2^{n-1}}{(n-1)!}\frac{z_1}{1!} + \frac{z_2^{n-2}}{(n-2)!}\frac{z_1^2}{2!} + \cdots + \frac{z_1^n}{n!}$$

$$= \frac{1}{n!}\left(z_2^n + \frac{n!}{1!(n-1)!}z_2^{n-1}z_1\right.$$

$$\left. + \frac{n!}{2!(n-2)!}z_2^{n-2}z_1^2 + \cdots + z_1^n\right).$$

运用牛顿二项定理, 则可将此一般项化为

$$\frac{(z_1 + z_2)^n}{n!}.$$

于是, 级数 (19) 的一般项与 $e^{z_1+z_2}$ 的一般项一致, 而这也就证明了指数定律(18).

指数定律和欧拉公式使得我们可以把函数 e^z 用实变函数表成有限形式(不是级数). 实际上, 设

$$z = x + iy,$$

则得

$$e^z = e^{x+iy} = e^x\cdot e^{iy},$$

又因

$$e^{iy} = \cos y + i\sin y,$$

故得

$$e^z = e^x(\cos y + i\sin y). \quad (20)$$

上面所得到的公式对于研究函数 e^z 的性质非常方便. 我们现在指出它的两个性质: (1)函数 e^z 无一处为零; 实际上, $e^x \neq 0$, 而且公式 (20) 中的 $\cos y$ 和 $\sin y$ 不可能同时为零; (2) 函数 e^z 具有周期 $2\pi i$, 即

$$e^{z+2\pi i} = e^z.$$

上式可从指数定律和等式

$$e^{2\pi i} = \cos 2\pi + i\sin 2\pi = 1$$

推出. 公式 (17) 使得我们可以在复数域内来研究函数 $\cos z$ 和

$\sin z$. 我们留给读者去证明, 在复数域内 $\cos z$ 和 $\sin z$ 皆具有周期 2π, 且和数的正弦定理和余弦定理皆成立.

复变函数的一般概念, 函数的可微分性 幂级数可以用来定义解析复变函数. 但值得注意的是对任意一个复变函数去研究分析的基本运算, 首先是微分运算. 在这里出现了一个与复变函数的可微分性有关的深刻的事实. 正如我们下面将要看到的, 一方面, 在 z_0 点附近所有的点皆具有一阶导数的函数在 z_0 点必然具有各阶导数, 不仅如此, 在这点还可展成幂级数, 即为解析的. 于是, 在研究可微分的复变函数时, 我们重新又回到解析函数上去. 另一方面, 导数的研究还使我们发现了复变函数的解析性质和函数论以及数学物理方程问题之间的关系.

根据上面所说, 以后我们将把在 z_0 点的某一邻域之内的一切点皆具有导数的那种函数叫做**在 z_0 点解析的**函数.

从函数的一般定义出发, 假若根据已给的复数值 z, 我们可以找出一种规律, 使得可以得出复数值 w, 我们就说 w 是复数 z 的函数.

每一复数 $z = x + iy$ 可以用平面 Oxy 上的点 (x, y) 来表示, 而数 $w = u + iv$ 我们则将用 Ouv 平面(函数平面)上的点表示. 于是, 从几何的观点看, 复变函数

$$w = f(z)$$

在变数平面 Oxy 上的点与函数平面 Ouv 上的点之间定义了一个对应关系. 换言之, 复变函数给变数平面到函数平面上建立了一个映象. 给了一个复变函数, 这就是说, 在数对 (x, y) 和 (u, v) 之间给了一个对应, 因之, 给定了一个复变函数和给定了两个函数

$$u = \varphi(x, y), \ v = \psi(x, y)$$

是等价的, 于此显然有

$$w = u + iv = \varphi(x, y) + i\psi(x, y).$$

譬如说, 假设 $\qquad w = z^2 = (x + iy)^2 = x^2 - y^2 + 2ixy,$

则 $\qquad u = \varphi(x, y) = x^2 - y^2, \ v = \psi(x, y) = 2xy.$

复变函数的导数是在形式上如同实变函数的导数一样给以定

义的. 导数是函数的增量与变数的增量之比的极限,

$$f'(z) = \lim_{\Delta z \to 0} \frac{f(z+\Delta z) - f(z)}{\Delta z}, \tag{21}$$

假若这极限存在的话.

若我们假定构成函数 $w=f(z)$ 的两个实函数 u 和 v 关于 x 和 y 具有偏导数, 则此仍不足以保证函数 $f(z)$ 的导数存在. 增量之比的极限一般是与点 $z'=z+\Delta z$ 接近点 z 的方向有关(图3). 要想导数 $f'(z)$ 存在, 必须这极限与 z' 接近 z 的方法无关. 例如我们现在来考虑 z' 沿 Ox 轴的方向和 Oy 轴的方向接近于 z 这两种情形.

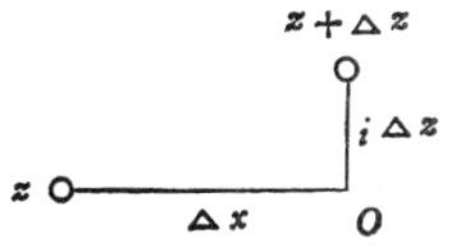

图 3

在前一种情形,

$$\Delta z = \Delta x,$$

$$f(z+\Delta z) - f(z)$$
$$= u(x+\Delta x,\, y) - u(x,\, y) + i[v(x+\Delta x,\, y) - v(x,\, y)],$$

而增量的比

$$\frac{f(z+\Delta z) - f(z)}{\Delta z}$$

$$= \frac{u(x+\Delta x,\, y) - u(x,\, y)}{\Delta x} + i\, \frac{v(x+\Delta x,\, y) - v(x,\, y)}{\Delta x}$$

当 $\Delta x \to 0$ 时趋于

$$\frac{\partial u}{\partial x} + i\, \frac{\partial v}{\partial x}. \tag{22}$$

在第二种情形,

$$\Delta z = i\Delta y,$$

而增量的比

$$\frac{f(z+\Delta z) - f(z)}{\Delta z}$$

$$= -i\, \frac{u(x,\, y+\Delta y) - u(x,\, y)}{\Delta y} + \frac{v(x,\, y+\Delta y) - v(x,\, y)}{\Delta y}$$

之极限为

$$\frac{\partial v}{\partial y} - i\frac{\partial u}{\partial y}. \tag{23}$$

假若函数 $w=f(z)$ 具有导数,则所得的这两个式子应该相等,因而有

$$\frac{\partial u}{\partial x} = \frac{\partial v}{\partial y}, \tag{24}$$

$$\frac{\partial u}{\partial y} = -\frac{\partial v}{\partial x}.$$

这两个方程的成立是函数 $w=u+iv$ 的导数存在的必要条件.原来,方程组 (24) 不仅是必要条件,而且也是充分条件(假若函数 u, v 具有全微分的话).我们现在不来谈论条件 (24) 之为充分条件的证明.条件(24)叫做柯西-黎曼方程.

容易证明,关于实变函数的一系列的微分规则可以不加改变地搬到复变函数上来.像函数 z^n,和数、乘积、商数等的微分就是如此.这些公式的推演和在实变函数的情形一样,不过现在指的是复量,不是实量.这证明了,z 的一切多项式

$$w = a_0 + a_1 z + \cdots + a_n z^n$$

是处处可微分的函数.任何有理函数,它等于两个多项式之比,

$$w = \frac{a_0 + a_1 z + \cdots + a_n z^n}{b_0 + b_1 z + \cdots + b_m z^m},$$

在所有使得分母不为零的点皆为可微分的.

要想证明函数 $w=e^z$ 可以微分,我们可以利用柯西-黎曼条件.在现在这种情形下,根据公式(20),

$$u = e^x \cos y, \ v = e^x \sin y;$$

将这两个函数代入(24),即可证明柯西-黎曼条件成立.这函数的导数可以(譬如)根据公式(22)算出.由此即得

$$\frac{dw}{dz} = e^z.$$

根据公式 (17) 容易证明三角函数皆可微分,而且在分析中关于这些函数的导数的值所常遇到的那些公式仍然适用.

函数 Lnz 在这里,我们将不把所有的初等复变函数逐一来进行研究.但知道一下函数 Lnz 的性质对我们还是非常重要的.

正如在实数域中一样, 若

$$z = e^w,$$

则令 $w = Lnz.$

为了把函数 Lnz 加以分析, 我们现在把数 z 写成三角形式

$$z = r(\cos\varphi + i\sin\varphi).$$

利用指数律于 e^w, 则得

$$z = e^w = e^{u+iv} = e^u \cdot e^{iv} = e^u(\cos v + i\sin v).$$

将所得的关于 z 的两个式子加以比较, 即得

$$e^u = r, \qquad\qquad (\alpha)$$

$$\cos v + i\sin v = \cos\varphi + i\sin\varphi. \qquad (\beta)$$

注意 u 和 r 为实数, 则由公式 (α), 即得

$$u = Ln\ r,$$

于此, $Ln\ r$ 是实数的自然对数的普通值. 等式 (β) 仅当

$$\cos v = \cos\varphi, \quad \sin v = \sin\varphi$$

时成立, 而对于这等式, v 与 φ 只能相差一 2π 的倍数,

$$v = \varphi + 2n\pi,$$

但对于任何整值 n, 等式 (β) 皆成立. 根据所得的关于 u 和 v 的式子, 我们有

$$Lnz = \ln r + i(\varphi + 2n\pi). \quad (25)$$

公式 (25) 对于所有异于零的复数值 z 定义了函数 Lnz. 这个公式不仅是对于正数, 而且也对于负数和复数给出了对数的定义.

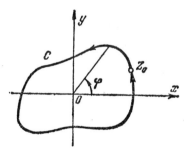

图 4

关于 Lnz 所得到的式子包含有一个任意的整数 n. 这就是说, Lnz 是一个多值函数. 对于任意一个 n, 我们就得到了函数 Lnz 的一个可能的值. 假若把 n 固定, 我们就得到这函数的一个可能的值.

但 Lnz 的不同的值相互间是有机地联系着的. 事实上, 比如

说，我们在 z_0 点固定 $n=0$. 设 c 是一条通过 z_0 点并包围坐标轴原点的闭曲线(图 4). 我们现在假定 z 点沿 c 连续变动. 当 z 移动时，辐角 φ 将连续增加，而当 z 点经过了整个闭曲线时，φ 即增大 2π. 于是，在固定 z_0 点的对数值

$$(Lnz)_0 = ln\, r_0 + i\varphi_0$$

之后，然后当 z 沿着包围坐标轴原点的闭曲线移动时连续地改变这个函数值，我们在回到 z_0 点时就得到了另外的一个函数值

$$(Lnz)_0 = ln\, r_0 + i(\varphi_0 + 2\pi).$$

这证明了函数的任意一个值可以连续地变到另一个值. 为此，就必须让 z 点绕坐标轴原点连续地转过必要的回数. 点 $z=0$ 叫做函数 Lnz 的支点.

假若我们希望只限于讨论函数 Lnz 的一个值，我们就必须禁止 z 点描过包围 $z=0$ 点的闭曲线. 这是可以做到的，只需从坐标轴原点向无限远点引一条连续曲线，然后禁止 z 点穿过这条线即可，这条线叫做割线(或剖线). 假若 z 点在一张具有割线的平面上变动，即已经不可能从 Lnz 的一个值变到另一个值，因而当我们从对数在某一点 z_0 的一个固定的值出发时，我们在每一点只能得到一个对数值. 这样分离出来的函数 Lnz 的值叫做它的一支.

比如说，假如我们沿 Ox 的负的部分引一割线，我们就得到了 Lnz 的一支，它的辐角只限于在范围

$$(2k-1)\pi < \varphi \leqslant (2k+1)\pi$$

内变动，这里的 k 是任一整数.

当我们只考虑对数的一支时，我们可以来研究它的微分. 设

$$r = \sqrt{x^2 + y^2}, \quad \varphi = \text{arc tg}\ \frac{y}{x},$$

容易证明 Lnz 满足柯西-黎曼条件，而它的导数，在根据(比如说)公式(22)计算之后，即等于

$$\frac{dLnz}{dz} = \frac{1}{z}.$$

我们要特别指出，Lnz 的导数已经是一单值函数.

§2. 复变函数与数学物理问题的关系

与流体力学的关系 柯西-黎曼条件把数学物理中的问题与复变函数论联系在一起. 我们现在用流体力学中的问题来说明这点.

在流体的各种可能的运动中,驻定运动起着特别重要的作用. 驻定运动乃是这样的一种运动,对于这种运动,速度在空间的分布状况不因时间的改变而改变. 比如说,一个观察者,当他站在桥上注视着流过桥墩的河水时,他就看到河水流动的一个驻定相图. 有时,流水对于某些随着某一物体移动的观察者来说,它就变成驻定的. 假若在汽船行动时,站在岸上的人们注视着水的波动,那么对于这些观察者,水的运动相图就不是驻定的,但对于汽船上的观察者,水流就是驻定的. 对于以定速度飞行的飞机上的乘客来说,因飞机所激动的空气的运动也是驻定的.

在驻定运动之下, 通过空间中某一定点的流体质点的速度向量 **V** 不因时间而改变. 假若对于移动着的观察者来说,运动是驻定的, 那么, 在随观察者移动着的坐标系中具有固定坐标的那种点,速度向量不因时间而改变.

在流体的各种运动中,**平面平行运动**具有特别重要的意义. 平面平行运动是一流动,在这流动之下,质点的速度处处与某一平面平行, 而且速度的分布相图在所有与所给平面平行的平面上都是一样的.

假若我们设想流体的质量是无限的, 流向垂直于一圆柱体的母线,则在所有与母线垂直的平面上, 速度分布的相图都是一样的,因而流体的运动是一个平面平行运动. 有时,流体的运动可以近似地看作平面平行运动. 比如说,假若我们希望定出气流速度在与机翼垂直的平面上的相图,那么,当这平面不太靠近机身或翼尾时,空气的运动可以近似地看作平面平行运动.

我们现在要来说明, 如何采用复变函数论来研究驻定平面平行运动．这时我们将假定流体是不可压缩的，就是说，它的密度不因压力的改变而改变．比如水就有这种性质，但当我们研究空气的运动时，假若运动的速度不太大，即使空气也可看作是不可压缩的．空气之为不可压缩这一假定，当运动速度不超过音速（$c=330$公尺/秒）的 0.6—0.8 倍时，并不因此产生值得注意的歪曲．

流体的流动可以由它的质点的速度的分布表示出来．假若流动是平面平行运动，那么只须知道质点在一张与运动进行的方向平行的平面上的速度即可．

我们现在用 $\mathbf{V}(x, y, t)$ 记质点在时间 t 这一瞬间通过坐标为 x, y 这一点的速度．现在我们所讨论的是驻定运动，故 $\mathbf{V}$ 与时间无关．向量 $\mathbf{V}$ 可以看作由它在坐标轴上的射影所定义．我们现在来研究流体质点的轨道．对于驻定运动来说，从空间中所给的点出发的那些质点的轨道不因时间而改变．假若速度场已知，就是说，假若作为 x, y 的函数的速度的分量为已知，则利用质点的速度必常与轨道相切这一点，质点的轨道即可定出．由此即得

$$\frac{dy}{dx} = \frac{v(x, y)}{u(x, y)}.$$

所得出的方程是轨道的微分方程．驻定运动的质点轨道称为流线．在运动平面上的每一点有一条流线通过．

流函数的概念非常重要．我们现在固定任意一条流线 C_0，并考虑一条想象的渠道，这渠道由一柱面（其母线与流体运动的平面平行）范围而成，这柱面过流线 C_0 和另一条流线 C_1 以及两张与运动所在平面平行且相距 1 单位的平面（图5）．假若来研究我们渠

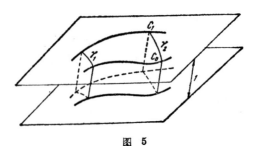

图 5

道的任意两个横截面 γ_1 和 γ_2, 则在单位时间内流经截面 γ_1 和 γ_2 的流体的总量相等. 事实上, 在由侧面 C_1, C_0 和 γ_1, γ_2 所定义的容器内, 在密度一定之下, 流体的总量不可能发生变化. 另一方面, 渠道 C_0 和 C_1 的侧壁是由流线做成的, 因此, 流体在经过它时不会流到别处去, 因而在单位时间内, 从 γ_1 流进来多少流体, 也从 γ_2 流出去多少流体.

一个函数 $\psi(x, y)$, 假若它在流线 C_1 上取定值, 其值等于流体在单位时间内流经在曲线 C_0 和 C_1 上所作起来的渠道的横截面的总流量, 则此函数即称为**流函数**.

流函数除了一个与初始流通曲线 C_0 的选取有关的常数之外, 完全决定. 若流函数已知, 则流线的方程显然是

$$\psi(x, y) = \text{const.}$$

流速的分量可由流函线的导数来表示. 要想得出这一表达式, 我们现在考虑由过所给的点 $M(x, y)$ 的流线 C, 和过邻近点 $M'(x, y + \Delta y)$ 的流线 C', 以及两张相距一单位且与运动平面平行的平面所构成的渠道. 我们现在来计算流体在时间 dt 内流经渠道的横截面 MM' 的总量 q.

一方面, 由流函数的定义,

$$q = (\psi' - \psi)dt.$$

另一方面, q 等于在横截面 MM' 上的每一点所引的向量 $\mathbf{V}dt$ 的全部做成的体积 (图 6). 若 MM' 很小, 则我们可以假定整个 MM' 上的 $\mathbf{V}$ 为一常量, 且等于 M 点的 $\mathbf{V}$ 值. 所得的平行六面

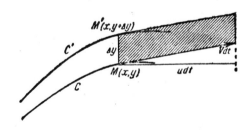

图 6

体的底的面积等于 $\varDelta y \times 1$（在图 6 中，一层的单位厚度没有画出），而高则等于向量 $\mathbf{V}dt$ 在 Ox 轴上的射影，即 $u\,dt$，因此，

$$q \approx u\varDelta y\,dt,$$

因之，$u\varDelta y \approx \varDelta\psi$.

以 $\varDelta y$ 除此等式两边，并取极限，则得

$$u = \frac{\partial\psi}{\partial y}. \tag{26}$$

对于第二分量作同样论证即得

$$v = -\frac{\partial\psi}{\partial x}. \tag{26'}$$

要想定出速度场，则除流函数之外，还须引进第二个函数。这函数的引进和流体质点的转动有关。假若我们把流体的各个小质点想像为一刚体，则一般说来，它们都有旋转运动。现若流体的运动是从静止状态发生的，且流体的各个质点之间又没有内部摩擦，则流体中的质点就不可能发生转动。这种没有质点转动的运动叫做无旋涡运动，它在研究流体中物体的运动时起着很重要的作用。在流体力学中已经证明，对于无旋涡运动，存在第二个函数 $\varphi(x, y)$，利用这一函数，速度的分量可用函数

$$u = \frac{\partial\varphi}{\partial x}, \quad v = \frac{\partial\varphi}{\partial y} \tag{27}$$

表出；函数 φ 叫做流动的**速度位**。我们现在进一步来讨论具有速度位的运动。

试将速度分量关于流函数和关于速度位的公式加以比较，我们即可得出下述重要结论。

不可压缩流体的流动的速度位 $\varphi(x, y)$ 和流函数 $\psi(x, y)$ 满足柯西–黎曼方程

$$\frac{\partial\varphi}{\partial x} = \frac{\partial\psi}{\partial y},$$
$$\frac{\partial\varphi}{\partial y} = -\frac{\partial\psi}{\partial x}. \tag{28}$$

换言之，复变函数

$$w = \varphi(x, y) + i\psi(x, y)$$

是一个可微分的复变函数. 反之, 假若我们从一可微分复变函数的导数出发, 则它的实部分和虚部分满足柯西-黎曼方程, 因而可以认为是一不可压缩流体的流动的速度位和流函数. 函数 w 叫做**流动的特征函数**.

我们现在来讨论 w 的导数的意义. 利用 (比如说) 公式 (22), 则得

$$\frac{dw}{dz} = \frac{\partial \varphi}{\partial x} + i\frac{\partial \psi}{\partial x}.$$

由 (27) 和 (26'), 即得

$$\frac{dw}{dz} = u - iv,$$

或取共轭数, 有

$$u + iv = \overline{\left(\frac{dw}{dz}\right)}, \tag{29}$$

在这里, $\frac{dw}{dz}$ 上面的横线是表示须取与之共轭的数.

于是, 流动的速度向量等于流动的特征函数的导数的共轭值.

流体的平面平行流动举例 我们现在来讨论几个例子. 令

$$w = Az, \tag{30}$$

在这里, A 为一复数. 由 (29), 即得

$$u + iv = \overline{A}.$$

因此, 线性函数 (30) 就定义了一个具有常速度向量的流体运动. 若令

$$A = u_0 - iv_0,$$

则将 w 的实部分和虚部分分开, 即得

$$\varphi(x, y) = u_0 x + v_0 y,$$

$$\psi(x, y) = u_0 y - v_0 x,$$

于是, 与速度向量平行的直线是流线 (图7).

作为第二个例子, 我们现在来讨论函数

$$w = Az^2,$$

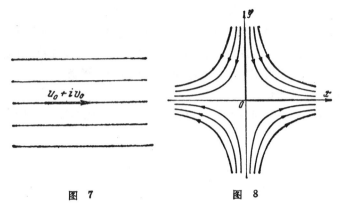

<table>
<tr><td>图 7</td><td>图 8</td></tr>
</table>

图 7   图 8

在这里, A 是一实的常数. 为了要画出流动的相图, 我们现在来定出流线. 在现在的情形下, 有

$$\psi(x,\ y)=2Axy,$$

而流线的方程则为

$$xy=\text{const.}$$

这是一双曲线, 它以坐标轴为其渐近线 (图 8). 箭头所指的是当 $A>0$ 时, 质点沿流线运动的方向. Ox 轴和 Oy 轴也是流线.

若在流体中摩擦非常小, 则在将任意一条流线代之以一固定的壁之后, 并不影响其余的流动. 流体的质点将沿所置的壁滑动. 利用这一原理, 并将该壁沿坐标轴放置 (在图 8 中, 这是用粗线画出), 则在所讨论的例子中, 我们就得出了流体流经角点的无旋涡流动的相图.

函数

$$w=a\left(z+\frac{R^2}{z}\right) \tag{31}$$

给出了一个重要的流动, 在这里, a 和 R 是正实数.

流函数为

$$\psi=a\left(y-\frac{R^2y}{x^2+y^2}\right),$$

因而流线的方程为

$$y - \frac{R^2 y}{x^2 + y^2} = \text{const.}$$

特别，若取常数为零，则或得 $y = 0$，或得 $x^2 + y^2 = R^2$；因而半径为
R 的圆周是一流通曲线. 若我
们置一固定的物体于此流通曲
线的内部，则得一围绕圆柱的
流动. 这流动的流通曲线的相
图如图 9 所示. 流动速度可由
公式 (29)

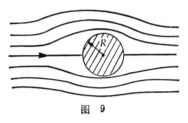

图 9

$$u + iv = a\left(1 - \frac{R^2}{z^2}\right)$$

定出.

在离圆柱很远之处，我们有

$$\lim_{z \to \infty}(u + iv) = a,$$

即在离圆柱很远之处，速度趋于定量，因而流动变为等速的. 于
是，公式 (29) 决定了流体的一个流动，它流经圆柱，且在远处为等
速流动.

机翼理论的基本概念. 茹可夫斯基定理 将复变函数论运用
来研究流体的平面平行流动，就使得茹可夫斯基和恰普里金在空
气动力学中得出了一个重要的发现. 在研究流体流经一物体时，
引起他们发现了机翼支持力的形成规律. 要想对于导致这一发现
的概念的形成给予一些观念，我们还需要来讨论一个关于流体运
动的具体例子. 我们现来考虑特征函数

$$w = \frac{\Gamma}{2\pi i}\,Lnz.$$

在这里，Γ 是一实的常数. 虽然函数 w 不是单值函数，但它
的导数

$$\frac{dw}{dz} = \frac{\Gamma}{2\pi i}\,\frac{1}{z} \tag{32}$$

却是单值的，因而我们的函数就一意地决定了某一流体运动的速
度场. 令 $z = re^{i\theta}$，则速度位和流函数可以利用公式 (25) 算出：

$$\varphi = \frac{\Gamma}{2\pi}\theta, \quad \psi = -\frac{\Gamma}{2\pi}\,Ln\,r.$$

上式中第二式指出，流通曲线是圆 $r = \text{const}$ (图 10).

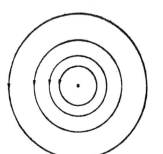

图 10

流动速度是由公式 (29) 定出

$$u + iv = -\frac{\Gamma}{2\pi i}\cdot\frac{1}{z}.$$

特别，由此可以推出，速度向量的大小为

$$V = |u+iv| = \frac{|\Gamma|}{2\pi}\,\frac{1}{r},$$

即在流线上的每一点，速度为常数．作更详细一些的研究，可知当 $\Gamma > 0$ 时，流动系反时针进行，当 $\Gamma < 0$ 时，则顺时针进行．

若我们将某一条流线代之以一固定的边界，则即得流体绕圆柱的一环状运动．这样的运动叫做**环流**．

我们的运动的位已经不再是一单值函数．在沿环绕圆柱的一闭曲线绕一周时，位即改变一个量 Γ．位的这一改变叫做**流动的环流量**．

假若我们将流经圆柱的流动的特征函数 (31) 加上 (顺时针绕动的) 环流的特征函数，我们就得到了一个新的特征函数

$$w = a\left(z + \frac{R^2}{z}\right) - \frac{\Gamma}{2\pi i}\,Lnz. \tag{33}$$

这特征函数也表示一个环绕半径为 R 的圆柱的流动．事实上，在半径为 R 的圆周上，流函数为一常数，因为在这圆周上，两个被加项的虚部分都是常数．由函数 (33) 所定义的流动的速度当 $z \to \infty$ 时仍趋于 a．这说明了，对于任何的 Γ 值，特征函数 (33) 决定了一个以前进运动绕过圆柱的流动．在图 11 中，我们画出了这一流动当 $\Gamma > 0$ 时的形势．这一流动已经不是对称的了，流体正朝着圆柱流进来和流出去的点 a 和 b 已经向下移了．我们所讨论的流动的位是一个非单值函数．它在绕圆柱转一周时的改变

为 Γ.

当流体流经圆柱时, 根据对称性, 通常出现的是由函数(32)所定义的对称流动; 但对于其他非对称物体, 一般则出现具有非单值位的流动. 下面我们将要来阐明这项事实的物理根源. 利用复变函数论方法, 我们可以定出环绕任何一种形状的物体的各种可能的流动. 在下一节中, 我们将要谈到这些方法. 无论是环绕圆柱或环绕任何别的物体, 我们都可造出具有单值位和非单值位的流动.

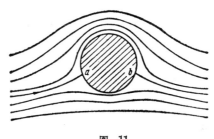

图 11

当研究气体流经机翼时, 我们将要研究后面有一尖的边缘的物体. 机翼的横断面常常后面呈尖状. 假若对于这种横断面我们造出了一具有单值位的流动, 则气流从横断面上离开之点结果并不与尖点一致(图 12, (a)). 这样的流动在物理上是不可能的. (在这样的流动之下, 在横断面的尖端就会出现无穷大的速度和无限稀薄.) 只有在流动中使得 b 点和机翼的尖点一致的那种流动(图 12, (b))才是唯一可能的流动, 这种流动一般具有非单值位, 即为一环流. 这种流动的环流量 Γ 仍然是被定义为当循一条包围机翼的闭曲线绕一周时位的改变量.

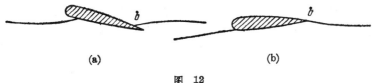

(a)   (b)

图 12

下面的假说叫做恰普里金假说. 我们可以作出气流的一流动, 它环绕机翼的横断面流过, 且气流从横断面后部的边缘离开.

茹可夫斯基的重要发现是在于: 当在气流中有环流量出现时,

就会发生一股上举之力作用于机翼，其方向与冲击过来的气流的速度 a 垂直，其量等于

$$\rho a \Gamma,$$

在这里，ρ 是流体的密度，Γ 是环流量（图13）.

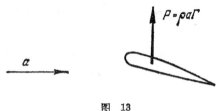

图 13

这一假说构成了茹可夫斯基关于使机翼上举的力的定理，它是一切近代空气动力学的基础．茹可夫斯基定理的证明不在我们这篇短文范围之内，我们现在仅指出，对于这定理现今所采用的证明乃是依据复变函数的积分理论．

在茹可夫斯基和恰普里金的工作中所奠定的空气动力学基础已在许多苏联学者的工作中得到了发展．

在其他数学物理问题上的应用 复变函数论在流体力学中不仅是在机翼理论方面，而且还在许多别的问题上也得到了广泛的应用．

但函数论的应用范围并不限于流体力学，它很广阔．函数论方法在许许多多数学物理问题中曾被大量用到．为要说明这点，我们现回到柯西-黎曼条件

$$\frac{\partial u}{\partial x} = \frac{\partial v}{\partial y},$$

$$\frac{\partial u}{\partial y} = -\frac{\partial v}{\partial x},$$

并由此导出一个为复变解析函数的实部所满足的方程．若将上面两方程中前一个关于 x 微分，将第二个关于 y 微分，然后相加，则得

$$\frac{\partial^2 u}{\partial x^2} + \frac{\partial^2 u}{\partial y^2} = 0.$$

这方程（我们曾于第六章中遇到过）叫做**拉普拉斯方程**．物理和力学中有大量的问题和拉普拉斯方程有关．比如说，若在某一物体上出现了热的平衡，则温度即满足拉普拉斯方程．重力场或静电场

的研究也与这一方程有关．在研究流体通过多孔介质的渗透时，我们也得到了拉普拉斯方程．在所有这些与解拉普拉斯方程有关的问题中，函数论方法都有着广泛的应用．

不仅拉普拉斯方程的研究，而且比之更为一般的数学物理方程的研究也多半与复变函数论有关．这类问题的最重要的例子当中，有一个就是弹性理论的平面问题，复变函数论在这些领域中的应用基础是由苏联学者科洛索夫和穆斯海里什维里所奠定的．

§3. 复变函数与几何的关系

可微分函数的几何性质 恰如在研究实变函数的时候一样，在复变函数论中，函数的几何解释具有很重要的地位．可以大胆地说，复变函数的几何性质不仅可以用来直观的表示出函数的解析性质，而且还给这种理论带来了一个专门的课题．与函数的几何理论有关的这部分问题叫做函数的几何理论．正如前面所说的，从几何观点看来，复变函数 $w=f(z)$ 是 z 平面到 w 平面的一个映照．这一映照也可以由两个实变函数

$$u=u(x, y),$$
$$v=v(x, y)$$

给出．假若我们希望在某一点的非常小的邻近研究映照的特性，我们可以将这函数展成泰勒级数，并只展到展开式的主项

$$u-u_0=\left(\frac{\partial u}{\partial x}\right)_0 (x-x_0) + \left(\frac{\partial u}{\partial y}\right)_0 (y-y_0) + \cdots,$$

$$v-v_0=\left(\frac{\partial v}{\partial x}\right)_0 (x-x_0) + \left(\frac{\partial v}{\partial y}\right)_0 (y-y_0) + \cdots,$$

这里的导数是在 (x_0, y_0) 点取的．因之，在这点的附近，所有的映照可以大致看作是一个仿射[1]映照

$$u-u_0=a(x-x_0)+b(y-y_0),$$
$$v-v_0=c(x-x_0)+d(y-y_0),$$

---

1) 参看第三章(第一卷)§11．

此时,

$$a=\left(\frac{\partial u}{\partial x}\right)_0, \quad b=\left(\frac{\partial u}{\partial y}\right)_0,$$

$$c=\left(\frac{\partial v}{\partial x}\right)_0, \quad d=\left(\frac{\partial v}{\partial y}\right)_0.$$

我们现在来研究由一个解析函数在某一点 $z=x+iy$ 的附近所做出的映照的性质. 设 C 是从 z 点引出的一条曲线; 在 w 平面上, 与这曲线相应的点做成一条从 w 点引出的曲线 Γ. 假若 z' 点是 z 点的一邻近点, w' 是与之相应的点, 则当 $z' \to z$ 时, $w' \to w$, 而且

$$\frac{w'-w}{z'-z} \to f'(z). \tag{34}$$

特别, 由此可以得出,

$$\left|\frac{w'-w}{z'-z}\right| \to |f'(z)|. \tag{35}$$

这可以用语言陈述如下.

设 C 为在 z 平面上从给定的 z 点引出的任一曲线, Γ 为 w 平面上与 C 相应的曲线. 则 C 上过 z 点的弦与 Γ 上相应的弦之比的极限, 无论 C 如何, 皆为一定, 或者, 有如人们所说, w 平面上的线素与 z 平面上在所有点的线素之比与从 z 点所引的曲线无关.

量 $|f'(z)|$, 它可以用来说明 z 点的线素的大小, 叫做 z 点的**伸缩系数**.

我们现在假定在某一点 z 导数, $f'(z) \neq 0$, 于是, 量 $f'(z)$ 就有一个完全确定的辐角[1]. 我们现在利用 (34) 来计算它,

$$\arg \frac{w'-w}{z'-z} = \arg(w'-w) - \arg(z'-z),$$

但 $\arg(w'-w)$ 是弦 ww' 与实轴的交角 β', $\arg(z'-z)$ 是弦 zz' 与实轴的交角 α'. 假若我们分别用 α 和 β 来记曲线 C 和 Γ 在 z 点和 w 点的切线与实轴的交角 (图14), 则当 $z' \to z$ 时, $\alpha' \to \alpha$, $\beta' \to \beta$, 因此, 取极限, 即得

$$\arg f'(z) = \beta - \alpha. \tag{36}$$

---

[1] 参看第四章 (第一卷) §3.

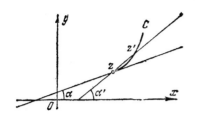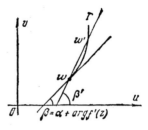

图 14

这等式指出, $\arg f'(z)$ 等于一个角 φ, 假若要从曲线 C 在 z 点的切线的方向转到曲线 Γ 在 w 点的切线的方向, 就必须转过这一个角. 由于这种性质, $\arg f'(z)$ 叫做 z 点的**映照的回转角**.

读者容易从等式(36)推出下面的命题.

当从 z 平面变到 w 平面时, 任意一条过所有点的曲线的切线皆转过同一个角.

假若 C_1 和 C_2 是从 z 点引出的两条曲线, Γ_1 和 Γ_2 是从 w 点引出的相应曲线, 则 Γ_1 和 Γ_2 在 w 所构成的角等于 C_1 和 C_2 在 z 点所构成的角.

于是, 假若在一点 z, $f'(z) \neq 0$, 则在解析函数 $f(z)$ 在该点做成的映照之下, 所有线素皆按同一比例伸缩, 而相应方向之间的交角则不变.

具有所述性质的映照称为**保角映照**.

从上面所证明的映照的几何性质, 假若在某一点 z_0, 有 $f'(z_0) \neq 0$, 则在这点的附近, 我们自然就会期望, 在 z_0 点的某一很小的邻域之内, 映照是相互一意的, 就是说, 不仅每一点 z 只有一点 w 与之对应, 而且反过来: 每一点 w 也只有一点 z 与之对应. 这实际上是可以严格证明的.

为了完全的想象出保角映照与其它各种映照是怎样的不同, 把任意一种映照在某一点的一个很小的邻域内来加以研究将会是有好处的. 设函数 u, v 是做出映照的两个函数, 假若我们来研究一下, u, v 的泰勒展开式的主项, 我们就得到

$$u-u_0=\left(\frac{\partial u}{\partial x}\right)_0(x-x_0)+\left(\frac{\partial u}{\partial y}\right)_0(y-y_0)+\cdots,$$

$$v-v_0=\left(\frac{\partial v}{\partial x}\right)_0(x-x_0)+\left(\frac{\partial v}{\partial y}\right)_0(y-y_0)+\cdots.$$

假若在 (x_0, y_0) 点的很小的邻域之内将高阶项略去不算, 则我们的映照的变化状况就和一个仿射变换一样. 假若这变换的行列式不为零.

$$\varDelta=\left(\frac{\partial u}{\partial x}\right)_0\left(\frac{\partial v}{\partial y}\right)_0-\left(\frac{\partial u}{\partial y}\right)_0\left(\frac{\partial v}{\partial x}\right)_0\neq0,$$

则这变换是可逆的. 假若 $\varDelta=0$, 则在表示这变换在 (x_0, y_0) 点附近的变化情况时, 就必须考虑高阶项[1].

当 $u+iv$ 是一解析函数时, 我们可以利用柯西-黎曼条件将关于 y 的导数用关于 x 的导数来表示, 于是即得

$$\varDelta=\left(\frac{\partial u}{\partial x}\right)_0^2+\left(\frac{\partial v}{\partial x}\right)_0^2=\left|\left(\frac{\partial u}{\partial x}\right)_0+i\left(\frac{\partial v}{\partial x}\right)_0\right|^2=|f'(z_0)|^2,$$

即当 $f'(z_0)\neq0$ 时, 变换为可逆的. 若令 $f'(z_0)=r(\cos\varphi+i\sin\varphi)$, 则

$$\left(\frac{\partial u}{\partial x}\right)_0=\left(\frac{\partial v}{\partial y}\right)_0=r\cos\varphi,$$

$$\left(\frac{\partial u}{\partial y}\right)_0=-\left(\frac{\partial v}{\partial x}\right)_0=-r\sin\varphi,$$

而在 (x_0, y_0) 点附近的映照的形式则为

$$u-u_0=r[(x-x_0)\cos\varphi-(y-y_0)\sin\varphi]+\cdots,$$

$$v-v_0=r[(x-x_0)\sin\varphi+(y-y_0)\cos\varphi]+\cdots,$$

这公式指出, 若函数 $w=u+iv$ 为解析, 则在 (x_0, y_0) 点附近的映照可以归纳成: 转一个 φ 角, 并依系数 r 伸缩. 事实上, 从解析几何中可以知道, 括号内的式子是平面旋转一个 φ 角的旋转公式, 而用 r 乘一乘, 则表示伸缩 r 倍.

为了想象出, 在使得 $f'(z)=0$ 的那种点, 映照可能出现一些什么, 我们把函数

---

1) 在后一种情形下, 即当 $\varDelta=0$ 时, 该变化已经不叫仿射变换. 关于仿射变换, 可参考第三章(第一卷)§11.

$$w = z^n \tag{37}$$

加以研究将会是有好处的. 这函数的导数 $w' = nz^{n-1}$ 当 $z=0$ 时为零. 映照 (37) 最好是利用极坐标或复数的三角表示来加以研究. 令

$$z = r(\cos\varphi + i\sin\varphi),$$
$$w = \rho(\cos\theta + i\sin\theta).$$

注意在复数相乘时，模相乘而辐角相加，则得

$$z^n = r^n(\cos n\varphi + i\sin n\varphi),$$

因而有

$$\rho = r^n, \quad \theta = n\varphi.$$

从后面一个式子可以看出，z 平面上的射线 $\varphi = \mathrm{const}$（常数）变成 w 平面上的射线 $\theta = n\varphi = \mathrm{const}$. 因之，$z$ 平面上两条射线之间大小为 α 的交角变成大小为 $\beta = n\alpha$ 的交角. z 平面到 w 平面上的映照已经不再是一对一的. 事实上，若已经给定了一个以 ρ 为模，以 θ 为辐角的点 w，则它可以作为 n 个以 $r = \sqrt[n]{\rho}$ 为模，以

$$\varphi = \frac{\theta}{n}, \quad \frac{\theta}{n} + \frac{2\pi}{n}, \quad \cdots, \quad \frac{\theta}{n} + \frac{2\pi}{n}(n-1)$$

为辐角的点的象而得出. 当自乘 n 次幂时，相应点的模即等于 ρ，辐角即等于

$$\theta, \quad \theta + 2\pi, \quad \cdots, \quad \theta + 2\pi(n-1),$$

因为把辐角加上一个 2π 倍数的量并不改变该点的几何位置，故 w 平面上所有的象皆为同一.

保角映照 假若解析函数 $w = f(z)$ 把 z 平面上的一个域 D 一对一地变到了 w 平面上的域 $\varDelta$，我们就说它做出了一个从域 D 到域 $\varDelta$ 上的保角映照.

保角映照在函数论及其应用中的作用可以从下面一个差不多是一目了然的定理确定下来.

假若 $\zeta = F(w)$ 是域 $\varDelta$ 内的一个解析函数，则复合函数 $F[f(z)]$ 是域 D 内的一个解析函数. 这定理可从以下等式推出：

$$\frac{\varDelta\zeta}{\varDelta z} = \frac{\varDelta\zeta}{\varDelta w} \cdot \frac{\varDelta w}{\varDelta z}.$$

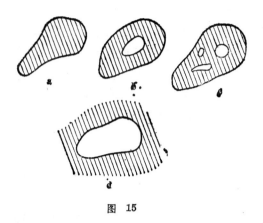

图 15

注意一下函数 $\zeta = F(w)$ 和 $w = f(z)$ 为解析, 我们就可断定, 右边的两个因子皆有极限, 因而在域 D 内的每一点, 比值 $\dfrac{\Delta \zeta}{\Delta z}$ 具有唯一的极限 $\dfrac{d\zeta}{dz}$. 这证明了函数 $\zeta = F[f(z)]$ 为解析.

所证明的定理指出了, 在域 $\varDelta$ 中研究解析函数可以化为在域 D 中去研究解析函数. 假若域 D 的几何构造比较简单, 那么函数的研究就可因此化简.

所有那些我们必须要在其中来进行解析函数 的 研 究 的 域 之中, 最重要的一类要算是**单连通域类**. 所谓单连通域是指它的周界由一条边所组成的那种域(图 15, (a)), 以别于周界分解成几条边的那种域(例如图 15, (b)和 15, (c)中所画的那种域).

我们要注意, 有时我们也需要在处于曲线外面, 而不是在处于曲线里面的那种域中来研究函数, 假若这种域的周界只由一条边所组成, 这种域还是叫做单连通域(图 15, (d)).

下面一个著名的黎曼定理是保角映照理论的基础.

对于任何单连通域 $\varDelta$, 我们皆可造出一个解析函数. 它把以原点为心, 以 1 为半径的圆保角地映照到域 $\varDelta$ 上去, 并使得圆心映照到域 $\varDelta$ 的一个预先给定的点 w_0, 且把过圆心的任意一个预先给定的方向变到过 w_0 点的一个任意预先给定的方向. 这定理指出了，在任何单连通域内的复变函数的研究可以化归（例如）在单位圆内定义的函数的研究.

我们现在大致来解释一下如何把上面所说的事实用到机翼理论的问题上去. 现在假定我们希望要去研究在一个具有某种形式的横断面的机翼附近的气流.

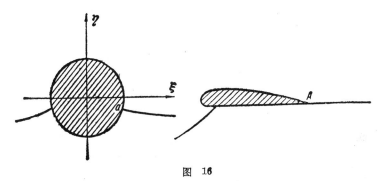

图 16

假若我们已经会把横断面外面的流场保角地映照到圆外面的域上去，那么我们就可以把那已经造好了的圆外附近气流的特征函数的表达式利用来造出横断面附近气流的特征函数.

设 ζ 是圆所在的平面，z 是横断面所在的平面，$\zeta = f(z)$ 是一个函数，它把横断面外面的域映照到圆外面的域上去，而且有

$$\lim_{z \to \infty} \zeta = \infty.$$

以 a 记圆上面与横断面的尖点 A 相应的点. 我们现在作一个环流，它绕圆周流过，并在 a 点有一流动点（图 16）. 这函数我们以 $W(\zeta)$ 记之，

$$W(\zeta) = \Phi + i\Psi.$$

这气流的流动曲线系由方程

$$\Psi = \text{const}$$

所定义. 我们现来研究函数

$$w(z) = W[f(z)],$$

并令 $w = \varphi + i\psi$.

我们现在证明，$w(z)$ 是在横断面周围流经 A 点的气流的特

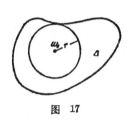

征函数。我们首先证明由函数 $w(z)$ 所定义的气流流过横断面. 要想证明这点，我们须先证明横断面的周线是一流动曲线, 即在横断面的周线上, 有
$$\psi(x, y) = \text{const.}$$

图 17

但由此可知，
$$\psi(x, y) = \psi(\xi, \eta),$$

且横断面上的点 (x, y) 与圆周上的点 (ξ, η) 相对应，在圆周上则有 $\psi(\xi, \eta) = \text{const.}$

同理，我们可以简单地证明 A 是一流动点. 我们可以证明，假若适当地选取圆上的一道流的流动速度，则在横断面的周围，我们可以得到一气流，它在横断面上的一道流具有任何预先给定的速度.

保角映照在复变函数论和它的应用之中有着重要的作用. 由此就引出了一个问题，要寻求一个保角映照，把一个域映照到一个具有给定的几何形状的域上去. 在许多最简单然而有用的情形，这一问题可利用初等复变函数来解决. 但在一般情形下，初等函数却无济于事. 正如我们已经说过的，黎曼曾经说出了保角映照理论的一般性定理，但他并未对这定理作出严格的证明. 在好几十年的时间里经过若干大数学家的努力，才对黎曼定理得出了一个完善的证明.

有一些方法密切结合着黎曼定理的各种证明方法发展了起来，利用这些方法我们可以近似地造出域的保角映照. 真正要作出一个保角映照把一个域映照到另外一个域上去，这有时是一件非常困难的事情. 对于研究函数的若干一般性的性质，通常并不需要真正知道把一个域映照到另一个域上去的保角映照，而只需知道这种映照的某些几何性质即可. 这就使得我们要广泛地去研究保角映照的几何性质. 为了关于这类定理给读者们一个观念，我们现在试举一例加以说明.

设 z 平面上以坐标轴原点为心，以 1 为半径的圆已经映照到某一域 $\varDelta$ 上去，而且原点变到域 $\varDelta$ 内的 w_0 点（图 17）。假若我们现在来研究任意一个把圆映照到域 $\varDelta$ 上去的映照，则对于这映照在 $z=0$ 点的变化情形，我们不可能作任何的结论。对于保角映照，我们就有下述的著名命题。

在坐标轴原点的伸缩量不超过以 w_0 点为心内切于域 $\varDelta$ 的周界的圆的半径的 4 倍：

$$|f'(0)| \leqslant 4r.$$

苏联数学家们有许多工作是从事于保角映照理论中许多问题的研究的。在这些工作里，对于许多值得注意的保角映照类得出了精确的公式，研究了保角映照的近似计算方法，并得出了一系列关于保角映照的一般性几何定理。

拟保角映照　保角映照与解析函数的研究，或与满足柯西-黎曼条件

$$\frac{\partial u}{\partial x} = \frac{\partial v}{\partial y},$$

$$\frac{\partial u}{\partial y} = -\frac{\partial v}{\partial x}$$

的一对函数的研究密切有关。在若干数学物理问题中，我们会遇到比较普遍的一类微分方程组。这类方程组与某些映照有关，这些映照在平面 Oxy 上的每一点的附近皆具有某种几何性质，且把一平面映照到另一平面。为了说明这点，我们现在来研究下面一组微分方程

$$\frac{\partial u}{\partial x} = p(x,\ y)\frac{\partial v}{\partial y}, \tag{38}$$

$$\frac{\partial v}{\partial x} = -p(x,\ y)\frac{\partial u}{\partial y}.$$

若 $p(x,\ y)=1$，则这组微分方程即退化为柯西-黎曼方程。在一般情形下，假若 $p(x,\ y)$ 是任意的函数，我们也可以把方程组(38)的每一组解释成是 Oxy 平面到 Ouv 平面上的一个映照。现在来研究我们的映照在 $(x_0,\ y_0)$ 点附近的几何性质。为此，假定 $(x_0,\ y_0)$

点的邻域很小, 我们可以只保留函数 u 和 v 关于 $x-x_0$ 和 $y-y_0$ 的展开式的第一项, 并把映照看成仿射变换

$$u - u_0 = \left(\frac{\partial u}{\partial x}\right)_0 (x - x_0) + \left(\frac{\partial u}{\partial y}\right)_0 (y - y_0),$$

$$v - v_0 = \left(\frac{\partial v}{\partial x}\right)_0 (x - x_0) + \left(\frac{\partial v}{\partial y}\right)_0 (y - y_0). \tag{39}$$

若函数 u, v 满足方程组 (38), 则对于这仿射变换, 就出现了下面的性质.

中心在 (x_0, y_0) 点, 主轴与坐标轴平行, 且半轴之比为

$$\frac{b}{a} = p(x_0, y_0)$$

的椭圆在 Ouv 平面上即变为以 (u_0, v_0) 为心的圆.

我们现在来证明这一命题. Ouv 平面上以 (u_0, v_0) 点为心的圆的方程为

$$(u - u_0)^2 + (v - v_0)^2 = \rho^2.$$

以 $u - u_0$ 和 $v - v_0$ 的由 x 和 y 表出的表达式代入, 则得 Oxy 平面上相应曲线的方程

$$\left[\left(\frac{\partial u}{\partial x}\right)_0^2 + \left(\frac{\partial v}{\partial x}\right)_0^2\right] (x - x_0)^2$$

$$+ 2\left[\left(\frac{\partial u}{\partial x}\right)_0 \left(\frac{\partial u}{\partial y}\right)_0 + \left(\frac{\partial v}{\partial x}\right)_0 \left(\frac{\partial v}{\partial y}\right)_0\right] (x - x_0)(y - y_0)$$

$$+ \left[\left(\frac{\partial u}{\partial y}\right)_0^2 + \left(\frac{\partial v}{\partial y}\right)_0^2\right] (y - y_0)^2 = \rho^2.$$

现在利用方程组 (38) 将函数 v 的导数用函数 u 导数表出. 由此即得

$$\left[\left(\frac{\partial u}{\partial x}\right)_0^2 + p^2 \left(\frac{\partial u}{\partial y}\right)_0^2\right] (x - x_0)^2$$

$$+ \frac{1}{p^2}\left[\left(\frac{\partial u}{\partial x}\right)_0^2 + p^2 \left(\frac{\partial u}{\partial y}\right)_0^2\right] (y - y_0)^2 = \rho^2.$$

若令

$$a = \frac{\rho}{\sqrt{\left(\frac{\partial u}{\partial x}\right)_0^2 + p^2 \left(\frac{\partial u}{\partial y}\right)_0^2}},$$

$$b = \frac{p\rho}{\sqrt{\left(\frac{\partial u}{\partial x}\right)_0^2 + p^2 \left(\frac{\partial u}{\partial y}\right)_0^2}},$$

则上面的方程即化为

$$\frac{(x-x_0)^2}{a^2} + \frac{(y-y_0)^2}{b^2} = 1.$$

于是,变为圆的曲线实际上是一具有上述性质的椭圆.

假若我们不是去讨论由展开式的第一项得出的仿射变换,而是讨论精确的变换,则椭圆的半轴越小,刚才对于映照所得出的性质就越接近真实的情况.

我们可以这样说,这性质对于无穷小椭圆成立.

于是,从方程(38)可以推知,变为圆的无穷小椭圆的半轴的方向和半轴之比在每一点皆可定出. 实际上,这一几何性质已完全描绘出微分方程组(38)的特性,就是说,假若函数 u 和 v 所作出的映照具有所述的几何性质,则它们就满足这一组方程. 因此,研究方程(38)的解的问题和研究具有所述性质映照的问题是等价的.

特别,我们要指出,对于柯西-黎曼方程,这一性质可叙述如下:

以 (x_0, y_0) 点为心的无穷小圆变为以 (u_0, v_0) 点为心的无穷小圆.

很广泛的一类数学物理方程的研究可以归结为具有下述几何性质的映照的研究.

对于变数平面上的每一点 (x, y),我们给定了两个椭圆的半轴之比和半轴的方向. 要求作出 Oxy 平面到 Ouv 平面上的映照,使得第一族中的无穷小椭圆变为第二族中以点 (u, v) 为心的无穷小椭圆.

对于与这种一般的方程组有关的映照,首先是由苏联数学家拉夫伦捷夫研究起来的. 这些映照名为拟保角映照. 研究由微分方程组所定义的映照这种想法,使得我们有可能把解析函数论中的方法推广到非常广泛的一类问题上去. 拉夫伦捷夫和他的学生们就曾进行拟保角映照的研究；而且这些研究在数学物理、力学、几何中的若干问题上得到许许多多的应用．值得提及的是：拟保角映照的研究在解析函数论本身也是很有前途的．

自然，在这里我们不可能详细谈论复变函数论中的几何方法在各方面的应用．

§4. 线积分．柯西公式及其推论

复变函数的积分 对于解析函数性质的研究，复变函数的积分这一概念起着最为重要的作用．复变函数沿曲线求积分这一概念相当于实变函数的定积分这一概念．我们现在来研究平面上从 z_0 开始到 z 终止的一条弧 C 和一函数 $f(z)$，这函数在包含弧 C 的一个域内有定义．我们将弧 C 用点（图 18）

$$z_0, \ z_1, \ \cdots, \ z_n = z$$

分成一些小的部分，然后来考虑和数

$$S = \sum_{k=1}^{n} f(z_k)(z_k - z_{k-1}).$$

假若函数 $f(z)$ 为连续，而弧 C 又为有限长，则如对于实函数一样，我们可以类似地证明，在将分点的数目 n 增大，使得相邻两个分点之间的距离趋于零时，和数 S 有一完全确定的极限．这极限叫做沿弧 C 的积分，以

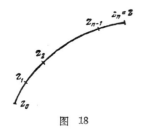

图 18

$$\int_C f(z)\,dz$$

记之．我们要注意，在定义积分时，我们已经选定了弧 C 的始点和终点，换言之，我们已经选定了确定的沿曲线 C 运动的方向．

我们容易证明下面一切简单的积分性质．

1° 两函数之和的积分等于被加函数的积分和，

$$\int_C [f(z) + g(z)]\,dz = \int_C f(z)\,dz + \int_C g(z)\,dz.$$

2° 常数因子可以拿到积分符号之外,

$$\int_C A f(z)\,dz = A \int_C f(z)\,dz.$$

3° 若弧 C 是弧 C_1 和 C_2 之和, 则

$$\int_C f(z)\,dz = \int_{C_1} f(z)\,dz + \int_{C_2} f(z)\,dz.$$

4° 若 $\overline{C}$ 是弧 C 按反方向所取的弧, 则

$$\int_{\overline{C}} f(z)\,dz = - \int_C f(z)\,dz.$$

所有这些性质, 对于和数 S 来说皆很显然, 而对于积分来说, 则可从取极限得出.

5° 若弧 C 之长等于 L, 而且在弧 C 上有不等式

$$|f(z)| < M,$$

则

$$\left| \int_C f(z)\,dz \right| \le ML.$$

我们来证明这一性质. 我们只需对于积分和 S 来证明这一不等式即可, 因为这样一来, 它对于取极限之后仍然成立, 因而对于积分也成立, 对于积分和

$$|S| = \left| \sum f(z_k)(z_k - z_{k-1}) \right| \le \sum |f(z_k)|\,|z_k - z_{k-1}|$$
$$\le M \sum |z_k - z_{k-1}|.$$

但位于第二因子的和数等于内接于弧 C 且以 z_k 为顶点的折线各段之长的和. 显而易见, 折线之长不会大于曲线之长, 因而有

$$|S| \le ML.$$

我们现在来看最简单的函数 $f(z) = 1$ 的积分. 显而易见, 在这种情形下, 有

$$S = (z_1 - z_0) + (z_2 - z_1) + \cdots + (z_n - z_{n-1})$$
$$= z_n - z_0 = z - z_0.$$

这证明了 $\int_C 1 \cdot dz = z - z_0.$

所得到的结果指出, 对于函数 $f(z) = 1$, 积分的值对于所有连接 z_0 点和 z 点的弧皆相同. 换言之, 积分的值仅与积分路径的始

点和终点有关. 但容易证明, 这一性质并不是对于任何复变函数皆成立. 比如说, 假若 $f(x)=x$, 则经过简单的计算即可指出,

$$\int_{C_1} x\,dz = \frac{x^2}{2} + iyx, \quad \int_{C_2} x\,dz = \frac{x^2}{2}, \quad z = x + iy.$$

这里的 C_1 和 C_2 是图 19 中画出的积分路径.

我们把这两个等式的证明留给读者.

解析函数论的重要事实就是下面的柯西定理.

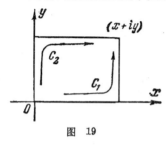

图 19

若 $f(z)$ 在单连通域 D 内的每一点皆可微分, 则沿域 D 内任何连接 D 内任意两点 z_0 和 z 的弧所取的积分皆相同.

在这里, 我们将不证明柯西定理, 对此有兴趣的读者可参考任何一本关于复变函数论的书.

我们在这里只叙述这定理的一些重要推论.

首先, 柯西定理使得我们可以引入解析函数的不定积分. 事实上, 我们现在将 z_0 点固定, 而来讨论沿一条连接 z_0 和 z 的曲线所取的积分,

$$F(z) = \int_{z_0}^{z} f(\zeta)\,d\zeta.$$

这时我们可以沿任何一条连接 z_0 和 z 的曲线取积分, 因为积分的值不因曲线的改变而改变, 因而只与 z 点有关. 函数 $F(z)$ 叫做 $f(z)$ 的不定积分.

$f(z)$ 的不定积分具有导数, 它等于 $f(z)$.

在若干的应用上, 有几个别的与柯西定理等价的定理比较合用.

假若 $f(z)$ 在一单连通域内处处可以微分, 则沿这域内的任何一条闭曲线所取的积分等于零,

$$\int_{\Gamma} f(z)\,dz = 0.$$

这是显而易见的, 因为闭曲线的始点和终点相同, 因而 z_0 和 z 可

以用一条零径连接起来.

以后, 凡是提到闭曲线, 我们皆指的是依反时针方向所引的一条围道. 假若围道是依时针方向所引, 我们将以 $\overline{\Gamma}$ 记之.

柯西积分 上面所说的事实使得我们可以推出下面的柯西基本公式, 这公式把可微分函数在闭围道内点的值用函数在围道本身上面的值表示出来

$$f(z) = \frac{1}{2\pi i} \int_O \frac{f(\zeta)}{\zeta - z} d\zeta.$$

我们现在证明这一公式. 设 z 固定, ζ 为一自变量. 函数

$$\varphi(\zeta) = \frac{f(\zeta)}{\zeta - z}$$

在域 D 内部, 除了点 $\zeta = z$ 之外 (在这点分母为零), 在每一点 ζ 皆为连续且可微分, 这一事实使得我们不能把柯西定理运用到函数 $\varphi(\zeta)$ 和围道 O 上来.

我们现在来考虑以 z 点为圆心以 ρ 为半径的圆周 K_ρ, 并证明

$$\int_O \varphi(\zeta) d\zeta = \int_{K_\rho} \varphi(\zeta) d\zeta. \tag{40}$$

为了这一目的, 我们现在做一条辅助的闭围道 Γ_ρ, 它是由围道 O, 连接 O 和圆周的弧段 γ_ρ, 以及依反方向所引的圆周 $\overline{K}_\rho$ 所组成的 (图 20). 围道 Γ_ρ 有如箭头指出. 因为点 $\zeta = z$ 在 Γ_ρ 之外, 所以在 Γ_ρ 之内函数 $\varphi(\zeta)$ 处处可微分, 因而有

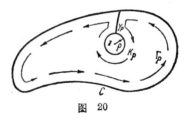

图 20

$$\int_{\Gamma_\rho} \varphi(\zeta) d\zeta = 0. \tag{41}$$

但围道 Γ_ρ 可以分成四个部分: O, γ_ρ, $\overline{K}_\rho$ 和 $\overline{\gamma}_\rho$, 故据积分的性质 $3°$, 我们有

$$\int_{\Gamma_\rho} \varphi(\zeta) d\zeta = \int_O \varphi(\zeta) d\zeta + \int_{\gamma_\rho} \varphi(\zeta) d\zeta$$
$$+ \int_{\overline{K}_\rho} \varphi(\zeta) d\zeta + \int_{\overline{\gamma}_\rho} \varphi(\zeta) d\zeta = 0.$$

以沿 K_ρ 及 γ_ρ 所取之积分代替沿 $\overline{K}_\rho$ 及 $\overline{\gamma}_\rho$ 所取的积分，并利用性质 $4°$，即得

$$\int_{\Gamma_\rho} \varphi(\zeta) d\zeta = \int_C \varphi(\zeta) d\zeta - \int_{K_\rho} \varphi(\zeta) d\zeta = 0,$$

这证明了公式(40).

要想算出(40)的右边，我们现在令

$$\begin{aligned}
\int_{K_\rho} \varphi(\zeta) d\zeta &= \int_{K_\rho} \frac{f(\zeta)}{\zeta - z} d\zeta \\
&= \int_{K_\rho} \frac{f(\zeta) - f(z)}{\zeta - z} d\zeta + \int_{K_\rho} \frac{f(z) d\zeta}{\zeta - z} \\
&= \int_{K_\rho} \frac{f(\zeta) - f(z)}{\zeta - z} d\zeta + f(z) \int_{K_\rho} \frac{d\zeta}{\zeta - z}.
\end{aligned} \tag{42}$$

我们先计算第二项. 在圆周 K_ρ 上，

$$\zeta = z + \rho(\cos\theta + i\sin\theta).$$

试注意 z 和 ρ 为常数，我们即得

$$d\zeta = \rho(-\sin\theta + i\cos\theta) d\theta = i\rho(\cos\theta + i\sin\theta) d\theta,$$

此外

$$\zeta - z = \rho(\cos\theta + i\sin\theta),$$

故得

$$\int_{K_\rho} \frac{d\zeta}{\zeta - z} = \int_{K_\rho} i d\theta = 2\pi i.$$

因为绕圆周一周，θ 之全部变动等于 2π. 根据(40)和(42)，

$$\int_C \frac{f(\zeta) d\zeta}{\zeta - z} = 2\pi i f(z) + \int_{K_\rho} \frac{f(\zeta) - f(z)}{\zeta - z} d\zeta.$$

在所得出的等式中，我们现在令 $\rho \to 0$ 取极限. 此时，左边和右边之第一项保持不变. 我们现在证明，第二项的极限等于零. 于是，在 $\rho \to 0$ 时，我们的等式即变为柯西公式. 要想证明第二项当 $\rho \to 0$ 时趋于零，我们可注意

$$\lim_{\zeta \to z} \frac{f(\zeta) - f(z)}{\zeta - z} = f'(\zeta),$$

即在积分号下的式子具有有限极限，因而为有界，

$$\left| \frac{f(\zeta) - f(z)}{\zeta - z} \right| < M.$$

运用积分性质 $5°$，即得

$$\left| \int_{K_\rho} \frac{f(\zeta)-f(z)}{\zeta-z}\, d\zeta \right| \leqslant M\, 2\pi\rho \to 0.$$

于是, 柯西公式的证明即告完成. 柯西公式乃是复变函数论的研究中的一个基本工具.

将可微分函数展成幂级数 我们现在利用柯西定理来证明可微分复变函数的两个性质.

任何复变函数, 若它在域 D 内具有一阶导数, 则它也具有各阶导数.

事实上, 在闭曲线内, 我们的函数可用柯西积分表出,

$$f(z)=\frac{1}{2\pi i}\int_C \frac{f(\zeta)}{\zeta-z}\, d\zeta.$$

在积分号下的是 z 的可微分函数; 因之, 在积分号下取微分, 则得

$$f'(z)=\frac{1}{2\pi i}\int_C \frac{f(\zeta)}{(\zeta-z)^2}\, d\zeta.$$

在积分号下的重新又是一个可微分函数, 因此, 我们可以再取微分, 于是即得

$$f''(z)=\frac{1\cdot 2}{2\pi i}\int_C \frac{f(\zeta)\,d\zeta}{(\zeta-z)^3}.$$

继续施行微分, 我们即得到一般性公式

$$f^{(n)}(z)=\frac{n!}{2\pi i}\int_C \frac{f(\zeta)\,d\zeta}{(\zeta-z)^{n+1}}.$$

于是, 我们就可以计算任何阶导数. 要想使得这一证明十分严格, 还须证明在积分号下求微分是合法的. 我们将不讨论这一部分证明.

第二基本性质是:

若 $f(z)$ 在以 a 点为心的圆 K 内处处可微分, 则 $f(z)$ 可展成一在 K 内收敛的台勒级数.

$$f(z)=f(a)+\frac{f'(a)}{1!}(z-a)+\cdots+\frac{f^{(n)}(a)}{n!}(z-a)^n+\cdots.$$

在 §1 中, 我们曾定义复变数的解析函数是一个可展成幂级数的函数. 上述的定理说道: 任意可微分的复变函数皆是解析函数. 这是复变函数的一个特有的性质, 在实域中并无与之类似者.

具有一阶导数的实变函数可以在任何一点皆没有二阶导数.

我们现在来证明上述的定理.

设 $f(z)$ 在以 a 点为心的圆 K 内及其周界上皆具有导数. 则在 K 内, 函数 $f(z)$ 可用柯西积分表出

$$f(z) = \frac{1}{2\pi i} \int_C \frac{f(\zeta) d\zeta}{\zeta - z}. \tag{43}$$

记 $\zeta - z = (\zeta - a) - (z - a)$, 则得

$$\frac{1}{\zeta - z} = \frac{1}{(\zeta - a) - (z - a)} = \frac{1}{\zeta - a} \frac{1}{1 - \dfrac{z - a}{\zeta - a}}. \tag{44}$$

试注意点 z 系在圆内, 而 ζ 则在圆周上, 故得

$$\left| \frac{z - a}{\zeta - a} \right| < 1,$$

因之, 根据几何级数公式, 有

$$\frac{1}{1 - \dfrac{z - a}{\zeta - a}} = 1 + \left(\frac{z - a}{\zeta - a} \right) + \cdots + \left(\frac{z - a}{\zeta - a} \right)^n + \cdots, \tag{45}$$

而右边的级数为收敛. 利用 (44) 及 (45), 我们可以把公式 (43) 表成

$$f(z) = \frac{1}{2\pi i} \int_C \left[\frac{f(\zeta)}{\zeta - a} + (z - a) \frac{f(\zeta)}{(\zeta - a)^2} + \cdots \right.$$
$$\left. + (z - a)^n \frac{f(\zeta)}{(\zeta - a)^{n+1}} + \cdots \right] d\zeta.$$

我们现在将括弧内之级数施行逐项积分. 这样做之所以合法, 可以严格地加以论证. 于是, 在各项内将与 ζ 无关的因子 $(z - a)^n$ 提出括号之后, 我们就得到

$$f(z) = \frac{1}{2\pi i} \int_C \frac{f(\zeta) d\zeta}{\zeta - a} + \frac{z - a}{2\pi i} \int_C \frac{f(\zeta) d\zeta}{(\zeta - a)^2} + \cdots$$
$$+ \frac{(z - a)^n}{2\pi i} \int_C \frac{f(\zeta) d\zeta}{(\zeta - a)^{n+1}} + \cdots.$$

现利用逐次导数的积分公式, 我们可以记

$$\frac{1}{2\pi i}\int_\sigma \frac{f(\zeta)\,d\zeta}{(\zeta-a)^{n+1}}=\frac{f^{(n)}(a)}{n!},$$

于是即得

$$f(z)=f(a)+\frac{f'(a)}{1!}(z-a)+\cdots+\frac{f^{(n)}(a)}{n!}(z-a)^n+\cdots.$$

我们已经证明了可微分复变函数可展成幂级数. 反之, 可表成幂级数的函数是可微分的. 它的导数可以从逐项微分级数得到 (这一运算之为合法可以严格证明).

整函数　幂级数只在某一圆内给出了函数的解析表示. 这圆的半径等于从圆心到与之最为接近的使得函数不再为解析的点 (函数的奇点) 的距离.

在解析函数中, 自然也有一类函数, 它们对于变数的任何有限值皆为解析. 这种函数可以用一个幂级数来表示, 这幂级数对于变数 z 的一切值皆为收敛, 这种函数名为 z 的整函数. 假若我们是讨论在坐标轴原点的展开式, 则整函数可以表成形如

$$G(z)=C_0+C_1z+C_2z^2+\cdots+C_nz^n+\cdots$$

的级数. 若在这级数中, 所有的系数, 从某一个开始, 皆为零, 则这函数就是一个多项式, 或整有理函数

$$P(z)=C_0+C_1z+\cdots+C_nz^n.$$

假若在展开式中有无限多项异于零, 则此整函数叫做超越的. 下面是几个这类函数的例子:

$$e^z=1+\frac{z}{1!}+\frac{z^2}{2!}+\cdots,$$

$$\sin z=\frac{z}{1!}-\frac{z^3}{3!}+\frac{z^5}{5!}-\cdots,$$

$$\cos z=1-\frac{z^2}{2!}+\frac{z^4}{4!}-\cdots.$$

在研究多项式时, 方程

$$P(z)=0$$

的根的分布问题起着重要的作用, 或者, 更普遍一些, 我们可以提出关于使得多项式取所与的值 A

$$P(z) = A$$

的点的分布问题.

高等代数学中的基本定理说：任何多项式至少在一个点取所与的值 A. 这一性质已经不可能搬到任意的整函数上来. 例如函数 $w = e^z$ 在 z 平面上任何一点皆不为零. 但我们却有下列的皮卡尔定理：任何整函数取任意的值无限多次，至多除一个值之外.

关于使得整函数取所与的 A 值的那种点在平面上的分布问题乃是整函数论中的一个中心问题.

多项式的根的数目等于它的次数. 多项式的次数与 $|P(z)|$ 当 $|z| \to \infty$ 时的增长速度密切有关. 事实上，我们可以写

$$|P(z)| = |z|^n \cdot \left| a_n + \frac{a_{n-1}}{z} + \cdots + \frac{a_0}{z^n} \right|,$$

因为当 $z \to \infty$ 时，第二因子趋于 $|a_n|$，故当 $|z|$ 甚大时，n 次多项式的增大与 $|a_n| |z|^n$ 相似. 于是，我们可以看出，n 越大，$|P_n(z)|$ 当 $|z| \to \infty$ 时增长越快，多项式的根越多. 看起来，似乎对于整函数来说这项规律仍然继续有效. 但对于整函数 $f(z)$ 来说，根的数目一般皆是无限，因此，根数的问题就没有什么意义. 但我们还是可以讨论方程

$$f(z) = a$$

在半径为 r 的圆内根的数目 $n(r, a)$，并研究当 r 增大时，这一数目如何变化. $n(r, a)$ 增长的速度与整函数在半径 r 的圆内的最大模 $M(r)$ 的增长速度密切有关. 正如已经说过的，对于整函数来说，可以存在一个例外的值 a，使得方程对它没有一个根. 对于所有另外的值 a，数目 $n(r, a)$ 增长的速度可以和量 $\ln M(r)$ 增长的速度相比. 在这里，我们不可能对这些规律性作更精确的叙述.

整函数的根的分布特性和数论中的问题有关，它使得我们对于黎曼捷塔函数 $\zeta(s)$ 找出了许多重要的性质[1]，根据这些性质，我们曾经证明了许多有关素数的定理.

分式函数或半纯函数 整函数类可以看作是代数多项式类的

---

1) 参考专门讨论数论的第十章.

一推广. 从多项式出发, 我们可以得出比之更为宽广的有理函数类

$$R(z) = \frac{P(z)}{Q(z)},$$

这是两个多项式之比.

同理, 从整函数出发, 我们自然可以做出新的函数类, 由两个整函数 $G_1(z)$ 和 $G_2(z)$ 之比作成的函数

$$f(z) = \frac{G_1(z)}{G_2(z)},$$

叫做**分式函数**或**半纯函数**. 这样得出的函数类在数学分析中起着重大的作用. 在初等复变函数中, 像

$$\mathrm{tg}\, z = \frac{\sin z}{\cos z}, \quad \mathrm{ctg}\, z = \frac{\cos z}{\sin z}$$

等就属于半纯函数类.

半纯函数已经不是在全复平面上皆为解析. 在使得分母 $G_2(z)$ 为零的那些点, 函数 $f(z)$ 变为无限. $G_2(z)$ 的根在复平面上做成一孤立点的集. 在这些点的附近, 函数 $f(z)$ 当然不可能展成泰勒级数, 但在这种点 a 的附近, 半纯函数却可以表成一个含有 $(z-a)$ 的若干个负方次的幂级数,

$$f(z) = \frac{C_{-m}}{(z-a)^m} + \cdots + \frac{C_{-1}}{z-a} + C_0$$
$$+ C_1(z-a) + \cdots + C_n(z-a)^n + \cdots. \tag{46}$$

当 z 点接近 a 点时, $f(z)$ 的值趋于无限. 使得一解析函数在该点变为无限的孤立奇点称为该函数的**极点**. 在 a 点函数的解析性质的损失系由展开式 (46) 中具有 $z-a$ 的负方次的诸项所约制. 或

$$\frac{C_{-m}}{(z-a)^m} + \cdots + \frac{C_{-1}}{(z-a)}$$

描述出半纯函数在接近奇点时的变化情形, 称为展开式 (46) 的**主要部分**. 半纯函数在奇点附近变化情形的特点由它的主要部分所决定. 在许多情形下, 当我们知道一半纯函数在它所有奇点的附近的展开式的主要部分之后, 就可把这函数造出来. 比如说, 假若

函数 $f(z)$ 为有理函数，且在无限远点为零，则此函数即等于它在所有极点附近的展开式的主要部分之和，而对于有理函数来说，极点的数目则是有限的，

$$f(z) = \sum_{(k)} \left[\frac{C_{-m_k}^{(k)}}{(z-a_k)^{m_k}} + \cdots + \frac{C_{-1}^{(k)}}{z-a_k} \right].$$

在一般情形下，有理函数可以表成它的各主要部分以及某一多项式之和，

$$f(z) = \sum_{(k)} \left[\frac{C_{-m_k}^{(k)}}{(z-a_k)^{m_k}} + \cdots + \frac{C_{-1}^{(k)}}{z-a_k} \right] + C_0 + C_1 z + \cdots + C_m z^m. \tag{47}$$

(47)式给出了有理函数的表示式，在这式子中，奇点在函数的构造上所起的作用表现得很清楚。在有理函数的各种各样的应用之中，(47)式这样的表示式用起来很为方便，而且在说明函数的奇点如何决定函数整个的结构时，它也大有益处。看起来，所有的半纯函数也正如有理函数一样，可以就它在各极点的主要部分来构造。我们现在引述(例如)函数 ctg z 的详细的表示式，但未加证明。函数 ctg z 的极点可以作为方程

$$\sin z = 0$$

的根而得出，即位于点 $\cdots, -k\pi, \cdots, -\pi, 0, \pi, \cdots, k\pi, \cdots$。我们可以证明，函数在极点 $z = k\pi$ 的幂级数展开式的主要部分为

$$\frac{1}{z-k\pi},$$

而函数 ctg z 即等于各极点的主要部分的和

$$\text{ctg } z = \frac{1}{z} + \sum_{k=1}^{\infty} \left[\frac{1}{z-k\pi} + \frac{1}{z+k\pi} \right]. \tag{48}$$

半纯函数按主要部分展成级数的展开式之所以重要，是因为在这种表达式中，函数的奇点已经清楚地表出，而且这样的解析表示还使我们可以算出在全平面上使得函数具有定义的诸点的函数值。

在研究许许多多分析中重要的函数类时，半纯函数论是非常重要的。特别，我们必须强调一下它在数学物理方程理论中的意

义．积分方程论可以使得我们回答数学物理方程理论中许多重要的问题．而积分方程论的建立，则大有赖于半纯函数论中的基本命题．

直到现在，泛函分析中与数学物理最为密切有关的一部分——运算子理论——的发展仍常有赖于解析函数论中的一些事实．

论函数的解析表示 上面我们已经看到，在函数可以微分的任何点的附近，该函数都可利用幂级数来定义．对于整函数来说，幂级数在全平面上收敛，因而在所有使得函数有定义的点给出了函数的解析表示．假若函数不是整函数，则如我们所知，函数的泰勒级数只在某一圆内收敛，这圆的圆周经过与圆心最为接近的函数的奇点．由是，这幂级数就不可能在所有使得函数有定义的点皆能算出函数的值．因而这解析函数就不可能在它的整个定义域之内用一个幂级数来定义．对于半纯函数来说，按主要部分展开的展开式就是它的解析表示，它在函数的整个定义域之内定义了函数．

假若函数不是整函数，但它在某一圆之内定义，或者，假若我们有一个函数，它在某一域之内定义，但我们只希望在某一圆内来研究它，那么，在表示它的时候，我们就可以使用泰勒级数．当我们在一个不是圆形的域中来研究函数时，我们就遇到一个问题，是否可以找到函数的一个解析表示，它适于在整个所说的域中表示函数．在一个圆内表示一解析函数的幂级数，它以最简单的多项式 $a_n z^n$ 作为它的项．自然会发生这样的问题，能不能在一任意给定的域中将函数展开成多项式级数．当级数的每一项又可能利用算术运算来计算的时候，我们又得到了一个重新从最简单的算术运算出发来表示函数的工具．我们所提出的问题的一般答案可由下面的定理得出：

在任意一个边界系由一条曲线做成的域内定义的解析函数，可以展成多项式级数

$$f(z) = P_0(z) + P_1(z) + \cdots + P_n(z) + \cdots.$$

上述的定理只一般地回答了函数在一任意给定的域内可否展开成多项式级数这一问题. 但这一定理还不可能使我们根据给定的函数造出级数, 如同对于泰勒级数所出现的那样. 这定理只是更迅速地提出了如何将函数展开成多项式级数这一问题, 而不是解决了这一问题. 关于根据所给的多项式或它的某些性质造出多项式级数的问题, 造出收敛最快的级数以及与该函数变化情形的特点密切相关的级数的问题, 根据已经给定的用来表示函数的多项式级数以研究函数的构造的问题, 等等, 就构成了广阔发展的用多项式逼近函数的理论. 关于这种理论的建立, 苏联科学家们起着非常重要的作用, 他们在这方面得出了一系列带根本性的结果.

§5. 唯一性和解析拓展

解析函数的唯一性 解析函数的最重要性质之一就是它的唯一性.

假若在域 D 内给定了两个解析函数, 它们在某一条属于域内的曲线 C 上相同, 则它们在整个域内全同.

这定理的证明很简单. 设 $f_1(z)$ 和 $f_2(z)$ 是域 D 内的两个解析函数, 它们在曲线 C 上一致. 差

$$\varphi(z) = f_1(z) - f_2(z)$$

是域 D 内的解析函数, 且在 C 上为零. 我们现证明, 在域 D 内任何一点皆有 $\varphi(z) = 0$. 事实上, 假若在域 D 内存在一点 z_0 (图 21), 于此, $\varphi(z_0) \neq 0$, 则我们可将曲线 C 延长到点 z_0, 并沿所得到的曲线 Γ 走向 z_0, 直至函数不等于零为止. 假若 ζ 是在 Γ 上用这种方法所得到的最后一点. 若 $\varphi(z_0) \neq 0$, 则 $\zeta \neq z_0$, 且在曲线 Γ 的紧接 ζ 点之后的任何线段上不恒为零. 我们现在来证

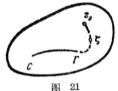

图 21

明这是不可能的. 事实上, 在曲线 Γ 的紧接 ζ 点之前的部分 Γ_ζ 上, 我们有 $\varphi(z) = 0$. 我们可以只用到函数 $\varphi(z)$ 在 Γ_ζ 上的值就

能算出 $\varphi(z)$ 在 Γ_ζ 上的所有导数，因而 $\varphi(z)$ 的所有导数皆为零．特别，在 ζ 点，有

$$\varphi(\zeta) = \varphi'(\zeta) = \cdots = \varphi^{(n)}(\zeta) = \cdots = 0.$$

我们现在将函数 $\varphi(\zeta)$ 在 ζ 点展成泰勒级数．展开式的所有系数皆为零，于是，在某一以 ζ 点为心且属于域 D 内的圆内有

$$\varphi(z) = 0.$$

特别，由此可以推出，等式 $\varphi(z) = 0$ 在曲线 Γ 的紧接 ζ 点之后的某一线段上继续成立．由假定 $\varphi(z_0) \neq 0$ 即导致一矛盾．

所证明的定理指出，若已知解析函数在某一曲线段或域的某一部分的值，则这些值即唯一地决定了函数在所给定的域内各处的值．于是，函数在变数平面上各个部分之间的值互相密切有关．

要想懂得解析函数唯一性的意义，我们必须回忆一下，依照复变函数的一般定义，在变数值和函数值之间可以容许任何的对应规律．在这样的定义之下，当然谈不到一个地区的函数值就唯一决定了平面上其它地区的函数值．我们现在看到，复变函数的可微分性这一唯一的要求显得是这样的有力，以致决定了函数在各个地区的值之间的关系．

我们还须特别指出，在实变函数范围内，函数的可微分性并不引出类似的推论．事实上，我们可以造出几个函数，它们可微分任意多次，在 Ox 轴的某一区间内相同，而在其它的点则不相等．例如当 x 取负值时等于零的函数可以这样定义，使得它当 x 取正值时异于零，且有任意次的连续导数．比如说，当 $x > 0$ 时，令

$$f(x) = e^{-\frac{1}{x}},$$

即可做到这点．

解析拓展与全解析函数　在定义复变函数时，函数的定义域常为定义函数的方法本身所限制．我们现在来讨论一个完全初等的例子．设函数由级数

$$f(z) = 1 + z + z^2 + \cdots + z^n + \cdots \tag{49}$$

所定义．我们都知道，这级数在以坐标轴原点为心的单位圆内收

敛,且在这圆外发散. 因此,由(49)式所定义的解析函数只在这圆内定义. 另一方面,我们知道,级数在圆 $|z|<1$ 内的和可以表成公式

$$f(z) = \frac{1}{1-z}. \tag{50}$$

(50)式对于任何值 $z \neq 1$ 都有意义. 根据唯一性定理,(50)式给出了唯一在圆 $|z|<1$ 内与级数 (49) 之和相等的解析函数. 于是,原先只在单位圆内定义的函数,我们已经把它拓展到全平面.

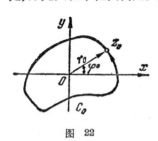

图 22

假若我们有一个函数 $f(z)$,它在某一域 D 内有定义. 又若存在另外的一个函数 $F(z)$,它在一个包含 D 的域 $\varDelta$ 内有定义,且在 D 内与 $f(z)$ 相等,则根据唯一性定理,$F(z)$ 在 $\varDelta$ 内的值是唯一定义的.

函数 $F(z)$ 称为 $f(z)$ 的**解析拓展**. 一个解析函数,假若它除非失去它的解析性质,否则就不能拓展到这域的外面去,这样的函数我们称之为**完全的**. 例如在全平面上定义的整函数就是完全函数. 半纯函数也是完全函数,它除了它的极点之外处处有定义. 但也存在解析函数,它的完全定义域是一个有界域. 我们现在不去谈论这些相当复杂的例子.

完全解析函数这一概念使得我们有必要去研究非单值的复变函数. 我们现在以函数

$$Lnz = lnr + i\varphi$$

为例来说明这点,在这里,$r = |z|$, $\varphi = \arg z$. 假若在 z 平面上的某一点 $z_0 = r_0(\cos \varphi_0 + i \sin \varphi_0)$ 去研究函数的某一初值

$$(Lnz)_0 = lnr_0 + i\varphi_0,$$

那么,当 z 点沿某一曲线 C 移动时,我们的解析函数就可连续不断的拓展下去. 正如上面所说,我们容易看出,假若 C_0 是一条从 z_0 点出发,包围坐标轴原点然后重新回到 z_0 点的闭曲线 (图 22),则当 z 点描过 C_0 时,我们在 z_0 点仍回到初值 lnr_0,但角 φ 则增加

2π. 这证明了, 当我们沿曲线 C 连续不断的拓展函数 Lnz 时, 绕曲线 C 一次, 函数即增加 $2\pi i$. 假若 z 点描过这闭曲线 n 次, 则代替初值

$$(Lnz)_0 = lnr_0 + i\varphi_0,$$

我们得到了新的值

$$(Lnz)_n = lnr_0 + (2\pi n + \varphi_0)i.$$

假若 z 点按负方向描过曲线 $C\ m$ 次, 我们即得

$$(Lnz)_{-m} = lnr_0 + (-2\pi m + \varphi_0)i.$$

上述的论证说明了, 在复变数平面上, 我们不可避免地要去研究 Lnz 的互相之间有着联系的各个值. 函数 Lnz 是无限多值的. 对于多值函数 Lnz, 点 $z=0$ 处境很为奇特, 绕它一次, 我们就可从一个值变到另一个值. 容易证明, 假若 z 点描过一条不环绕坐标轴原点的闭曲线, 则此时 Lnz 的值不变. 点 $z=0$ 叫做函数 Lnz 的支点.

一般来说, 假若对于某一函数 $f(z)$, 当绕过 a 点一周之后, 我们即从它的一个值变到另一个值, 则 a 点即称为函数 $f(z)$ 的支点.

我们现在讨论另一个例子. 令

$$w = \sqrt[n]{z}.$$

如同上面一样, 可以指出, 这函数也是多值的, 且取 n 个值

$$\sqrt[n]{r}\left(\cos\frac{\varphi}{n} + i\sin\frac{\varphi}{n}\right),\quad \sqrt[n]{r}\left(\cos\frac{\varphi+2\pi}{n} + i\sin\frac{\varphi+2\pi}{n}\right),$$

$$\cdots,\quad \sqrt[n]{r}\left(\cos\frac{\varphi+2\pi(n-1)}{n} + i\sin\frac{\varphi+2\pi(n-1)}{n}\right).$$

假若我们从函数的一个值

$$w_0 = \sqrt[n]{r_0}\left(\cos\frac{\varphi_0}{n} + i\sin\frac{\varphi_0}{n}\right)$$

出发, 并绕一条包围坐标轴原点的闭曲线移动, 我们就可得出函数所有不同的值, 因为每绕原点一周, 角 φ 即增加 2π.

绕闭曲线移动 $(n-1)$ 次, 则从 $\sqrt[n]{z}$ 的第一个值出发, 我们就得到了它的 $(n-1)$ 个其余的值. 绕曲线移动 n 次, 则即得根值

$$\sqrt[n]{z_0} = \sqrt[n]{r_0}\left(\cos\frac{\varphi_0+2n\pi}{n} + i\sin\frac{\varphi_0+2\pi n}{n}\right)$$
$$= \sqrt[n]{r_0}\left(\cos\frac{\varphi_0}{n} + i\sin\frac{\varphi_0}{n}\right),$$

即我们又回到出发时用的根值.

多值函数的黎曼面 有一个非常直观的几何表示方法, 可表出多值函数的性质.

我们再来讨论函数 Lnz, 并在 z 平面上沿 Ox 轴的正的部分引一割线. 假若 z 点不准通过这割线, 则我们就不可能从 Lnz 的一个值连续地变到另一个值. 若从 z_0 点拓展 Lnz 则我们只能得到 Lnz 的一个值.

像这样在割开了的 z 平面上得到的单值函数, 叫做函数 Lnz 的一个单值支. Lnz 的所有的值就分配在无限多个单值支上,
$$lnr+i\varphi,\ 2\pi n<\varphi\leqslant 2\pi(n+1).$$
容易证明, 第 n 支在割线的下面部分正好取第 $(n+1)$ 支在割线的上面部分的值.

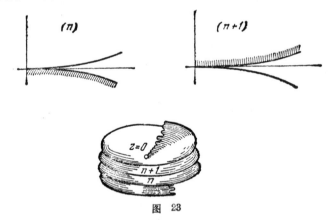

图 23

为了把 Lnz 的不同的支区别开来, 我们准备了无限多叶同样的 z 平面, 它们都沿 Ox 轴的正部分割开. 我们把与函数的第 n 支相对应的 z 值表示在第 n 叶 z 平面上. 属于不同的 z 平面上然而具有同样坐标的点这时对应于同一个数 $x+iy$; 只有复数在第 n 叶

上的像才标志着我们是在研究对数的第 n 支.

为了在几何上表示出对数的第 n 支在第 n 叶平面的割线的下面部分的值与对数的第 $(n+1)$ 支在第 $(n+1)$ 叶平面的割线的上面部分的值相同, 我们把第 n 叶平面的割线的下面部分与第 $(n+1)$ 叶平面的割线的上面部分接合起来, 于是就把这两叶平面粘在一起. 利用这种做法, 我们就得到一张多叶面, 它的结构和螺梯相似 (图 23). 这时 $z=0$ 这一点就起着螺梯中柱的作用.

假若点从一叶变到另一叶, 则复数即回到它出发时的值, 而函数 Lnz 即从这一支变到另一支.

刚才所造出来的面叫做函数 Lnz 的黎曼面. 黎曼第一个提出了构造这种面的概念, 用它来表现出多值解析函数的特征, 并指出这一概念的内容丰富.

我们现在还来作函数 $w=\sqrt{z}$ 的黎曼面. 这函数是一个二值函数, 并以坐标轴原点为其支点.

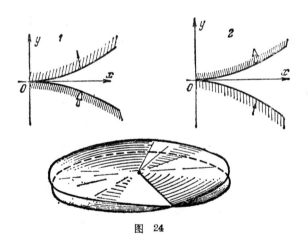

图 24

我们现在准备了两张同样的 z 平面, 把一张放在另一张上面, 并且沿 Ox 轴的正的部分切开. 假若 z 从 z_0 出发描过包围坐标轴原点的闭曲线 C, 则 $\sqrt{z}$ 即从一支变到另一支, 因而黎曼面上的点即从一叶变到另一叶. 假若我们将第一叶割线的下边与第二叶割线的上边粘合起来，我们就可做到这一点．假若 z 第二次描过闭曲线 C，则 $\sqrt{z}$ 的值必然又回到出发时的值，因而黎曼面上的点必须又回到第一叶上出发时的位置．要想做到这一点，我们现在必须把第二叶的下边与第一叶的上边粘在一起．结果我们就得到了一张双叶面，它本身沿 Ox 轴的正的部分自相穿过．由图24，我们可以得到这个面的一个表象，在该图中，我们画出的是 $z=0$ 这一点在这面上的一个邻域．

借以反应出多值函数的特征的多叶面可以用同样方法对于一切的多值函数构造出来．这个面的各叶在函数的支点周围相互结合在一起．看来，解析函数的性质与黎曼面的几何性质密切相关．引入这种面，不只是用来作为阐明多值函数的特征的辅助工具，而且对于研究解析函数的性质，以及发展研究解析函数的方法，皆具有根本性的作用．黎曼面就好象在复变数域与几何之间做成了一个桥梁，它不仅使得我们可以把非常深奥的函数的解析性质与几

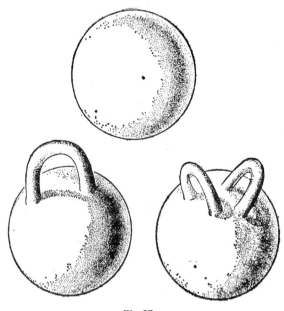

图 25

何联系起来, 而且还刺激起几何学中一个新的分支——拓扑学——发展起来. 拓扑学乃是研究图形在连续变形之下不变的几何性质的学科.

经过解方程

$$f(z, w) = 0$$

得出的函数叫做代数函数, 上式左边是 z 和 w 的多项式. 代数函数论中有一个显著的例子, 可以用来说明黎曼面的几何性质的重要性. 代数函数的黎曼面在经过连续变换之后总可以变成一个球或一个带柄的球 (图25). 柄的数目就是这种面的特征性质. 这个数目叫做该面的**亏格**, 或代数函数的亏格, 从亏格出发, 我们就可得出该面. 看来, 代替函数的亏格决定了代数函数最重要的性质.

§6. 结　论

由于解代数方程的缘故, 产生了解析函数论. 但在这种理论的发展过程中, 随时都接触到一些新的问题. 它使得我们有可能去阐明那些推动分析、力学、数学物理等向前发展的基本函数的实质. 分析中许许多多的重要事实只有放在复域中来讨论才能彻底弄清楚. 复变函数, 解释成为流体力学和电动力学中最重要的一种向量场的特征, 已经有了直接的物理说明, 而且对于解决某些促进这两个科学部门发展的问题, 也提供了重要的工具. 函数论与传热性理论和弹性理论等等之间也发现有着联系.

微分方程论中的普遍问题以及解决这些问题的特殊方法, 无论是过去或现在, 皆广泛地依赖于复变函数论. 在积分方程论和一般线性运算子理论中, 自然也引进解析函数. 解析函数论与几何学之间也出现密切的联系. 函数论与数学中新的领域以及自然科学之间的这些日益增大的联系证实了这种理论的生命力, 而且不断地丰富了它的题材.

在这篇短文中, 我们不可能抱定一个目标, 要把函数论中所有各种各样的分支和联系都提供出一个概念. 我们只企图通过一些属于函数论中某些基本方向的基础理论中的初等事实, 说明这种理论中的若干问题和方向. 许多重要的方向——与微分方程论、特殊函数论、椭圆函数论、自守函数论等等的关系, 与三角级数的关系——和许多别的方向都完全没有接触到. 在其他的情形, 我们也不得不限于非常简短的说明. 但我们盼望这篇短文能就复变函数论的性质和意义给读者们一个一般的印象.

文　献

通 俗 书 籍

В. Л. 岗恰罗夫, 初等复变函数, 初等数学百科全书, 第三卷(有中文译本).

А. И. 马库希维奇, 复数与保角映象, 青年数学丛书(有中文译本).

教 科 书

М. А. 拉夫伦捷夫和 Ь. В. 沙巴特, 复变函数论方法, 高等教育出版社, 1957 年版.

书中叙述了这种理论的一些基本方法, 同时还列举了大量的例题, 说明这种理论在物理学中各种问题上的应用.

А. И. Маркушевич, Теория аналитических функции, Гостехиздат, 1950.

复变函数论的一本非常全面而有系统的教本.

И. И. Привалов, Введение в теорию функцнй комплексного переменного, Изд, 9-е, Гостехиздат, 1954.

Е. Титчмарш, Теория функций, перев. с англ. Гостехиздат, 1951.

这不是一本有系统的课程, 而只是介绍复变函数论中的若干部门. 本书的基本方向是解析的, 因而几何问题在这里很少注意.

综 合 性 文 章

А. Ф. 别尔曼特和 А. И. 马库希特奇, 复变函数论, 苏联教学 30 年(1917—1947)(有中文译本).

越民义 译

许孔时 校

第十章 素 数

§1. 数论研究什么和如何研究数论

整数 正如读者从开头第一章(第一卷)已经知道的那样，人类从最古老的年代就不得不和整数打交道，但是达到对无穷自然数列

$$1, 2, 3, 4, 5, \cdots \tag{1}$$

的了解，却经历了漫长的许多世纪。现在在实际生活的各式各样的问题中，人们必须时常用到整数。整数反映着自然界中大量的关系；在所有的与不连续量有关的问题中，**整数**是必需的数学工具。

同时整数在研究连续量时也起着重要的作用。例如在数学分析中就研究解析函数展开成 x 整数次方的幂级数

$$f(x) = a_0 + a_1 x + a_2 x^2 + \cdots + a_n x^n + \cdots$$

的展开式。

所有的计算实质上是用**整数**进行的，对自动计算机和算术计算器的表面观察就立即可以看出此点，同样地，各种数学表，例如对数表也是如此。对整数进行了运算之后，在固定的地方打上逗点，这就相当于造成十进位小数；这些小数与任何有理分数一样，表示两个整数的比。其实，在计算**任意**的实数(例如 π)时，我们实际上是用有理分数来代替它的$\left(\text{例如，算做 } \pi = \dfrac{22}{7} \text{ 或 } \pi = 3.14\right)$。

当算术研究建立数之运算法则的时候，**数论研究自然数列**(1)补充上零和负整数的更深刻的性质，数论是研究整数系的科学，在广泛的意义上说来，是研究利用整数按一定形式构成的数系的科学(详见本章 §5)。当然，数论并不将整数孤立起来研究，而是在他们的相互联系中研究数的性质，研究如何用它们之间的关系来

确定它们.

数论的基本问题之一是研究一个数能否被**另一个数整除**的问题. 如果整数 a 被整数 b(不等于零)除的结果是**整数**, 就是如果

$$a = b \cdot c$$

(a, b, c 均为整数), 就说 a 被 b 除得尽或 b 除得尽 a. 如果整数 a 被整数 b 除的结果得到分数, 就说 a 不能被 b 除尽. 在实际生活中常常碰到数的可除性问题. 在数学分析的某些问题中, 数的可除性起着重要的作用. 例如, 若函数依 x 的整幂展开为

$$f(x) = a_0 + a_1 x + a_2 x^2 + \cdots + a_n x^n + \cdots \qquad (2)$$

的展开式中全部奇系数(即指标不能被 2 除尽的项的系数)都等于零, 也即如果

$$f(x) = a_0 + a_2 x^2 + \cdots + a_{2k} x^{2k} + \cdots,$$

则函数适合条件

$$f(-x) = f(x);$$

这样的函数称为偶函数, 它的图形关于纵坐标轴是对称的. 又若在展开式 (2) 中全部偶系数(即指标能被 2 除尽的项的系数)都等于零, 换句话说, 如果

$$f(x) = a_1 x + a_3 x^3 + \cdots + a_{2k+1} x^{2k+1} + \cdots,$$

则

$$f(-x) = -f(x);$$

在这种情况下, 函数称为奇函数, 它的图形关于坐标原点是对称的. 例如

$$\sin x = x - \frac{x^3}{3!} + \frac{x^5}{5!} - \cdots \quad (\text{奇函数});$$

$$\cos x = 1 - \frac{x^2}{2!} + \frac{x^4}{4!} - \cdots \quad (\text{偶函数}).$$

利用圆规和直尺能否做正 n 边形的几何问题决定于**数 n 的算术性质**[1].

大于 1 的整数之只有两个正整因数(即 1 及该数自己)者称为**素数**. 1 不算做素数, 因为它没有两个不同的正因数.

_____
1) 参阅第一卷第四章, 289 页.

因此,素数就是这些数:

$$2, 3, 5, 7, 11, 13, 17, 19, 23, 29, \cdots. \tag{3}$$

说明素数在数论中的基本作用的是数论的基本定理:每个整数 $n > 1$ 可以表示成素数之乘积(因数可能有重复),即可以表成

$$n = p_1^{a_1} p_2^{a_2} \cdots p_k^{a_k} \tag{4}$$

的形状,这里的 $p_1 < p_2 < \cdots < p_k$ 是一些素数, a_1, a_2, $\cdots$, a_k 是不小于 1 的整数,并且形如(4)式的 n 的表示法是唯一的.

数的性质之与将它表示为被加数之和的形状有关者称为**堆垒性质**;与将它表示为因子乘积的形状有关者称为**积性**. 数之堆垒性质与积性之间的联系是非常复杂的,它引出数论中一系列主要的问题.

整数是最简单明显的数学概念,以最紧密的形式联系着客观实际;由于这个原因,在数论中有困难问题出现的时候,常常引起这样一种情况:即在研究数论中深刻问题的时候常出现新的概念和发展强有力的方法,这些概念和方法往往不仅在数论中有意义,而且在别的数学部门中也有意义. 例如,"自然数列为无穷"这一概念对数学的全部发展有着巨大的影响,它反映出物质世界在空间和时间上为无限. 自然数列中的项各有其次序这一事实有着巨大的意义. 研究在整数上的演算就导出代数运算的概念,这在数学的许多部门中起着根本的作用.

在算术对象上首先形成的"算法"概念在数学中有着巨大的意义,"算法"是解问题的程序,它是基于重复使用某种严格的规定来解问题的程序;尤其是在机器数学中,"算法"的作用是很基本的. "算法"解问题的特点可以由求两个自然数 a 和 b 的最大公因数的欧几里得算法的例子中清楚地看出来.

令 $a > b$. 用 b 去除 a,若 b 不是 a 的因数,则得到不完全商 q_1 和余数 r_2,

$$a = bq_1 + r_2, \quad 0 < r_2 < b. \tag{5_1}$$

其次,若 $r_2 \neq 0$, 用 r_2 除 b,

$$b = r_2 q_2 + r_3, \quad 0 < r_3 < r_2. \tag{5_2}$$

然后,用 r_3 除 r_2,这样做下去一直到没有余数(即余数等于零)为止;因为非负整数 r_2, r_3, … 逐步减小,必然会达到这一步. 令

$$r_{n-2} = r_{n-1} q_{n-1} + r_n, \tag{5_{n-1}}$$

$$r_{n-1} = r_n q_n, \tag{5_n}$$

那么,r_n 恰好就是 a 和 b 的最大公因数. 实际上,如果两个整数 l 和 m 有公因数 d,则对二整数 h 与 k 而言,数 $hl + km$ 同样可被 d 除尽. 我们设 a 和 b 的最大公因数等于 δ. 从等式(5_1)可见 δ 是 r_2 的因数;由(5_2)可知 δ 是 r_3 的因数…;从(5_{n-1})可知 δ 是 r_n 的因数. 但 r_n 本身是 a 和 b 的公因数,因为从(5_n)可知 r_n 是 r_{n-1} 的因数;从(5_{n-1})r_n 是 r_{n-2} 的因数,等等. 所以 δ 与 r_n 相同,于是求 a 和 b 的最大公因数的问题就解决了. 在这里,对任何的 a 和 b 我们有某种同一类型的方法,它使得我们可以巧妙地求出所要的结果. 以上是说明"算法"特征的一个例子.

数论曾对许多数学分支的发展发生过影响,如数学分析、几何、古典代数与近世代数、级数求和论、概率论及其他.

数论的方法 按照方法来说,数论可分为四个部分:初等数论、解析数论、代数数论和几何数论.

初等数论不求助于其他数学部门而研究整数的性质. 例如由欧拉恒等式

$$(x_1^2 + x_2^2 + x_3^2 + x_4^2)(y_1^2 + y_2^2 + y_3^2 + y_4^2)$$
$$= (x_1 y_1 + x_2 y_2 + x_3 y_3 + x_4 y_4)^2$$
$$+ (x_1 y_2 - x_2 y_1 + x_3 y_4 - x_4 y_3)^2$$
$$+ (x_1 y_3 - x_3 y_1 + x_4 y_2 - x_2 y_4)^2$$
$$+ (x_1 y_4 - x_4 y_1 + x_2 y_3 - x_3 y_2)^2 \tag{6}$$

出发,可以相当快地证明,每一个整数 $N > 0$ 可以分解为四个整数平方的和,也即表示成

$$N = x^2 + y^2 + z^2 + u^2$$

的形状,这里 x, y, z, u 都是整数[1].

解析数论是用数学分析的工具解决数论问题. 解析数论的基础是欧拉建立的,车比雪夫、狄里赫雷、黎曼、拉马努张、哈代、李特尔乌德和其他学者将它发展了. 最有力的解析数论的方法是维诺格拉朵夫院士创造的,关于这一点将在下面谈到. 数论的这一部分紧密地联系着象复变函数论这样广泛实用的数学分支,也和级数论、概率论及其他数学部门有关.

代数数论的基本概念是**代数数**的概念,代数数就是方程式

$$a_0x^n + a_1x^{n-1} + a_2x^{n-2} + \cdots + a_{n-1}x + a_n = 0$$

的根,这里 $a_0, a_1, a_2, \cdots, a_n$ 是平常的整数[2].

在数论的这一方面有巨大贡献的是拉格朗日、高斯、库莫尔、佐洛塔辽夫、戴德金、盖尔芳特及其他一些人.

几何数论研究的基本对象是"空间格网",也就是全部"整点"的组,"整点"是在给定的直线坐标系统(垂直的或斜的)中坐标全是整数的点. 空间格网对几何学和结晶学有着巨大的意义,同时它的研究紧密地联系着数论中的重要问题(特别是二次型的算术理论,即系数和变数都是整数的二次型的理论). 几何数论方面的创始工作属于闵科夫斯基和**沃洛诺伊**.

必须指出,解析数论的方法不论在代数数论中和在几何数论中都有着重要的应用. 这里特别应当指出的是,计算给定的区域中整点数目的方法对某些物理学的部门是很重要的. 解决这一问题的道路是沃洛诺伊提出的,而他的解法又被维诺格拉朵夫发展了.

数论中解析方法有深刻的力量的原因就在于,存在于不连续的整数之间的联系由于经过连续量而引导出的新的联系,内容变得更为充实了.

必须着重指出,本章中研究的仅仅是从数论问题中选出的某些问题.

---

1) 这里,我们得到从有整数解的观点来研究不定方程的例子.

2) 如果 $a_0=1$,则代数数叫做代数整数. 不是代数数的数叫做超越数.

§2. 如何研究与素数有关的问题

素数的个数无穷 当在研究素数序列(3)

$$2, 3, 5, 7, 11, 13, 17, 19, \cdots$$

时, 自然就发生这样的问题: 这个序列是无穷的吗? 任何整数可以表示成形状(4)这一事实还不能解决问题, 因为指数 $a_1, \cdots, a_k$ 可以取无数多个值. 所提出的问题的正面的回答还是欧几里得给出的, 对于不可能有任何一个有限整数 k 使得素数仅有 k 个, 其证明如下:

设 $p_1, p_2, \cdots, p_k$ 都是素数, 则数

$$m = p_1 p_2 \cdots p_k + 1$$

与每个整数一样, 它大于1, 或者是素数, 或者有素因子. 但是 m 不能被素数 $p_1, p_2, \cdots, p_k$ 中的任何一个除尽, 否则差 $m - p_1 p_2 \cdots p_k$ 就也被这个数除尽, 而由于这个差等于1, 这是不可能的. 因此, 或者 m 本身是素数, 或者 m 被另外的与 $p_1, p_2, \cdots, p_k$ 不同的素数 p_{k+1} 除得尽. 这样一来, 素数的集合就不可能为有限.

爱拉托斯芬的筛法 下面用来寻找不大于给定的自然数 N 的全部素数的"筛"法, 要归功于公元前三世纪希腊的数学家爱拉托斯芬. 写出从1到 N 的全部整数

$$1, 2, 3, 4, \cdots, N,$$

然后先划掉所有是2的倍数的数, 2不划掉, 再划掉所有3的倍数, 3不划掉; 再划掉所有5的倍数(所有4的倍数已经划掉了), 5不划掉; 等等; 1也划掉; 余下的数都是素数. 必须指出, 这种划掉数的手续只要继续进行到不发现任何小于 $\sqrt{N}$ 的素数为止, 因为每一个不大于 N 的复合数(即非素数)必有不大于 $\sqrt{N}$ 的素因数.

在全部正整数的序列中研究素数的序列就会导出这样的结论: 素数构成的规律性非常复杂. 有这样的素数, 例如 8004119 和 8004121, 它们之间的差等于2(这叫做孪生素数); 也有这样的素

数, 它们彼此相距很远, 例如 86629 和 86677, 但它们之间一个素数也没有. 同时, 许多表表明, 平均说来数越大素数就越稀少.

欧拉恒等式及其关于素数无穷的证明 十八世纪伟大的数学家俄国科学院院士欧拉开始研究了下面的自变量 $s>1$ 的函数:

$$\zeta(s) = 1 + \frac{1}{2^s} + \frac{1}{3^s} + \cdots + \frac{1}{n^s} + \cdots, \tag{7}$$

这函数现在记做 $\zeta(s)$.

正如我们从第一卷第二章知道的那样, 实际上, 给定的级数当 $s>1$ 时收敛 (当 $s \leqslant 1$ 时发散). 欧拉指出了在素数论中起着非常重要作用的一个著名的恒等式:

$$\sum_{n=1}^{\infty} \frac{1}{n^s} = \prod_p \frac{1}{1 - \frac{1}{p^s}}, \tag{8}$$

这里符号 $\prod_p$ 表示 $\dfrac{1}{1 - \dfrac{1}{p^s}}$ 之积, p 跑过所有的素数. 为了指出这个恒等式的证明过程, 我们现指出当 $|q|<1$ 时有 $\dfrac{1}{1-q} = 1 + q + q^2 + \cdots$, 因此,

$$\frac{1}{1 - \frac{1}{p^s}} = 1 + \frac{1}{p^s} + \frac{1}{p^{2s}} + \cdots.$$

将这些级数就不同的素数 p 连乘起来, 并想到每个 n 唯一地分解为素数之积, 我们就有

$$\prod_p \left(1 + \frac{1}{p^s} + \frac{1}{p^{2s}} + \cdots \right) = 1 + \frac{1}{2^s} + \frac{1}{3^s} + \cdots + \frac{1}{n^s} + \cdots.$$

当然, 对于严格的证明, 必须论证我们所施行的极限手续是否可行, 但这并没有什么困难.

从恒等式 (8) 可以得出这样的结果, 即由全部素数的倒数做成的级数 $\sum_p \dfrac{1}{p}$ 是发散的 (这对我们已知的素数不只有限个这一事实给出了一个新的证明), 并且当 x 无限增大时, 不大于 x 的素数的个数与 x 之比趋于零.

车比雪夫关于自然数列中素数分布的研究 正如现在所采用的那样，我们用 $\Pi(x)$ 表示不大于 x 的素数的个数；例如 $\Pi(10) = 4$，因为不大于 10 的全部素数是 2, 3, 5, 7；$\Pi(\pi) = 2$，因为不大于 π 的全部素数是 2 和 3。我们已经提到过，

$$\lim_{x \to \infty} \frac{\Pi(x)}{x} = 0.$$

比数 $\dfrac{\Pi(x)}{x}$ 减小的情况如何？或者换句话说，$\Pi(x)$ 按照什么规律增加呢？能不能找到一个比较简单而又是大家所熟悉的函数，它和 $\Pi(x)$ 的差别相对而言相当小。著名的法国数学家莱让德尔据对于素数表的研究断言这样的函数是

$$\frac{x}{\ln x - A}, \tag{9}$$

这里 $A = 1.08\cdots$，但是没有给这一断言以证明。高斯也研究了素数分布的问题，他做了这样的推测，即 $\Pi(x)$ 和 $\displaystyle\int_2^x \frac{dt}{\ln t}$ 的差别比较小。（我们注意，关系

$$\lim_{x \to \infty} \frac{\displaystyle\int_2^x \frac{dt}{\ln t}}{\dfrac{x}{\ln x}} = 1, \tag{10}$$

成立，用分部积分法，再将得到的积分加以估计，就可验证这个关系式。）

在关于素数分布的最困难的问题上，从欧几里得的时候起第一个得到本质上推进的是车比雪夫。在 1848 年，车比雪夫根据对 s 是实数时的欧拉函数 $\zeta(s)$ 的研究指出，若 $n > 0$ 是任意大的数且 $\alpha > 0$ 是任意小的数，则有任意大的数 x，对于它有

$$\Pi(x) > \int_2^x \frac{dt}{\ln t} - \frac{\alpha x}{\ln^n x},$$

也有任意大的数 x 使得

$$\Pi(x) < \int_2^x \frac{dt}{\ln t} + \frac{\alpha x}{\ln^n x},$$

这与高斯的推测完全符合. 特别是当取 $n=1$, 并计算 (10) 时, 只要 $\Pi(x)/(x/\ln x)$ 的极限存在, 车比雪夫建立了

$$\lim_{x\to\infty}\frac{\Pi(x)}{\dfrac{x}{\ln x}}=1.\qquad(11)$$

车比雪夫也反驳了莱让德尔关于 (9) 式中所出现的给出 $\Pi(x)$ 的最佳逼近的 A 值所作的猜测, 车比雪夫指出, 这个值只可能是 $A=1$.

著名的法国数学家贝尔特兰在研究群论时需要证明下述的猜测, 对于这一猜测, 他就从 1 直到很大的 n, 按照表和实际检验总说明它成立: 若 $n>3$, 则在 n 与 $2n-2$ 之间至少有一个素数. 一直到 1850 年, 贝尔特兰和其他数学家们证明这一猜测的全部企图都没得到什么结果, 在 1850 年车比雪夫发表了对素数有贡献的第二个工作, 其中不仅证明了前面指出过的猜测(贝尔特兰假设), 并且指出了当 x 充分大时, 不等式

$$A_1<\frac{\Pi(x)}{\dfrac{x}{\ln x}}<A_2\qquad(12)$$

成立, 这里 $0.92<A_1<1,\ 1<A_2<1.1$.

在 §3 中我们将给车比雪夫方法以简单的叙述, 实际上这方法所得出的是比车比雪夫自己的结果粗糙得多的结果.

车比雪夫的工作在许多数学家那里, 特别是在西尔维斯特尔和庞卡莱那里, 有着许多反应. 在四十多年的时间内, 许多学者研究如何改善车比雪夫不等式 (12) (即增大不等式左方的常数和减小右方的常数). 但是并不能证明极限

$$\lim_{x\to\infty}\frac{\Pi(x)}{\dfrac{x}{\ln x}}$$

存在(关于这一点, 正如我们已经谈到的那样, 从车比雪夫的工作中已经知道, 若此极限存在则它等于 1).

在 1896 年阿达马才从复变函数论的考虑证明了, 车比雪夫在

他的研究中所引进的由等式

$$\Theta(x) = \sum_{p < x} \ln p$$

定义的函数 $\Theta(x)$ 适合条件

$$\lim_{x \to \infty} \frac{\Theta(x)}{x} = 1, \tag{13}$$

由此已可不需任何补充假设就相当容易地得到关系式 (11)（这就是所谓素数分布定理）.

阿达马是在十九世纪德国著名数学家黎曼的研究工作的基础上得到结果 (13) 的，黎曼研究了当变数 $s = \sigma + it$ 是复数时的欧拉函数 $\zeta(s)$ (7) [这正是车比雪夫研究变数是实数的 $\zeta(s)$ 的同时][1].

黎曼指出，由级数 (7)，

$$\zeta(s) = \sum_{n=1}^{\infty} \frac{1}{n^s}$$

在半平面 $\sigma > 1$ 上所定义的函数 $\zeta(s)$ 有这样的性质，即

$$\zeta(s) - \frac{1}{s-1}$$

是整超越函数 [当 $s \leqslant 1$ 时，级数 (7) 不再收敛，但 $\zeta(s)$ 在半平面 $\sigma \leqslant 1$ 上的值可以用解析开拓来定义]（参看第九章）. 黎曼提出了一个猜测（"黎曼假设"）说，$\zeta(s)$ 在区域 $0 \leqslant \sigma \leqslant 1$ 中所有的零点的实部分都等于 $\frac{1}{2}$，就是说都在直线 $\sigma = \frac{1}{2}$ 上；这个猜测是否正确，是一个至今尚未解决的问题.

在直线 $\sigma = 1$ 上 $\zeta(s)$ 没有零点这个事实的成立是证明 (13) 的重要步骤.

对 $\zeta(s)$ 性质的研究引起了有重要实际应用的整函数和半纯函数的严整理论的发展.

维诺格拉朵夫和他的学生们在素数论方面的工作 由 (10) 等式 (13) 可以写成

---

1) 在 1949 年，塞尔贝克成功地找到了素数分布定理的初等证明（不依赖于复变函数论）.

$$\lim_{x \to \infty} \frac{\Pi(x)}{\int_2^x \frac{dt}{\ln t}} = 1 \qquad (14)$$

之形式，在得出这等式之后，跟着就发生了一个问题，即函数 $\int_2^x \frac{dt}{\ln t}$ 表示 $\Pi(x)$ 精确到什么样的程度．这方面最好的结果是邱达柯夫在应用维诺格拉朵夫创造的**三角和方法**（关于这个方法将在 §4 中谈到）的基础上得到的，这个方法也使邱达柯夫大大地降低了可以断定至少有一个素数的那个界限．早先曾经证明过如果研究序列

$$1^{250}, \; 2^{250}, \; 3^{250}, \; \cdots, \; n^{250}, \; (n+1)^{250}, \; \cdots, \qquad (15)$$

则从某一个 $n = n_0$ 开始，在相邻两项之间，即 n^{250} 与 $(n+1)^{250}$ 之间，至少有一个素数．

我们注意，由二项式公式有

$$(n+1)^{250} - n^{250} > 250 n^{249},$$

所以这个差是很大的．邱达柯夫成功地用序列

$$1^4, \; 2^4, \; 3^4, \; \cdots, \; n^4, \; (n+1)^4, \; \cdots \qquad (16)$$

代替了序列(15)，显然这比序列(15)精密多了，然而也是从某一个 $n = n_0$ 开始在相邻两项之间即 n^4 与 $(n+1)^4$ 之间至少含有一个素数．后来这个结果又改进了，用 3 代替了 4．

如果 k 和 l 互素（即没有公因数）且都大于 1，则在以 $kt+l$ 为一般项的等差级数中含有无穷多个素数．这个事实是欧几里得结果的推广，在十九世纪为狄里赫雷所证明．在级数 $kt+l$ 中最小素数所显然不超过的那个界数的情况如何呢？列宁格勒的数学家林尼克证明了有绝对**常数** C 存在，C 有这样的性质，即在任何级数 $kt+l$（k 与 l 互素）中一定至少可以找到一个小于 k^C 的素数．尤其是从原则上看，林尼克已几乎完全解决了这一个提出多年的等差级数中最小素数的问题，下一步的研究只能是减小常数 C 的值．与 $\zeta(s)$ 和其他更一般的函数之零点有关的问题方面很重要的研究工作也是属于林尼克的．

正如我们已经提到过的那样,关于素数分布问题方面,最好的结果是借助维诺格拉朵夫三角和估值的方法才得到的.

形如
$$\sum_{A<x<B} e^{2\pi i f(x)}$$

的和数称为**三角和**, 这里 $f(x)$ 是 x 的某一个实函数, 并且 x 跑过在 A 与 B 之间的全部整数, 或者跑过这些整数的某一部分, 例如 A 与 B 之间的素数. 因为当 Z 是实数时 $e^{2\pi i z}$ 的绝对值等于 1, 并且一些项之和的绝对值不大于这些项的绝对值之和,所以

$$\left|\sum_{x=1}^{p} e^{2\pi i f(x)}\right| \leqslant p. \tag{17}$$

这种显而易见的估值在许多情况下得到了本质上的改善; 在这方面决定性的步骤是维诺格拉朵夫做的. 为了确定起见, 令 $f(x)$ 是多项式

$$f(x) = \alpha_n x^n + \alpha_{n-1} x^{n-1} + \cdots + \alpha_1 x + \alpha_0.$$

如果所有的 α 都是整数, 则当 x 是整数时 $e^{2\pi i f(x)} = 1$, 在这种情况下估值 (17) 当然不能改进. 但如果 $\alpha_1, \cdots, \alpha_n$ 不全是整数,则正如维诺格拉朵夫证明的那样, 估值 (17) 可以借助于将这些系数中的某些个用有理分数接近的办法来弄得更精确, 这些分数的分母不大于某个极限$\Big($可以证明, 0 与 1 之间的任一 α 皆可以表为 $\alpha = \dfrac{a}{q} + z$ 的形状, 这里 a 和 q 是互素的整数, $q \leqslant \tau$, $|z| \leqslant \dfrac{1}{q\tau}$, τ 是事先给定的大于 1 的整数$\Big)$.

维诺格拉朵夫用他创造的三角和方法解决了数论中一系列最困难的问题. 特别是在 1937 年, 维诺格拉朵夫解决了著名的古德巴赫问题, 他证明了每一个充分大的奇数 N 可以表示成三个素数之和的形状

$$N = p_1 + p_2 + p_3. \tag{18}$$

这个问题是 1742 年欧拉和俄国科学院的另一位院士古德巴赫的通信中提出来的,在将近两百年的时期中,纵然有许多卓越的数学家努力企图解决这个问题,但问题并未解决.

正如我们已经看到的那样,按照等式 (4), 在整数的乘法表示中素数起着基本的作用, 而等式(18)则将奇数用素数以加法表示. 不难看出, 从 (18) 可以导出充分大的偶数可以表示为不超过四个素数之和的形状[1]. 这样一来, 维诺格拉朵夫-古德巴赫定理就确定了数之堆垒性质与积性之间的最深刻的联系.

维诺格拉朵夫所创造的三角和方法的作用并不限于数论一方面. 特别这个方法在函数论和概率论方面也起着重要的作用. 关于维诺格拉朵夫方法的某些介绍可以在本章 §4 中得到.

希望更详细地了解这一方法的读者可以去读维诺格拉朵夫著的"数论中的三角和方法"一书, 但是要先读维诺格拉朵夫著的"数论基础"一书.

§3. 关于车比雪夫方法

车比雪夫函数 ϴ 及其估值　现在我们给计算给定范围内素数个数的车比雪夫方法以简单的说明. 为了写起来简短起见, 我们约定使用下面的记号: 如果 B 是某个可以无限增大的正变量, A 是另一个变量使得 $|A|$ 的增大不快于 CB, 此处 C 是一个正的常数 $\Big($准确些说, 如果存在常数 $C > 0$ 使得从某个时候起永远有 $\dfrac{|A|}{B} < C\Big)$, 则我们就写

$$A = O(B),$$

这个通常读做: "A 的阶是 B". 例如 $\sin x = O(1)$, 因为永远有

$$\left|\frac{\sin x}{1}\right| \leqslant 1;$$

正是这样, $5x^3 \cos 2x = O(x^3)$.

我们也用 $[x]$ 来记 x 的整数部分, 即不大于 x 的最大整数; 例如

---

1) 关于欧拉猜测是否成立的问题, 即每个充分大的偶数 **N** 表为两个素数之和的问题, 至今尚未解决.

$$[\pi] = 3, \quad [5] = 5, \quad [-1.5] = -2, \quad [0.999] = 0.$$

我们现在提出下面的问题: 令 p 是素数, n 是自然数, 而 $n!$ 象通常那样表示乘积 $1 \cdot 2 \cdot 3 \cdots n$ (顺便可以看出, 当 n 增加时, 量 $n!$ 增加得非常之快). 能除得尽 $n!$ 的素数 p 的最大方次 a 是多少呢?

在数 $1, 2, \cdots, n$ 当中被 p 除得尽的数有 $\left[\dfrac{n}{p}\right]$ 个, 在这些数中也被 p^2 除得尽的数有 $\left[\dfrac{n}{p^2}\right]$ 个; 在后面这些数中被 p^3 除得尽的数有 $\left[\dfrac{n}{p^3}\right]$ 个, 等等. 由此不难看出

$$a = \left[\frac{n}{p}\right] + \left[\frac{n}{p^2}\right] + \left[\frac{n}{p^3}\right] + \cdots$$

(此处级数本身会中断的, 因为 $\left[\dfrac{n}{p^s}\right] > 0$ 只当 $n \geqslant p^s$ 时成立). 实际上, 在上面的和数中, 乘积 $1 \cdot 2 \cdot 3 \cdots n$ 的每一个因数是这样的, 即除得尽这一因数的 p 的方次高到 p^m 的话, 这个因数就恰恰算了 m 次; 因为它是 p 的倍数, p^2 的倍数, p^3 的倍数, $\cdots$, 最后它是 p^m 的倍数.

从得到的结果和任一自然数可以表为(4)式的形状就可导出, $n!$ 是形如

$$p\left[\frac{n}{p}\right] + \left[\frac{n}{p^2}\right] + \left[\frac{n}{p^3}\right] + \cdots$$

的 p 的方幂的乘积, 这里要取全部 $p \leqslant n$ 的素数. 因此 $\ln(n!)$ 就将是这些素数方幂的对数和, 可以简写为下面的形状:

$$\ln n! = \sum_{p \leqslant n} \left(\left[\frac{n}{p}\right] + \left[\frac{n}{p^2}\right] + \left[\frac{n}{p^3}\right] + \cdots \right) \ln p. \tag{19}$$

我们来化减等式(19). 因为函数 $y = \ln x$ 是递增函数, 于是

$$\ln m = \ln m \int_m^{m+1} dx < \int_m^{m+1} \ln x \, dx < \ln(m+1) \int_m^{m+1} dx = \ln(m+1)$$

(在图 1 中尤其明显).

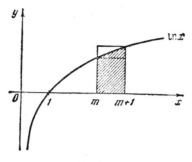

图 1

因此

$$\ln n! = \ln 1 + \ln 2 + \cdots + \ln n$$

$$< \int_1^2 \ln x \, dx + \int_2^3 \ln x \, dx + \cdots$$

$$+ \int_{n-1}^n \ln x \, dx + \ln n = \int_1^n \ln x \, dx + \ln n,$$

另一方面有

$$\ln n! > \ln 1 + \int_1^2 \ln x \, dx + \cdots + \int_{n-2}^{n-1} \ln x \, dx + \int_{n-1}^n \ln x \, dx$$

$$= \int_1^n \ln x \, dx.$$

利分用部积分公式, 我们有

$$\int_1^n \ln x \, dx = [x \cdot \ln x]_1^n - \int_1^n x \cdot \frac{1}{x} \, dx = n \ln n - (n-1).$$

于是

$$n \ln n - n + 1 < \ln n! < n \ln n - n + 1 + \ln n,$$

由此得出

$$\ln n! = n \ln n + O(n). \tag{20}$$

我们指出 $\ln n = O(n)$; 并且当 $n \to \infty$ 时, $\ln n$ 的增大要比 n 的任意正方幂的增大为慢, 就是说对任一常数 $\alpha > 0$, 有

$$\lim_{n \to \infty} \frac{\ln n}{n^\alpha} = 0 \tag{21}$$

因为按照未定式展开的法则 [参看第二章(第一卷)140 页] 有

$$\lim_{n\to\infty}\frac{\ln n}{n^{\alpha}}=\lim_{n\to\infty}\frac{\frac{1}{n}}{\alpha n^{\alpha-1}}=\frac{1}{\alpha}\lim_{n\to\infty}\frac{1}{n^{\alpha}}=0.$$

其次, 我们有

$$\sum_{p\leqslant n}\left(\left[\frac{n}{p^2}\right]+\left[\frac{n}{p^3}\right]+\cdots\right)\ln p\leqslant\sum_{p\leqslant n}\left(\frac{n}{p^2}+\frac{n}{p^3}+\cdots\right)\ln p$$

$$=\sum_{p\leqslant n}\frac{n\ln p}{p^2\left(1-\frac{1}{p}\right)}<2n\sum_{p\leqslant n}\frac{\ln p}{p^2}<2n\sum_{m=1}^{\infty}\frac{\ln m}{m^2}$$

$$=2nC_0=O(n), \tag{22}$$

这里 C_0 是收敛级数 $\sum\limits_{m=1}^{\infty}\dfrac{\ln m}{m^2}$ 的和. 例如当 $\alpha=\dfrac{1}{2}$ 时由 (21) 的计算和用比较法则及所谓级数收敛的积分法则 [参看第二章(第一卷)§14], 就确定了这个级数的绝对收敛性. 由于(20)和(22), 等式(19)可以导出

$$\sum_{p\leqslant n}\left[\frac{n}{p}\right]\ln p=n\ln n+O(n). \tag{23}$$

现在我们来研究车比雪夫引入的函数

$$\Theta(n)=\sum_{p\leqslant n}\ln p \tag{24}$$

(不大于 n 的全体素数之乘积的对数).

我们可以把等式(23)写成这样:

$$\Theta\left(\frac{n}{1}\right)+\Theta\left(\frac{n}{2}\right)+\Theta\left(\frac{n}{3}\right)+\Theta\left(\frac{n}{4}\right)+\cdots=n\ln n+O(n). \tag{25}$$

实际上, 每个给定的 $\ln p$ 在所有那些形状是 $\Theta\left(\dfrac{n}{s}\right)$ 的和中都有, 这里 $p\leqslant\dfrac{n}{s}$, 也就是 $s\leqslant\dfrac{n}{p}$. 这些和 $\Theta\left(\dfrac{n}{s}\right)$ 的个数是 $\left[\dfrac{n}{p}\right]$.

当 n 不是整数时, 等式(25)也是正确的. 为了使人信服起见, 显然指出这一点就足够了, 即对所有适合条件 $n<x<n+1$ 的 x 它正确: 而为此指出这一点就足够了, 即当用 x 代替 n 时(25)式左方不变, 而右方第一项只可以增加一个 $O(n)$. 但第一点可从这种情况得出, 即在如此替换之后左方各项中一项也不增加(仅当 n 之增加不小于 1 时才能有相反的情形), 当然也不减少. 第二点

从那种情况可以得到, 即按照函数增量的公式[参看第二章 (第一卷)]

$$f(x) - f(a) = (x-a) f'(\xi), \quad a < \xi < x,$$

我们有 $x \ln x - n \ln n = (x-n)(\ln \xi + 1), \quad n < \xi < x,$

并且因为 $0 < x-n < 1$, 所以得到的等式的右方小于 $\ln(n+1)+1$ $= O(n)$. 在 (25) 中用 $\dfrac{n}{2}$ 代替 n 得到一个等式, 将这等式的每一项用 2 乘, 从 (25) 中减去它就有

$$\Theta\left(\frac{n}{1}\right) + \Theta\left(\frac{n}{2}\right) + \Theta\left(\frac{n}{3}\right) + \Theta\left(\frac{n}{4}\right) + \cdots = n \ln n + O(n),$$

$$2\Theta\left(\frac{n}{2}\right) + 2\Theta\left(\frac{n}{4}\right) + \cdots = 2 \cdot \frac{n}{2} \cdot \ln \frac{n}{2} + O(n),$$

$$\rule{10cm}{0.4pt}$$

$$\Theta\left(\frac{n}{1}\right) - \Theta\left(\frac{n}{2}\right) + \Theta\left(\frac{n}{3}\right) - \Theta\left(\frac{n}{4}\right) + \cdots = n \ln 2 + O(n) < C_1 n,$$

这里 C_1 是某一个正的常数. 因为差 $\Theta\left(\dfrac{n}{3}\right) - \Theta\left(\dfrac{n}{4}\right)$, $\Theta\left(\dfrac{n}{5}\right) - \Theta\left(\dfrac{n}{6}\right)$, $\cdots$ 不能是负的, 所以 $\Theta\left(\dfrac{n}{1}\right) - \Theta\left(\dfrac{n}{2}\right)$ 不大于左方的全体. 因此从上面得到的不等式就有

$$\Theta\left(\frac{n}{1}\right) - \Theta\left(\frac{n}{2}\right) < C_1 n.$$

在这里有 n 的地方放上数 $\dfrac{n}{2}$, $\dfrac{n}{4}$, $\cdots$. 我们也得到

$$\Theta\left(\frac{n}{2}\right) - \Theta\left(\frac{n}{4}\right) < C_1 \cdot \frac{n}{2},$$

$$\Theta\left(\frac{n}{4}\right) - \Theta\left(\frac{n}{8}\right) < C_1 \cdot \frac{n}{4},$$

$$\cdots\cdots\cdots\cdots\cdots\cdots\cdots,$$

由此, 考虑到在 k 充分大时 $\left(\text{当} \dfrac{n}{2^k} < 2 \text{时}\right) \Theta\left(\dfrac{n}{2^k}\right) = 0$, 逐项相加, 我们得到

$$\Theta(n) < C_1\left(n + \frac{n}{2} + \frac{n}{4} + \cdots\right) = 2C_1 n. \tag{26}$$

其次, 研究等式 (23), 我们发现

$$0 \leqslant \sum_{p < n} \frac{n}{p} \ln p - \sum_{p < n} \left[\frac{n}{p} \right] \ln p \leqslant \sum_{p < n} \ln p$$

$$= \Theta(n) \leqslant 2C_1 n = O(n),$$

由等式(23)就给出

$$\sum_{p < n} \frac{n}{p} \ln p = n \ln n + O(n),$$

$$\sum_{p < n} \frac{\ln p}{p} = \ln n + \theta C, \tag{27}$$

这里 C 是大于零的常数，θ 是与 n 有关的一个数，$|\theta| \leqslant 1$.

在固定区间中素数的总数之估计 现在我们指出，可以选择某个正的常数 M，使得如果 n 充分大，则在 n 与 Mn 之间有任意多的素数 p. 就是说，对在区间 $n < p \leqslant Mn$ 内素数的个数 T，我们可以建立一些简单的不等式. 显然，

$$\sum_{n < p \leqslant Mn} \frac{\ln p}{p} = \sum_{p \leqslant Mn} \frac{\ln p}{p} - \sum_{p < n} \frac{\ln p}{p}. \tag{28}$$

从等式(27)，用 Mn 代替 n，我们得到

$$\sum_{p \leqslant Mn} \frac{\ln p}{p} = \ln(Mn) + \theta' C = \ln M + \ln n + \theta' C, \tag{29}$$

这里 $|\theta'| \leqslant 1$；因而由等式(28)，(29)和(27)有

$$\sum_{n < p \leqslant Mn} \frac{\ln p}{p} = \ln M + \theta' C - \theta C = \ln M + 2\theta_0 C,$$

这里 $|\theta_0| \leqslant 1$，也就是

$$\ln M - 2C \leqslant \sum_{n < p \leqslant Mn} \frac{\ln p}{p} \leqslant \ln M + 2C. \tag{30}$$

但是另一方面，因为当 $x > e$ 时函数 $y = \dfrac{\ln x}{x}$ 是递减的（因为当 $\ln x > 1$ 即 $x > e$ 时，$y' = \dfrac{1 - \ln x}{x^2} > 0$），所以当 $n \geqslant 3$ 时有

$$T \frac{\ln Mn}{Mn} \leqslant \sum_{n < p \leqslant Mn} \frac{\ln p}{p} \leqslant T \frac{\ln n}{n},$$

从这里由(30)就得到

$$T \frac{\ln n}{n} > \ln M - 2C \tag{31}$$

和
$$T\frac{\ln(Mn)}{Mn}<\ln M+2C. \tag{32}$$

现在我们取常数 M 使得 (31) 式右方等于1,
$$\ln M-2C=1,$$

也就是 $M=e^{2C+1}$,并且我们令
$$L=M(\ln M+2C).$$

那么,对于在 n 和 Mn 之间的素数的个数 T,从 (31) 和 (32) 我们就得到不等式

$$\frac{n}{\ln n}<T<L\frac{n}{\ln n}, \tag{33}$$

这些不等式就是我们所想要建立的. 因为当 n 无限增大时 $\frac{n}{\ln n}\rightarrow\infty$,所以在此情况下 $T\rightarrow\infty$.

§4. 维诺格拉朵夫方法

维诺格拉朵夫方法在解决古德巴赫问题时的应用 在本节中,我们打算在个别的例子上给维诺格拉朵夫方法某种介绍,例如用它来解决关于将奇数表示成三个素数之和的形状的古德巴赫问题.

将 N 表为三个素数之和的表示法的个数用积分的形状来表示 令 N 是一个充分大的奇数. 用 $I(N)$ 记 N 表为三个素数之和的表示法的数目,换句话说,$I(N)$ 就是方程式

$$N=p_1+p_2+p_3 \tag{34}$$

当 p_1, p_2, p_3 都是素数时的解的数目.

如果确定了 $I(N)>0$,则古德巴赫问题就解决了. 维诺格拉朵夫方法不仅使这个事实(当 N 充分大时)能够成立,并且使得能够找到 $I(N)$ 的渐近表示法.

$I(N)$ 可以写成下面的形状:

$$I(N)=\sum_{p_1<N}\sum_{p_2<N}\sum_{p_3<N}\int_0^1 e^{2\pi i(p_1+p_2+p_3-N)\alpha}d\alpha, \tag{35}$$

这里对不大于 N 的素数进行求和. 事实上, 当整数 $n \neq 0$ 时, 有

$$\int_0^1 e^{2\pi i n \alpha} d\alpha = \frac{1}{2\pi n i} \left[e^{2\pi i n \alpha} \right]_0^1 = \frac{1}{2\pi n i} (e^{2\pi n i} - e^0) = 0,$$

因为

$$e^{2\pi i n} = \cos 2\pi n + i \sin 2\pi n = 1;$$

如果 $n = 0$, 则

$$\int_0^1 e^{2\pi i n \alpha} d\alpha = \int_0^1 d\alpha = 1.$$

这样一来, 每次当素数 p_1, p_2, p_3 之和给出 N 时, 在 (35) 中的记号之下, 积分就变成 1; 而当和数 $p_1 + p_2 + p_3 \neq N$ 时, 这个积分等于零; 这就指出了等式 (35) 的正确性.

因为 $e^{2\pi i a} \cdot e^{2\pi i b} = e^{2\pi i (a+b)}$, 并且一些项之和的积分等于这些项的积分之和, 于是从等式 (35) 就得出

$$I(N) = \int_0^1 \left(\sum_{p < N} e^{2\pi i \alpha p} \right)^3 e^{-2\pi i \alpha N} d\alpha.$$

引入记号

$$T_\alpha = \sum_{p < N} e^{2\pi i \alpha p}; \tag{36}$$

于是

$$I(N) = \int_0^1 T_\alpha^3 e^{-2\pi i \alpha N} d\alpha. \tag{37}$$

将积分区间分为主要区间和辅助区间 令 h 是某个适当选定的与 N 有关的数, 它与 N 同时无限增大, 但它小于 N 甚至也小于 $\sqrt[3]{\dfrac{N}{2}}$, 令 $\tau = \dfrac{N}{h}$. 因为在 (37) 中的被积函数有周期, 周期等于 1, 所以在 (37) 中积分区间可以用从 $-\dfrac{1}{\tau}$ 到 $1 - \dfrac{1}{\tau}$ 的区间代替. 因此

$$I(N) = \int_{-\frac{1}{\tau}}^{1 - \frac{1}{\tau}} T_\alpha^3 e^{-2\pi i \alpha N} d\alpha. \tag{38}$$

我们现在研究所有正的不可约的并且分母不大于 h 的分数 $\dfrac{a}{q}$, 并从区间 $-\dfrac{1}{\tau} \leqslant \alpha \leqslant 1 - \dfrac{1}{\tau}$ 中分出来对应于这些分数的 "主要" 区间

$$\frac{a}{q} - \frac{1}{\tau} \leqslant \alpha \leqslant \frac{a}{q} + \frac{1}{\tau}; \tag{39}$$

当 N 充分大时, 可以证明[1]这些区间没有公共点. 这样一来, 区间 $-\frac{1}{\tau} \leqslant \alpha \leqslant 1 - \frac{1}{\tau}$ 就分成许多主要区间和"辅助"区间.

将 $I(N)$ 表示成为两项之和的形状

$$I(N) = I_1(N) + I_2(N), \qquad (40)$$

这里 $I_1(N)$ 表示在主要区间上的积分的和, 而 $I_2(N)$ 表示在辅助区间上的积分的和. 正如在今后将要看到的那样, 当奇数 N 无限增大时, $I_1(N)$ 也无限增大, 并且

$$\lim_{N \to \infty} \frac{I_2(N)}{I_1(N)} = 0. \qquad (41)$$

这样一来, 由于 (40), 奇数 N 表为三个素数之和的表示法的数目就与 N 同时无限增大, 特别是这就对所有充分大的奇数 N 证明了古德巴赫猜测.

在主要区间上的积分的表示法 令 α 属于主要区间中的一个区间, 按照 (39), $\alpha = \frac{a}{q} + z$, 并且 $1 \leqslant q \leqslant h$, $|z| \leqslant \frac{1}{\tau}$. 我们把对不大于 N 的全部素数普遍求和的和数 (36)

$$T_\alpha = \sum_{p < N} e^{2\pi i p \alpha} = \sum_{p < N} e^{2\pi i \left(\frac{a}{q} + z\right) p}$$

划分成许多形如

$$T_{\alpha, M} = \sum_{M < p < M'} e^{2\pi i \left(\frac{a}{q} + z\right) p}$$

---

1) 如果在点 $\frac{a_1}{q_1}$ 和 $\frac{a_2}{q_2}$ 的近旁两个这样的区间相交, 则在公共点处等式

$$\frac{a_1}{q_1} + \frac{\theta_1}{\tau} = \frac{a_2}{q_2} + \frac{\theta_2}{\tau}$$

成立, 这里 $|\theta_1| \leqslant 1$, $|\theta_2| \leqslant 1$, 或者换个样子,

$$\frac{a_1 q_2 - a_2 q_1}{q_1 q_2} = \frac{\theta_2 - \theta_1}{\tau}.$$

但最后等式左方的绝对值不小于 $\frac{1}{q_1 q_2}$, 即大于 $\frac{1}{h^2}$, 而右方不大于 $\frac{2}{\tau}$, 即小于 $\frac{2h}{N}$. 如果最后的等式成立, 则由它可以得出不等式

$$\frac{1}{h^2} < \frac{2h}{N},$$

这与 h 的选择相矛盾.

的部分和 $T_{\alpha,M}$, 这里 M' 是由这样的计算选定的, 就是使得 $e^{2\pi i x p}$ 与 $e^{2\pi i x M}$ 差别"小"(考虑到只是要了解维诺格拉朵夫方法而不给出古德巴赫——维诺格拉朵夫定理的证明, 在这里及今后我们不确定"差别小"所表示的意思; 事实上在维诺格拉朵夫的证明中谈到的是与大量计算有关的严格地确定的许多不等式). 这样一来,

$$T_{\alpha,M} \approx e^{2\pi i M x} \sum_{M < p < M'} e^{2\pi i \frac{a}{q} p} = e^{2\pi i M x} T_{\frac{a}{q},M}, \tag{42}$$

这里符号"$\approx$"指的是最后关系式的左方与它的平均部分差别"小". 其次, 从和数

$$T_{\frac{a}{q},M} = \sum_{M < p < M'} e^{2\pi i \frac{a}{q} p} \tag{43}$$

中分出每个和数 $T_{\frac{a}{q},M'l}$, 它对适合关系式 $M \leqslant p_0 < M'$ 并属于算术级数 $qx+l$ 的素数 p_0 普遍求和, 这里 l 取从 0 到 $q-1$ 中与 q 互素的所有的值. 但是

$$e^{2\pi i \frac{a}{q} pl} = e^{2\pi i x + 2\pi i \frac{a}{q} l} = e^{2\pi i \frac{a}{q} l},$$

因此

$$T_{\frac{a}{q},M'l} = e^{2\pi i \frac{a}{q} l} \cdot \Pi(M, M', l), \tag{44}$$

这里 $\Pi(M, M', l)$ 是适合条件 $M \leqslant p < M'$ 并属于算术级数 $qx+l$ 的素数的个数. 在推广不大于 x 的素数个数 $\Pi(x)$ 的公式 (14) 时, 对于与差 $M'-M$ 比较起来"小"的数值 q, 确定了 $\Pi(M, M', l)$ 与 $\frac{1}{\varphi(q)} \int_M^{M'} \frac{dx}{\ln x}$ 差别不大, 这里 $\varphi(q)$ 是欧拉函数. 这是一个算术函数 (即对自然数 q 定义的函数), 它表示不大于 q 且与 q 互素的正整数的个数. 这样一来, 由(44)可以得到

$$T_{\frac{a}{q},M'l} \approx e^{2\pi i \frac{a}{q} l} \cdot \frac{1}{\varphi(q)} \int_M^{M'} \frac{dx}{\ln x}. \tag{45}$$

在表示式中, 在(45)的右方只是第一个因子与 l 有关, 就是与算术级数 $qx+l$ 有关 (现在我们认为 q 是固定的). 在对 l 求和之后, 得到

$$T_{\frac{a}{q},M} \approx \frac{1}{\varphi(q)} \int_M^{M'} \frac{dx}{\ln x} \sum_l e^{2\pi i \frac{a}{q} l},$$

其次, 由(42)有

$$T_{a,M} \approx e^{2\pi i M x} \cdot \frac{1}{\varphi(q)} \int_M^{M'} \frac{dx}{\ln x} \cdot \sum_l e^{2\pi i \frac{a}{q} l}, \tag{46}$$

并且因为

$$e^{2\pi i M x} \int_M^{M'} \frac{dx}{\ln x} \approx \int_M^{M'} \frac{e^{2\pi i z x}}{\ln x} dx,$$

于是用关系式

$$T_{a,M} \approx \int_M^{M'} \frac{e^{2\pi i z x}}{\ln x} dx \cdot \frac{1}{\varphi(q)} \sum_l e^{2\pi i \frac{a}{q} l} \tag{47}$$

代替(46). 对 M 求和之后就确定

$$T_a \approx \int_2^N \frac{e^{2\pi i z x}}{\ln x} dx \cdot \frac{1}{\varphi(q)} \sum_l e^{2\pi i \frac{a}{q} l}. \tag{48}$$

在关系式(48)右方的和数

$$\sum_l e^{2\pi i \frac{a}{q} l}$$

可用算术函数 $\mu(q)$ 表式出来, 这里对不大于 q 且与 q 互素的自然数 l 求和, $\mu(q)$ 是用下述方式定义的: 如 q 被大于 1 的整数的平方除得尽, 则 $\mu(q)=0$; $\mu(1)=1$; 如 $q=p_1 p_2 \cdots p_n$ 且 $p_1, p_2, \cdots, p_n$ 是不同的素数, 则 $\mu(q)=(-1)^n$. 当 a 与 q 互素时, 就是

$$\sum_l e^{2\pi i \frac{a}{q} l} = \mu(a). \tag{49}$$

所以关系式(48)可以写成

$$T_a \approx \frac{\mu(q)}{\varphi(q)} \int_2^N \frac{e^{2\pi i z x}}{\ln x} dx.$$

由于 $\mu^3(q) = \mu(q)$, 故

$$T_a^3 \approx \frac{\mu(q)}{(\varphi(q))^3} \left(\int_2^N \frac{e^{2\pi i z x}}{\ln x} dx \right)^3. \tag{50}$$

根据 $I_1(N)$ 的定义, 我们有

$$I_1(N) = \sum_{1 \leq q < h} \sum_a \int_{\frac{a}{q}-\frac{1}{\tau}}^{\frac{a}{q}+\frac{1}{\tau}} T_a^3 e^{-2\pi i a N} d\alpha, \tag{51}$$

这里当 q 给定时对所有小于 q 的非负的 a 进行求和。因为 $\alpha = \dfrac{a}{q} + z$，于是由(50)有

$$I_1(N) \approx \sum_{1 \leqslant q < h} \frac{\mu(q)}{(\varphi(q))^3} \sum_a e^{-2\pi i \frac{a}{q} N} \int_{-\frac{1}{\tau}}^{\frac{1}{\tau}} \left(\int_2^N \frac{e^{2\pi i z x}}{\ln x} \, dx \right)^3 e^{-2\pi i z N} dz.$$

$$(52)$$

引入记号

$$R(N) = \int_{-\frac{1}{\tau}}^{\frac{1}{\tau}} \left(\int_2^N \frac{e^{2\pi i z x}}{\ln x} \, dx \right)^3 e^{-2\pi i z N} dz. \tag{53}$$

由关系式(52)得到

$$I_1(N) \approx R(N) \sum_{1 \leqslant q < h} \frac{\mu(q)}{(\varphi(q))^3} \sum_a e^{-2\pi i \frac{a}{q} N}. \tag{54}$$

必须注意那个情况，即 $R(N)$ 是某个能进行概算的解析表示；就是有

$$R(N) \approx \frac{N^2}{2(\ln N)^3}. \tag{55}$$

在关系式(54)右方因数 $R(N)$ 旁边的表示式与无穷极数和

$$S(N) = \sum_{q=1}^{\infty} \frac{\mu(q)}{(\varphi(q))^3} \sum_a e^{-2\pi i \frac{a}{q} N} \tag{56}$$

相差不大，于是由(54)和(55)就能建立

$$I_1(N) \approx \frac{N^2}{2(\ln N)^3} S(N), \tag{57}$$

或者更准确些说，

$$I_1(N) = \frac{N^2}{2(\ln N)^3} (S(N) + \gamma_1(N)), \tag{58}$$

这里

$$\lim_{N \to \infty} \gamma_1(N) = 0. \tag{59}$$

我们指出，算术表示式 $S(N)$ 可以表示成

$$S(N) = C \prod_p \left(1 - \frac{1}{p^2 - 3p + 3} \right) \tag{60}$$

的样子，这里 C 是某个常数，是过 N 的全部素因子的某个乘积，并

且计算表明

$$S(N) > 0.6. \tag{61}$$

对在辅助区间上的积分的估计　现在我们转到对在辅助区间上许多积分之和 I_2 的估计。因为积分的绝对值不大于被积函数的绝对值的积分，并且当 αN 是实数时 $|e^{-2\pi i \alpha N}| = 1$，于是

$$I_2 < \max |T_\alpha| \cdot \int_{-\frac{1}{\tau}}^{1-\frac{1}{\tau}} |T_\alpha|^2 \, d\alpha, \tag{62}$$

这里 $\max |T_\alpha|$ 表示当 α 属于辅助区间时 $|T_\alpha|$ 的最大值（把因子 $\max |T_\alpha|$ 旁边的积分推广到整个区间 $-\frac{1}{\tau} \leqslant \alpha \leqslant 1-\frac{1}{\tau}$，我们就加强了不等式）。

但是复数绝对值的平方等于此数和它的共轭复数的乘积，因此

$$|T_\alpha|^2 = T_\alpha \cdot \overline{T}_\alpha,$$

这里由(36)有

$$\overline{T}_\alpha = \sum_{p < N} e^{-2\pi i \alpha p},$$

因为 $e^{-2\pi i \alpha p} = \cos 2\pi \alpha p - i \sin 2\pi \alpha p$。所以不等式(62)可以写成

$$|I_2| < \max |T_\alpha| \cdot \int_{-\frac{1}{\tau}}^{1-\frac{1}{\tau}} \sum_{p < N} e^{2\pi i \alpha p} \sum_{p_1 < N} e^{-2\pi i \alpha p_1} \, d\alpha$$

的样子，或写成

$$|I_2| < \max |T_\alpha| \cdot \int_{-\frac{1}{\tau}}^{1-\frac{1}{\tau}} \sum_{p < N} \sum_{p_1 < N} e^{2\pi i \alpha (p - p_1)} \, d\alpha \tag{63}$$

的样子。但是根据本节开始时所谈到的，在不等式(63)中的积分表示方程式 $p - p_1 = 0$ 之不大于 N 的素数解 p，p_1 的数目 U，或者粗略些说，就是不大于 N 的素数的个数 $\Pi(N)$。根据车比雪夫的结果(12)，有

$$\Pi(N) < B \cdot \frac{N}{\ln N},$$

这里 B 是常数。这样一来，

$$|I_2| < B \cdot \frac{N}{\ln N} \cdot \max |T_\alpha|, \tag{64}$$

这里再说一遍, $\max |T_\alpha|$ 表示在辅助区间上 $|T_\alpha|$ 的最大值. 由于 (58) 和 (59), 对古德巴赫-维诺格拉朵夫定理的证明而言, 剩下的是要指出 $\max |T_\alpha|$ 的阶小于 $\dfrac{N}{(\ln N)^2}$; 然而这个事实的建立有着最大的困难, 并且是我们所研究的定理的证明中的中心环节.

属于辅助积分中一个积分的每一个 α 表示成 $\alpha = \dfrac{a}{q} + z$ 的样子, 这里 $h < q \leqslant \tau$ 并且 $|z| \leqslant \dfrac{1}{q\tau}$. 这样一来, 问题就在于在规定的假设之下来估计三角和

$$T_\alpha = \sum_{p \leqslant N} e^{2\pi i \left(\frac{a}{q}+z\right)p}$$

的绝对值. 特别是维诺格拉朵夫确定了

$$\lim_{N \to \infty} \frac{\max T_\alpha}{\dfrac{N}{(\ln N)^3}} = 0; \tag{65}$$

在这里, 他用了一个由他指出的与我们已经知道的函数 $\mu(n)$ 有关的非常重要的恒等式.

可惜这里不可能给出等式 (65) 的证明; 希望知道这个证明的读者可去研究维诺格拉朵夫的 "数论中的三角和方法" 一书的第十章.

正如已经指出的那样, 从 (65) 和 (64) 就得出

$$\lim_{N \to \infty} \frac{I_2(N)}{I_1(N)} = 0.$$

这样一来, 由于 (40), (58) 和 (59) 就有

$$I(N) = \frac{N^2}{2(\ln N)^3}(S(N) + \gamma(N)), \tag{66}$$

这里 $\lim_{N \to \infty} \gamma(N) = 0$,

$S(N)$ 的意义如 (60), 并且由 (61), $S(N) > 0.6$. 定理的证明到这里就结束了.

§5. 整数分解为二平方之和. 整复数

在相当大的程度内, 素数研究的重要性是由于它们在数之规律性的大部分理论中显然地起着主要作用; 常常有这样的问题, 初看起来与可除性理论相差很远, 在更仔细地研究之后却发现与素数理论有着紧密的联系. 我们用下面的例子来说明.

数论中有一个问题是: 什么样的自然数可以分解成两个整数 (不必异于零) 平方之和的问题.

在由可以表为二平方和的数作成的序列中, 立刻看不出什么规律性. 例如从 1 到 50 的数列中, 1, 2, 4, 5, 8, 9, 10, 13, 16, 18, 20, 25, 26, 29, 32, 34, 36, 37, 40, 41, 45, 49, 50 是二平方和的数, 这个序列是相当奇怪的.

十七世纪的法国数学家费尔马曾经指出, 全部问题就在于我们提出来的数以何种形式分解为素因数, 这本身就是与素数理论有关的问题.

除 $p=2$ 外, 素数都是奇数, 所以当用 4 去除时, 所得的余数或者是 1 (形状是 $4n+1$ 的素数), 或者是 3 (形状是 $4n+3$ 的素数).

1. 素数 p 当且仅当 $p=4n+1$ 时是二平方和.

形如 $4n+3$ 的数不能是二平方和之证明几乎是显然的; 实际上, 二偶数的平方和被 4 除得尽, 二奇数的平方和当用 4 除时余数为 2, 而一个偶数平方与一个奇数平方的和余数则为 1.

对于素数我们先做一点说明, 即要证明, 如果 p 是素数则 $(p-1)!+1$ 被 p 除得尽. p 除不尽的数被 p 除时所得余数为 1, 2, 3, …, $p-1$ 中之一数. 我们取整数 r, $1 \leqslant r \leqslant p-1$, 并用 r 去乘 1, 2, …, $p-1$; 用 p 去除这样作出来的积, 不难证明, 得到的余数仍旧全是那些数, 但是一般说来次序不同了. 特别, 余数中有一个是 1, 就是说, 对于每一个 r 可以找到这样的 r_1, 使得 $r \cdot r_1 = 1+kp$. 我们现证明, 仅当 $r=1$ 或 $r=p-1$ 时才有 $r=r_1$. 事实上, 如果 $r^2=1+kp$, 则 $(r+1)(r-1)$ 被 p 除得尽; 对于数 $1 \leqslant r \leqslant$

$p-1$, 这仅当 $r=1$ 和 $r=p-1$ 时才可能. 我们来求用 p 去除 $(p-1)!=1\cdot2\cdots(p-1)$ 时的余数. 在这个乘积中除了 1 和 $p-1$ 之外, 对于每一个因数 r 可以找到与它自己不同的一个 r_1, 使得 rr_1 有余数 1. 所以 $(p-1)!$ 被 p 除得的余数就如同全部这些数就是两个因数 1 与 $(p-1)$ 一样, 就是说余数为 $p-1$. 这样一来, $(p-1)!+1$ 就被 p 除得尽.

现在令 $p=4n+1$. 我们记

$$(p-1)!+1=\left\{1\cdot2\cdots\frac{p-1}{2}\right\}$$
$$\times\left\{\left(p-\frac{p-1}{2}\right)\cdots(p-2)(p-1)\right\}-1.$$

在第二个大括号内的式子被 p 除时余数为 $(-1)^{\frac{p-1}{2}}\left(\frac{p-1}{2}\right)!$, 但是 $\frac{p-1}{2}=2n$ 是偶数. 所以我们所讨论的情形 $\left(\frac{p-1}{2}\right)!^2+1$ 也能被 p 除得尽. 以 p 除 $\left(\frac{p-1}{2}\right)!$ 所得的余数记作 A. 显然, A^2+1 被 p 除得尽.

我们研究式子 $x-Ay$, 其中 x 和 y 互相无关地跑过数零, 1, $\cdots$, $[\sqrt{p}]$ ($[x]$ 是不大于 x 的最大整数). 这样我们就得到 $([\sqrt{p}]+1)^2 \geqslant p+1$ 个 (相同或不相同) 数值 $x-Ay$. 因为被 p 除时不同的余数只可能有 p 个 (0, 1, 2, $\cdots$, $p-1$), 而数值的个数却有 $p+1$ 个, 于是就有两对不同的 (x_1, y_1) 和 (x_2, y_2) 使得 x_1-Ay_1 与 x_2-Ay_2 被 p 除时有相同的余数, 也就是 $(x_1-x_2)-A(y_1-y_2)$ 被 p 除得尽. 我们假定: $x_0=x_1-x_2$, $y_0=y_1-y_2$. 显然 $|x_0|<\sqrt{p}$, $|y_0|<\sqrt{p}$. 既然 A^2+1 被 p 除得尽, 故 $y_0^2(A^2+1)=(Ay_0)^2+y_0^2$ 被 p 除得尽; 但是因为 x_0-Ay_0 被 p 除得尽, 故 p 除得尽 $x_0^2-(Ay_0)^2=(x_0-Ay_0)(x_0+Ay_0)$. 所以等于 $(x_0^2-(Ay_0)^2+(Ay_0)^2+y_0^2)$ 的数 $x_0^2+y_0^2$ 被 p 除得尽. 但是 $|x_0|<\sqrt{p}$, $|y_0|<\sqrt{p}$. 由此我们得出结论, 或者 $x_0^2+y_0^2$ 是零, 或者 $x_0^2+y_0^2=p$. 第一种情形不可能, 因为 (x_1, y_1), (x_2, y_2) 是不同的两对. 因此, 形如 $4n+1$ 的素数可以表成二平方和的形式.

2. 我们现来讨论将任意整数分解为二平方和的问题. 容易验证恒等式

$$(a^2+b^2)(c^2+d^2) = (ac-bd)^2 + (ad+bc)^2.$$

这个恒等式表明, 两个是二平方和的整数的乘积仍是二平方和. 由此得出, 2 以及形如 $4n+1$ 的素数的任何次方的乘积仍是二平方和. 因为二平方和乘上一个平方仍得到二平方和, 于是形如 $4n+3$ 的素因子出现偶数次方的任何数是二平方和.

3. 我们证明, 如在一数中形如 $4n+3$ 的素数出现奇数次方, 则该数不能分解为二平方和. 这样, 以前所提出的问题即可完全解决.

我们现在来研究形如 $a+bi$ 的复数, 这里 a 和 b 是普通的整数. 这种复数叫做整复数. 如果整数 N 是二平方和 $N=a^2+b^2$, 则 $N = (a+bi)(a-bi) = \alpha\bar{\alpha}$ (我们用 $\bar{\alpha}$ 表示 α 的共轭复数), 于是 N 在整复数范围内可以分解为复共轭因子的乘积.

在整复数范围内可以建立与普通整数范围内可除性理论完全类似的可除性理论. 如果 $\dfrac{\alpha}{\beta}$ 仍是整复数, 我们就说整复数 α 被整复数 β 除得尽. 只存在四个除得尽 1 的整复数, 这就是 1, -1, i, $-i$. 如果整复数 α 除了 1, -1, i, $-i$, α, $-\alpha$, αi, $-\alpha i$ 之外没有别的因子, 我们就说 α 是素数. 在第一段中所解决的问题现在有了新的意义: 那里说明, 形如 $4n+1$ 的素数和 2 在整复数范围内不再是素数. 容易证明, 形如 $4n+3$ 的素数还是素数. 实际上如果 $p=\alpha\beta$, 则 $p=\bar{\alpha}\bar{\beta}$, $p^2=\alpha\bar{\alpha}\beta\bar{\beta}$. 但 $\alpha\bar{\alpha}$ 和 $\beta\bar{\beta}$ 是普通的正整数; $p \neq \alpha\bar{\alpha}$, 因为形如 $4n+3$ 的素数不是二平方和. 可见 $\alpha\bar{\alpha}=1$ 就是可能或者是 ± 1, 或者是 $\pm i$, 就是说除了明显的因子之外 p 没有别的因子.

对于整复数而言, 分成素因子的唯一分解定理是正确的. 如果撇开因子的次序及它们与数 1, -1, i, $-i$ 的结合, 当然唯一性就得到了.

令 N 是平方和, $N=\alpha\bar{\alpha}$. 令 p 是形如 $4n+3$ 的素数. 我们来

计算在数 N 中 p 有几次方，因为 p 在整复数范围内还是素数，计算在 α 中和在 $\bar{\alpha}$ 中各有 p 的几次方就够了. 但这些方次是相等的，所以 p 在 N 中一定有偶次方，这就是所要证明的.

内容丰富的可除性理论不仅在有理整数范围内成立（正如我们看到的那样，它在整复数范围内成立）这个事实的发现大大扩大了十九世纪数学家们的眼界. 对这些概念的研究要求在数学中建立新的一般的概念，例如环的概念和理想的概念. 现在这些概念的意义已远远超出了数论的范围.

文　献

通 俗 读 物

А. Г. Постников и Н. П. Романов, Упрощение элементарного доказательства А. Сельберга асимптотического закона распределения простых чисел. "Успехи матем. наук", 10, № 4, 1955.

文中有渐近规律之证明的通俗的叙述，可作为史尼雷尔曼的小册子的补充.

Л. Г. Шнирельман, Простые числа, Гостехиздат, 1940.

教 科 书

И. В. Арнольд, Теоретическая арифметика, Изд. 2-е, Учпедгиз, 1939.

И. М. 维诺格拉朵夫, 数论基础, 高等教育出版社, 1956 年版.

П. Л. Чебышев, теория сравнений. Полное собрание, сочинений т I. Изд-во АН СССР, 1944.

专 题 论 文

И. М. 维诺格拉朵夫, 数论中的三角和方法, В. А. 斯捷克洛夫数学研究所报告书, 第 23 期, 1947, 数学进展, 第一卷第一期, 科学出版社, 1955 年.

М. Ингам. Распределение простых чисел ГОНГН, 1936.

华罗庚, 堆垒素数论, В. А. 斯捷克洛夫数学研究所报告书, 第 22 期, 1947 (中文本).

许孔时 译

越民义 王 元 校

第十一章 概 率 论

§1. 概 率 规 律 性

自然科学所确立的最简单的规律性，可以归结为指出我们所感兴趣的某些事件必然发生或必然不发生的条件，换句话说，这些条件可以表成以下的两种概型中的一种：

1) 如果条件组 S 实现，则事件 A 必然发生；

2) 如果条件组 S 实现，则事件 A 必然不发生.

在前一种情形下，事件 A 对于条件组 S 而言可以称为"确切"事件或"必然"事件，而在后一种情形下，事件 A 对于条件组 S 而言可以称为"不可能"事件，例如，在大气压力及温度 $t(0°<t<100°)$ 的情形下(条件组 S)，水一定处于液体状态(必然事件 A_1)，而不能处于气体状态或固体状态(不可能事件 A_2 与 A_3).

如果当条件组 S 实现时，事件 A 有时发生有时不发生，则称 A 为对于条件组 S 而言的随机事件. 于是就产生了这样的问题：事件 A 的随机性是否意味着事件 A 与条件组 S 之间的联系没有任何规律性呢？例如假定我们知道某厂所生产的某种类型的灯泡(条件组 S) 有时可以燃点 2,000 小时以上 (事件 A)，而有时则不到这个时间就已经烧坏了. 虽然如此，但是我们是否可以就用检查灯泡燃点 2,000 小时的能力的实验来鉴定这个厂的产品质量呢？或者我们是否应该只限于指出实际上所有灯泡可以连续燃点的时数 (例如说，500 小时) 以及实际上足以使所有灯泡尽皆烧坏的时数(例如说，10,000 小时)呢？显然，仅只用不等式 $500 \leqslant t \leqslant 10,000$ 来说明灯泡燃点时数是不能使消费者满意的. 如果能够告诉消费者，差不多在 80% 的情形下，灯泡燃点的时数不少于 2,000 小时，则消费者将会获得充分得多的了解. 灯泡质量的更

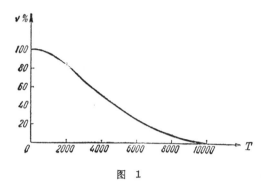

图　1

加充分的鉴定是对于任何时间 T 给出燃点时数不少于 T 的那些灯泡的百分比 $\nu(T)$，例如可以用图 1 所示的图线这种形式来给出.

曲线 $\nu(T)$ 实际上可以由对于充分多的一部分灯泡(100—200个)作试验而得出. 自然，欲使这样得出的曲线有实际价值，必须使它正确地反映出在原料的一定质量及工厂中所规定的生产工艺规程的条件下生产出来的全部(而非只是所试验的这一部分)灯泡的真实规律，换句话说，必须在对于任何一组(在这些一般条件下生产出来的)灯泡来作试验时恒能得出相似的结果(即得出与试验第一组灯泡时所得的曲线相差不多的曲线 $\nu(T)$). 这就是说，在所试验的那些部分中，各曲线 $\nu(T)$ 所表现出的统计规律性仅只是灯泡燃点时数与原料质量及生产工艺规程之间的概率规律性的反映.

这种概率规律性可以借助于函数 $\mathbf{P}(T)$ 来给出，此处 $\mathbf{P}(T)$ 表示 (在给定条件之下生产出来的) 个别灯泡燃点时数不少于 T 小时的概率.

我们断言事件 A 在条件 S 之下有确定的概率

$$\mathbf{P}(A/S) = p,$$

这意思就是说，在各个充分长的试验 (即实现条件组 S) 序列中所得到的事件 A 实现的频率

$$v_r = \frac{\mu_r}{n_r}$$

大致相同并且接近于 p (此处 n_r 是第 r 个试验序列中的试验次数，μ_r 是在这 n_r 次试验中事件 A 出现的次数).

我们仅只是假定有这种常数 $p=\mathbf{P}(A/S)$ 存在 (客观上系由条件组 S 与事件 A 之间的关系的特性来决定)，使得"一般说来"当试验次数 n 愈大时频率 ν 就愈与它靠近；这种假定可以在很广泛的一类现象中得到良好的证实. 我们自然就称这一类现象为**概率随机现象**[1].

以上所考察的例系属于大量生产的概率规律性范畴. 这种规律性的现实性是不容置疑的. 大量生产中统计抽样检查的许多最重要的实用方法就正是以这种规律性为基础的. 从概率规律性的形成方式方面看来，对于射击论有根本意义的炮弹分布的概率规律系属于与此相近的范畴. 因为从历史上说这是概率论方法应用到技术问题上去的最早事例之一，所以在下文中我们还要再讲到射击论中若干最简单的问题.

上文中我们说到当试验次数 n 很大时，频率 ν 与**概率** p "靠近"，这些话多少有一些模糊；我们未曾说明对于各种 ν 值，差数 $\nu-p$ 将小至何种程度. 我们将在§3中给出 ν 与 p 的靠近程度的数量估计. 有意思的是可以指出，在这个问题中完全排除某种不确切性是办不到的. 因为当问题确切化时就可发现关于 ν 与 p 相靠近的断言本身只具有概率特性.

§2. 初等概率论的公理与基本公式

既然统计规律性的重大作用是无可置疑的，从而就产生了研究这种规律性的方法的问题. 首先产生的想法即是能否以纯粹经验的、试验的方法来研究这种规律性. 由于概率规律性呈现在大量过程里，因之要发现这种规律似乎自然就需进行大量的试验.

---

1) 有时称为斯笃哈斯谛现象.

然而这种概念却仅只是部分地合于实情．当我们用试验方法建立了某一些概率规律之后，我们就可以借助于若干一般性的假定，利用逻辑方法或计算方法，从这些规律推得新的概率规律．在说明这应该如何来作之前，我们需先列举出概率论的若干基本定义与公式．

因为我们是把概率了解为频率 $\nu = \dfrac{m}{n}$（此处 $0 \leqslant m \leqslant n$，因之 $0 \leqslant \nu \leqslant 1$）的正常数值，所以我们自然规定任何事件 A 的概率 $\mathbf{P}(A)$ 是介于 0 与 1 之间的[1)]，

$$0 \leqslant \mathbf{P}(A) \leqslant 1. \tag{1}$$

如果两个事件（当条件组 S 实现时）不可能同时出现，则称之为**不相容的**．例如掷骰子时出偶数点与出三点是不相容事件．如果把事件 A_1 与 A_2 中至少有一件出现算作是事件 A，则我们称事件 A 为事件 A_1 与 A_2 的**联合**．例如掷骰子时若把 1，2 或 3 点的出现作为事件 A，1 或 2 点的出现作为事件 A_1，2 或 3 点的出现作为事件 A_2，则事件 A 是事件 A_1 与 A_2 的联合．易见，若把两个不相容事件 A_1，A_2 以及它们的联合 $A = A_1 \mathbf{U} A_2$ 的出现次数记作 m_1，m_2 与 m，则恒有等式 $m = m_1 + m_2$，由此可见，对于相应的频率恒有等式 $\nu = \nu_1 + \nu_2$．

由此就很自然地引出下列的概率加法公理

$$\mathbf{P}(A_1 \mathbf{U} A_2) = \mathbf{P}(A_1) + \mathbf{P}(A_2). \tag{2}$$

此处事件 A_1 与 A_2 是不相容的，而 $A_1 \mathbf{U} A_2$ 系表示它们的联合．

其次，对于必然事件 U，我们自然取

$$\mathbf{P}(U) = 1. \tag{3}$$

全部概率数学理论都是建立在象 (1)，(2)，(3) 这样简单的公理的基础上的．由纯数学观点看来，"概率"乃是"事件"的数值函数，这个函数具有某些公理化所固定下来的性质．如果我们不坚持要求事件、事件的联合以及下文中将要定义的事件的兼有这样一些概念本身也必须公理化，则公式 (1)，(2)，(3) 所表达的概率

---

1) 为了书写简便，现在我们把 $\mathbf{P}(A/S)$ 改写为 $\mathbf{P}(A)$．

性质即是建立所谓的初等概率论的充分的基础. 初学的人对于"事件"与"概率"这些名词最好采取直觉的了解法, 不过知道这样一点也是有益的, 即这些概念的未经完全形式化的实际意义并不影响概率论的公理化了的纯粹数学讲法的纯形式上的清晰性.

设任意给定若干个事件 $A_1, A_2, \cdots, A_s$, 而以 A 表示这些事件中至少有一个实现, 则我们称事件 A 是这些事件的联合. 于是由加法公理容易推知, 对于任意多个彼此互不相容的事件 $A_1, A_2, \cdots, A_s$ 及其联合 A, 我们有

$$\mathbf{P}(A) = \mathbf{P}(A_1) + \mathbf{P}(A_2) + \cdots + \mathbf{P}(A_s)$$

(所谓"**概率加法定理**").

如果这些事件的联合是必然事件 (即每当条件组 S 实现时, 总有某一事件 A_k 实现), 则

$$\mathbf{P}(A_1) + \mathbf{P}(A_2) + \cdots + \mathbf{P}(A_s) = 1,$$

此时事件组 $A_1, \cdots, A_s$ 称为**完备事件组**.

现在我们试来考察两个一般说来彼此相容的事件 A 与 B. 如果用**事件 C** 表示事件 A 与 B 同时发生, 则事件 C 称为事件 A 与 B 的兼有 $(C = AB)$[1].

例如, 设事件 A 表示当掷一个骰子时出现偶数点, 而事件 B 表示出现的点数能被三整除, 则事件 C 就是出现六点.

假定当把一个试验重复进行到 n (大数) 次时, 事件 A 出现了 m 次, 而事件 B 出现了 l 次, 其中有 k 次是和事件 A 同时出现的. 于是比值 $\dfrac{k}{m}$ 自然可称为事件 B 在事件 A 的条件下的条件频率.

频率 $\dfrac{k}{m}$, $\dfrac{m}{n}$ 与 $\dfrac{k}{n}$ 之间的关系公式

$$\frac{k}{m} = \frac{k}{n} : \frac{m}{n}$$

使我们自然地平行引出如下的定义:

比值 $$\mathbf{P}(B/A) = \frac{\mathbf{P}(AB)}{\mathbf{P}(A)}.$$

---

1) 类似地, 任意多个事件 $A_1, A_2, \cdots, A_s$ 的兼有 C 表示这些事件同时一起发生.

称为事件 B 在事件 A 的条件下的**条件概率**.

当然, 这里我们假定 $\mathbf{P}(A) \neq 0$.

如果事件 A 与 B 在本质上彼此毫无联系, 则我们自然可以预料, 事件 B 在出现事件 A 的条件下不应比考察所有一般的试验时出现得频繁得多或出现得稀少得多, 换句话说, 即我们应有近似公式 $\dfrac{k}{m} \sim \dfrac{l}{n}$ 或

$$\frac{k}{n} = \frac{k}{m} \frac{m}{n} \sim \frac{l}{n} \frac{m}{n}.$$

在最后的这个近似公式中, $\dfrac{m}{n} = \nu_A$ 是事件 A 的频率, $\dfrac{l}{n} = \nu_B$ 是事件 B 的频率, $\dfrac{k}{n} = \nu_{AB}$ 是事件 A 与 B 的兼有 AB 的频率.

我们看到, 这些频率由下列的近似公式

$$\nu_{AB} \sim \nu_A \nu_B$$

相互联系. 因此, 对于事件 A, B 与 AB 的概率自然就应该有相应的确切等式

$$\mathbf{P}(AB) = \mathbf{P}(A) \cdot \mathbf{P}(B). \tag{4}$$

等式 (4) 就作为两个事件 A 与 B 的独立性的定义.

类似地可以定义任意多个事件的独立性. 此外, 还可以给出任意多个试验的独立性的定义 (这个定义粗略说来可以归结成这样一点, 即在这些试验中, 一部分试验的结果不影响其余试验的结果)[1].

设有 n 个独立试验, 在每一个试验中事件 A 出现的概率皆等于 p. 现在我们试来计算在这 n 个试验中事件 A 恰巧出现 k 次的概率 P_k. 我们用 $\overline{A}$ 表示 "事件 A 不出现" 这个事件. 显而易见,

---

[1] 确切说来, "试验的独立性" 的意义如下: 把 n 个试验用任何方法划分为两组, 设事件 A 表示第一组中所有的试验皆以某些预先给定的结局而完结, 而事件 B 表示第二组中所有的试验皆以某些预先给定的结局而完结. 如果对于任意的划分法与任意给定的结局, 以上所定义的事件 A 与 B 恒在 (4) 的意义下彼此独立, 则这些试验可以称为是 (完全) "独立的".

在 §4 中我们还要再来讨论独立性概念的现实意义.

$$\mathbf{P}(\overline{A}) = 1 - \mathbf{P}(A) = 1 - p.$$

从试验的独立性的定义不难看出. 由事件 A 出现 k 次, 不出现 $n-k$ 次所组成的任何一个确定的序列, 其概率皆为

$$p^k(1-p)^{n-k}. \tag{5}$$

例如, 当 $n=5$ 与 $k=2$ 时, 得到 $A\overline{A}\,A\,\overline{A}\,\overline{A}$ 这一串结果的概率为

$$p(1-p)p(1-p)(1-p) = p^2(1-p)^3.$$

根据加法定理, 概率 P_k 等于所有由事件 A 出现 k 次, 不出现 $n-k$ 次所组成的结果序列的概率的和数; 换句话说, 根据 (5), 概率 P_k 等于这种结果序列的个数与 $p^k(1-p)^{n-k}$ 的乘积. 显而易见, 这种序列的个数等于从 n 个里取 k 个的组合数, 因为 A 的 k 次出现可以在 n 个试验的序列中取任何位置.

这样, 最后我们便得到

$$P_k = C_n^k p^k(1-p)^{n-k} \qquad (k=0, 1, 2, \cdots, n) \tag{6}$$

(所谓二项式分布).

为了要看看以上所引入的定义与公式如何应用, 我们试来考察一个有关射击论的例子.

假定为了击破目标, 有五发命中就够了. 我们要研究的问题是: 我们是否可以指望在 40 发射击中得到这所要的五发命中? 这个问题的纯经验的解决方法如下: 对于一定大小的目标, 在一定的距离上进行射击, 每批射击 40 发, 如此进行许多批 (例如说 200 批); 然后查明在多少批射击中得到了不少于五发的命中. 比如说, 在 200 批射击中有 195 批射击得到了这样的成绩, 则概率 P 近似地等于

$$P = \frac{195}{200} = 0.975.$$

依照上述的纯经验的研究方法来作, 为了解决这个极特殊的问题就得浪费 8000 发炮弹. 所以实际上当然谁也不这么办. 我们可以舍此而从研究在 (与目标大小无关的) 固定射击距离下的炮弹分布入手. 事实上, 对于平均落点的远近偏差及左右偏差, 就各

种大小偏差发生的频率而言,服从图 2 所示的规律. **此处 B 系表示所谓的或然偏差. 一般说来,对于远近偏差的或然偏差和对于左右偏差的或然偏差是不同的,而且除此之外,或然偏差还随着射击距离的增长而增长. 对于各种距离,各种类型的大炮与炮弹,其或然偏差可借助于炮兵射击场的试射而以经验方法求得. 作过了这一步以后,所有象以上所提出的那种类型的特殊问题,都可以用计算的方法来解决.**

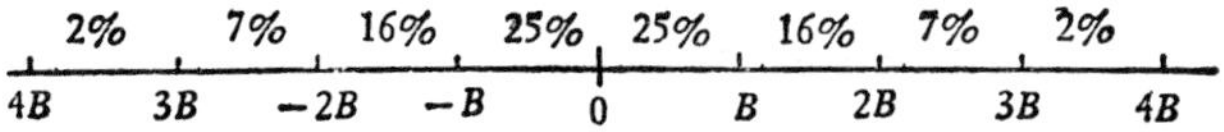

2%	7%	16%	25%	25%	16%	7%	2%
4B	3B	-2B	-B	0	B	2B	3B	4B

图 2

为了简单起见,假定我们的目标是长方形的,其一边与射击线平行,长为远近或然偏差的两倍,另一边与射击线垂直,长为左右或然偏差的两倍. 其次,我们假定目标很好地被试射了,并且平均弹道穿过目标的中心(图 3).

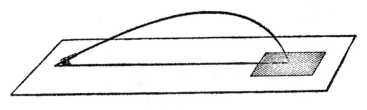

图 3

我们再假定左右偏差与远近偏差彼此独立[1]. 于是为了要使某发炮弹命中目标,必须而且只须其远近偏差与左右偏差不超过相应的或然偏差. 根据图 2,这两件事件中的每一件皆大致对于 50% 的所发射的炮弹可以实现,换句话说,每一事件实现的概率皆为 1/2. 这两件事件的兼有大致对于 25% 的所发射的炮弹可以实现,换句话说,个别炮弹命中目标的概率等于

$$p = \frac{1}{2} \cdot \frac{1}{2} = \frac{1}{4},$$

---

1) 这种独立性的假定可由试验证实.

而个别炮弹不命中目标的概率等于

$$q=1-p=1-\frac{1}{4}=\frac{3}{4}.$$

假定不同的各发炮弹的命中是独立事件，利用二项式公式 (6)，即可求得在 40 发炮弹中恰有 k 次命中的概率等于

$$P_k=C_{40}^k p^k q^{40-k}=\frac{40\cdot39\cdots(40-k)}{1\cdot2\cdots k}\left(\frac{1}{4}\right)^k\left(\frac{3}{4}\right)^{40-k}.$$

我们所要求的不少于五发命中的概率现在可以表如以下的公式: $P=\sum\limits_{k=5}^{40}P_k$. 但是从少于五发命中的概率 $Q=\sum\limits_{k=0}^{4}P_k$ 出发，按照公式 $P=1-Q$ 来计算 P，则比较简单。

我们可以算出，

$$P_0=\left(\frac{3}{4}\right)^{40}\sim0.00001,$$

$$P_1=40\left(\frac{3}{4}\right)^{39}\frac{1}{4}\sim0.00013,$$

$$P_2=\frac{40\cdot39}{2}\left(\frac{3}{4}\right)^{38}\left(\frac{1}{4}\right)^2\sim0.00087,$$

$$P_3=\frac{40\cdot39\cdot38}{2\cdot3}\left(\frac{3}{4}\right)^{37}\left(\frac{1}{4}\right)^3\sim0.0037,$$

$$P_4=\frac{40\cdot39\cdot38\cdot37}{2\cdot3\cdot4}\left(\frac{3}{4}\right)^{36}\left(\frac{1}{4}\right)^4\sim0.0113,$$

因此，$Q=0.016$，$P=0.984$.

这里所得到的概率 P，比起在确定能够保证完成上述任务的炮弹数时射击论中通常认为足够的概率，还要更接近于 1 一些。通常认为指出能以概率 0.95 保证完成上述任务的炮弹数目就可以了。

以上我们所考察的例子虽然多少是概型化了的，但是却充分使人信服地表明了概率计算的重要性。由试验确定了或然偏差对于射击距离的依赖关系之后(这只要在射击场进行不很多次的射击就够了)，再通过一些不甚复杂的计算，我们就可以得出各种各样问题的答案了。在所有由于大量随机因素的共同作用而产生统

计规律性的场合，情形亦皆与此类似．对于大量观察直接加工整理的结果，只能显示出这些统计规律性中的最简单的一些，换言之，即只能求得某些基本概率．然后，利用概率论的规律，我们就可以从这些基本概率出发，计算出更复杂的现象的概率，并且从而推断我们所考察的那些复杂现象的统计规律性．

有时不用积累大量统计材料，问题也完全能获得解决，因为基本概率可能由充分令人信服的对称性考虑而得以确定．例如，自古以来我们就能够肯定，骰子（亦即由均匀材料所雕成的正方体）从充分高的高度掷下来时，每一面朝上的概率都是 1/6，而我们作出这一项断言无疑是先于十分系统地去积累为要证实这一断言所需的充分的观察材料．这种类型的系统试验主要是十八至二十世纪的概率论教材作者们作的，彼时概率论已经是一门经过研究的科学了．这个核验的结果是令人满意的，但是把这种作法推广到新的类似的情形中去，就未必有什么意思了．例如，我们知道，谁也没有对于抛掷由均匀材料所雕成的规则十二面体一事进行过充分大量的试验．不过毫无疑问，倘若真来进行试验，比如说抛掷12,000 次，则十二面体任何一面朝上的次数皆约略为一千次．

由对于对称性或均匀性的考虑而推求基本概率的这种方法，对于许多重大的科学问题也是具有重要意义的；例如在所有关于毫无秩序地运动着的气体分子的碰撞或接近的问题上，情形就是这样，对于所有关于银河中的星的碰撞或接近的问题，这种方法也同样有效．当然，在象这种更精微的场合，对于所作的假定最好能验证一下，即使是通过把从所作的假定而推得的结论与试验相比较这种办法来间接验证也好．

§3. 大数定律与极限定理

关于在"长的"试验序列中事件出现的频率"接近"于事件的概率这一断言，非常自然地需要以数量来确切说明．应该弄清楚这一问题的某种微妙性．在概率论中最典型的场合下，对于任意长

的试验序列, 频率的两个极端值

$$\frac{\mu}{n}=\frac{n}{n}=1 \quad 与 \quad \frac{\mu}{n}=\frac{0}{n}=0$$

在理论上总还是可能的. 因此, 试验次数 n 无论怎样大, 我们始终不能完全断定我们有这样的不等式:

$$\left|\frac{\mu}{n}-p\right|<\frac{1}{10}.$$

例如, 假定事件 A 是掷骰子时出现六点, 则当投掷 n 次时, 我们得到的总是六点的概率为 $\left(\frac{1}{6}\right)^n>0$, 换句话说, 六点出现的频率等于 1 的概率为 $\left(\frac{1}{6}\right)^n$, 而六点一次也不出现, 换句话说, 六点出现的频率等于零的概率为 $\left(1-\frac{1}{6}\right)^n>0$.

在所有类似的问题中, 对于频率与概率的靠近程度的任何非显然的估值都不能完全确定地成立, 而只是以某一小于 1 的概率成立. 例如, 可以证明, 在事件出现具有固定概率 p 的独立试验[1]的情形下, 下列不等式

$$\left|\frac{\mu}{n}-p\right|<0.02 \tag{7}$$

对于 $n=10,000$ (及任意的 p)成立的概率为

$$P>0.9999. \tag{8}$$

在这里我们首先应着重指出, 在以上的叙述中, 频率 $\frac{\mu}{n}$ 与概率 p 的靠近程度的数值估计(7)是和所引入的新的概率 P 联结在一起的, 而决不能孤立地来看待它.

估值式(8)的实际意义是这样的: 假定进行 N 批试验, 每一批试验由 n 次试验组成, 然后计算出使不等式(7)成立的批数 M, 那么当 N 充分大时, 我们将近似地有

$$\frac{M}{N}\approx P>0.9999. \tag{9}$$

---

1) 参看 270 页注解. 估值(8)的证明见 273 页.

但是如果我们想要在 $\frac{M}{N}$ 与 P 的靠近程度方面以及断言这种靠近程度能够成立的确实性方面, 来使关系式 (9) 精确化, 那么我们就必须象在 $\frac{\mu}{n}$ 与 p 的靠近程度的问题上所作的那样, 重新来作类似的考虑. 如若高兴的话, 这种考虑可以重复任意多次, 但是十分明显, 这并不能使我们获得根本的解脱, 到了最后一步我们仍然不得不对于概率这一个词采取原来的粗糙了解.

不要以为这一类的困难乃是概率论的某种固有的性质. 在对现实现象进行数学研究时, 我们永远是要把它们概型化. 实际现象的演变与理论概型之间的偏差也可以加以数学研究. 但是为此这些偏差本身就需要纳入一定的概型, 而在使用这一定的概型时就已经不必再对这些偏差与这一定的概型之间的偏差进行形式数学分析了.

然而我们指出, 当我们把估值式[1]

$$\mathbf{P}\left\{\left|\frac{\mu}{n}-p\right|<0.02\right\}>0.9999 \tag{10}$$

实际应用到由 n 次试验所组成的单独一批试验上去的时候, 我们依据的乃是某种对称性的考虑: 不等式 (10) 是说, 当批数 N 很大的时候, 关系式 (7) 将在不少于 99.99% 的场合下成立; 如果我们有根据认为我们所考察的这一批试验在其他各批试验中占有的只是一个普通的, 毫无特点的位置, 那么自然我们就有很大的把握来期待不等式(7)对于我们所考察的这特别的一批试验成立.

通常在各个不同的实际情形下所忽略的概率是各不相同的. 在前文中已经指出, 当预计为要保证完成任务所需的炮弹数量时, 一般认为取定能以概率 0.95 完成任务所需的炮弹数量就可以了, 换句话说, 忽略了不超过 0.05 的概率. 这是由于倘若我们在计算时只准许忽略例如说小于 0.01 的概率, 那么就会使得炮弹数量大大增加, 这也就是说, 实际上在许多情形下将会推论出在所能容许的短促时间之内完成任务是不可能的, 或者说具有真正威力的是

---

1) 对于不等式(7)成立的概率的估值式(8)可以写成(10)的样式.

所使用的炮弹储备.

有时在科学研究中也只是使用以不计 0.05 以内的概率为前提的统计方法. 但仅只是当收集更广泛的材料非常困难时才可以这样作. 作为运用这种方法的例, 我们试来考察以下的问题. 假定在一定的条件之下, 治疗某种疾病的通用药剂在 50% 的情形下, 换句话说, 以概率 0.5 给出良好结果. 现在我们提出了一种新的药剂, 并且为了要证实它确比旧有的药剂优越, 我们从病人(病情的严重程度是这样的, 即旧有药剂在这种情形下有 50% 的疗效) 里面毫无偏心地选择十个人来试用这种新的药剂. 此时如果在十个人中有不少于八个人皆得到了良好的结果, 则新的药剂的优越性可以认为是被证实了. 不难算出, 在问题的这种解法中得到错误结论(所谓错误结论即当新的药剂与旧的药剂不相上下甚至还更差一些的时候, 我们断言新的药剂的优越性已被证实)的概率恰在 0.05 左右, 这一概率被忽略不计. 实际上, 如果十个试验中每一个试验得到良好结果的概率皆为 p, 则在十个试验中共得到 10 个, 9 个或 8 个良好结果的概率分别等于

$$P_{10}=p^{10}, \quad P_9=10p^9(1-p), \quad P_8=45p^8(1-p)^2.$$

当 $p=\dfrac{1}{2}$ 时, 则我们加起来便得到

$$P=P_{10}+P_9+P_8=\frac{56}{1024}\sim 0.05.$$

这样一来, 假若新的药剂真的与旧有的药剂不相上下, 则我们错误地断言新的药剂优于旧有的药剂的概率在 0.05 左右. 若是我们要把这个概率降低到 0.01 左右, 同时不增加试验的数目 $n=10$, 那么我们就必须规定, 只有当新的药剂在十次试验中不少于九次得到良好结果时, 新的药剂的优越性才能认为是被证实了. 如果这个要求对于新的药剂的拥护者说来是过于严格了, 那么就必须使试验的次数 n 大大地超过 10. 例如, 假定当 $n=100$ 时我们规定, 若是 $\mu>65$ 则新的药剂的优越性就算是被证实了, 那么错误的概率仅为 $P\approx 0.0015$.

假如说 0.05 这种大小对于一些重要的科学研究还是很不够的, 那么象 0.001 或 0.003 这样大小的错误概率, 在绝大多数情形下, 甚至在象天文观测结果的整理加工这样的典型的和精密的研究中, 一般也都是忽略不计的. 不过有时候以概率规律性为基础的科学论断也具有极高的准确性(这就是说, 在作出这种论断时只忽略极小的概率). 关于这一点下文中还要谈到.

在 n 个独立试验中(设每一试验得到正面结果的概率皆为 p), 恰恰得到 m 个正面结果的概率 P_m 可由二项式公式(6)来表出:

$$P_m = C_n^m p^m (1-p)^{n-m};$$

在我们以前所考察的几个例中我们已经屡次使用了这一公式的各种特殊情形. 现在我们再利用这个公式来研究我们在本节开头处所提出的关于概率-

$$p = \mathbf{P}\left\{\left|\frac{\mu}{n} - p\right| < \varepsilon\right\} \tag{11}$$

的问题, 此处 μ 表示实际得到的正面结果的次数[1]. 显而易见, 这个概率可以表成以满足下列不等式

$$\left|\frac{m}{n} - p\right| < \varepsilon \tag{12}$$

的那些 m 值为下标的那些 P_m 的和数, 即

$$P = \sum_{m=m_1}^{m_2} P_m, \tag{13}$$

其中 m_1 表示满足不等式(12)的那些 m 值中的最小者, 而 m_2 表示其中的最大者.

当 n 稍大时, 公式(13)对于直接计算来说是不大合适的. 因此莫哇俄尔对于 $p = \frac{1}{2}$ 以及拉普拉斯对于任意的 p 所发现的渐近公式就有很大的意义, 渐近公式使得我们对于大的 n 值可以很简捷地求出概率 P_m 的值并且研究它的性质. 这个渐近公式的形状如下:

1) μ 以概率 P_m 取值 $m(=0, 1, \cdots, n)$, 亦即
$$\mathbf{P}(\mu = m) = P_m.$$

$$P_m \sim \frac{1}{\sqrt{2\pi np(1-p)}} e^{-\frac{(m-np)^2}{2np(1-p)}}, \tag{14}$$

如果 p 不是非常接近于零或 1, 则当 n 等于 100 左右的时候, 这个公式就已经十分地精确了. 如果我们令

$$t = \frac{m-np}{\sqrt{np(1-p)}}, \tag{15}$$

则公式 (14) 可以改写成

$$P_m \sim \frac{1}{\sqrt{2\pi np(1-p)}} e^{-\frac{t^2}{2}}. \tag{16}$$

由 (13) 及 (16) 可以推出概率 (11) 的如下的近似表达式:

$$P \sim \frac{1}{\sqrt{2\pi}} \int_{-T}^{T} e^{-\frac{t^2}{2}} dt = F(T), \tag{17}$$

其中

$$T = \varepsilon \sqrt{\frac{n}{p(1-p)}}. \tag{18}$$

对于固定的不等于零或 1 的 p, (17) 式左右两侧的差当 $n \to \infty$ 时对 ε 而言一致地趋于零. 对于函数 $F(T)$ 我们有许多详尽的表. 在此我们只摘引出如下的值:

T	1	2	3	4
F	0.68269	0.95450	0.99730	0.99993

当 $T \to \infty$ 时, 函数 $F(T)$ 的值趋于 1.

现在我们试利用公式 (17) 来对于 $n = 10,000$ 估计以下的概率:

$$\mathbf{P}\left\{ \left| \frac{\mu}{n} - p \right| < 0.02 \right\}.$$

因为 $T = \frac{2}{\sqrt{p(1-p)}}$, 所以

$$P \approx F\left(\frac{2}{\sqrt{p(1-p)}} \right).$$

由于函数 $F(T)$ 随着 T 的增加而单调递增, 因之为了要得出不依赖于 p 的 P 的最低估值, 应取所有可能的 T 值 (对应于不同

的 p)中的最小值. 当 $p=\dfrac{1}{2}$ 时 T 达到最小值, 并且它等于4. 所以我们近似地有

$$P \geqslant F(4) = 0.99993. \tag{19}$$

在不等式(19)中没有考虑到由于公式(17)的近似性而产生的误差. 对于由此而产生的误差进行估值之后, 我们可以断言, 在任何情形下恒有 $P > 0.9999$.

从我们所考察的关于公式(17)的应用的这个例自然就引起了公式(17)的余项的估值问题, 应该指出, 在概率论理论著作中给出的这种估值很久以来都是停留在很不能令人满意的地步. 因此对于不很大的 n 或者对于很靠近0或1的概率 p (这种概率往往偏具有特别重大的意义), 应用公式(17)及与之类似的公式来作计算的时候, 时常仅只是对于有限个模型来核验这种结果, 以此为其依据, 而并未对可能有的错误建立精确的估值. 除此之外, 更详尽的研究表明, 在许多具有实际重要性的情形中, 以上所引入的渐近公式不仅是需要对它的余项进行估值而且公式本身还需要精确化(因为如果不把公式作得更精确一些, 余项就过于大了). 在这两方面最完全的结果系属于伯恩斯坦.

公式(11), (17)与(18)可以改写成以下的形状:

$$\mathbf{P}\left\{\left|\frac{\mu}{n}-p\right| < t\sqrt{\frac{p(1-p)}{n}}\right\} \sim F(t). \tag{20}$$

公式(20)右侧不包含 n, 对于充分大的 t 它任意接近于1, 换句话说, 它任意接近于表示完全确切性的概率值. 由此可见, 一般说来, 频率 $\dfrac{\mu}{n}$ 与概率 p 之间的偏差的级为 $\dfrac{1}{\sqrt{n}}$. 概率规律作用的精确性与观察次数的平方根之间的这种比例关系也是许多其他问题所共有的现象. 有时简单通俗一些, 我们甚至就说"n 的平方根规律"是概率论的基本规律. 这种思想的完全明确系归功于伟大的俄罗斯数学家车比雪夫, 由于他首先系统地使用了把各种不同的概率问题归结到计算"随机变量"的和数与算术平均值的"数学期望"与"离差"的方法.

如果在某一个条件组 S 之下，一个变量能以各种确定的概率取各种不同的值，则称此变量为随机变量．对于我们说来，只要来考察仅能取有穷多个不同的值的随机变量就够了．为了要说明这种随机变量 ξ 的所谓的概率分布，只须指出它的所有可能值 x_1, x_2, $\cdots$, x_s 以及概率

$$P_r = \mathbf{P}\{\xi = x_r\}.$$

这些概率按照变量 ξ 的所有各种可能的值求和时，其和数永远为 1，

$$\sum_{r=1}^{s} P_r = 1.$$

我们以上考察过的 n 个试验中的正面结果的数目 μ 可以作为随机变量的例．

下列表达式

$$\mathbf{M}(\xi) = \sum_{r=1}^{s} P_r x_r,$$

称为变量 ξ 的**数学期望**，而偏差 $\xi - \mathbf{M}(\xi)$ 的平方的数学期望，亦即下列表达式

$$\mathbf{D}(\xi) = \sum_{r=1}^{s} P_r (x_r - \mathbf{M}(\xi))^2$$

称为变量 ξ 的**离差**．离差的平方根

$$\sigma_\xi = \sqrt{\mathbf{D}(\xi)}$$

称为（变量 ξ 与其数学期望 $\mathbf{M}(\xi)$ 的）**均方偏差**．

著名的车比雪夫不等式

$$\mathbf{P}\{|\xi - \mathbf{M}(\xi)| \leqslant t\sigma_\xi\} \geqslant 1 - \frac{1}{t^2} \tag{21}$$

就是简单应用离差与均方偏差而得出的．这个不等式告诉我们，ξ 与 $\mathbf{M}(\xi)$ 的偏差显著地大于 σ_ξ 的情形是很难得遇到的．

如果我们作出下列的随机变量的和数

$$\xi = \xi^{(1)} + \xi^{(2)} + \cdots + \xi^{(n)},$$

则对于这些随机变量的数学期望永远有如下的等式：

$$\mathbf{M}(\xi) = \mathbf{M}(\xi^{(1)}) + \mathbf{M}(\xi^{(2)}) + \cdots + \mathbf{M}(\xi^{(n)}). \tag{22}$$

但对于离差的类似的等式

$$\mathbf{D}(\xi) = \mathbf{D}(\xi^{(1)}) + \mathbf{D}(\xi^{(2)}) + \cdots + \mathbf{D}(\xi^{(n)}) \tag{23}$$

则仅只是在某些限制之下方才是正确的. 为了要使等式 (23) 成立, 例如, 具有不同的标码的变量 $\xi^{(i)}$ 与 $\xi^{(j)}$ 之间不是"相关的"便够了, 换句话说, 对于 $i \neq j$ 有等式[1]

$$\mathbf{M}\{(\xi^{(i)} - \mathbf{M}(\xi^{(i)}))(\xi^{(j)} - \mathbf{M}(\xi^{(j)}))\} = 0 \tag{24}$$

便够了. 特别, 如果变量 $\xi^{(i)}$ 与 $\xi^{(j)}$ 彼此独立[2], 则等式 (24) 成立, 因之, 对于彼此独立的加项, 等式 (23) 恒能成立. 对于算术平均值

$$\zeta = \frac{1}{n}(\xi^{(1)} + \xi^{(2)} + \cdots + \xi^{(n)}),$$

我们由等式 (23) 可以推出

$$\mathbf{D}(\zeta) = \frac{1}{n^2} \cdot (\mathbf{D}(\xi^{(1)}) + \mathbf{D}(\xi^{(2)}) + \cdots + \mathbf{D}(\xi^{(n)})). \tag{25}$$

现在我们假定, 所有加项的离差不超过某一常数

$$\mathbf{D}(\xi^{(i)}) \leqslant C^2.$$

那么根据 (25) 我们有

$$\mathbf{D}(\zeta) \leqslant \frac{C^2}{n},$$

再利用车比雪夫不等式即知对于任意的 t 我们有

$$\mathbf{P}\left\{|\zeta - \mathbf{M}(\zeta)| < \frac{tC}{\sqrt{n}}\right\} \geqslant 1 - \frac{1}{t^2}. \tag{26}$$

不等式 (26) 蕴涵了所谓的车比雪夫型的大数定律: 如果诸变量 $\xi^{(i)}$

---

1) 我们称表达式

$$R = \frac{\mathbf{M}\{(\xi^{(i)} - \mathbf{M}(\xi^{(i)})(\xi^{(j)} - \mathbf{M}(\xi^{(j)}))\}}{\sigma \xi_{(i)} \sigma \xi_{(j)}}$$

为变量 $\xi^{(i)}$ 与 $\xi^{(j)}$ 之间的相关系数. 若 $\sigma \xi_{(i)} > 0$ 且 $\sigma \xi_{(j)} > 0$, 则条件 (24) 等价于 $R = 0$.

相关系数 R 表达了随机变量之间的依赖程度. 我们永远有 $|R| \leqslant 1$, 而仅当存在有线性关系

$$\eta = a\xi + b \qquad (a \neq 0)$$

的时候才能有 $R = \pm 1$. 对于独立的变量, $R = 0$.

2) 设两个随机变量 ξ 与 η 分别可取值 $x_1, x_2, \cdots, x_m$ 与 $y_1, y_2, \cdots, y_n$; ξ 与 η 之间的独立性的定义是说, 对于任何 i 与 j, 事件 $A_i = \{\xi = x_i\}$ 与 $B_j\{\eta = y_j\}$ 在 §2 所给的定义的意义下彼此独立.

彼此无关并且具有有界的离差，则其算术平均值 ζ 当 n 增加时显著地远离它的数学期望 $\mathbf{M}(\zeta)$ 的情形是极其罕见的.

更精确的说法是: 如果随机变量序列

$$\xi^{(1)},\ \xi^{(2)},\ \cdots,\ \xi^{(n)},\ \cdots$$

的算术平均值 ζ 于 $n\to\infty$ 时有

$$\mathbf{P}\{|\zeta-\mathbf{M}(\zeta)|\leqslant\varepsilon\}\to1, \tag{27}$$

（此处 $\varepsilon>0$ 为任意常数），则称此随机变量序列服从大数定律.

为了要从不等式(26)得出极限关系式(27)，只需取

$$t=\varepsilon\frac{\sqrt{n}}{C}.$$

关于怎样尽可能地放宽极限关系式 (27)（换句话说，大数定律）的条件的问题，马尔科夫、伯恩斯坦，辛钦以及其他等人作了许多的研究. 这些研究具有着原则性的意义. 然而还要更加重要的是偏差 $\zeta-\mathbf{M}(\zeta)$ 的概率分布的精确的研究.

概率论方面俄罗斯古典学派的伟大功绩之一是在于确定了这样一个事实，即在非常宽泛的条件之下我们近似地（亦即当 n 无限增加时能以任意大的精确程度断言）有下列公式

$$\mathbf{P}\{t_1\sigma_\zeta<\zeta-\mathbf{M}(\zeta)<t_2\sigma_\zeta\}\sim\frac{1}{\sqrt{2\pi}}\int_{t_1}^{t_2}e^{-\frac{t^2}{2}}\,dt. \tag{28}$$

车比雪夫在加项独立而且有界的情形下给出了这一公式的差不多完整的证明. 马尔科夫补足了车比雪夫的研究中的不充分环节并且放宽了应用公式(28)的条件. 李雅普诺夫给出了更为一般的条件. 伯恩斯坦研究了公式(28)向具特殊完备性的非独立加项的和数推广的问题.

公式 (28) 概括了如此大量的特殊问题，因之很久以来它就被称作概率论的中心极限定理. 虽然在概率论的最新发展中，它已经被包含在一些更一般的规律之中了，但是即使到了今天它的意义仍然是难以动摇的.

如果加项是独立的并且离差是相同的

$$\mathbf{D}(\xi^{(i)})=\sigma^2,$$

则借助于关系式(25)可将公式(28)表成更方便的形状:

$$\mathbf{P}\left\{\frac{t_1\sigma}{\sqrt{n}}<\zeta-\mathbf{M}(\zeta)<\frac{t_2\sigma}{\sqrt{n}}\right\}\sim\frac{1}{\sqrt{2\pi}}\int_{t_1}^{t_2}e^{-\frac{t^2}{2}}\,dt. \qquad (29)$$

现在我们来指明,关系式(29)包含了我们以前考察过的频率 $\frac{\mu}{n}$ 与概率 p 的偏差的问题的解.为此我们引进随机变量 $\xi^{(i)}$,它们的定义如下:

$$\xi^{(i)}=\begin{cases}0, & \text{若第 } i \text{ 次试验得到反面结果,}\\ 1, & \text{若第 } i \text{ 次试验得到正面结果.}\end{cases}$$

很容易验算,此时

$$\mu=\xi^{(1)}+\xi^{(2)}+\cdots+\xi^{(n)},\ \frac{\mu}{n}=\zeta,$$

$$\mathbf{M}(\xi^{(i)})=p,\ \mathbf{D}(\xi^{(i)})=p(1-p),\ \mathbf{M}(\zeta)=p,$$

并且由公式(29)可得

$$\mathbf{P}\left\{t_1\sqrt{\frac{p(1-p)}{n}}<\frac{\mu}{n}-p<t_2\sqrt{\frac{p(1-p)}{n}}\right\}$$

$$\sim\frac{1}{\sqrt{2\pi}}\int_{t_1}^{t_2}e^{-\frac{t^2}{2}}\,dt,$$

如果令 $t_1=-t$,$t_2=t$,则上式重新化为公式(20).

§4. 关于概率论基本概念的补充说明

随机现象的特点在于频率的稳定性,换句话说,特点在于当多次重复实现某一条件组时,从聚集在某一正常水平线——概率 $\mathbf{P}(A/S)$——附近的那些频率中所产生出来的那种稳定的动向;我们在 §1 中讲到这些时,在措词上容忍了两种不确切性.第一种不确切性是在于我们未曾说明,为了要使频率的稳定性一定可以显现出来,各个试验序列中的试验次数 n_r 应大到怎样的程度,以及对于试验次数为 n_1,n_2,$\cdots$,n_s 的各个试验序列,频率 $\frac{\mu_r}{n_r}$ 彼此之间的能容许的偏差和它们与频率正常水平线 p 之间的能容许的偏差各如何.这种不确切性在一门新科学的概念形成初期是不可避免的.这种不确切性并不更甚于为最简单几何概念所固有的关于点或直线在现实上应如何理解的问题上的某种含糊性.§1 中这一方面的不确切性在 §3 中已经加以确切化了.

在我们的措词中所隐含着的另一种不确切性是关于那些能使事件 A 的频率的稳定性一定可以呈现的试验序列的构成方法问题.

我们已经看到过, 当事件演变无法精确地个别预定的时候, 问题才以统计与概率的方法来解决. 所以如果我们希望人为地制造出尽可能纯粹的随机现象, 我们就需要特别注意设法, 使得没有任何可行的方法能预先分出这样一些情况, 在这些情况下现象 A 具有比较某一正常频率更频繁呈现的倾向.

例如, 公债抽签可以这样来组织. 假定在公债券总张数为 N 的某一次抽签中, 有 M 张公债券被抽中, 则个别一张公债券被抽中的概率为 $p = \dfrac{M}{N}$. 这就意味着, 在抽签之前无论用什么方法分出充分多的 n 张公债券, 实际上我们总可以确信, 这一部分公债券中被抽中的张数 μ 与这一部分公债券的总张数 n 的比值 $\dfrac{\mu}{n}$ 总是和 p 相接近. 例如愿意买偶数码的公债券的人并不常比愿意买奇数号码的公债券的人多得到任何好处, 完全同样的, 相信号码恰能分解为三个质因子的公债券或者号码和前次抽签中被抽中的公债券的号码相邻接的公债券等比较容易被抽中的人也不会多得到任何好处.

在射击的例子里也完全是这样, 假如大炮的类型是一定的而且没有任何毛病, 炮手是经过良好训练的, 炮弹是经过一般产品检查手续, 而且用通常方法来取得炮弹, 那么与平均落点的偏差小于预先确定的或然偏差 B 的事件约在半数的情形下出现. 在各个射击序列中这个比例皆保持不变, 并且如果我们只按偶数次或奇数次 (依时间先后计算次数) 的射击或按其他类似的办法来计算偏差小于 B 的次数, 这个比例也仍然是不变的. 但是, 倘若我们选取特别均匀的炮弹 (在重量方面等等), 那么就完全可能使分散情形缩小, 换句话说, 对于这一串炮弹, 偏差大于标准偏差 B 的将比半数少得多.

因此, 只有当说明构成试验序列时可以采取的各种方法的时候, 我们才能够说, 事件 A 是 "概率随机" 事件, 并且赋予确定的概率

$$p = \mathbf{P}(A/S),$$

而这种说明我们将认为是包含在条件组 S 之内了.

在一定的条件组 S 之下, 事件 A 作为概率随机事件并且具有概率 $p = \mathbf{P}(A/S)$ 的这种性质表达了条件组 S 与事件 A 之间的关系的客观特征. 换句话说, 不存在绝对随机的事件, 事件是随机事件还是必然事件要看是从什么角度来考察, 但是在一定的条件之下, 事件就可以是完全客观的随机事件并且它的这一性质不依赖于任何观察者的知识状态. 假定我们设想观察者

能够洞悉炮弹飞行的一切特点与特殊情形, 并且因而能够预言每一发炮弹与其平均弹道偏差各为若干, 但是即使如此, 这位观察者的在场也不会就影响到炮弹散布的服从概率论的规律(当然, 假定射击是按照普通方式来进行的, 而不是按照我们所设想的这位观察者的指示来进行的).

关于这一点我们指出, 以上我们讨论了如何来构成一个试验序列, 使得其中频率能够呈现稳定趋势(意即频率聚集在正常值——概率——的四周), 这种构成也发生在完全不依赖于我们的干涉的实际情形里. 例如, 正是由于气体分子运动的概率随机特征, 甚至在很短的时间区间内, 撞击容器壁面的某一部分或撞击放在气体之内的一个物体的表面的分子数目, 皆是以很大的精确度正比于这一部分壁面(或物体表面)的面积与时间区间长度. 在撞击次数不多的情形下, 实际状况和这种正比关系的偏差也服从概率论规律, 并且产生布朗运动型的现象, 这我们在下文中还要讲到.

现在我们再来说明独立性概念的现实意义. 我们回想一下, 我们曾经用公式

$$\mathbf{P}(A/B) = \frac{\mathbf{P}(AB)}{\mathbf{P}(B)} \tag{30}$$

来定义在条件 B 下事件 A 的条件概率. 我们再回想一下, 如果(4)式成立,
$$\mathbf{P}(AB) = \mathbf{P}(A)\mathbf{P}(B),$$
则事件 A 与 B 称为是独立的. 从事件 A 与 B 的独立性以及 $\mathbf{P}(B) > 0$ 推知,
$$\mathbf{P}(A/B) = \mathbf{P}(A).$$

在概率数学理论中所有关于独立事件的一切定理, 其应用对象总是满足条件(4)(或满足其在多个事件彼此独立的情形下的推广)的任何事件. 然而独立性的这个定义如果不是由于(因果意义上的)现实的独立现象的特性而产生的, 那么这些定理也就没有什么意思了.

例如, 大家知道, 新生婴儿为男婴的概率有着相当稳定的值 $\mathbf{P}(A) = \frac{22}{43}$. 如果以 B 表示这样一个条件, 即诞生之日恰逢木星与火星相合, 那么假定行星的交互位置并不决定人的个别命运, 条件概率 $\mathbf{P}(A/B)$ 即应有同样的值 $\mathbf{P}(A/B) = \frac{22}{43}$, 这就是说, 若是在这种特殊的星相条件之下来计算诞生男婴的频率, 则仍会得到频率 $\frac{22}{43}$. 尽管可能谁也没有充分大规模地这样计算过, 但是我们没有理由怀疑这种计算结果.

我们引进了这个就内容说多少已经陈旧了的例子为的是表明, 人类知识的发展不仅在于确定现象之间的真实联系, 而且还在于批驳那些虚构的联系, 也就是说在适当的情形下建立关于某两种范畴的现象之间的独立性的命

题. 揭破星相家妄图把本无联系的两种范畴的现象强行联系起来的荒谬性. 就是这种古典的事例之一.

自然, 这种独立性也不应该绝对化. 例如, 由于万有引力定律, 木星卫星的运转毫无疑问就会对于(例如)炮弹飞行产生一些影响. 但是显而易见, 实际上我们可以不考虑这些影响. 从哲学观点看来, 不说独立性而说某种依赖性在一定具体情况下是非本质的也许更恰当一些. 不过无论如何, 在现在所阐释的具体的与相对的意义下的事件独立性, 丝毫也不会和一切现象普遍联系的原则相抵触, 而仅只是这一原则的必要的补充.

在事件开始原是独立的, 随后由于现象的演变而转相联系的情况下, 利用由一些事件的独立性假定出发而推出的公式来计算概率是有现实价值的. 例如, 当计算宇宙放射微粒与它们所穿过的介质中的微粒相碰撞的概率时, 可以假定在高速运动着的宇宙放射微粒出现在介质微粒的近傍之前, 介质微粒的运动不依赖于这些宇宙放射微粒的动态. 当计算敌人的子弹打中旋转着的螺旋桨的桨叶的概率时, 可以假定对中心轴而言桨叶的相对位置不依赖于子弹的轨道(当然, 这个假定对于随着螺旋桨的转动而瞄准螺旋桨放射的那些特殊的子弹来说是错误的); 象这样的例子不胜枚举.

我们甚至可以说, 在概率规律性呈现得十分明显的一切地方, 我们所遇到的总是或是彼此完全独立或是在某种意义下微弱地相联系的大量因素的协同作用.

这绝对不是说, 我们可以到处不严格地引入这种或那种的独立性的假定. 反之, 这种情况迫使我们: 第一, 必须特别仔细地来研究独立性假设检验的准则; 第二, 必须特别仔细地来考察边界情形, 在这些边界情形中各因素之间的依赖性必然需要加以考虑, 但是同时这些依赖性还不够强, 概率规律性在变化了的复杂化了的形式下还可以呈现. 在前文中我们曾指出, 概率论方面的古典俄罗斯学派已经广泛地研究了这第二个方面.

在结束我们关于独立性问题的考察时, 我们指出, 无论是由公式(4)所给出的两个事件间的独立性的定义, 还是多个随机变量间独立性的形式定义, 其含义均较 (按照属于无因果联系的不同现象范畴的这种意义来了解的) 现实的独立性概念广泛得多.

例如, 假定一个点 ξ 按照下述的规律落在区间[0, 1]之上, 即对于任何

$$0 \leqslant a \leqslant b \leqslant 1,$$

点 ξ 落在区间 $[a, b]$ 上的概率等于这个区间的长度 $b-a$. 不难证明, 此时若把点 ξ 的坐标值按照十进位分数展开:

$$\xi = \frac{a_1}{10} + \frac{a_2}{100} + \frac{a_3}{1000} + \cdots,$$

则各个 a_k 是彼此独立的, 虽然按 a_k 的产生而言他们是彼此相联系的 [1]. (由此可以推出许多有理论价值的推论, 其中也有一部分具有实际的意义.)

独立性形式定义的这种柔韧性不应看成是它的缺点. 相反地, 它只是把在关于独立性的这种或那种假定之下建立的定理的应用范围扩大了. 它使得无论独立性是从实际考虑出发而加以假定的, 还是从所考察的事件与随机变量的概率分布的预定假设出发而以计算方法证实的, 这些定理都同样地可以应用.

一般言之, 研究概率论的数学工具的形式结构, 可以推出一些有意思的结果. 原来这一工具在近世数学的基本研究对象的逐渐形成的分类中占有十分明确的而且非常质扑的地位.

我们已经讲过了两个事件的兼有 AB 的概念以及两个事件的联合 AUB 的概念. 我们再重复一下, 如果事件 A 与 B 的兼有是不可能的, 亦即如果 $AB=N$ (此处 N 表示不可能事件), 则我们称它们是不相容的.

初等概率论的基本公理之一是要求 (参看 §2) 当条件 $AB=N$ 成立时恒有等式

$$\mathbf{P}(AUB)=\mathbf{P}(A)+\mathbf{P}(B).$$

概率论基本概念——随机事件及其概率——的性质完全类似于平面图形及其面积的性质. 我们完全可以把 AB 理解为两个图形的交叉 (公共部分), 把 AUB 理解为两个图形的合并, 把 N 理解为习惯引用的"空"图形, 而把 $\mathbf{P}(A)$ 理解为图形 A 的面积, 并且在上面所指出的范围内这种类似性是充分的.

三维图形的体积也具有同样的性质.

目前这种类型的结构的最一般的理论 (包括体积与面积理论作为特殊情形) 是一般测度论, 关于测度论的若干知识可以在第十五章 (第三卷) 实变函数论中找到.

只是应当指出, 概率论和一般测度论来比较, 或者专门和面积与体积理论来比较, 自有其独具的若干特征: 概率永远不会大于 1. 必然事件 U 具有这个最大的概率:

$$\mathbf{P}(U)=1.$$

类似性并非只是表面上的. 原来从形式观点看来, 全部概率数学理论可

----

1) 把点 ξ 的坐标值按照任何 n 进位分数而展开,

$$\xi=\frac{a_1}{n}+\frac{a_2}{n^2}+\frac{a_3}{n^3}+\cdots,$$

这一结果都能成立.

以构造成以"整个空间 U 的测度为 1"这一假定特殊化了的测度论[1].

这样看待问题不仅使得概率数学理论的形式结构显得十分清晰, 而且还使得概率论本身及形式结构与之相近的其他数学理论都获得了非常实际的进展. 在概率论中有成效地使用了实变函数度量理论中探讨出来的精微的方法. 同时在邻近数学领域的问题中, 概率方法不仅可以"触类旁通"式地加以袭用, 而且可以形式严整地原封不动地移用于新的领域. 随便什么地方, 只要那里概率论公理能够成立, 那里就可以引用这些公理的推论, 即便是那里和现实的随机性没有任何共同之点也可以不管.

由于有了公理化的概率论, 就使得我们摆脱了试图寻找一种既具有自然科学的直观确凿性又便于建立形式严整的数学理论的方法来定义概率的诱惑. 这样的定义大体上有如我们在几何学中把点这样来定义, 即把点作为一个实在的物体经过四面八方无数次切削 (而且每次切削均使得直径缩小 (例如) 一半) 最后所剩余下来的东西.

把概率定义为试验次数无限增大时频率的极限, 就是属于这一类的定义法. 如果我们假定试验具有概率特征, 换句话说, 假定频率有聚集在一个常数值周围的倾向, 那么这种假定本身仅只是在某些条件之下方才能够成立, 但是事实上我们无法无限长久地无限精确地保持这些条件. 因此精确的极限过程

$$\frac{\mu}{n} \to p$$

不可能有现实意义. 如果要把频率稳定的原理归结成为这样的极限过程, 那么就需要确切定出寻找无穷试验序列的可行的方法, 而这种无穷试验序列也只能是数学上的虚构. 如果最后我们所得到的理论非常的特别, 以致用其他任何方法都不能给出这个理论的严格论证, 那么整个这一系列的概念可能还需要加以严肃的审查. 但是, 以上我们已经指出, 在测度论的现状之下, 为要论证概率数学理论只需补加以下条件

$$\mathbf{P}(U) = 1$$

即可.

一般而言, 当实际分析概率概念时, 不一定就会导致它的形式定义. 显然, 从纯形式观点看来, 关于概率最多我们只能这样说: 概率 $\mathbf{P}(A/S)$ 是一个数, 当实现条件组 S 并按条件组 S 所规定的方法构造试验序列时, 频率有聚集在这个数的周围的倾向, 如果我们在不破坏条件的一致性的合理范围内增

---

1) 尽管如此, 依照所解决的问题的实质看来, 概率论仍是一门独立的数学科目; 某些结果 (如 §3 中所讲的那些) 对于概率论说来是基本的, 但从纯粹测度论观点看来, 却似乎是人为制造出来的, 似乎是用不着的.

大这些序列的数目，并且使我们的所有的序列都具有（对于给定的具体情况而言的）充分的可靠性与精确性，那么这种倾向就能够呈现得任意清楚与准确。

实际上，重要的问题倒不在于这个定义在形式上应如何来确定，而是在于使这种概率随机性得以显现的条件应如何尽可能广泛地加以阐明。应该清楚地了解到，事实上直接以统计核验方法来论证某种现象的概率特征的假定是非常稀见的事。只有当在某个新的领域中初次施用概率方法的时候，才时常是首先用纯经验的方法来查明频率的不变性。根据我们在§3中所讲的，为了要查明精确度为 ε 的频率不变性，试验序列就必须包含大约 $n = \dfrac{1}{\varepsilon^2}$ 次试验。例如，为了要肯定，在某一具体问题中考虑精确度为 0.0001 的概率是有意义的，那么我们就必须要有许多个包含试验多达 100,000,000 次左右的试验序列。

引进概率随机性的假定的更常见得多的方法是考虑对称性或是考虑和问题有关的各种现象间的实际独立性等等，然后再用间接办法来检验这个假定。例如，由于在有限体积气体中分子的数目常常是以 10^{20} 来计量或者更多，因之在气体动力学的许多概率结果中相应的 $\sqrt{n}$ 时常是很大的，而且实际上这些结果中有许多是具有极大精确性的。例如，在悬挂在静止空气中的一张薄板上，尽管对于一定的实验设计而言其两面所受压力只要相差 0.001% 就可以觉察出来，但是甚至在目不能见的一小块面积上其两面所受压力仍然是精确地相等。

§5. 因果过程与随机过程

所有现象因果制约的原理在利用微分方程研究实际过程的方法中得到了最简单的数学表示；这种方法已在第五章§1的一系列的例中给出示范。

假定我们所考察的体系在时刻 t 的状态可由 n 个参数

$$x_1, \ x_2, \ \cdots, \ x_n$$

来确定。这些参数的变化速度，众所周知，可以用它们对于时间的导数

$$x_k = \frac{dx_k}{dt}$$

来表示.

如果我们设这些速度是各个参数的函数，则我们就得到了一个微分方程组：

$$x_1 = f_1(x_1, x_2, \cdots, x_n),$$
$$x_2 = f_2(x_1, x_2, \cdots, x_n),$$
$$\cdots\cdots\cdots\cdots\cdots\cdots\cdots\cdots$$
$$x_n = f_n(x_1, x_2, \cdots, x_n).$$

在数学化的自然科学发生的初期所发现的自然法则的绝大部分，从关于落体的伽里略定律开始，都能以这种形式来表达. 伽里略未能赋予他的这一发现以上述的标准形式，因为彼时相应的数学概念尚未发现. 这一工作系由牛顿所完成.

在力学以及物理学的许多其他范畴中，常出现二阶的微分方程，从原则上说，这并未引进任何新的东西，因为倘若我们对于速度 x_k 采用新的符号

$$v_k = x_k,$$

则变量 x_k 的二阶导数有如下的表达式：

$$\frac{d^2 x_k}{dt^2} = v_k,$$

并且 n 个变量 $x_1, x_2, \cdots, x_n$ 的二阶方程可以转化为 $2n$ 个变量 $x_1, x_2, \cdots, x_n, v_1, v_2, \cdots, v_n$ 的一阶方程.

作为一个例子，我们试来考察一件重物在地面大气中下落的问题. 假定在我们的问题中所考察的距地面的高度是不大的，那么我们可以认为介质阻力只依赖于落体的速度而不依赖于高度. 我们所考察的体系的状态可以由物体与地面的距离 z 及其速度 v 这两个参数来决定. 这两个参数在时间过程中的变化可以由如下的两个微分方程

$$z = -v \tag{31}$$
$$v = g - f(v)$$

来决定，这里 g 表示重力加速度，$f(v)$ 表示对于我们所考察的物体的某种"阻力法则".

如果速度不大，而且物体充分重，例如中等大小的石头自若干公尺的高度落下时就是这种情形，此时大气阻力可以不计，而方程 (31) 可化为

$$z = -v, \qquad (32)$$
$$v = g.$$

如果假定变量 z 与 v 在初始时刻 t_0 有值 z_0 与 v_0，则方程 (32) 不难解出，从而得到描述整个下落过程的下列公式：

$$z = z_0 - v(t - t_0) - g\left(\frac{t - t_0}{2}\right)^2.$$

例如，假定 $t_0 = 0$，$v_0 = 0$，我们便得到了伽里略所发现的下列公式：

$$z = z_0 - \frac{gt^2}{2}.$$

在一般情形下，方程 (31) 的积分问题稍复杂一些，但是原则性的结果（在对于函数 $f(v)$ 的极其一般的限制之下）则仍然是同样的：根据变量 z 与 v 在初始时刻 t_0 的值 z_0 与 v_0，可以单值地算出 z 与 v 在 t_0 以后物体落到地面以前任何时刻 t 的值。如果我们假定 z 取负值时仍能继续下落，则"物体落到地面以前"这一限制也可以在想象上予以取消。对于用这种办法概型化了的问题，我们可以作出如下的论断：如果函数 $f(v)$ 当 v 增加时单调递增且当 $v \to \infty$ 时趋于无穷，则当无限地继续下落时，换句话说当变量 t 无限增加时，速度 v 必趋于固定的极限值 c，这个极限值 c 是下列方程

$$g = f(c)$$

的根。

就直观而论，上述问题的这个数学分析的结果是很容易了解的：下落速度达到重力加速度不复能抵消大气阻力时就会停止增加。当携带着张开的降落伞跳下时，很快就可以达到[1]稳定速度 v（约每秒五公尺）。当携带着未张开的降落伞持续下落时，大气阻力减少，因之稳定速度增高。并且只有当跳伞人降落了很大距离

---

1) 确切些说是 v 变得和 c 实际上充分近。

之后才能达到稳定速度.

如果是一个轻的物体下落, 例如在大气中抛下一根羽毛或绒毛, 则能够看出的加速度运动的初始阶段是很短的, 而且有时完全是看不出来的. 下落的稳定速度很快就能达到, 在一定近似程度上, 我们可以在整个过程中取 $v=c$. 于是此时就只剩下一个微分方程了:

$$z=-c,$$

这个微分方程可以很简单地积分出来,

$$z=z_0-c(t-t_0).$$

在完全静止的空气中抛下一根绒毛的情形就是这样.

以上我们着重指出的因果概念在动力系统近代理论中可以讲述成非常一般的形式, 苏联数学家波果留博夫, 斯捷巴诺夫以及其他许多人在这一理论中有着许多重要的贡献. 从这个一般性的理论看来, 甚至系统状态已经不是由有限个参数来决定而是要由一个或几个函数来决定的那些实际过程(例如, 连续介质力学中的情形就正是这样)的数学概型, 也仅只是一些特殊情形. 在这些情形中, 系统状态在"无穷小的"时间内的变化的基本规律已经不能由常微分方程来描述, 而是要用偏微分方程或者其他的方法. 但是实际过程的所有的因果性的数学概型具有如下的两个共同点: 第一, 我们所考察的系统的状态可以看成是由于给定了某一数学对象 ω(例如 ω 可以是 n 个实数所构成的组, 也可以是一个或几个函数等等)的值而引起的各种表象的总体; 第二, ω 在时刻 $t>t_0$ 的值由其在初始时刻 t_0 的值 ω_0 唯一决定:

$$\omega=F(t_0, \omega_0, t).$$

我们在前面已经看到过了, 对于能用微分方程来描述的那些过程, 要找出函数 F 需要在初始条件"$t=t_0$ 时 $\omega=\omega_0$"之下来积分这些微分方程.

机械唯物论的一些代表人物认为, 上述的概型乃是实际现象的宿定性(因果性物理原理)的精确而且完全的表现. 按照拉普拉斯的意见, 宇宙在给定时刻的状态可由适合无穷多个微分方程的无穷多个参数来决定．假如有某一个"无所不知的大天才"能够写出所有这些方程，并且能够把它们积分出来，那么依拉普拉斯看来，他就能够完全准确地预见宇宙在无穷时间过程中的全部演化．

然而实际上，量的方面的数学的无穷性比起现实世界的质的方面的无涯无尽性来是极为粗浅的．无论是引进无穷多个参数，还是利用空间的点函数来描述连续介质状态，都不是实际现象的无限复杂性的等价的反映．

正如第五章 §3 中所着重指出的，实际现象的研究并不总是朝着增加问题中所引用的参数的数目这一方向发展；一般说来，在为了考虑某一现象而采取的数学概型中，把决定个别"系统状态"的特征标志 ω 复杂化决不能说是永远都合宜的．恰恰相反，研究者的技巧倒正是在于寻找一个非常简单的位相空间 Ω（即 ω 的值的集合，换句话说，即系统的各种可能状态的集合）[1]，使得当我们把实际过程换成点 ω 在这个空间中的因果式的变迁过程时，仍能抓住实际过程的各个主要方面．

但是，从实际过程中抽出了它的主要特征之后，就会遗留下一些残余的东西，这些残余我们只好算作是随机的．在过程的演进中，这些未纳入考虑范围的随机因素总会产生一些影响．用数学研究一个现象，而最后当把理论结果和实际观察结果相比较时，竟然不能觉察这些未纳入考虑范围的随机因素的影响，这是非常罕见的情形．关于引力作用下行星运动的理论就正是这种情形或者是近似于这种情形：行星间的距离比较起行星本身的大小来是如此之大，使得我们几乎永远可以把它们理想化为质点；在行星所经历的空间中充满了如此稀薄的物质，使得阻力小到几乎没有；行星的质量又是如此之大，使得在它们的运动中光压几乎不起作用；由于有了这样一些难得的情况，所以，n 个质点的系统（其"状态"可由 $6n$ 个参数来描述）[2]在单纯引力作用之下的运动问题的数学解，

1) 在以上所引的物体下落的例子中，位相空间 Ω 是数对 (s, v) 的集合，换句话说就是平面．关于位相空间的一般考察可参看（第三卷）第十七章及第十八章 §3.

2) 换句话说，可以用每个点的三个坐标与三个分速度来描述．

能够以如此惊人的准确程度与行星运动的观察结果相符合.

如果在运动方程中计及大气阻力,则炮弹飞行的情形和行星运动的情形有一定程度的相近.这也是数学方法能够比较容易地与迅速地取得显著成果的那些古典问题之一.但是在这个问题中,各种随机因素的干扰作用已经要大得多了,并且炮弹的散布,换句话说,实际弹道和对应于该次射击所给定的正常初始条件以及射击时大气平均状态的理论弹道之间的偏差,常达数十公尺,而在远距离射击时常达数百公尺.这种偏差之所以产生,一部分是由于初始射向的随机偏差以及初始速度与正常速度之间的随机偏差,一部分是由于炮弹质量及阻力系数的随机偏差,还有一部分是由于实际地面大气层中的不均匀性与风的突然发生以及大气层中其他具有决定性作用的极为复杂,变化莫测的随机因素.

炮弹的散布可以用概率论的方法来详细研究,并且这种研究的结果对于实际射击是极其重要的.

但是随机现象的研究到底是怎么一回事呢?看起来,当现象依照某一方法而进行概型化的时候,如果随机的"残余"大到不可忽略的程度,那么似乎唯一可能的办法就是引入一些新的参数来更细致地描述我们的现象,并且在这个复杂化了的概型中更详尽地来进行研究,犹如这就是因果现象的数学概型一样.

这种办法在多数场合下是行不通的.例如,在研究物体于空气中下落时,若是要考虑到不均匀的突发的(或按通常的说法,湍性的)气流的构成,那么以前所用的两个参数 z 与 v 就不济事了,为了要完全描述出这种构成,需要引用的数学工具简直是浩如烟海,不可胜计.

但是事实上,只有当我们无论如何必须十分详细地对于每一个别情形逐一地考察过程的演进中残余"随机"因素的影响时,这种复杂的方法才是不可避免的.幸而,我们的实际需要常常完全不是这样,而仅只是需要估计在一个长时间内或大量重复我们所考察的过程时随机因素作用的总影响.

作为一个例,我们试来考察河流中或是某一人工水利工程建筑中水的流动所造成的沙的迁徙。这种迁徙通常是这样发生的：大多数砂粒都安安静静地躺在水底下，而仅只是间或有一些靠近水底的特别强有力的旋涡卷走一些个别的砂粒，而且一下子就把它们带过一个相当长的距离，一直到某一个新的地方突然停下为止。每一个这样的砂粒的纯理论运动，可以分别根据水力学中的种种定律来研究。但是为此我们就必须详尽地了解底部及水流的初始状态，然后再逐步地来研究这种运动：先指出在任何一个被卷走的砂粒上，压力什么时候方才大到足以使其运动，再详细研究运动的砂粒在其停止之前的全部迁徙情况。这样来提问题，对于实际科学研究显然十分荒谬。虽然如此，但是关于水流所造成的底部沉积物的迁徙的平均规律性(或按照普通的说法，统计规律性)却完全是可以研究的。

由于大量随机因素协同作用的结果而产生非常显著的统计规律性的实例可以很容易地举出许多来。最有发展希望的与最为人所熟知的这种实例之一就是气体运动学，它告诉了我们气体作为一个整体对于器壁的压力以及一种气体往另一种气体中的扩散等所具有的那些精确的规律性是如何从分子的许多随机碰撞的协同作用而产生的。

§6. 马尔科夫型的随机过程

在§5中我们曾以方程

$$\omega = F(t_0,\ \omega_0,\ t)$$

来描述因果概型，把这种概型直接推广成为概率概型的功绩系属于马尔科夫。固然，在马尔科夫所研究的情形中，所考察的系统的位相空间仅只是包含有限个状态：$\Omega = \{\omega_1,\ \omega_2,\ \cdots,\ \omega_n\}$，并且仅只是把时间 t 分成一些离散的步骤来研究系统状态的变化。但是他善于从这个极端概型化的模型中找出许多基本的规律。

在因果概型中我们有一个函数 F，借助于这个函数 F 可以根据时刻 t_0 的状态 ω_0 唯一地确定时刻 $t>t_0$ 的状态 ω，而马尔科夫则与此相应地引入在"于时刻 t_0 处于状态 ω_i"的条件下"于时刻 t 出现状态 ω_j"的概率

$$\mathbf{P}(t_0, \omega_i; t, \omega_j).$$

对于三个不同的时刻

$$t_0 < t_1 < t_2,$$

这种概率之间的关系,马尔科夫用下式表达出来:

$$\mathbf{P}(t_0, \omega_i; t_2, \omega_j) = \sum_{k=1}^{n} \mathbf{P}(t_0, \omega_i; t_1, \omega_k)\mathbf{P}(t_1, \omega_k; t_2, \omega_j).$$

$$(33)$$

此式可以称为马尔科夫过程基本方程.

当位相空间是连续流形时,最标准的情形就是存在有一个从状态 ω_0 出发经过时间区间 (t_0, t) 变到状态 ω 的概率密度 $p(t_0, \omega_0; t, \omega)$. 在这种情形下,从状态 ω_0 出发经过由时刻 t_0 到时刻 t 这一段时间变到位相空间 Ω 的子区域 G 中的任何状态 ω 的概率可以写成下列形状:

$$\mathbf{P}(t_0, \omega_0; t, G) = \int_G p(t_0, \omega_0; t, \omega)d\omega, \qquad (34)$$

此处 $d\omega$ 是位相空间 Ω 中的容积元素[1]. 对应于概率密度 $p(t_0, \omega_0; t, \omega)$,基本方程(33)采取下列形状:

$$p(t_0, \omega_0; t_2, \omega_2) = \int_\Omega p(t_0, \omega_0; t_1, \omega)p(t_1, \omega; t_2, \omega_2)d\omega.$$

$$(35)$$

要来解方程(35)那是非常困难的,但是在某些限制之下可以从方程(35)导出一些比较易于研究的偏微分方程来. 物理学家佛开尔与普兰克从不严格的物理考虑得到了一些这样的方程. 而所谓的随机微分方程的理论的全貌则系由若干苏联学者(伯恩斯坦、柯尔莫果洛夫、彼得罗夫斯基、辛钦等)所建立.

我们不想在这里引入这种方程.

例如,假定有一个很小的物体,由于它的体积太小,空气分子

---

1) 严格说来,等式(34)乃是概率密度的定义. 数值 $pd\omega$ 等于(如果忽略高级无穷小)从状态 ω_0 出发经过由 t_0 到 t 这一段时间变到容积元素 $d\omega$ 中的概率.

在它的对立面的推动力不能完全均衡, 从而产生了"布朗运动", 并且它的平均下落速度 c 比起它的布朗运动速度来要小得多, 那么对于这种物体在静止的大气中的运动问题就可以利用随机微分方程的方法很容易地得到解决.

设 c 是平均下落速度, D 是所谓扩散系数. 如果我们假定, 质点到达地面($z=0$)时并不停滞而是产生"反射", 换句话说, 在布朗力的作用之下重新又进入大气游动, 同时再假定质点于时刻 t_0 处于高度 z_0, 那么质点于时刻 t 处于高度 z 的概率密度 $p(t_0, z_0; t, z)$ 可由下列公式表出:

$$p(t_0, z_0; t, z) = \frac{1}{2\sqrt{\pi D(t-t_0)}} \left[e^{-\frac{(z-z_0)^2}{4D(t-t_0)}} + e^{-\frac{(z+z_0)^2}{4D(t-t_0)}} \right]$$
$$\times e^{-\frac{c(z-z_0)}{2D} - \frac{c^2(t-t_0)}{4D}} + \frac{c}{D\sqrt{5}} e^{-\frac{cz}{D}} \int_{\frac{z+z_0-c(t-t_0)}{2\sqrt{D(t-t_0)}}}^{\infty} e^{-z^2} dz.$$

在图 4 中表出了曲线 $p(t_0, z_0; t, z)$ 对于顺序的各个时刻 t 的变化情形.

我们看到, 质点的平均高度是递减的, 而其位置则越来越不确定(越来越"随机"). 最有意思的是当 $t \to \infty$ 时对于任何 t_0 与 z_0

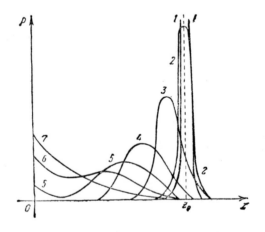

图 4

恒有

$$p(t_0,\ z_0;\ t,\ z) \to \frac{c}{D}\ e^{-\frac{cz}{D}},\tag{36}$$

换句话说,对于质点的高度存在有极限分布,并且质点所在的高度的数学期望当 $t \to \infty$ 时趋于如下的正的极限:

$$z^* = \frac{c}{D}\int_0^\infty z e^{-\frac{cz}{D}}\,dz = \frac{D}{c}.\tag{37}$$

这样一来, 地面以上的一个质点尽管受了重力作用随时都有下落的倾向, 但是当这个过程 (即在空气中的游动) 无限延续的时候, 它却平均处于一个一定的正的高度. 倘若我们取初始的 z_0 小于 z^*, 那么可以断言, 经过了充分长的一段时间之后, 质点的平均位置将高于它的初始位置, 这种情形可由图 5 (其中 $z_0 = 0$) 看出.

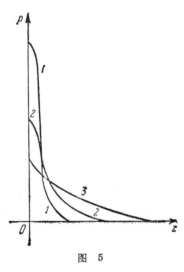

图 5

对于个别的质点, 上述的平均值 z^* 仅只是数学期望, 但是根据大数定律, 对于大量的质点它们就是实际可以实现的了: 这种质点在高度方面的分布密度服从前述的规律,并且特别言之,经过充分长一段时间之后,分布密度将按照公式(36)而趋于稳定.

以上所说种种仅只是直接适用于掺杂在空气中的浓度不大的气体,烟等等, 因为数值 c 与 D 系假定由预先给定的大气状态所确定的. 然而把理论修改得更细致一些之后,就可以适用于构成大气的各种气体之间的彼此扩散,以及由于这种扩散的结果而产生的各种气体就高度而言的密度分布.

比值 $\frac{c}{D}$ 随着质点体积的增大而递增,并且由于这个缘故,质点混合过程即由具有扩散的性质而变为具有按§5所讲的那种规律而规律性下落的性质. 应用我们的理论, 可以检明纯粹扩散运动与这种规律性下落之间各种中间情形.

悬浮在大气中的质点在湍性混合作用之下的运动问题更要复杂一些, 但是原则上亦可运用类似的概率方法.

文　献

通 俗 读 物

Б. В. Гнеденко и А. Я. Хинчин, Элементарное введение в теорию веро--ятностей, Изл. 3-е, Гостехиздат, 1952.

现代的大学教程

С. Н. Бернштейн, Теория вероятностей, Изд. 4-е, Гостехиздат, 1946.

Б. В. Гнеденко, Курс теории вероятностей, Изд. 2-е. Гостехиздат, 1954.

格涅坚科, 概率论教程, 高等教育出版社.

专 著

С. Чандрасекар, Перенос лучистой энергии, М., 1953.

А. Эйнштейн и М. Смолуховский, Броуновское движение, Сборник статей, 1936.

梁文骐 译

王寿仁 校

第十二章 函数逼近法

§1。绪 论

在实际生活中，我们经常要把一个数用另外的数来逼近．只需说明，当测定这种或那种具体的量（长度、面积、温度等等）时，我们所得到的仅仅是近似地表示这些量的数．实际我们只用到有理数，亦即形如 $\dfrac{p}{q}$ 的数，在这里 p 与 $q(q \neq 0)$ 都是整数．但是除了有理数以外还有无理数，并且如果我们在测定具体的量时得不到无理数，而由理论上的推演却往往得到这样的数．例如我们知道半径为 $r = \dfrac{1}{2}$ 的圆的周长等于无理数 π，勾及股长都是 1 的直角三角形的弦长等于 $\sqrt{2}$．在计算无理数的运算时，首先以必需的准确度把它们用相应的有理数来逼近，通常用十进位有限小数来逼近．

对于函数也有同样的情况．数量性的自然规律不是用函数准确地反映在数学上，而是以这种或那种准确度反映在数学上．不但如此，在许多情形下，为了实际计算起见，对于完全用数学法则所给出的已知函数，需要以一定的准确度用其它的函数来逼近．

然而问题不仅在于计算．一函数用其它函数近似表示的问题有很大的理论上的意义．这可以用几句话解释如下．在数学分析发展的过程中，已经发现过并且研究过很重要的逼近函数类，即是那些函数，在熟知的条件下逼近其它多少任意的函数的自然工具．首先代数及三角多项式是这种函数类，它们的各种推广也是这样．我们知道根据要逼近的已给函数的性质，在一定的条件下可以判断它与逼近它的函数的偏差的性质．反过来说，知道了偏差的性质，例如知道了已给函数与逼近它的函数所组成的一定级数的偏差的大小，就可以知道已给函数的性质．在这条道路上，以函数用这种或那种逼近函数类所作的近似表示为基础，已经建立了一种函数论．在数论中也有类似的理论．在这种理论中，无理数是用逼近它的有理数来进行研究的．

在第二章（第一卷）中，读者已经认识了一种很重要的逼近方法，即泰勒公式．如果函数满足一定的条件，利用这种公式，可以把这函数用其它形如 $P(x) = a_0 + a_1x + \cdots + a_nx^n$ 的函数、亦即所谓代数多项式来逼近．在这里 a_k 是与 x 无关的常数．

代数多项式是构造很简单的函数；要按已给系数 a_k 与已给值 x 来计算它，只需应用三种算术运算（加法、减法及乘法）．计算简单在实用上是极其重要的．代数多项式之所以用作逼近函数的最普遍的工具，这就是原因之一（以后再讲另一重要的原因）．只需说明，特别在近来我们必须大规模地在计算机上作技术计算．现代完善的计算机能够很迅速地、不息地进行计算．然而机器只能作比较简单的运算．我们可以使它作非常大量的算术运算，可是譬如说不能使它最后实现自变量趋近于极限的无穷过程．例如机器不能准确地计算 $\lg x$．不过我们可以以必需的准确度用多项式 $P(x)$ 逼近 $\lg x$，然后用机器计算多项式．

除了泰勒公式以外，还有在实用上有重大意义的、用代数多项式逼近函数的其它方法．在这方面首先特别是在积分的近似计算中以及在微分方程的近似积分中所广泛使用的各种插值法．在平均平方的意义下的逼近法得到了更大的推广，这种方法不仅广泛被应用到代数多项式上．伟大的俄国数学家车比雪夫所提出的最好一致或车比雪夫逼近法在一定的实用领域内有重大的意义，如以后我们所要看到，这种方法是由关于机械的构造问题所产生的．

我们的问题是提出这些方法，并且尽可能指出一些条件，在这些条件下，一种方法应当比另外的方法好．没有一种方法是绝对较好的．每种方法在一定的条件下可以比其它方法好．例如如果讲到解决物理问题，那么对所用到的函数究竟应当用这种或那种逼近法，这往往是由问题的本质、或如所谓是由物理上的理由所决定的.

我们也将看到,在一定的情况下,可以应用一种方法;而不能应用其它方法.

所讲到的每种方法是在适当的时期出现的,有它本身的理论与历史.牛顿已经知道了插值公式,并且用所谓差分比给出了这公式在实际计算中很适用的表示式.在平均平方意义下的逼近法至少有 150 年的历史.可是在长久一段时期中,这些方法在理论上没有任何联系.它们仅仅是逼近函数的各别的实用方法,而且这些方法应用的范围也是不清楚的.

现在的函数逼近论是在车比雪夫的著作以后出现的.这位数学家引进了在科学上重要的最好逼近、特别是一致最好逼近的概念,系统地把它应用到其它问题中,并且研究了它的理论基础.最好逼近是近代函数论中所运用的基本概念.在车比雪夫以后,他的思想在他的学生佐洛塔辽夫、柯尔金以及马尔科夫兄弟的著作中得到了进一步的发展.

在车比雪夫的时期,除了引进了基本的概念以外,在对任意个别函数求最好逼近的方法上函数逼近论得到了发展,我们在现代要广泛用到这些方法;此外,从与必须逼近函数有关的需要这种观点出发,当时对逼近类的性质,首先是代数及三角多项式的性质,奠定了研究的基础.上世纪末德国数学家魏尔斯特拉斯在数学上的重要发现,对函数逼近论的进一步的发展有影响.他完全严格地证明了:在原则上可以用代数多项式以任意给定的准确度逼近任意的连续函数.代数多项式之所以是函数逼近的普遍工具,这就是第二个原因.要把代数多项式用作这种工具,仅仅知道它们的结构简单还不够;还必须在原则上可以用它们以预先给定的任意小误差逼近连续函数.魏尔斯特拉斯证明了这是可能的.

车比雪夫的最好逼近的深刻思想以及魏尔斯特拉斯定理是函数逼近论的现代新方向的发展(从本世纪初开始)基础.与这相关,我们提出伯恩斯坦、波雷耳、杰克逊、勒贝格以及瓦雷-普森的名字.这种方向可以简单说明如下.在本世纪初与在车比雪夫的时期(本世纪初以前)一样,通常只提出个别函数的逼近问题;而现代用多项式或其它逼近函数的逼近问题有它的特点: 被逼近的函数不是个别给出的函数, 而是或多或少广泛的函数类(解析函数类、可微分函数类等等)中任一函数.

俄国的以及现在苏联的逼近论学派在历史上起着主导的作用. 苏联的数学家伯恩斯坦、柯尔莫果洛夫、拉夫伦捷夫以及他们的学生们对逼近论作了重大的贡献. 实质上, 这种理论在现代已经发展成为函数论的一个独立分支.

除了代数多项式以外, 三角多项式是逼近函数的很重要的工具. 形如

$$u_n(x) = \alpha_0 + \alpha_1 \cos x + \beta_1 \sin x + \alpha_2 \cos 2x + \beta_2 \sin 2x + \cdots$$
$$+ \alpha_n \cos nx + \beta_n \sin nx$$

或简单写成

$$u_n(x) = \alpha_0 + \sum_{k=1}^{n} (\alpha_k \cos kx + \beta_k \sin kx)$$

的函数称为 n 阶三角多项式, 在这里 α_k, β_k 是某些常数.

用三角多项式逼近有种种特别的方法; 这些方法与用代数多项式逼近的对应方法十分简单地关联着. 在这些方法中, 函数的傅里叶三角级数展开式(§7 专讲傅里叶级数)有**特别重要**的地位. 这级数是以法国数学家傅里叶命名的; 上世纪初, **傅里叶**在研究热传导论时, 得到了关于这种级数的一些理论上的结果. 然而必须指出, 伟大的数学家列昂纳德·欧拉与达尼尔·伯努利在十八世纪中叶已经研究过三角级数. 欧拉是在研究天文学方面的问题时、而伯努利是在研究弦振动时用到这种级数. 顺便说明, 或多或少任意的函数是否可以用三角级数表示这一有原则意义的问题, 是由欧拉与伯努利提出的; 这个问题直到上世纪中叶才最后得到解决. 伯努利已经预料到这问题有肯定的解答, 我们以后还要讲到它的解答.

傅里叶级数在物理上有重大的意义, 我们将较少注意到这一方面, 因为在第六章中已经研究过这个问题. 在那一章中, 读者可

以认识到一些物理问题，它们自然地导向必须把已给函数展开成为与三角级数相似的非三角级数．我们要考虑所谓正交函数的级数．

傅里叶级数已有两个世纪的历史．因此到现代已经建立了很广泛的、非常精密与深刻的傅里叶级数论，它已成为数学中的一门独立理论，这是不足为奇的．在这一理论中，苏联的数学有主导的成就，而且在一系列主要问题上有空前绝后的成就．莫斯科实变函数论学派（鲁金、柯尔莫果洛夫、门朔夫等人）在这段历史中起着特别重要的作用．

我们还要指出，三角多项式在现代数学中的意义远远不仅限于作为逼近的工具．例如在第十章中，读者可以知道维诺格拉朵夫在数论方面的一些基本结果，这些结果是他用相应作出的三角和（多项式）作为工具而推得的．

§2. 插 值 多 项 式

插值多项式作法的特别情形　逼近函数的插值法在实际计算上有广泛的应用．为了把读者引到这方面的问题，我们要考虑下列初等的问题．

设已给在线段 $[x_0, x_2]$ 上的函数 $y = f(x)$，它的图形画在图 1 上．这图形的形状使我们想到一个抛物线的一段．因此如果我们想用简单的函数逼近已给函数；那么自然选取某一、二次多项式

$$P(x) = a_0 + a_1 x + a_2 x^2 \tag{1}$$

作为简单的逼近函数，上列多项式的图形是一抛物线．

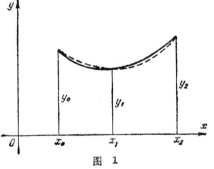

图　1

插值法可叙述如下，在线段 $[x_0, x_2]$ 的内部还给出一内点 x_1，与点 x_0, x_1, x_2 相对应的函数值是 $y_0=f(x_0), y_1=f(x_1), y_2=f(x_2)$.

作出形如(1)的多项式，使它在点 x_0, x_1, x_2 与所考虑的函数（它的图形用虚线画在图 1 上）有相同的值. 换句话说，需要选取多项式(1)的系数 a_0, a_1, a_2 使得下列等式成立：

$$P(x_0)=y_0, \ P(x_1)=y_1, \ P(x_2)=y_2. \tag{2}$$

我们指出，函数 $f(x)$ 可能一开始就不能用公式表示出来，例如它可能代表一种经验关系，其图形画在图 1 上. 解决了它的插值问题，我们就得到表示成解析式、即多项式形状的逼近函数. 如果逼近的准确度可以使人满意，那么求得的多项式比被逼近的函数有这种优点：可以计算中间数值 x.

提出的问题可解决如下：作三个方程

$$y_0=a_0+a_1x_0+a_2 x_0^2,$$
$$y_1=a_0+a_1x_1+a_2 x_1^2,$$
$$y_2=a_0+a_1x_2+a_2 x_2^2,$$

从这些方程求出 a_0, a_1, a_2，然后把系数的数值代入等式(1). 但是我们要用有点不同的方法来解决这个问题. 先作出一个二次多项式 $Q_0(x)$，使得它满足三个条件：$Q_0(x_0)=1, \ Q_1(x_1)=0, \ Q_2(x_2)=0$. 由后两个条件可见这多项式必须有 $A(x-x_1)(x-x_2)$ 的形状，而由第一个条件可见 $A=\dfrac{1}{(x_0-x_1)(x_0-x_2)}$ 因此，所求多项式的形状是

$$Q_0(x)=\frac{(x-x_1)(x-x_2)}{(x_0-x_1)(x_0-x_2)}.$$

同样，多项式

$$Q_1(x)=\frac{(x-x_0)(x-x_2)}{(x_1-x_0)(x_1-x_2)}, \quad Q_2(x)=\frac{(x-x_0)(x-x_1)}{(x_2-x_0)(x_2-x_1)}$$

满足条件

$$Q_1(x_0)=Q_1(x_2)=0, \ Q_1(x_1)=1,$$
$$Q_2(x_0)=Q_2(x_1)=0, \ Q_2(x_2)=1.$$

其次，显然多项式 $y_0 Q_0(x)$ 在 $x=x_0$ 时等于 y_0，而在 $x=x_1$ 及

$x = x_2$ 时等于零. 多项式 $y_1 Q_1(x)$ 及 $y_2 Q_2(x)$ 也有类似的性质.

由此可见, 所求的满足条件(2)的二次插值多项式可以用公式表示如下:

$$P(x) = y_0 Q_0(x) + y_1 Q_1(x) + y_2 Q_2(x)$$

$$= y_0 \frac{(x-x_1)(x-x_2)}{(x_0-x_1)(x_0-x_2)} + y_1 \frac{(x-x_0)(x-x_2)}{(x_1-x_0)(x_1-x_2)}$$

$$+ y_2 \frac{(x-x_0)(x-x_1)}{(x_2-x_0)(x_2-x_1)}. \tag{3}$$

我们指出, 求得的多项式是解决上述插值问题的唯一的二次多项式. 事实上, 如果设有另一、二次多项式 $P_1(x)$ 也能解决这个问题, 那么差式 $P_1(x) - P(x)$ 也是二次多项式, 而且它在 $x = x_0$, x_1, x_2 三点等于零. 但由代数我们知道, 如果一个二次多项式对于 x 的三个值为零, 那么它就恒等于零. 因此, 多项式 $P(x)$ 与 $P_1(x)$ 恒等.

显然, 一般说来, 求得的多项式仅仅在点 x_0, x_1, x_2 处与已给的函数有相同的值; 而对于 x 的另外的值, 它与已给函数有不同的值.

如果取线段 $[x_0, x_2]$ 的中点作为 x_1, 令 $x_2 - x_1 = x_1 - x_0 = h$, 那么公式(3)可以略为简化如下:

$$P(x) = \frac{1}{2h^2} [y_0(x-x_1)(x-x_2) - 2y_1(x-x_0)(x-x_2)$$

$$+ y_2(x-x_0)(x-x_1)].$$

作为例子, 对于正弦 $y = \sin x$ (图2), 用与它在点 $x = 0, \frac{\pi}{2}$, π 有同值的二次多项式插值. 显然, 所求的多项式有下列形状:

$$P(x) = \frac{4}{\pi^2} x(\pi - x) \approx \sin x.$$

在两个中间的点比较 $\sin x$ 与 $P(x)$:

$$P\left(\frac{\pi}{4}\right) = 0.75, 而 \sin\frac{\pi}{4} = \frac{\sqrt{2}}{2} \approx 0.71,$$

$$P\left(\frac{\pi}{6}\right) = \frac{10}{18}, 而 \sin\frac{\pi}{6} = \frac{9}{18}.$$

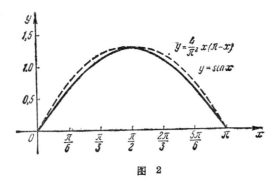

图 2

因此，在线段 $[0, \pi]$ 上逼近 $\sin x$，大约准确到 0.05[1]。另一方面，在点 $\frac{\pi}{2}$ 的邻域展开 $\sin x$ 为泰勒级数，即得

$$\sin x = \cos\left(\frac{\pi}{2} - x\right) = 1 - \frac{\left(\frac{\pi}{2} - x\right)^2}{2!} + \frac{\left(\frac{\pi}{2} - x\right)^4}{4!} - \cdots.$$

如果在展开式中取到第二项为止，那么在点 $x = 0$ 得到 $\sin 0$ 的逼近：$\sin 0 \approx 1 - \frac{\pi^2}{8} \approx 0.234$，其误差大于 0.2。

我们可以看到，把函数 $\sin x$ 在点 $x = \frac{\pi}{2}$ 的邻域内按泰勒公式展开，取二次多项式逼近 $\sin x$，这种方法不如按照插值法、取同次多项式逼近 $\sin x$ 那样令人满意。可是不应当忘记，用泰勒公式可得在 $x = \frac{\pi}{2}$ 的小邻域内很准确的逼近，比用插值法所得在这邻域内的逼近要准确得多。

问题的一般解法 显然，几乎谁也不会决定用二次多项式对图 3 中所画出的较复杂的函数作插值。不管怎样，谁若是决定这样做，那么显然会得到很坏的逼近，因为任何二次抛物线不能有曲

---

1) 为了完全说明这一断言的理由，应当证明不仅对于 $x = \frac{\pi}{4}$ 及 $x = \frac{\pi}{6}$，而且也对于线段 $[0, \pi]$ 上的一切 x 的值，差 $\frac{4x}{\pi}(\pi - x) - \sin x$ 不超过 0.05 阶的数；但是我们不证明这个结论。

线 $y=f(x)$ 那样多的弯曲．这时自然要设法用较高次（不低于四次）的多项式对函数作插值．

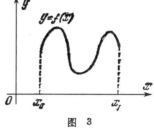

图 3

插值的一般问题是：作 n 次多项式 $P(x)=a_0+a_1x+a_2x^2+\cdots+a_nx^n$，使得它在 $n+1$ 个点 x_0，x_1，x_2，$\cdots$，x_n 与已给函数有相同的值，也就是说，使得它满足 $n+1$ 个等式：$P(x_0)=f(x_0)$，$P(x_1)=f(x_1)$，$\cdots$，$P(x_n)=f(x_n)$．在函数与逼近它的多项式有同值的各点，称为插值结点．与对二次多项式同样进行讨论，不难证明，所求的多项式可以写成

$P_n(x)=$

$$\sum_{k=0}^{n}\frac{(x-x_0)(x-x_1)\cdots(x-x_{k-1})(x-x_{k+1})\cdots(x-x_n)}{(x_k-x_0)(x_k-x_1)\cdots(x_k-x_{k-1})(x_k-x_{k+1})\cdots(x_k-x_n)}f(x_k),$$

(4)

而且这个（n 次）多项式是唯一的．上面写出的公式称为拉格朗日公式．这种公式可以写成其它各种形状；例如牛顿差分公式在实际上有广泛的应用．

插值多项式与生成函数的偏差 插值法是逼近函数的很普遍的方法．在原则上，函数不一定要有特殊的性质，就可以作它的插值；例如函数不一定要在作逼近的整个区间上有导数．在这种意义下，插值法比泰勒公式优越．有趣的是，常常有这样的情况：函数甚至于在一个线段上解析，而对它不能应用泰勒公式作为逼近的工具．例如，我们设想要在线段 $[-2,2]$ 上用代数多项式足够好地逼近函数 $\dfrac{1}{1+x^2}$．骤然看来，为此，自然要想把它在点 $x=0$ 的邻域内展开成泰勒级数

$$\frac{1}{1+x^2}=1-x^2+x^4-x^6+\cdots.$$

可是不难看出，得到的级数只在区间 $-1<x<1$ 内收敛．它在线段 $[-1,1]$ 以外发散，因而不可能在整个线段 $[-2,2]$ 上逼近函数

$\dfrac{1}{1+x^2}$. 但是同时在这里完全可以应用插值法.

当然, 每次要发生适当选定结点的个数与分布这一问题, 使得逼近的误差满足所希望的条件. 在函数有足够高阶的导数的情形下, 下列古典的结果对逼近可能有的误差这一问题作了答复; 我们只叙述这个结果, 但不加证明.

如果函数 $f(x)$ 在线段 $[x_0, x_n]$ 上有连续的 $n+1$ 阶导数, 那么对于这线段中 x 的任一中间数值, 已给函数与以 $x_0 < x_1 < \cdots < x_n$ 为结点的拉格朗日插值多项式的偏差, 可以用公式

$$f(x) - P(x) = \frac{(x-x_0)(x-x_1)\cdots(x-x_n)}{n!} f^{(n+1)}(c)$$

表示出来, 在这里 c 是 x_0 与 x_n 之间的一点. 这个公式使我们想到泰勒展开式的相应的余项公式; 在实质上, 前者是后者的推广. 这样, 如果知道了 $n+1$ 阶导数的绝对值在线段 $[x_0, x_n]$ 上到处不超过数 M, 那么对于在这线段上 x 的任一值, 逼近误差由下列估计所决定:

$$|f(x) - P_n(x)| \leqslant \frac{|x-x_0|\cdots|x-x_n|}{n!} M.$$

在近代逼近论中还有求插值误差的其它许多方法. 这个问题现在已经很好地研究过. 同时已经得到了一些完全没有预料到的有趣结果.

例如考虑在线段 $[-1, 1]$ 上所给出的光滑函数 $y = f(x)$, 这就是说, 它的图形是切线连续变化的连续曲线. 取有固定端点 -1 及 1 的线段这一情况, 实际不起特殊的作用; 以下所讲到的一些事实, 在作若干非本质的改变后, 对于任意线段 $[a, b]$ 也成立.

现在假定在线段 $[-1, 1]$ 上给出一组 $n+1$ 个点

$$-1 \leqslant x_0 < x_1 < \cdots < x_n \leqslant 1, \tag{5}$$

然后作出一个 n 次多项式 $P(x) = a_0 + a_1 x + \cdots + a_n x^n$, 使得它在上列 $n+1$ 个点与 $f(x)$ 有同值. 现在假定在点组 (5) 中, 邻接的点之间有等距离. 如果 n 无限增大, 那么函数 $f(x)$ 的对应的插值多项式 $P_n(x)$, 在愈来愈多的点上与 $f(x)$ 有相同的值; 并且可以想到, 在

不属于点组(5)的中间点 x，当 $n \to \infty$ 时，差式 $f(x) - P_n(x)$ 趋近于零. 在上世纪末已经有过这种想法，然而后来发现，事实远不是这样. 原来对于许多光滑(其至于解析)函数 $f(x)$，在结点 x_k 有等距离的情况下，插值多项式 $P_n(x)$ 当 $n \to \infty$ 时完全不趋近于 $f(x)$. 虽然插值多项式的图形在已给结点与 $f(x)$ 相重合，可是付出了这样的代价：当 n 很大时，对于结点之间的中间数值 x，它与 $f(x)$ 的图形相差很远，而且 n 愈大，相差愈远. 进一步的研究证明了，如果插值结点在线段的中央分布得较稀，而在端点附近较密，那么至少对于光滑函数，上述现象可以避免. 当插值结点 x_k 与车比雪夫多项式 $\cos[(n+1) \arccos x]$ 的零点[1]相重合，亦即当

$$x_k = \cos \frac{2k+1}{2(n+1)} \pi \quad (k = 0, 1, \cdots, n)$$

时，在一定的意义下，正是这种分布是插值结点的最好分布.

与这种结点相对应的插值多项式，以车比雪夫命名，并且具备着这样的性质：当 n 无限增大时，它一致收敛于产生它的光滑函数，亦即不仅本身连续、而且有连续一阶导数的函数. 这种函数的图形是切线连续变化的连续曲线. 在图 4 上，画出了当 $n = 5$ 时，车比雪夫多项式的零点的分布.

对于任意不光滑的连续函数，那么情形就要坏些；原来一般说

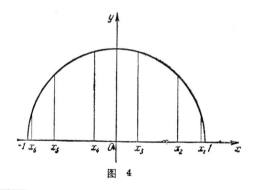

图 4

---

1) 任何适合 $f(x_k) = 0$ 的数值 x_k 称为函数 $f(x)$ 的零点. 关于车比雪夫多项式的更详细的讨论，见 §5.

来，不存在着这样的插值结点序列：使得对于任一连续函数，对应的插值过程收敛(法柏尔定理). 换句话说，无论怎样分割线段 $[-1, 1]$，得到结点的个数无限增大，总可找到在这线段上连续的函数 $f(x)$，使得按这些结点逐步插补它的多项式不收敛于已给函数. 如果上世纪中叶的数学家知道了这个事实，一定会认为这是难以置信的. 当然，问题在于在连续不光滑的函数中，有些很"坏"的函数，例如有在给出函数的线段上处处没有导数的函数. 这就是为什么在这种函数中可以找到一些函数，对于它们给定的插值过程发散. 可是对于它们还是可以提出有效的多项式逼近法，这些方法是上述插值法的变形；不过我们不讲这个问题.

最后我们指出，可以不一定用代数多项式对函数作插值. 例如在实用方面以及在理论方面已经很好地研究过用三角多项式的插值法.

§3. 定积分的逼近

在与积分近似计算有关的问题中，函数插值法有广泛的应用. 作为例子，我们举出定积分的一个近似表示公式，即辛卜森公式；这个公式在实用分析中用处特别大.

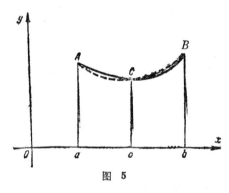

图 5

设要近似地计算函数 $f(x)$ 在线段 $[a, b]$ 上的定积分；这函数的图形见图5. 定积分的大小恰好等于曲线梯形 $aABb$ 的面积. 设 C 是图形上以 $c = \dfrac{a+b}{2}$ 为横坐标的点. 过点 A、B 及 C 作二次抛物线. 由上节可知，这条抛物线是由下列等式所确定的二次多项式的图形：

$$P(x) = \frac{1}{2h^2}[(x-c)(x-b)y_0 - 2(x-a)(x-b)y_1$$
$$+ (x-a)(x-c)y_2],$$

在这里

$$h = \frac{b-a}{2}, y_0 = f(a), y_1 = f(c), y_2 = f(b).$$

应用上节中已用过的术语，可以说二次多项式 $P(x)$ 在以 a、c、b 为横坐标的点插补函数 $f(x)$. 如果函数 $f(x)$ 的图形在线段 $[a, b]$ 上变化得很平滑，而且线段本身不长，那么多项式 $P(x)$ 到处与 $f(x)$ 相差很小；由此可推出这两函数在 $[a, b]$ 上的积分也相差很小. 根据这一点，我们可以把这两积分算作近似相等：

$$\int_a^b f(x)\,dx \approx \int_a^b P(x)\,dx,$$

或者也可以把第二个积分算作第一个的近似值. 读者作了简单的计算以后，可以看出

$$\int_a^b (x-c)(x-b)\,dx = \frac{2}{3}h^3, \quad -\int_a^b (x-a)(x-b)\,dx = \frac{4}{3}h^3,$$

$$\int_a^b (x-a)(x-c)\,dx = \frac{2}{3}h^3,$$

从而

$$\int_a^b P(x)\,dx = \frac{h}{3}[f(a) + 4f(c) + f(b)].$$

这样，我们的定积分可用下列近似公式算出：

$$\int_a^b f(x)\,dx \approx \frac{h}{3}[f(a) + 4f(c) + f(b)].$$

这就是辛卜森公式.

作为应用这公式的例子，我们计算 $\sin x$ 在线段 $[0, \pi]$ 上的积分. 这时

$$h = \frac{\pi}{2}, \quad f(a) = \sin 0 = 0, \quad f(c) = \sin\frac{\pi}{2} = 1, \quad f(b) = \sin\pi = 0,$$

因而 $\frac{h}{3}[f(a) + 4f(c) + f(b)] = \frac{2}{3}\pi = 2.09\cdots$. 另一方面，我们可以准确地求出这个积分

$$\int_0^\pi \sin x \, dx = -\cos x \Big|_0^\pi = 2,$$

误差不超过 0.1.

如果把区间 $[0, \pi]$ 分成两个相等的部分，并且对其中每一部分分别应用上述公式,那么就得到

$$\int_0^{\frac{\pi}{2}} \sin x \, dx \approx \frac{\pi}{12} \Big[\sin 0 + 4 \sin \frac{\pi}{4} + \sin \frac{\pi}{2} \Big]$$

$$= \frac{\pi}{12} \Big(4 \cdot \frac{\sqrt{2}}{2} + 1 \Big) \approx 1.001, \quad \int_{\frac{\pi}{2}}^\pi \sin x \, dx \approx 1.001.$$

于是

$$\int_0^\pi \sin x \, dx \approx 2.002;$$

现在误差已更加减小,约为 0.002.

在实用上,为了近似计算函数 $f(x)$ 在线段 $[a, b]$ 上的定积分,把这线段用点 $a = x_0 < x_1 < \cdots < x_n = b$ 分成偶数 n 个部分，并且先对线段 $[x_0, x_2]$，然后对线段 $[x_2, x_1]$ 等等，逐步应用辛卜森公式。结果得到下列一般的辛卜森公式:

$$\int_a^b f(x) \, dx \approx \frac{b-a}{3n} \Big[f(x_0) + 4f(x_1) + 2f(x_2) + 4f(x_3)$$

$$+ \cdots + f(x_n) \Big]. \tag{6}$$

我们举出对这公式的古典的估计。如果函数 $f(x)$ 在线段 $[a, b]$ 上有满足不等式 $|f^{\mathrm{IV}}(x)| \leqslant M$ 的四阶导数，那么下列估计式成立:

$$\Big| \int_a^b f(x) \, dx - L(f) \Big| \leqslant \frac{M(b-a)^5}{180 \, n^4}. \tag{7}$$

这里用 $L(f)$ 表示公式 (6) 的右边。在这种情形下，误差有 n^{-4} 阶[1].

我们也可以把线段 $[a, b]$ 分成 n 个相等的部分，并且把图 6 上画出的那些矩形的面积的和称作积分的近似值。这时我们就得

---

1) 如果与 $n = 1, 2, \cdots$ 有关的一数 α_n 满足等式 $|\alpha_n| < \dfrac{C}{n^k}$，在这里 C 是与 n 无关的常数,那么我们说它有 n^{-k} 阶。

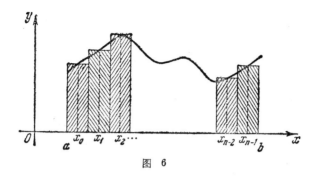

图 6

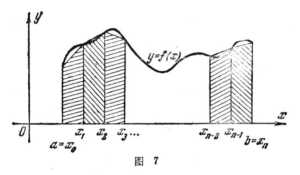

图 7

到矩形近似公式[1]:

$$\int_a^b f(x)\,dx \approx \frac{b-a}{n}\left[f(x_0)+f(x_1)+\cdots+f(x_{n-1})\right]. \tag{8}$$

可以证明，只要函数在线段 $[a, b]$ 上有二阶导致，这公式的误差的阶是 n^{-2}. 我们也可以把图 7 上画出的那些梯形的面积的和取作积分的近似值，这时得到梯形公式

$$\int_a^b f(x)\,dx \approx \frac{b-a}{2n}\left[f(x_0)+2f(x_1)+\cdots+2f(x_{n-1})+f(x_n)\right];$$

$$\tag{9}$$

如果函数有有界的二阶导数，这公式有误差阶 n^{-2}.

通常说来，辛卜森公式比梯形及矩形公式准确. 这句话需要解释一下. 如果我们只知道函数有一阶导数，那么这三种公式所

---

1) 在这种情形下，x_0, x_1, $\cdots$, x_{n-1} 是区间 $[a, b]$ 中相等的部分的中点，而不象在公式(6)及(9)中那样是分点.

求得的积分近似值都一定有 n^{-1} 阶；在这种情形下，辛卜森公式比矩形及梯形公式并没有实质上的优越性. 对于有二阶导数的函数，已可保证用梯形及辛卜森公式所求得的近似值有 n^{-2} 阶. 如果函数有三阶及四阶导数，那么对于矩形及梯形公式，误差的阶仍然等于 n^{-2}，而对于辛卜森公式，则分别等于 n^{-3} 及 n^{-4}. 但对于辛卜森公式本身，次数 n^{-4} 也是误差的界限，这就是说，对于有高于四阶导数的函数，误差的阶还是等于 n^{-4}. 因此如果已经有五阶导数的函数，并且我们希望利用这一情况，求得 n^{-5} 阶的近似值，那么就需要作出与辛卜森公式不同的、新的定积分逼近法. 为了了解应当怎样作出这种方法，我们说明如下.

容易验证，梯形及矩形公式对于一次多项式是准确的；这就是说，在(9)中代入函数 $A+Bx$，就得到准确的等式，在这里 A 及 B 是常数. 在这种意义下，辛卜森公式对于三次多项式 $A+Bx+Cx^2+Dx^3$ 是准确的. 问题正是在于这些性质. 我们设想把线段 $[a, b]$ 分成 n 等分，对每部分应用对 $m-1$ 次多项式 $A+Bx+\cdots+Fx^{m-1}$ 准确的同一种积分逼近法. 于是对于任一有有界 m 阶导数的函数，逼近误差就有 n^{-m} 阶，并且如果这函数不是 $m-1$ 次多项式，那么即令对于有较高阶导数的函数，误差的阶也不能提高.

我们已经讨论到这一问题的重要性：找出尽可能简单的积分的近似方法，使其对已给次数的多项式准确. 很久以来，数学家已经注意到这个问题，现在在这方面有许多文献. 在这里我们只讲几个古典的结果.

已给函数 $p(x)$. 试问应当怎样在线段 $[-1, 1]$ 上安排结点 $x_1, \cdots, x_m$，并且怎样选择数 K，使得无论 $f(x)$ 是任何 m 次多项式，下列等式成立：

$$\int_{-1}^{1} f(x) p(x) dx = K \sum_1^m f(x_i).$$

原来当 $p(x) = (1-x^2)^{-\frac{1}{2}}$ 时，如果 $K = \frac{\pi}{m}$，而 x_i 是以车比雪夫命名的多项式 $\cos m \operatorname{arc} \cos x$ 的零点，那么上述问题有肯定的解答.

对于 $p(x)=1$, 在 $m=1, 2, \cdots, 7$ 时, 车比雪夫给出了这个问题的解答. 在 $m=8$ 时, 这个问题没有解: 可以找到结点, 但它们是复数. 在 $m=9$ 时, 这个问题又有解. 然而伯恩斯坦曾经证明, 对于任何 $m>9$, 问题仍然无解(结点在线段 $[-1, 1]$ 以外).

应用拉格朗日公式(4), 可以很简单地推出对 n 次多项式准确的求积公式. 如果对(4)式的左右两边在线段 $[a, b]$ 上求积分, 那么得到

$$\int_a^b P_n(x)\,dx = \sum_{k=0}^m p_k f(x_k),\tag{10}$$

在这里

$$p_k = \int_a^b \frac{(x-x_0)\cdots(x-x_{k-1})(x-x_{k+1})\cdots(x-x_n)}{(x_k-x_0)\cdots(x_k-x_{k-1})(x_k-x_{k+1})\cdots(x_k-x_n)}\,dx$$
$$(k=0, 1, \cdots, n).$$

于是等式(10)对于一切 n 次多项式成立, 因而求积公式

$$\int_a^b p(x)\,dx \approx \sum_0^n p_k f(x_k)$$

对于一切 n 次多项式准确.

我们知道, 当

$$x_0=a, \ x_1=\frac{a+b}{2}, \ x_2=b$$

时, 这公式化为辛卜森公式.

我们可以改变结点 $x_k (k=0, 1, \cdots, n)$ 在线段 $[a, b]$ 的范围内的分布. 对应于结点的每种分布, 有一求积公式.

高斯(上世纪著名的德国数学家)曾经证明, 可以安排结点 x_k, 使得求积公式不仅对于一切 n 次多项式、而且也对于一切 $2n+1$ 次多项式准确.

利用高斯的结点 x_k 所作出的 $n+1$ 次多项式

$$A_{n+1}(x) = (x-x_0)(x-x_1)\cdots(x-x_n)$$

有巧妙的性质: 无论 $P(x)$ 是任何次数小于 $n+1$ 的多项式, 下列等式成立:

$$\int_a^b A_{n+1}(x)P(x)\,dx = 0.$$

这样，多项式 $A_{n+1}(x)$ 在线段 $[a,\ b]$ 上与一切次数不超过 n 的多项式正交．多项式 $A_{n+1}(x)$ 称为（对应于线段 $[a,\ b]$ 的）**莱让德尔多项式**．

§4. 车比雪夫最好一致逼近的观念

问题的提出 车比雪夫由于希望解决纯粹实用的问题，而得到了最好一致逼近的观念．车比雪夫不仅是上世纪的一位伟大的数学家，建立了一系列现在已经广泛发展了的数学理论的基础，而且他也是当时的一位先进的工程师．特别，车比雪夫对这样的问题很感兴趣；即关于能作出某种已给运动轨线的机械的构造问题．我们现在来说明这些话表示什么．

设在线段 $a \leqslant x \leqslant b$ 上已给曲线 $y-f(x)$．需要造成满足一定技术条件的机械，使得当机械运转时，它上面的一点尽可能准确地画出已给曲线．车比雪夫解决所提出的问题如下．首先他作为工程师来解决这个问题，造成了需要的机械，利用它可以比较约略近似地得到所需的运动轨线．这样，当这暂且还不是最后设计的机械运转时，它上面的一点 A 画出曲线

$$y = \varphi(x), \tag{11}$$

这曲线只与所需的曲线 $y=f(x)$ 大略相似．造出的机械是由一些各别的部分、如小齿轮、各类杠杆等等所构成的．所有这些部分都有一定的大小

$$\alpha_0,\ \alpha_1,\ \alpha_2,\ \cdots,\ \alpha_m, \tag{12}$$

这些数量完全确定了机械，因而也完全确定了曲线(11)．这就是机械以及曲线(11)的参数[1]．因此，曲线(11)不仅与自变数 x 有关，而且也与参数(12)有关．对应于任意一组参数的数值，有一条确定的曲线，其方程可以方便地写成下列形状：

$$y = \varphi(x;\ \alpha_0,\ \alpha_1,\ \cdots,\ \alpha_m). \tag{13}$$

---

1) 希望知道这类机械设计的详细情形的读者，请参看"车比雪夫的科学遗产"论文集，第二卷，苏联科学院出版社，1945 年版．

在这种情形下，照例说我们已经得到了一族函数(12)，这些函数是在线段 $a \leqslant x \leqslant b$ 上给出、并且与 $m+1$ 个参数(11)有关。

在进一步解决他自己的问题时，车比雪夫已作为纯粹数学家而出现。他十分自然地提出了把数量

$$\|f-\varphi\| = \max_{a \leqslant x \leqslant b} |f(x) - \varphi(x; \alpha_0, \alpha_1, \cdots, \alpha_m)| \tag{14}$$

算作已给函数 $f(x)$ 与邻近它的函数 $\varphi(x; \alpha_0, \alpha_1, \cdots, \alpha_m)$ 在线段 $a \leqslant x \leqslant b$ 上的偏差的尺度，这个数量等于差式 $f(x) - \varphi(x; \alpha_0, \alpha_1, \cdots, \alpha_m)$ 的绝对值在线段 $a \leqslant x \leqslant b$ 上的极大值(图8)，显然，这数量是参数 $\alpha_0, \alpha_1, \cdots, \alpha_m$ 的一个函数

$$\|f-\varphi\| = F(\alpha_0, \alpha_1, \cdots, \alpha_m). \tag{15}$$

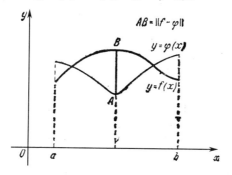

图 8

现在提出寻找使函数(15)取最小值的参数数值这一问题。这些数值确定函数 φ；通常说在所考虑的族(11)内的一切函数中，这样确定的函数 φ 以最好的方式一致逼近已给函数 $y = f(x)$。对于确定 φ 的这些数值，数量 $F(\alpha_0, \alpha_1, \cdots, \alpha_m)$ 称为函数 $f(x)$ 在线段 $[a, b]$ 上用族(13)中的函数 φ 的**最好一致逼近**。通常把它用符号 $E_m(f)$ 来表示。"一致"这个词，特别在外国的文献中，往往被"车比雪夫"这个词所代替。两个词都着重指出了函数邻近的一定的性质。还可以有其它的方法，例如可以说某一族中的一个函数在平均平方的意义下以最好的方式逼近函数 $f(x)$。在 §8 中要讲到这个问题。

车比雪夫首先揭露了这里考虑的问题所适合的一些规律，并

且在许多情形下，发现了在线段 $[a, b]$ 上以最好的方式逼近函数 f 的函数 φ，具有一种巧妙的性质：对于这个函数 φ，差式

$$f(x) - \varphi(x; \alpha_0, \alpha_1, \cdots, \alpha_m)$$

至少在 $[a, b]$ 中的 $m+2$ 个点上，以正负交错的符号达到它的绝对值的极大值(图9).

我们在这里不准确叙述使这断语成立的一些条件，有准备的读者可阅读冈察洛夫的一篇论文"函数的最好逼近论"("车比雪夫的科学遗产"，第一卷).

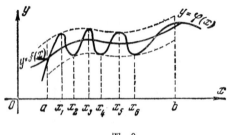

图 9

多项式逼近函数的情形　把上述车比雪夫的研究应用到下列问题上有特别重要的一般理论上的意义：用已给次数 n 的多项式 $P_n(x) = a_0 + a_1 x + a_2 x^2 + \cdots + a_n x^n$ 逼近在线段 $[a, b]$ 上的任一函数. n 次多项式 $P_n(x)$ 形成与 $n+1$ 个系数(参数)有关的一个函数族. 可以证明，对于多项式完全可以应用车比雪夫的理论；因此，如果要知道在有已给次数 n 的一切多项式中，给出的多项式 $P_n(x)$ 是否在 $[a, b]$ 上以最好的方式一致逼近于已给函数 $f(x)$，那么需要在这线段上找出 x 的一些数值，使得对于这些数值，函数 $|f(x) - P_n(x)|$ 达到它在 $[a, b]$ 上的极大值 L. 如果这时从这些数值中可以找出 $n+2$ 个 x_1, $x_2, \cdots, x_{n+2}$，使得对于它

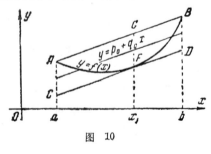

图 10

们差式 $f(x) - P_n(x)$ 依次改变符号:

$$f(x_1) - P_n(x_1) = \pm L,$$
$$f(x_2) - P_n(x_2) = \mp L,$$
$$\cdots\cdots\cdots\cdots\cdots\cdots$$
$$f(x_{n+2}) - P_n(x_{n+2}) = \pm(-1)^{n+1}L,$$

那么 $P_n(x)$ 是最好的多项式;否则 $P_n(x)$ 就不是最好的多项式. 例如已给画在图 10 上的函数 $f(x)$. 用一次多项式 $P_1(x) = p + qx$ 最好一致逼近 $f(x)$ 这一问题的解,是一个一次多项式 $p_0 + q_0 x$,其图形是一直线,它与弦 AB 平行,并且把这弦以及与它相平行的切线 CD(曲线 $y = f(x)$ 的切线)之间的平行四边形分成相等两部分. 这是因为差式 $f(x) - (p_0 + q_0 x)$ 的绝对值显然对于数值 $x_0 = a$, x_1 以及 $x_2 = b$ 达到它的极大值,其中 x_1 是切点 F 的横坐标;而且差式对于上述三数值依次改变符号. 为了避免误会起见,我们指出,这里所讲的是在每点有切线的下凸函数. 在这个例子中, $E_1(f)$ 等于线段 AC 的长的一半,或者等于与 AC 等长的线段 BD 或 GF 的长的一半.

§5. 与零偏差最小的车比雪夫多项式

我们来研究下列问题. 找出在线段 $[-1, 1]$ 上最好一致逼近函数 x^n 的 $n-1$ 次多项式 $P_{n-1}(x)$.

原来所求的多项式满足等式

$$x^n - P_{n-1}(x) = \frac{1}{2^{n-1}} \cos n \operatorname{arc} \cos x. \tag{16}$$

这个事实可以纯粹形式地从车比雪夫定理推出,只要预先证明了:第一,(16)的右边是一个 n 次代数多项式,其中 x^n 的系数等于 1;第二,它的绝对值在所考虑的线段 $[-1, 1]$ 上 $n+1$ 个点 $x_k = \cos \frac{k\pi}{n}$ $(k = 0, 1, \cdots, n)$ 达到极大值 $L = \frac{1}{2^{n-1}}$;第三,它本身在这些点依次改变符号.

用下列推理, 可以证明(16)的右边是 n 次多项式, 其中 x^n 的系数等于 1.

设对于已给的自然数 n, 已经证明了下列等式成立:

$$\cos n \arccos x = 2^{n-1}[x^n - Q_{n-1}(x)],$$
$$-\sqrt{1-x^2} \sin n \arccos x = 2^{n-1}[x^{n+1} - Q_n(x)],$$

在这里 Q_{n-1} 及 Q_n 是次数分别为 $n-1$ 及 n 的代数多项式. 于是对于 $n+1$, 类似的等式也成立, 因为考虑下列公式就容易证明这一点:

$$\cos(n+1)\arccos x = x \cos n \arccos x - \sqrt{1-x^2} \sin n \arccos x,$$
$$-\sqrt{1-x^2} \sin(n+1)\arccos x = -x\sqrt{1-x^2} \sin n \arccos x$$
$$+ (x^2-1)\cos n \arccos x.$$

而由于

$$\cos \arccos x = x,$$
$$-\sqrt{1-x^2} \sin \arccos x = x^2 - 1,$$

我们的等式对于 $n=1$ 也成立. 在这种情形下, 它们对于任何 n 成立.

以首先提出并且解决问题的车比雪夫命名, (16)的右边称为**与零偏差最小的 n 次车比雪夫多项式**. 以下就是这种多项式中的前几个:

$$T_0(x) = 1,$$
$$T_1(x) = x,$$
$$T_2(x) = \frac{1}{2}(2x^2 - 1),$$
$$T_3(x) = \frac{1}{4}(4x^3 - 3x),$$
$$T_4(x) = \frac{1}{8}(8x^4 - 8x^2 + 1),$$
$$T_5(x) = \frac{1}{16}(16x^5 - 20x^3 + 5x).$$

我们已经有机会确认车比雪夫多项式在插值法以及积分逼近法问题中的重要作用. 在这里对插值法作进一步的说明是适宜的.

由于任一连续函数 $f(x)$ 与逼近它的多项式 $P_n(x)$ 的差 $f(x)-P_n(x)$ 在 $n+2$ 点改变符号，于是根据连续函数的性质，$P_n(x)$ 与 $f(x)$ 在线段 $[a,b]$ 上某 $n+1$ 个定点有相同的值，亦即对于选出的一组结点，$P_n(x)$ 是 $f(x)$ 的 n 次插值多项式。

这样，连续函数 $f(x)$ 的最好一致逼近问题，化成会在线段 $[-1,1]$ 上选择一组插值结点 x_0，x_1，$\cdots$，x_n，使得对应的 n 次插值多项式有可能最小的偏差 $\|f-Q\|=\max|f(x)-Q(x)|$ 这一问题。可惜实际找需要的结点常常有很大的困难。通常必须近似地解决这个问题，在这里显出车比雪夫多项式的特殊作用。原来如果恰好取多项式 $\cos(n+1)\arccos x$ 的零点（在这些点，多项式本身等于零）作为插值结点，那么至少对于大的 n，对应的插值多项式与（充分光滑的）函数的一致偏差，以及最好一致逼近函数的多项式与函数的相应偏差，两者相差很小。在一系列重要的特异情形下，"相差很小"这个有点不确定的说法可以用很准确的数量估计来充实，我们在这里不讲这种估计。

现在回到车比雪夫多项式。把它取作下列形状：$T_n(x)=M\cos n\arccos x$ $(-1\leqslant x\leqslant 1)$，在这里 M 是一正数。显然，这多项式的绝对值在线段 $[-1,1]$ 上到处不超过数 M。它的导数等于

$$T'_n(x)=-\frac{nM\sin n\arccos x}{\sqrt{1-x^2}},$$ 因而在线段 $[-1,1]$ 上满足不等式

$|T'_n(x)|\leqslant-\dfrac{nM}{\sqrt{1-x^2}}$。原来对于在线段 $[-1,1]$ 上绝对值不超过 M 的一切 n 次多项式，上列不等式正确；这就是说，对于在线段 $[-1,1]$ 上的任何这种多项式的导数下列不等式成立：

$$|P'_n(x)|\leqslant\frac{nM}{\sqrt{1-x^2}}.$$

这个不等式应当属于马尔科夫，因为由他的结果可以直接推出这个于等式，而且甚至他的结果还更深远一点。马尔科夫本人是在研究门捷列夫对他所提出的问题时得到他自己的结果的。

在1912年，对于三角多项式，伯恩斯坦进一步得到了以他命名

的、与这不等式相类似的结果，并且利用这些不等式，他首先发现了如果知道函数的最好逼近递减的阶，那么可以推出函数有可微分性。关于可微函数的这种类型的结果，我们要在§6及§7中讲到。

§6. 魏尔斯特拉斯定理. 函数的最好逼近与它的微分性质

魏尔斯特拉斯定理 如果把§4中所给出的函数的最好逼近一般定义应用到用 n 次代数多项式逼近函数的情形，那么我们就得到下列定义。已给在线段 $[a, b]$ 上的函数 $f(x)$. 表达式

$$\max_{a < x < b} |f(x) - P_n(x)| = \|f - P_n\|$$

关于一切 n 次多项式 $P_n(x)$ 的极小值等于（非负的）数 $E_n(f)$. 那么 $E_n(f)$ 称为函数 $f(x)$ 在线段 $[a, b]$ 用 n 次多项式的最好一致逼近. 不论我们是否会找出一个多项式的准确表达式最好一致逼近已给函数，寻求数量 $E_n(f)$ 的更加准确的数值具有重大的实际及理论意义. 事实上，如果我们要以达到已给数量 δ 的准确度用多项式逼近函数 f，换句话说，要使得对于已给线段上的一切 x，

$$|f(x) - P_n(x)| < \delta, \tag{17}$$

那么对于满足 $E_n(f) > \delta$ 的 n，从 n 次多项式中选取逼近多项式就没有什么意义，因为对于这个 n，不存在满足(17)的多项式 P_n，不论 P_n 如何取. 另一方面，如果我们知道了 $E_n(f) < \delta$，那么对于这种 n，设法找出以准确度 δ 逼近 $f(x)$ 的多项式 $P_n(x)$ 就有意义，因为这种多项式显然存在. 对于不同各类函数的最好逼近的性质，已经有过精细而深刻的研究. 首先我们指出下列重要事实.

如果函数 $f(x)$ 在线段 $[a, b]$ 上连续，那么它的最好逼近 $E_n(f)$ 当 n 无限增大时趋近于零.

这是魏尔斯特拉斯在上世纪末证明的一个定理. 它有很大的意义，因为它肯定了在原则上：可以用某一多项式以任何预先指

定的准确度逼近任一连续函数. 由于这种情况, 一切任意次多项式的集合在一定程度上对在线段上所给出的一切连续函数的集合的关系, 也象一切有理数的集合 R 对一切实(有理及无理)数的集合 H 的关系. 事实上, 无论 α 是什么无理数, 并且无论 ε 是怎样小的正数, 总可找出有理数 r 满足不等式 $|\alpha-r|<\varepsilon$. 另一方面, 如果 $f(x)$ 是在 $[a, b]$ 上的连续函数, ε 是任一小正数, 那么由魏尔斯特拉斯定理, 有一代数多项式 $P_n(x)$ 存在, 使得对于在 $[a, b]$ 上的一切 x, $|f(x)-P_n(x)|<\varepsilon$ 成立. 原来由上述定理, 连续函数的最好逼近 $E_n(f)$ 当 $n\rightarrow\infty$ 时趋近于零.

可以把魏尔斯特拉斯定理用图形解说如下. 设已给确定在线段 $[a, b]$ 上的任一连续函数 $f(x)$ 的图形(参看图9). 给出任一小正数 ε, 围绕图形作出宽度为 2ε 的带形, 使得图形通过带形的中央. 于是总可选出次数足够高的代数多项式

$$P_n(x)=a_0+a_1x+\cdots+a_nx^n,$$

使得它的图形完全落在所取的带形以内.

我们还作下列说明. 设与上面一样, $f(x)$ 是在 $[a, b]$ 上的任一连续函数, $P_n(x)(n=1, 2, \cdots)$ 是它的最好一致逼近的多项式. 不难看出, 函数 $f(x)$ 可以表示成为在 $[a, b]$ 上一致收敛于它的级数 $f(x)=P_1(x)+[P_2(x)-P_1(x)]+[P_3(x)-P_2(x)]+\cdots$ 这是由于级数的前 n 项的和等于 $P_n(x)$, 并且 $\max\limits_{a<x<b}|f(x)-P_n(x)|=E_n(f)$, 而 $E_n(f)$ 当 $n\rightarrow\infty$ 时趋近于零.

结果我们得到魏尔斯特拉斯定理的一种新表述法:

任何在线段 $[a, b]$ 上连续的函数可以表示成为一致收敛于它的代数多项式级数.

这个结果有重大的原则上的意义. 它肯定了可以把随意给出的(例如用图形)任一连续函数表示成为解析式的形状. (所谓解析表示就是指或者初等函数, 或者由初等函数序列取极限所得的函数.)在历史上, 这个结果最后破坏了在数学上几乎到上世纪中叶还一直存在着的关于解析式的种种概念. 我们说"最后", 因为

这种类型的一系列特别是关于傅里叶级数的结果，出现在魏尔斯特拉斯定理以前。在得到这结果以前，人们以为解析函数确定一种特别好的规律性，而这种规律性就是解析函数的特征。当时通常以为不言而喻，解析式是无穷可微分的，并且甚至可以展开成为幂级数，这些概念是不正确的。函数可能在整个区间上完全没有导数，而它还是可以用解析式表示出来。

就方法论的观点说来，这些发现的意义在于，从它们可以清楚地觉察到，在原则上数学有可能用它本身的方法来研究比原先想到的更广泛得不可限量的一类规律。

现在已经知道魏尔斯特拉斯定理有许多不同的证法。其中大部分可以归结为：对于已给的连续函数 f，提出某种步骤来求得一个多项式序列，使得这些多项式当其次数无限增大时对 f 一致逼近，下面就是很简单地作出的一个多项式：

$$B_n(x) = \sum_{k=0}^{n} C_n^k x^k (1-x)^{n-k} f\left(\frac{k}{n}\right),$$

它可以用来逼近在线段 $[0, 1]$ 上连续的函数 $f(x)$。这个多项式称为**伯恩斯坦多项式**。当 n 无限增大时，它在线段 $[0, 1]$ 上一致收敛于产生它的连续函数[1]。在这里 C_n^k 是从 n 个元素中取 k 个的组合的个数。

我们指出，对复数域也有与魏尔斯特拉斯定理相类似的定理。在这方面，全面的结果是由拉夫伦捷夫、凯尔迪什以及梅尔格亮得到的。

函数的最好逼近的阶与它的微分性质的关系　我们还指出下列结果。如果函数 $f(x)$ 在线段 $[a, b]$ 上有 r 阶导数 $f^{(r)}(x)$，其绝对值不超过数 K，那么这函数的最好逼近 $E_n(f)$ 满足不等式

$$E_n(f) \leqslant \frac{c_r K}{n^r}, \tag{18}$$

在这里 c_r 是只与 r 有关的常数（杰克逊定理）。由不等式（18）可见，

---

1) 必须说明，虽然伯恩斯坦多项式很简单，可是在实用上很少用到它。这是因为它收敛得很慢，即令函数有很好的微分性质时还是这样。

当 n 无限增大时，函数有愈高阶数的导数，$E_n(f)$ 趋近于零愈快．这样，函数愈好（愈光滑），它的最好逼近趋近于零愈快．如伯恩斯坦所曾经证明的，在一定的意义下，逆定理也成立．

解析函数比可微分函数还要更好．伯恩斯坦曾经证明，这种函数的最好逼近满足不等式

$$E_n(f) \leqslant cq^n, \tag{19}$$

在这里 c 及 q 是与 f 有关的常数，而且 $0 < q < 1$，这就是说，$E_n(f)$ 比某一几何级数趋近于零更快．他也证明了：相反，由不等式 (19) 可推出函数 f 在 $[a, b]$ 上解析．

我们已经引进了在本世纪初所得到的几个最重要的结果，其特征是，它们在很大的程度上，确定了现代函数逼近论的方向．这些结果对于实际估计逼近的意义可以用下列例子加以解释．

如 $Q_n(x)$ 是在线段 $[-1, 1]$ 上按 $(n+1)$ 个结点插补函数 $f(x)$ 的一个 n 次多项式，而且取车比雪夫多项式 $\cos(n+1)\arccos x$ 的零点作为结点，那么在线段 $[-1, 1]$ 上，下列不等式成立：$|f(x) - Q_n(x)| \leqslant c \ln n \, E_n(f)$，其中 c 是与 n 无关的常数，而 $E_n(f)$ 是函数 f 在 $[-1, 1]$ 上的最好逼近．在上一不等式中，按照函数的光滑性，$E_n(f)$ 可以根据 (18) 或 (19) 用比它大的数来代替，于是得到用上述插值多项式的好的逼近估计．因为当 n 增大时，$\ln n$ 趋近于无穷大很慢，所以在这种情形下，估计的阶与 $E_n(f)$ 趋近于零的阶相差很小．

用车比雪夫结点的插值的优点在于，对于其它结点，在对应的不等式中，因子 $c \ln n$ 要用增长得更快的因子来代替；在等距离基点的情形，因子特别大．

§7. 傅里叶级数

傅里叶级数的产生 傅里叶级数是在研究某些物理现象、首先是在研究弹性介质的小振动时产生的．普通音乐弦的振动可以作为这种振动的有特征的例子．在历史上，正是振动弦的研究引

导出傅里叶级数,并且确定了其理论的方向.

考虑(图 11)一根拉紧的弦,其两端固定在轴 Ox 上 $x=0$ 及 $x=l$ 两点. 如果使弦离开平衡位置,那么它就要振动.

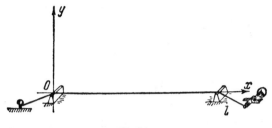

图　11

我们要研究弦上有横坐标 x_0 的一个定点. 它在垂直方向与平衡位置的偏差是时间的一个函数 $\varphi(t)$. 原来总可使弦离开平衡,并且给出它在开始时 $t=0$ 的速度,使得结果所要研究的点在垂直方向作由函数

$$\varphi = \varphi(t) = A \cos \alpha kt + B \sin \alpha kt \tag{20}$$

所确定的调和振动,在这里 α 是完全确定的常数,它只与所取的弦的物理性质(密度、张力、长度)有关, k 是已给的任一自然数, A 与 B 是常数.

我们指出,这种讨论是对弦作小振动的情形进行的. 因此我们可以近似地把每点 x_0 算作只在垂直方向振动;而略去在水平方向的移动[1]. 我们也把该振动时所产生的摩擦也算作小到可以略去不计. 这样,我们近似地把振动算作是不减弱的.

对应于某种调和振动的函数(20)是有周期 $\dfrac{2\pi}{\alpha k}$ 的周期函数. 由这种函数所确定的振动规律,并不是弦上定点 x_0 可能振动的一切规律. 试验以及伴随着它的理论证明,点 x_0 可作某种完全任意

---

1) 关于这个问题的研究与弦振动微分方程

$$\frac{\partial^2 u}{\partial t^2} = a^2 \frac{\partial^2 u}{\partial x^2} \left(a = \frac{1}{\pi} \alpha \right)$$

有直接的关系;在第六章中,第 57 页上,已经讲过这个问题.

的振动, 应当把它看作是由形如(20)的一些完全确定的调和振动相叠加而得. 比较简单的规律可由几个这样的振动相加而得, 这就是说, 它们可以写成形如

$$\varphi(t) = A_0 + \sum_{k=1}^{n} (A_k \cos \alpha k t + B_k \sin \alpha k t)$$

的函数, 在这里 A_k 及 B_k 是对应的常数. 这些函数称为三角多项式. 在更复杂的情况下, 已给的振动规律必须看作是由无穷个形如(20)的振动相叠加而得, 这无穷个振动对应于数 $k=1, 2, 3, \cdots$, 并且对应于用应有的方法选出的、与指标 k 有关的某些常数 A_k 及 B_k. 这样, 我们知道必须把表示点 x_0 的任一振动规律的函数 $\varphi(t)$ $\left(\text{有周期 } \dfrac{2\pi}{\alpha}\right)$, 表示成为级数

$$\varphi(t) = A_0 + \sum_{k=1}^{\infty} (A_k \cos \alpha k t + B_k \sin \alpha k t) \tag{21}$$

的形状.

在物理中其它一些情况下, 不一定表示振动规律的已给函数关系, 根据物理上的理由, 可自然地看作形如(21)的无穷三角级数的和. 例如在振动弦的问题中就有这种情况出现. 我们使在试

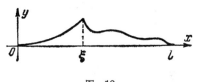

图 12

验开始时, 弦有例如画在图 12 上的一定的开始形状. 只要知道了确定这形状的函数 $f(x)$ 的三角级数展开式 $f(x) = \sum_{1}^{\infty} a_k \sin \dfrac{kx}{l}$ [它是级数(21)的特殊情形], 我们就容易得到弦振动的准确规律.

函数的三角级数展开式 与以上所讲的相关, 有一个重要的原则性的问题: 怎样的有周期 $\dfrac{2\pi}{\alpha}$ 的函数可以表示成为形如(21)的三角级数的和? 在十八世纪, 欧拉和伯努利在伯努利关于振动弦的研究中, 已经提出这个问题, 而且伯努利是站在物理对他所提示的观点上; 根据他的观点, 应当认为很广泛的一类连续函数, 其

中特别包含用手所画出的图形,都可以展开成为三角级数的形状.
这种观点受到与伯努利同时的许多数学家的剧烈反对. 他们坚持
当时存在着的函数概念,根据这些概念,只要函数可用解析式(三
角级数就是解析式)表示出来,那么它一定有好的微分性质. 但在
图 12 上所画出的函数在点 ξ 甚至没有导数;在这种情形下, 是否
可以对应于已给函数,作出在整个线段 $[0, l]$ 上确定它的解析式?

现在我们知道,伯努利的物理观点恰好是正确的. 可是为了使
它胜利, 还需要整整一个世纪,因为要完全解决这些问题, 首先必
须明确数学分析中的一些基本概念, 象极限以及相关的级数和的
概念.

在 1807—1822 年,法国数学家傅里叶进行了证实物理观点的
基本数学研究, 不过他的研究还是以对于分析的基本概念的旧解
释作为基础的.

最后,在 1829 年,德国数学家狄里赫雷以近代数学中所要求的
严格性,证明了以 $\dfrac{2\pi}{\alpha}$ 为周期[1]、并且在一个周期上有有限个极大
值及极小值的任何连续函数, 可以展开成为一致收敛于它的傅里
叶三角级数[2].

在图 13 上画出了满足狄里赫雷条件的函数. 这个连续的图
形以 2π 为周期而周期地重复出现,它在周期 $0 \leqslant x \leqslant 2\pi$ 上有一极
大点与一极小点

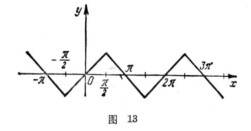

图 13

傅里叶系数 以后我们考虑以 2π 为周期的函数，取 2π 为周期在计算上可以略为简化. 考虑以 2π 为周期、并且满足狄里赫雷条件的任一连续函数. 根据狄里赫雷条件, 可以把这函数展开成一致收敛于它的三角级数,

$$f(x)=\frac{a_0}{2}+\sum_{k=1}^{\infty}\left(a_k\cos kx+b_k\sin kx\right). \tag{22}$$

我们用 $\frac{a_0}{2}$、而不用 a_0 表示级数的第一项, 这并没有原则上的意义; 可是如我们将要看到的, 这样可得到纯粹在计算上的方便.

我们提出这个问题: 计算已给函数 $f(x)$ 的级数的系数 a_k 及 b_k. 为此, 我们注意到下列等式成立:

$$\int_{-\pi}^{\pi}\cos kx\cos lx\,dx=0 \quad (k\neq l;\ k,\ l=0,\ 1,\ \cdots),$$

$$\int_{-\pi}^{\pi}\sin kx\sin lx\,dx=0 \quad (k\neq l;\ k,\ l=0,\ 1,\ \cdots),$$

$$\int_{-\pi}^{\pi}\sin kx\cos lx\,dx=0 \quad (k,\ l=0,\ 1,\ 2,\ \cdots), \tag{23}$$

$$\int_{-\pi}^{\pi}\cos^2 kx\,dx=\pi \quad (k=1,\ 2,\ \cdots),$$

$$\int_{-\pi}^{\pi}\sin^2 kx\,dx=\pi \quad (k=1,\ 2,\ \cdots);$$

我们建议读者自己证实这些等式. (把不同的三角函数的乘积化成和及差, 把三角函数的平方用对应的倍角的三角函数表示出来, 就容易算出上列各积分). 上列等式表明, 序列 1, $\cos x$, $\sin x$, $\cos 2x$, $\sin 2x$, $\cdots$ 中任意两个不同函数的乘积在一个周期上所取的积分等于零(这就是三角函数的所谓正交性). 另一方面, 这序列中每个函数的平方的积分等于 π. 但第一个恒等于 1 的函数为例外. 它在一个周期上的积分等于 2π. 由此可见, 把级数(22)中的第一个数表示成为 $\frac{a_0}{2}$ 的形状是适当的.

现在可以容易解决我们的问题. 为了计算系数 a_m, 先用 $\cos mx$ 乘(22)的左边以及右边的级数的每一项, 然后对左边及右边在周

期 2π 上逐项积分；因为乘了 $\cos mx$ 后所得到的级数一致收敛，所以上述计算是合理的. 根据等式(23)，右边除了对应于 $\cos mx$ 的积分以外，一切积分都等于零，因此显然

$$\int_{-\pi}^{\pi} f(x) \cos mx\, dx = a_m \pi,$$

从而

$$a_m = \frac{1}{\pi} \int_{-\pi}^{\pi} f(x) \cos mx\, dx \quad (m=0,\, 1,\, 2,\, \cdots). \tag{24}$$

同样，用 $\sin mx$ 乘(22)的左边及右边，然后在周期上积分，我们就得到系数的表达式

$$b_m = \frac{1}{\pi} \int_{-\pi}^{\pi} f(x) \sin mx\, dx \quad (m=1,\, 2,\, \cdots), \tag{25}$$

于是解决了我们的问题. 用公式(24)及(25)算出的数 a_m 及 b_m 称为函数 $f(x)$ 的**傅里叶系数**.

取画在图 13 上的、以 2π 为周期的函数 $f(x)$ 为例. 显然，这函数连续，并且满足狄里赫雷条件，因此它的傅里叶级数一致收敛于它.

也容易看出，这函数满足条件 $f(-x) = -f(x)$. 显然，函数 $F_1(x) = f(x)\cos mx$ 也满足这个条件. 这表示 $F_1(x)$ 的图形关于坐标的原点为对称. 根据几何上的理由，显然 $\int_{-\pi}^{\pi} f(x)\, dx = 0$，从而 $a_m = 0\,(m=0,1,2,\cdots)$. 其次，不难明了函数 $F_2(x) = f(x)\sin mx$ 有关于 Oy 轴为对称的图形，从而

$$b_m = \frac{1}{\pi} \int_{-\pi}^{\pi} F_2(x)\, dx = \frac{2}{\pi} \int_{0}^{\pi} F_2(x)\, dx.$$

但此外，对于偶数 m，$F_2(x)$ 关于轴 Ox 上线段 $[0, \pi]$ 的中点 $\frac{\pi}{2}$ 为对称，因此对于偶数 m，$b_m = 0$. 对于奇数 $m = 2l+1\,(l=0,\,1,\,2,\,\cdots)$，$F_2(x)$ 的图形关于直线 $x = \frac{\pi}{2}$ 为对称. 从而

$$b_{2l+1} = \frac{4}{\pi} \int_{0}^{\frac{\pi}{2}} F_2(x)\, dx.$$

但由图形可见, 在 $\left[0, \dfrac{\pi}{2}\right]$ 这一部分, 简单地有 $f(x)=x$, 因而应用分部积分法就得到

$$b_{2l+1}=\frac{4}{\pi}\int_0^{\frac{\pi}{2}} x\sin(2l+1)x\,dx=\frac{4(-1)^l}{\pi(2l+1)^2},$$

从而

$$f(x)=\frac{4}{\pi}\sum_{l=1}^{\infty}\frac{(-1)^l\sin(2l+1)\pi}{(2l+1)^2}.$$

我们得到了函数的傅里叶级数展开式.

傅里叶部分和对生成函数的收敛性 在应用中, 对有周期 2π 的函数 $f(x)$, 通常取它的傅里叶级数的前 n 项的和

$$S_n=\frac{a_0}{2}+\sum_{k=1}^{n}(a_k\cos kx+b_k\sin kx)$$

作为函数的逼近, 于是就产生了逼近误差的问题. 如果对于一切 x, 以 2π 为周期的函数 $f(x)$ 有满足不等式 $|f^{(r)}(x)|\leqslant K$ 的 r 阶导数 $f^{(r)}(x)$, 那么逼近误差可以用下列估计表示出来:

$$|f(x)-S_n(x)|\leqslant\frac{c_r K\ln n}{n^r},$$

在这里 c_r 只是与 r 有关的某一常数. 我们看到, 当 n 无限增大时, 误差趋近于零; 而且函数有愈高阶的导数, 误差趋近于零就愈快.

对于在整个实轴上解析的函数, 估计还要更好, 它可用下列不等式表示出来:

$$|f(x)-S_n(x)|<cq^n, \tag{26}$$

在这里 c 及 q 是与 f 有关的正的常数, 而且 $q<1$. 巧妙的是: 反过来说, 如果对于某一函数, 不等式(26)成立, 那么这函数是解析的. 发现这个事实是本世纪初的成就; 在一定的意义下, 它调和了伯努利与他同时的数学家的分歧意见. 现在我们可以说: 如果函数可以展开成收敛于它的傅里叶级数, 那么由此远不能推出这函数是解析的; 如果它与它的傅里叶级数的前 n 项和的偏差递减得比某一递减级数的项更快, 那么这函数显然是解析的.

将函数用傅里叶和的逼近的估计, 以及用三角多项式的最好逼近的对应估计加以比较, 可以看出在光滑函数的情形, 用傅里叶

和可得很好的逼近；它接近于最好逼近．然而在不光滑连续函数的情形，结果就要坏些：例如在这些函数中有一些函数，其傅里叶级数在一切有理点所构成的集上发散．

顺便指出，在傅里叶级数论中，还有久已提出，但是至今没有解决的问题；现叙述如下．需要对下列问题作出确定的答复：是否有连续周期函数 $f(x)$，其傅里叶和当 $n \to \infty$ 时对于一切 x 都不收敛于这函数？在这方面，最强最好的结果是柯尔莫果洛夫得到的；他在 1926 年证明了有勒贝格可积的周期函数，其傅里叶和在任一点都不收敛．但可积函数可能不连续；特别，柯尔莫果洛夫所作的函数就是这样．因此这个问题还有待于最后解决．

为了保证任一连续周期函数用三角多项式的逼近，现在应用了傅里叶级数的所谓求和法．代替傅里叶和，我们把它们的某些变形取作用三角多项式的逼近函数．匈牙利数学家费耶尔提出了一种很简单的方法．按照这种方法，对于连续周期函数 $f(x)$，完全形式地作出它的傅里叶级数（可能不收敛），然后作出这级数的前 n 个部分和的算术平均

$$\sigma_n(x) = \frac{S_0(x) + S_1(x) + \cdots + S_n(x)}{n}. \tag{27}$$

这就是已给函数 $f(x)$ 的所谓 n 阶**费耶尔和**．费耶尔证明了这种和当 $n \to \infty$ 时一致收敛于 $f(x)$．

§8. 在平均平方意义下的逼近

我们回到弦振动的问题．设在某一瞬间 t_0，弦有形状等于 $f(x)$．可以证明，弦的势能、亦即弦从提起的位置回到平衡位置所作的功，等于（当弦的偏差很小时）积分 $W = \int_0^l f'^2(x)\,dx$，这个结果至少准确到只差一个常数因子．现在设想我们需要用另一函数 $\varphi(x)$ 逼近函数 $f(x)$．与上述弦同时，我们还考虑形状由函数 $\varphi(x)$ 所确定的弦，以及由函数 $f(x) - \varphi(x)$ 所确定的第三条弦．可以证

明, 如果第三条弦的能

$$\int_0^l [f'(x) - \varphi'(x)]^2 dx \qquad (28)$$

很小, 那么前两条弦的能的差更小[1]. 因此, 如果第二条弦的能与第一条相差很小对于我们重要, 那么必须设法找出函数 $\varphi'(x)$, 使得对于它积分 (28) 尽可能地小. 我们自然地得到了在平均平方的意义下逼近函数 [在已给情形下是 $f'(x)$] 的问题.

现在讲这问题在一般的形状下是怎样提出的. 在线段 $[a, b]$ 上给出函数 $F(x)$, 此外, 还给出不仅与 x 有关、而且也与参数 $\alpha_0, \alpha_1, \cdots, \alpha_n$ 有关的函数

$$\Phi(x; \alpha_0, \alpha_1, \cdots, \alpha_n), \qquad (29)$$

让这些参数尽可能变化, 需要从其中选出参数, 使得积分

$$\int_a^b [F(x) - \Phi(x; \alpha_0, \alpha_1, \cdots, \alpha_n)]^2 dx \qquad (30)$$

取可能取的最小值. 这个问题在思想上与车比雪夫问题很相似. 在这里讲到的也是函数 $F(x)$ 用函数族 (29) 的最好逼近, 不过是在平均平方意义下的最好逼近. 现在对线段 $[a, b]$ 上的 x 的一切数值, 差式 $F-\Phi$ 都很小, 对于我们并不重要; 在整个线段上的一小部分, 差式 $F-\Phi$ 甚至可能很大, 只要积分 (20) 很小就可以了; 例如画在图 14 上的两个图形就是这样. 数量 (30) 很小就是说平均在线段 $[a, b]$ 的大部分上, 函数 F 与 Φ 接近[2]. 关于在实用上选取

---

1) 事实上, 如果

$$\int_0^l f'^2 \, dx \leqslant M^2, \text{ 并且 } \int_0^l \varphi'^2 \, dx \leqslant M^2,$$

那么

$$\left| \int_0^l f'^2 \, dx - \int_0^l \varphi'^2 \, dx \right| \leqslant \left(\sqrt{\int_0^l f'^2 dx} + \sqrt{\int_0^l \varphi'^2 \, dx} \right) \left| \sqrt{\int_0^l f'^2 \, dx} - \sqrt{\int_0^l \varphi'^2 \, dx} \right|$$

$$\leqslant 2 M \sqrt{\int_0^l (f' - \varphi')^2 \, dx}$$

[例如可参看阿赫叶惹尔: "逼近论讲义" 第一章, 第 6 页上的闵科夫斯基不等式], 科学出版社 1957 年版.

2) 在第十九章中 (第三卷), 我们将要看到函数在平均平方意义下的近旁, 与在通常空间中点的距离之间, 有深刻的相似的地方.

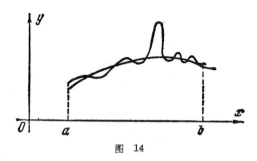

图 14

一种或另一种方法，一切依照我们所提出的目的而定．在刚才所考虑过的弦的例子中，自然要在平均平方的意义下逼近函数 $f'(x)$．另一方面，车比雪夫在解决他的有关机械构造的问题时，平均平方的方法不可能使他满意；因为如果设计的机械零件的表面即使在最小一部分上超出确定的差异范围以外，那么这种零件显然不适用，这样一个凸出的部分损害了整个机械．因此相应于他所提出的实际问题，车比雪夫必须研究一种新的数学方法．

必须说明，就计算观点说来，平均平方法更容易进行些，因为它归结为应用一般分析中很好地研究过的方法．

我们考虑下列有特征的问题作为例子．

需要用形如

$$\sum_1^n \alpha_k \varphi_k(x)$$

的和式在线段 $[a, b]$ 上按照平均平方的意义最好地逼近已给连续函数 $f(x)$，在这里 α_k 是常数，函数 $\varphi_k(x)$ 是连续的，并且成一规格化正交系．

以上最后一句话就是说，下列等式成立：

$$\int_a^b \varphi_k \varphi_l \, dx = 0, \ k \ne l \ (k, l = 1, 2, \cdots, n).$$

$$\int_a^b \varphi_k^2 \, dx = 1 \ (k = 1, 2, \cdots, n).$$

考虑数 $a_k = \int_a^b f(x) \varphi_k(x) dx \ (k = 1, 2, \cdots, n)$，数 a_k 称为函数 f 关于 φ_k 的傅里叶系数．

对于任意的系数 α_k, 根据正交及规格化的性质, 下列等式成立:

$$\int_a^b \Big(f - \sum_1^n \alpha_k \varphi_k\Big)^2 dx$$

$$= \int_a^b f^2 dx + \sum_1^n \alpha_k^2 - 2 \sum_1^n \alpha_k a_k$$

$$= \Big[\int_a^b f^2 dx - \sum_1^n a_k^2\Big] + \sum_1^n (\alpha_k - a_k)^2.$$

所得等式右边的第一项与数 α_k 无关. 因此, 当取 α_k 使第二项成为最小时, 右边才成为最小, 而这显然只有在数 a_k 分别等于傅里叶系数 α_k 时才能做到.

这样, 我们得到了下列重要的结果. 如果函数 φ_k 成为在线段 $[a, b]$ 上的一个规格化正交系, 那么要和式 $\sum_1^n \alpha_k \varphi_k(x)$ 在这线段上按照平均平方的意义最好地逼近函数 $f(x)$, 必须而且只须数 α_k 是函数 f 关于 $\varphi_k(x)$ 的傅里叶系数.

根据等式(23), 容易证实函数

$$\frac{1}{\sqrt{2\pi}}, \quad \frac{\cos x}{\sqrt{\pi}}, \quad \frac{\sin x}{\sqrt{\pi}}, \quad \frac{\cos 2x}{\sqrt{\pi}}, \cdots$$

成为在线段 $[0, 2\pi]$ 上的一个规格化正交系. 因此把上述结论应用到三角函数上得结果如下.

在 n 阶三角多项式

$$t_n(x) = \alpha_0 + \sum_1^n (\alpha_k \cos kx + \beta_k \sin kx)$$

中, 对已给的以 2π 为周期的连续函数所算出的傅里叶和 $S_n(x)$, 在线段 $[0, 2\pi]$ 上按照平均平方的意义逼近函数 $f(x)$.

由所得结果以及 §7 中所讲到的费耶尔定理, 我们还发现一件巧妙的事实.

设 $f(x)$ 是以 2π 为周期的连续函数, $\sigma_n(x)$ 是它的 n 阶费耶尔和[由 §7 中的等式(27)所决定].

引用记号

$$\max |f(x) - \sigma_n(x)| = \eta_n.$$

因为傅里叶和 $S_k(x)(k=0, 1, \cdots, n)$ 是阶数为 $k \leqslant n$ 的三角多项式，所以显然 $\sigma_n(x)$ 是 n 阶三角多项式. 因此根据以上所证明的和 $S_n(x)$ 的最小性质，下列不等式成立：

$$\int_{-\pi}^{\pi} [f(x) - S_n(x)]^2 dx$$

$$\leqslant \int_{-\pi}^{\pi} [f(x) - \sigma_n(x)]^2 dx$$

$$\leqslant \int_{-\pi}^{\pi} \eta_n^2 dx = 2\pi \eta_n^2.$$

因为由费耶尔定理，数量 η_n 当 $n \to \infty$ 时趋近于零，所以我们得到下列重要结果.

对于以 2π 为周期的任一连续函数，下列等式成立.

$$\lim_{n \to \infty} \int_{-\pi}^{\pi} [f(x) - S_n(x)]^2 dx = 0.$$

在这种情形下，还可以说当 n 无限增大时，连续函数 $f(x)$ 的 n 阶费耶尔和在平均平方的意义下趋近于 $f(x)$.

可是对于更广泛的一类函数，即本身及其平方都是勒贝格可积的函数，实际上上述事实仍成立.

我们讲到此为止，并且将不举出傅里叶级数及正交函数论中根据平方逼近的方法所得到的另外一些有趣的结果. 在第六章中读者已经认识到正交函数系的一些重要的物理实例. 最后，我们指出，在第十九章（第三卷）所作的另外一些讨论中，在实质上也很注意到这个问题.

文　献

专　著

Н. И. 阿赫叶若尔，逼近论讲义，科学出版社，1957 年版.

这本书除了包含函数逼近论中的基本结果以外，还包含着一系列更特殊、更精密的问题.

В. Л. 冈察洛夫，函数插补与逼近理论，科学出版社，1958 年版.

И. П. 纳唐松, 函数构造论, 科学出版社, 1958 年版.
以上两书包含函数逼近论的基础.

С. М. Никольский, Приближение многочленами функций действительного переменного, Математика в СССР за тридцать лет (1917—1947), Гостехиздат, 1948.
本文详细评述苏联数学家在这方面的工作.

余家荣 译
秦元勋 校

第十三章 近似方法与计算技术

§1. 近似及数值的方法

近似方法的特点 在许多情况中能运用数学来研究外界现象,是因为控制这些现象的规律具有量的性质,并且能写成某些公式、方程或不等式的形式. 这就可能用数值方法研究现象本身并做出对实践所需要的计算.

求到量的规律以后,就可以纯粹用数学的方法来研究. 为了叙述确切起见我们将考察写作方程形式的某一规律. 例如牛顿力学中物体运动的规律,热传导或电磁振荡的规律等等. 这些方程已在第五、六章中详细讨论过. 对于过程通常还要附加某种形式的条件(第五、六章中这是边界及初始条件),由这些条件可以决定方程个别的解.

这里首要且基本的数学问题如下:

(1) 问题可解性的确立. 即使问题的可解性从物理观点上看来是相当明显的,但严格表述出来的问题的可解性的数学证明就是问题的数学提法本身的正确性的证据. 在广泛类别中可解性是能确立的.

(2) 对于描述被研究现象特征的量,试求它用公式写出的显性表达式. 这种表达式通常只能在少数最简单的情况中找到. 并且常常碰到所得解的显性表达式是如此复杂,要用它们来研究现象及求特性的必要的数据就非常困难,有时甚至完全不可能.

(3) 指出可用以建立**近似公式**的步骤,该公式会给出具有任何给定准确度的解. 这一点在广泛类别的情况中能做到.

(4) 最经常的是可能指出一个或几个方法,用来**数值地**求问题所需的解.

自然科学与技术问题解的数值方法以及在一定程度上近似方法的发展为数学中一个特殊分支的任务，这一分支现在通常称为计算数学．

计算数学的方法当然是近似的方法，因为每一个量我们只能利用计算求到一定有效数字位数的准确度，例如到十进位的五、六位等等．

实用上这已足够，因为知道某一量的精确值往往并非必要．例如技术问题中的未知量通常用来决定制造中主体产品的大小及别的参量．每一产品只是近似地制造出来的，因此技术上的计算精确度超过产品所能达到的"许可"程度显然是没有意义的．

因此没有必要按绝对精确的公式来进行计算，而探求未知量时也没有必要解绝对精确的方法．精确的公式及方程全然容许以不精确的来代替，只要它们是如此地接近精确的，足以相信由这种代换所产生的差错不会超出规定的界限．

以后我们将重新讨论这里所述的，一些问题用另一些代替的可能性．现在我们想再强调一下计算方法的第一个特点——它们按自己的特性通常只能给出近似的结果而在实践上也只需要这种结果．

我们再注意到数学中数值法的另一特点．在任何计算中只能对有限个数进行运算，而计算后只得到有限多个结果．因此每一个准备用数值法来解的问题，应该预先化成这样的形式，就是要经过有限多次的算术运算能够得到全部的结果．假如我们依某一公式来进行计算，那么它应该预先变换，使得其中只保留含有有限多个参数的有限多项，例如，众所周知，很多函数能被表作幂级数的和

$$f(x) = c_0 + c_1 x + c_2 x^2 + \cdots. \tag{1}$$

如函数 $\sin x$ 就能展开为幂级数

$$\sin x = \frac{x}{1!} - \frac{x^3}{3!} + \frac{x^5}{5!} - \cdots,$$

其中 x 是角的弧度单位的度量．

为了求 $f(x)$ 的精确值, 我们应该求级数(1)"全部"项的和, 一般说来这是不可能的. 要近似地求 $f(x)$, 只需取级数的某些有限个项就够了. 例如, 可以证明, 对从零到半个直角之间的角度计算 $\sin x$ 准确到 10^{-5} 只要在幂级数中取到 x^5 项, 即以多项式 $\dfrac{x}{1!} - \dfrac{x^3}{3!} + \dfrac{x^5}{5!}$ 近似地代替 $\sin x$.

在定某一未知函数的数学分析问题的数值求解中应该以某种方式以关于求几个数值参数的另一问题来代替本来的问题, 这些参数知道了就可以近似地计算未知函数. 以例说明之.

设在区间 $a \leqslant x \leqslant b$ 上要解对于微分方程

$$L(y) - f(x) = y'' + p(x)y' + q(x)y - f(x) = 0 \qquad (2)$$

在边界条件 $y(a) = 0$, $y(b) = 0$ 下的边值问题. 一种可能的解法, 即伽雷尔金方法是从满足边界条件(第六章 §5)的某组线性无关的函数系 $\omega_1(x)$, $\omega_2(x)$, ⋯出发的. 选择在这种意义下的"完全"系, 即在 $[a, b]$ 上的可积函数中只有各点(更确切地说, "几乎处处")都等于零的函数才能与所有 $\omega_k (k=1, 2, \cdots)$ 正交. $y(x)$ 满足微分方程(2)这一条件可以写成正交性条件的形式

$$\int_a^b [L(y) - f] \omega_k \, dx = 0 \qquad (k=1, 2, \cdots). \qquad (3)$$

设问题的解可以展开为 ω_k 的级数

$$y(x) = a_1 \omega_1(x) + a_2 \omega_2(x) + \cdots, \qquad (4)$$

这儿应当求出系数 a_k. 对任何 a_k 级数(4)的和总满足边界条件. 留下的是要选择 a_k 使得适合等式(3). 系数 a_k 的全体是无穷集, 要全部计算出来, 一般地说, 是不可能的. 为了简化起见只保留(4)式右部的有限多项, 并近似地置

$$y(x) \approx a_1 \omega_1(x) + \cdots + a_n \omega_n(x). \qquad (5)$$

因为我们只有 n 个任意参数 a_k, 所以不能使它对所有 $\omega_k (k=1, 2, \cdots)$ 满足等式(3). 因此我们被迫抛弃微分方程(2)的精确解. 但应该期待, 假如 n 取得足够大而条件(3)对开首 n 个函数 ω_k 适合时和(5)将以微小的误差来满足这个微分方程. 这就导出伽雷

尔金方法中所列的方程

$$\int_a^b \left[L\left(\sum_{k=1}^n a_k \omega_k \right) - f \right] \omega_i dx = 0 \quad (i=1, 2, \cdots, n).$$

从这些方程求出 a_k，我们就作出函数(5)的近似表达式.

在变分问题依李茨方法求解中，在函数的近似调和分析以及许多别的问题中公式都可以类似地化简.

我们再提出把方程简化的一个例子. 假设需要通过解某一函数方程(例如微分或积分方程)来求单变数或多变数函数 y. 可以选取某组点(网格上的)上的值 $y_1, y_2, \cdots, y_n$ 作为决定函数 y 的参量.

我们应该用关于 n 个未知量 $y_k (k=1, 2, \cdots, n)$ 的数值方程组来代替函数方程. 这种替代通常可以用许多方法来实现. 并且永远应该关心数值方程组的解与函数方程的解差别要足够微小.

下面是这种替代的一些例子. 在用欧拉方法解一阶微分方程 $y' = f(x, y)$ 时，我们以递推的数值方案来代替这个方程,这方案可用前一值近似地求得未知函数的下一值(第五章§5),

$$y_{n+1} = y_n + (x_{n+1} - x_n) f(x_n, y_n).$$

用网格法求拉普拉斯方程 $\Delta u = \dfrac{\partial^2 u}{\partial x^2} + \dfrac{\partial^2 u}{\partial y^2} = 0$ 的近似解时，这个方程用线性代数方程组(第六章§5)

$$u(x+h, y) + u(x, y+h) + u(x-h, y) + u(x, y-h) \\ -4u(x, y) = 0.$$

来代替.

再观察一个这类的例子. 设要数值地解积分方程

$$y(x) = f(x) + \int_a^b K(x, s)y(s)ds. \tag{6}$$

我们要在那里求未知函数 $y(x)$ 值的一些点记作 $x_1, x_2, \cdots, x_n$. 对于作出用来代替(6)的数值方程组时，并不需要使得这方程对区间 $a \leqslant x \leqslant b$ 中所有的点都满足,而只要在点 $x_i (i=1, \cdots, n)$ 上有

$$y(x_i) = f(x_i) + \int_a^b K(x_i, s)y(s)ds.$$

然后用某一以 x_1, $\cdots$, x_n 为分点的近似积分和(按辛卜森公式或某一别的公式[1])来代替积分

$$\int_a^b K(x_i,\ s)y(s)\,ds \approx \sum_{j=1}^n A_{ij}K(x_i,\ x_j)y(x_j).$$

我们得到用来决定未知值 $y(x_i)$ 的线性代数方程组

$$y(x_i)=f(x_i)+\sum_{j=1}^n A_{ij}K(x_i,\ x_j)y(x_j) \qquad (i=1,\ 2,\ \cdots,\ n). \quad (7)$$

可以看出,所有上述方法都用探求某些参数来代替探求函数,这些参数近似地决定函数. 因此这些方法的准确度与函数由这组参数所决定的好坏程度有关,例如函数能被(7)型的表达式逼近的好坏程度或函数用它在某组点上的值来表示的好坏程度有关. 这类问题联系到数学的一个特殊分支,叫做函数逼近论(见第十二章). 由此可见函数逼近论对应用数学具有巨大的意义.

近似方法的收敛性及误差的估计　我们将更详细地来讨论从计算观点上提出的对于近似方法的要求. 最简单而根本的要求是以选定的准确度来求未知量的可能性.

按问题性质的不同,计算的精确度可以有很大的不同. 对某些粗糙的技术上的计算往往精确到十进位有效数字二、三位就够了. 大部分工程上的计算完成到十进位数三、四位. 科学上的计算往往需要大得多的精确度. 一般说来,精确度的要求与时代的前进同时增长.

因此,那种可以求得任意精确结果的近似方法及步骤对于计算具有特殊意义. 这些方法通称为**收敛的**. 因为它们在计算的实践中最常碰到,而对它们提出的要求也最典型,所以今后就来考察它们.

设 x 为未知量的精确值,在每一个这种方法中可以作出逼近于解 x 的数列 x_1, x_2, $\cdots$, x_n, $\cdots$.

一旦作逼近的方法指出之后,这个方法理论方面的首要问题就是建立逼近于解的收敛性 $x_n \to x$,而假使收敛性并非永远成立,

---

1) 见第十二章,§3.

那么阐明一些条件,在此条件之下收敛性成立.

当**收敛性**确立之后,就产生了更难、更深刻的**收敛速度**的估计问题,也就是当 $n \to \infty$ 时估计 x_n 多快地趋向于解 x. 每一个收敛的方法在原则上可以求得任意高精确度的解,只要求到对应于足够大 n 的近似值 x_n. 但照例 n 愈大,消耗在寻找 x_n 上的劳动量将更大. 因此,假如 x_n 缓慢的趋近于 x,那么为了达到必需的精确度可能要耗费过多的计算时间.

在数学本身,特别是在其应用中,大家很熟悉许多情况,就是虽然当求解 x 时能够指出一个收敛的过程,但是它需要这样大的,甚至有了近代快速计算机[1]也不可能完成的计算量.

不够快的收敛性是通常判定方法缺点的标志之一. 但是这种标志当然不是唯一的,当比较各种方法的时候应该注意到问题的许多方面,特别是在机器上进行计算的方便性. 从两个方法中有时宁愿挑选收敛较慢的方法,如果按照这个方法的计算在计算机上容易实现.

当 x 用近似值 x_n 代替时得到的误差等于差 $x - x_n$. 它的精确值并不知道,为了要判定收敛的速度就从上来估计差的绝对值,就是作出量 A_n 使满足

$$|x - x_n| \leqslant A_n,$$

并称之为它的**误差估计**. 下面我们将引出估计 A_n 的例子. 通常依据估值 A_n 随 n 增长而递减的速度来判断 x_n 收敛于 x 的速度.

---

1) 这儿是一些计算过程收敛很慢的简单例子. 大家知道,级数 $\frac{1}{1} - \frac{1}{2} + \frac{1}{3} - \frac{1}{4} + \cdots$ 收敛,而其和等于 2 的自然对数. 利用这级数能够近似地求 $\ln 2$,只要计算足够的前 n 次的和 $s_n = \frac{1}{1} - \frac{1}{2} + \cdots \pm \frac{1}{n}$ 就行. 但是能够算出,对于计算 $\ln 2$ 误差小于第五位有效数字的一半时,应该取级数的十万项以上. 求这么多项数的和,假如只利用台式计算机就非常困难. 级数

$$\frac{1}{\sqrt{2}} = 1 - \frac{1}{2 \cdot 1!} + \frac{1 \cdot 3}{2^2 \cdot 2!} - \frac{1 \cdot 3 \cdot 5}{2^3 \cdot 3!} + \frac{1 \cdot 3 \cdot 5 \cdot 7}{2^4 \cdot 4!} - \cdots$$

也是大家所熟悉的. 它收敛得这样慢,利用它计算 $\frac{1}{\sqrt{2}}$ 准确到 10^{-5} 大致就要取 10^{10} 项,这甚至在快速计算机上也是费力的.

假如估值要反映出 x_n 对 x 的真实接近度,就必须要 A_n 与 $|x-x_n|$ 相差甚微. 此外估值 A_n 应该是有效的,也就是它要事实上能被求到,否则它是不能应用的.

设 x 为数值变量而其值要从某一方程来决定. 假定我们已把方程变作形状

$$x=\varphi(x). \tag{8}$$

我们用**迭代法**来解这个方程.它也常称作**逐次逼近法**,为了解释方法本身以及和它相关的误差估计,我们将讨论一个数值方程的情况. (这个方法也能用到**数值方程组**,用到微分与积分方程以及许多其他情况中. 读者已在第五章§5中碰到这个方法在常微分方程上的运用.)

我们假定用某种方法已求得方程根的近似值. 假如 x_0 是方程(8)的精确解,那么把它代入方程的右部 $\varphi(x)$ 之后我们应该得到结果,它等于 x_0. 但一般说来 x_0 不等于精确解,因此代入的结果将与 x_0 不同. 把它记作 $x_1=\varphi(x_0)$.

为了确立在什么情况下 x_1 就比 x_0 更接近于精确解,我们转向问题的几何涵义.

研究函数

$$y=\varphi(x). \tag{9}$$

取数轴并假定用这轴上的点表示 x 与 y. 等式(9)使每一点 x 对应同一轴的某一点 y. 这也可以看作规定数轴自身点变换的规律.

在数轴上给出区间 $[x_1, x_2]$. 在变换(9)之下点 x_1 及 x_2 变为点

$$y_1=\varphi(x_1) \text{ 及 } y_2=\varphi(x_2).$$

区间 $[x_1, x_2]$ 变为区间 $[y_1, y_2]$. 比值

$$k=\frac{|y_2-y_1|}{|x_2-x_1|}$$

就是在变换(9)下的区间"伸长系数". 若 $k<1$,就产生区间的压缩.

回到方程(8).它说明所求的点 x 经变换(9)后应该变为自身. 因此解方程式(8)等价于在数轴上求这样一些点,它们在变换(9)

之下变为自身，也就是保持不动．

现取区间$[x, x_0]$，它的一端放在不动点x上，而另一端放在点x_0上．在变换下x_0变到x_1而区间$[x, x_0]$变到区间$[x, x_1]$．假如φ是这样的函数，使在变换(9)下任何区间要产生压缩，点x_1就一定比x_0更接近于方程(8)的根．

为要得到收敛于(8)的精确解的逼近值，只要重复地代入(8)的右部就作出一列数

$$x_1 = \varphi(x_0), \ x_2 = \varphi(x_1), \ \cdots, \ x_{n+1} = \varphi(x_n), \ \cdots. \tag{10}$$

下面我们证明逼近列(10)的收敛性定理[1]．

假设函数$\varphi(x)$在区间$[a, b]$上给定而等式(9)给出$[a, b]$的自身变换，也就是对每一个属于$[a, b]$的点x，$y = \varphi(x)$仍旧属于$[a, b]$．我们仍在$[a, b]$上取初始近似x_0；所有逼近列(10)就也在区间$[a, b]$上．在这些条件下下面的定理要成立．若$\varphi(x)$具有导数φ'，在$[a, b]$上满足条件

$$|\varphi'| \leqslant q < 1,$$

则下面的推断成立．方程(8)在$[a, b]$上有根x^*．数列(10)收敛于此根，而收敛性的速度由估值不等式

$$|x^* - x_n| \leqslant \frac{m}{1-q} q^n$$

表征出来，其中$m = |x_0 - \varphi(x_0)| = |x_0 - x_1|$．方程(8)在$[a, b]$上有唯一的根．

为了要证明这个断言我们来估计差$x_2 - x_1$．假如用泰勒公式[第二章(第一卷)，§9，(26)]，其中令$n = 0$，得到

$$x_2 - x_1 = \varphi(x_1) - \varphi(x_0) = \varphi'(\xi_0)(x_1 - x_0).$$

点ξ_0在x_1与x_0之间，显然是属于区间$[a, b]$的．因此$|\varphi'(\xi_0)| \leqslant q$而

$$|x_2 - x_1| \leqslant q|x_1 - x_0| = mq,$$

同理

---

1) 这个以及别的和它类似的定理由于上述几何意义在数学中常称为压缩映射定理．

$$|x_3 - x_2| = |\varphi(x_2) - \varphi(x_1)| = |\varphi'(\xi_1)(x_2 - x_1)|$$
$$\leqslant q|x_2 - x_1| \leqslant mq^2.$$

继续这种估值,就找到在每个值 n 要满足的不等式

$$|x_{n+1} - x_n| \leqslant mq^n. \tag{11}$$

现在来确立数列 x_n 的收敛性. 为此研究辅助级数

$$x_0 + (x_1 - x_0) + (x_2 - x_1) + \cdots + (x_n - x_{n-1}) + \cdots. \tag{12}$$

它的头 $n+1$ 项的部分和等于

$$s_{n+1} = x_0 + (x_1 - x_0) + \cdots + (x_n - x_{n-1}) = x_n.$$

因此 $\lim\limits_{n\to\infty} s_{n+1} = \lim\limits_{n\to\infty} x_n$ 而 x_n 具有有限极限就等价于级数 (12) 的收敛性. 现将级数 (12) 与级数

$$|x_0| + m + mq + \cdots + mq^{n-1} + \cdots$$

相比较. 由于估值 (11),级数 (12) 各项的绝对值不大于上述级数的对应项. 但是这个级数,假如除开第一项 $|x_0|$,便是以 q 为公比的几何级数,又因 $q < 1$,故级数收敛. 级数 (12) 因而也是收敛的,而数列 (10) 将收敛于某有限极限 x^*,

$$\lim_{n\to\infty} x_n = x^*.$$

显然 x^* 属于区间 $[a, b]$,因为所有 x_n 都是属于此区间.

若在等式 $x_{n+1} = \varphi(x_n)$ 中命 $n \to \infty$ 则趋于极限即得到等式 $x^* = \varphi(x^*)$,这说明了 x^* 实际上满足方程 (8). 现在来估计 x_n 对 x^* 的接近程度. 取 x_n 及任何以下的逼近 x_{n+p}

$$|x_{n+p} - x_n| = |(x_{n+p} - x_{n+p-1}) + (x_{n+p-1} - x_{n+p-2})$$
$$+ \cdots + (x_{n+1} - x_n)| \leqslant mq^{n+p-1} + mq^{n+p-2}$$
$$+ \cdots + mq^n = \frac{mq^n - mq^{p+n}}{1 - q}.$$

由此,当 $p \to \infty$,因为 $x_{n+p} \to x^*$ 及 $q^{n+p} \to 0$,推得

$$|x^* - x_n| \leqslant \frac{m}{1-q} q^n.$$

下面验证唯一性. 设 x' 为方程在 $[a, b]$ 上的另一解. 估计差 $x' - x^*$ 的值.

$$|x' - x^*| = |\varphi(x') - \varphi(x^*)| = |\varphi'(\xi)(x' - x^*)| \leqslant q|x' - x^*|,$$

因此 $(1-q)|x'-x^*| \leqslant 0.$

因为 $1-q>0$，上述不等式只有当 $|x'-x^*|=0$ 时才有可能. 就是 x' 与 x^* 一致.

证明了的定理不仅指出了使迭代法收敛的充分条件，同时也提供一种可能性来估计计算所需的步数，也就是假如精确解 x^* 用 x_n 来代替，为了得到所需的准确度必须取多大的 n. 这种估值是有效的，因为实际上借助于对于函数 φ 的研究可以求出不等式 $|x^*-x_n| \leqslant \dfrac{m}{1-q}q^n$ 中的量 m 及 q.

现举许多应用中常见的方程 $x=k\,\mathrm{tg}\,x$ 为例.

为了确定起见研究 $k=0.5$ 的情况. 设要求方程 $x=\dfrac{1}{2}\,\mathrm{tg}\,x$ 最小的正根. 只要利用函数 $\mathrm{tg}\,x$ 的任何表或图就容易断定它在点 1 的附近而稍稍比 1 大一些. 为了保证迭代法收敛性定理中条件 $|\varphi'| \leqslant q<1$ 的成立，把函数 $\mathrm{tg}\,x$ 逆转而研究与原方程等价的方程 $x=\mathrm{arc\,tg}\,2x.$

列出计算的结果. 取值 $x_0=1$ 为初始近似. 以下的近似值用 $\mathrm{arctg}\,x$ 函数表计算出来，它们的数值被求出如下：

$$x_1=\mathrm{arctg}\,2 \qquad\qquad =1.10715$$
$$x_2=\mathrm{arctg}\,2.21430=1.14660$$
$$x_3=\mathrm{arctg}\,2.29320=1.15959$$
$$x_4=\mathrm{arctg}\,2.31918=1.16370$$
$$x_5=\mathrm{arctg}\,2.32740=1.16498$$
$$x_6=\mathrm{arctg}\,2.32996=1.16538$$
$$x_7=\mathrm{arctg}\,2.33076=1.16550$$
$$x_8=\mathrm{arctg}\,2.33100=1.16554$$
$$x_9=\mathrm{arctg}\,2.33108=1.16555$$
$$x_{10}=\mathrm{arctg}\,2.33110=1.16556$$
$$x_{11}=\mathrm{arctg}\,2.33112=1.16556$$

在这儿计算就停止，因为往下迭代只会重新出现根

$$x^* = 1.16556.$$

根的逼近几何图形如图 1 所示. 这儿 x_n 趋于 x^* 是这样的快, 在图上 x_4 已知 x^* 相会合了.

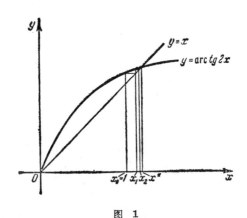

图 1

再举出一个用迭代法的例子. 数值地求解积分方程

$$y(x) = e^x - \frac{1}{6} \frac{1}{x+1} (e^{x+1} - 1) + \frac{1}{6} \int_0^1 e^{xt} y(t) \, dt, \quad (13)$$

它的精确解是 $y = e^x$.

首先用线性代数方程组来代替积分方程. 为此, 用点 $t = 0$, $\frac{1}{4}$, $\frac{1}{2}$, $\frac{3}{4}$, 1 把积分区间分为四等分. 未知函数 y 在这些点上的值相应地用 y_0, y_1, y_2, y_3, y_4 来表示. 假如要求方程在 $x_0 = 0$, $\frac{1}{4}$, $\frac{1}{2}$, $\frac{3}{4}$, 1 上被满足, 而积分对四个部分区间用辛卜森求积和来代替 [第十二章, §3, 公式 (6)], 那么得到下列方程组

$$y_0 = \frac{1}{6} [0.083333 \, y_0 + 0.333333 \, y_1 + 0.166667 \, y_2 + 0.333333 \, y_3$$
$$+ 0.083333 \, y_4] + 0.713619,$$

$$y_1 = \frac{1}{6} [0.083333 \, y_0 + 0.354831 \, y_1 + 0.188858 \, y_2 + 0.402077 \, y_3$$
$$+ 0.107002 \, y_4] + 0.951980,$$

$$y_2 = \frac{1}{6}[0.083333\,y_0 + 0.377716\,y_1 + 0.214004\,y_2 + 0.484997\,y_3 + 0.137393\,y_4] + 1.261867,$$

$$y_3 = \frac{1}{6}[0.083333\,y_0 + 0.402077\,y_1 + 0.242499\,y_2 + 0.585018\,y_3 + 0.176417\,y_4] + 1.664181,$$

$$y_4 = \frac{1}{6}[0.083333\,y_0 + 0.428008\,y_1 + 0.274787\,y_2 + 0.705667\,y_3 + 0.226523\,y_4] + 2.185861.$$

方程组用迭代法来解. 取相应方程的自由项作为 $y_k(k=0, 1, 2, 3, 4)$ 的初始近似值: $y_0^{(0)} = 0.713619$, $y_1^{(0)} = 0.951980$, … 以后各次近似中求得的值列在表 1 中.

表 1

近似的次数	y_0	y_1	y_2	y_3	y_4
1	0.93428	1.20841	1.56129	2.01542	2.59972
2	0.98517	1.26699	1.62905	2.09419	2.69173
3	0.99667	1.28021	1.64433	2.11194	2.71245
4	0.99926	1.28319	1.64778	2.11595	2.71713
5	0.99985	1.28386	1.64856	2.11685	2.71818
6	0.99998	1.28402	1.64873	2.11705	2.71842
7	1.00001	1.28405	1.64877	2.11710	2.71847
精确解的值	1.00000	1.28403	1.64872	2.11700	2.71828

表 1 的下端列出解的精确值用以比较. 进一步的近似将不能改善 y_k 已求得的值. y_k 后面几个数位的偏差是被用求积和来代替积分所产生误差的影响所决定的.

方法的稳定性 计算对于近似方法的理论还提出了一个普遍的要求, 由于它有重大的意义不得不加以说明. 这就是计算过程**稳定性**的要求. 问题的实质如下. 每一个近似方法引导到某一计算方案. 常常发生这样的情况, 为了获得所有需要的数必须依据这个方案进行一列冗长的计算步骤. 每一步计算并非绝对精确地被完成, 而只算到一定位的有效数字, 因此每一步就形成某一微小的误差. 所有这些误差将影响到以后的结果.

选取的计算方案可能显得如此不恰当，在开始计算中所容许的微小差错，于计算推进的过程中在结果上将显出愈来愈强的影响，而在较远的部分引起了对精确值很大的偏差.

设讨论微分方程

$$y' = f(x, y)$$

在初始条件 $y(x_0) = y_0$ 下的数值求解，设需求等距点 $x_k = x_0 + kh$ $(k = 0, 1, \cdots)$ 上 $y(x)$ 的值.

设计算已开始进行到第 n 步，并作表于下. 现在我们求 y_{n+1}. 在欧拉折线法中近似地置

$$y_{n+1} = y_n + hy'_n. \tag{14}$$

x	y	$y' = f$
x_0	y_0	y'_0
x_1	y_1	y'_1
...	...	...
x_{n-1}	y_{n-1}	y'_{n-1}
x_n	y_n	y'_n

这儿只根据列于上表末行的数 y_n 及 y'_n 就可以求出 y_{n+1}. 我们为了要提高求 y_{n+1} 时的精确度利用表上最后两行已知的数. 那么可以作出计算公式

$$y_{n+1} = -4y_n + 5y_{n-1} + h(4y'_n + 2y'_{n-1}). \tag{15}$$

我们注意，假使绝对精确地进行计算，也就是说带有无限多个有效数字，那么每当函数 y 为线性多项式时公式(14)就给出正确的结果；公式(15)对每个三次及三次以下的多项式也是正确的. 初看起来似乎用公式(15)所得的结果应该比用折线法求得的结果要精确些. 然而容易看出公式(15)并不适合于计算，因为它的运用将引起误差很快的增长.

导数值 y'_n 与所在 y'_{n-1} 项含有微小的因子 h, 故这些值的误差比起 y_n 及 y_{n-1} 中的将显出较小的影响. 为了简化起见，假定 y' 精确地求得，而在观察一般误差的过程中不考虑它们. 假设在求

y_{n-1} 时我们出了差错 $+\varepsilon$，在求 y_n 时出了差错 $-\varepsilon$. 那么正如等式 (15)所示在 y_{n+1} 中形成了差错量 $+9\varepsilon$. 在 y_{n+2} 中差错将为 -41ε 而以后将飞快的增加. 公式(15)导致对误差为不稳定的计算过程，故该被抛弃.

下面所列的例子足以信服地说明，计算方案的不稳定性对结果能导致如何强烈的歪曲. 微分方程 $y'=y$ 在初始条件 $y_0=1$ 下已被解出. 精确解为 $y=e^x$. 对于数值求解自变量 x 被取作以步长 $h=0.01$ 的等距值，也就是 $x_k=0.01\,k$. 近似解用两个方法计算出来：按折线法(14)及按公式(15). 为了好作比较在表 2 中给出到七位十进数字的精确解.

表 2

x	精 确 解 的 值	算 出 的 近 似 解 的 值	
		按 公 式 (14)	按 公 式 (15)
0.00	1.0000000	1.0000000	1.0000000
0.01	1.0100502	1.0100000	1.0100502
0.02	1.0202013	1.0201000	1.0202012
0.03	1.0304545	1.0303010	1.0304553
0.04	1.0408108	1.0406040	1.0408070
0.05	1.0512711	1.0510100	1.0512899
0.06	1.0618365	1.0615201	1.0617431
0.07	1.0725082	1.0721353	1.0729726
0.08	1.0832871	1.0828567	1.0809789
0.09	1.0941743	1.0936853	1.1056460
0.10	1.1051709	1.1046222	1.0481559
0.11	1.1162781	1.1156684	1.3996456
0.12	1.1274969	1.1268250	-0.2808540

按公式(15)所求得解的近似值在开始几步要比由折线法求得的结果精确些. 但是公式(15)的不稳定性甚至经过不多几步就大大歪曲了近似值 y_k 并且导致与 y_k 真值相差很大的数值.

近似方法的选择　每个计算归根到底都能化为四则运算——加、减、乘及除来完成. 指出计算方法，这就意味着为了要得到所期望的结果，应该取哪些初始值以及哪些算术运算按照哪样的次序来执行. 我们希望在很简单的计算实例子中说明, 计算的组织工作与负责计算准备的数学家的经验与知识的关系是多么大, 以及假如运用特殊的、适当地选出的计算方法将能够得到怎样的结果.

假设应该解带 n 个未知数 $x_1, x_2, \cdots, x_n$ 的 n 方程组

$$a_{11} x_1 + a_{12} x_2 + \cdots + a_{1n} x_n = b_1,$$
$$a_{21} x_1 + a_{22} x_2 + \cdots + a_{2n} x_n = b_2,$$
$$\cdots\cdots\cdots\cdots\cdots\cdots\cdots\cdots$$
$$a_{n1} x_1 + a_{n2} x_2 + \cdots + a_{nn} x_n = b_n.$$

在代数方程组的理论中(第十六章 §3) 由行列式给出了未知量数值的显性表达式

$$x_j = \frac{\Delta_j}{\Delta} \quad (j = 1, 2, \cdots, n). \tag{16}$$

这里 Δ 为方程组的行列式,

$$\Delta = \begin{vmatrix} a_{11} & a_{12} \cdots a_{1n} \\ a_{21} & a_{22} \cdots a_{2n} \\ \cdots\cdots\cdots\cdots \\ a_{n1} & a_{n2} \cdots a_{nn} \end{vmatrix},$$

而行列式 Δ_j 为由 Δ 的第 j 列以方程组的自由项代换所得.

假定我们想用公式(16)来解方程组, 并且在行列式通常的定义基础上来计算而不用任何简化的方法. 为此我们应该做多少次乘与除的运算呢? (因为加法与减法比较简单我们将不加注意). 我们要计算 $n+1$ 个 n 阶行列式. 其中每一个行列式都有 $n!$ 项, 并且每一项为 n 个因子的积, 它的计算需要 $n-1$ 个乘法. 关于计算所有的行列式我们就需完成 $(n+1)n!(n-1)$ 个乘法. 必需的乘与除法的总数就等于 $(n^2-1)n! + n$.

现在我们选择别的方法来解方程组, 就是用消去法. 这个方法的计算方案是由高斯提出的. 从方程组的第一个方程求出 x_1

$$x_1 = \frac{a_1}{a_{11}} - \frac{a_{12}}{a_{11}} x_2 - \cdots - \frac{a_{1n}}{a_{11}} x_n.$$

为此需要 n 个除法. 把 x_1 代入其下 $n-1$ 个方程中的每一个都需要做 n 个乘法. 消去 x_1 并作出带未知数 $x_2, \cdots, x_n$ 的 $n-1$ 方程组总共需要 n^2 个乘法及除法. 继续这些计算, 求到用消去法来算出全部值 $x_j (j=1, \cdots, n)$ 所需要的乘法与除法为 $\frac{n}{6}(2n^2+9n-5)$ 次. 比较这两个结果. 对解五个方程的方程组在第一种情况中需要 2885 次乘法及除法, 而在第二只要 75 次.

对十个方程的组的运算次数将相应地为 $(10^2-1)10!+10 \approx 360,000,000$ 及 $\frac{10}{6}(2 \cdot 10^2+9 \cdot 10-5)=475$. 可见计算工作的分量可能强烈的依赖于计算方法的选择. 当筹划计算工作的时候合理地选择方法往往能够大大缩减工作量.

§2. 最简单的计算辅助工具[1)

表 最老的计算辅助工具为数学表. 最简单的表, 例如乘法表以及对数与三角函数值的表, 当然读者们都是很熟悉的. 在实际的事业中需要求解的问题的范围是不断地扩张的. 新问题常常应用新的公式来解, 或者会引致新的函数, 因此必需的表的个数经常在增加.

每一个表不管它的构造如何总含有早先做出的结果, 它作为一种特殊的数学记忆. 印刷的或手抄的表是专供人来查阅使用的. 但也可以提到特殊形式构成的表, 例如在特殊的穿孔卡上的表. 它们适宜于计算机工作上的应用, 但碰到这种表的机会少得多, 所以我们不预备讨论它.

最普遍的是函数数值表. 假如函数 y 与一个变量 x 有关, 那么对应于它的最简单的表具有形式

---

1) 本节描述最简单的计算工具及机器. 近代快速计算机的叙述留待第十四章. 由于篇幅的限制我们也没有涉及图解法.

x	y
x_1	y_1
x_2	y_2
...	...
x_n	y_n

$$(17)$$

这所谓**一个进口的表**[1]. 从表中能够直接取出所列 x 值的对应值. 未列出的 x 所对应的值利用各类插值公式求得, 关于这些公式在第十二章已提到[2]. 常常在表上适当地附以除函数值之外的一些辅助量的值, 这些量使插值容易完成. 通常这是一次或二次差分的值. 更特殊的表需要特殊地用慎重选定的插值公式, 并在表中列入适当的数据.

当二元函数 $u=f(x, y)$ 列表的时候它的值通常编为**两个进口** x **及** y **的表**中, 其图形式如

y / x	y_1	y_2	...	y_m
x_1	u_{11}	u_{12}	...	u_{1m}
x_2	u_{21}	u_{22}	...	u_{2m}
...	...	...	...	...
x_n	u_{n1}	u_{n2}	...	u_{nm}

$$(17')$$

这种表的每一列就是一个进口表, 而表 $(17')$ 是许多形如 (17) 的表的结合. 照例二元函数表的分量往往比具有相同独立变量步长的单元函数表的容量要大得多. 由于这点二元函数的列表比起单元函数来就少得多.

下面简单的计算说明表的篇幅当变量个数增加时可能增长多快. 设要列四元函数 $f(x, y, z, t)$ 的表, 并且每一个独立变量总

---

1) 表所占的列可能很长. 在印刷中为了安置它, 把它分成一系小段, 并把小段用某种方式编组. 然而在这种情况下仍旧称表为一个进口的.

2) 照例, 表上值 x_i 愈少插值就愈复杂, x_i 取得相隔愈近就愈容易. 对插值速度的要求可能是很不相同的. 供射击用的表非常希望插值"一眼"几乎瞬刻就能完成. 在提高了精确度供科学计算用的表中就容许需要一系列运算的插值.

共取 100 个值. 设函数需要用较低的准确度来计算——只要三位
有效数字. 假若在这种条件下单元函数被列成表, 整个数值表由
一百个三位数组成, 就很容易被安置在一页纸上.

但在四个进口的数表中对于函数 f 将与 x, y, z, t 值的组合
100^4 有同样多的 f 值. 由此容易估计出来表要占 300 多卷书这么
大的篇幅.

由于表非常冗繁的缘故, 多元函数只在其少而特别简单的情
况下才被列表. 在最近几年才开始系统地研究几类多元函数, 对
于它们能够编出进口数小于独立变量个数的表. 同时开始了研究
一些规律使这类表的结构能够尽可能地简单一些.

举出这种函数的最简单的例子.

设需列出 x, y, z 三元函数 u 的表, 该函数具下列结构

$$u = f[\varphi(x, y), z].$$

显然, 假如引进辅助变量 $t = \varphi(x, y)$ 并把 u 表作复合函数

$$u = f(t, z),$$
$$t = \varphi(x, y),$$

则用两个具有两个进口的数表就够了.

为了便于运用这些表, 它们可以用下面的方法结合起来. 研
究函数 $t = \varphi(x, y)$ 并关于 y 解此方程

$$y = \Phi(x, t),$$

原则上说来, 对于函数 $t = \varphi(x, y)$ 或 $y = \Phi(x, t)$ 中的哪一个列表
都是一样的, 但就其中第二个函数列表对我们更方便些. 对函数
$y = \Phi(x, t)$ 及 $u = f(t, z)$ 作两个具有两个进口数表, 并把它们结合
为如下的表

x_1	x_2	$\cdots$	x_i	$\cdots$	t	z_1	z_2	$\cdots$	z_k	$\cdots$
					t_1					
					t_2					
					$\vdots$					
$\cdots$	$\cdots$	$\cdots$	y_j		t_j	$\cdots$	$\cdots$	$\cdots$	u_{jk}	$\cdots$

求对应于给定值 x_i, y_j, z_k 的 u 值可进行如下：找出记录着数 x_i 的一列，并沿着它移动找到值 y_j（或接近于它的值），沿水平线对着它的就是对应的 t 值．假如沿这个水平线更向前移动，那么在 z_k 列我们找到需要的值 $u=f(x_i, y_j, z_k)$．

在这个例子里，利用两个具有两个进口的表以及简单的运用规律就足以代替一个具有三个进口的表．

利用各种把表缩短的可能性使得在某些情况下减少表的篇幅比起进口数等于独立变数个数的表来，表的篇幅要减少到几十、几百甚至几千倍．

台式计算机　几乎和数学表同样古老的计算工具为各种计算设备．它们在古代希腊就被应用了．在苏联早就出现了算盘，并且现在仍广泛地应用着．

最初的一些计算机模型是在十七世纪由巴斯卡、莫尔兰德及莱布尼茨所做的，从那时起机器被多次改变及改进，在上世纪末叶，尤其在本世纪初它们得到大大的推广．

我们只讨论在某些类型的机器上，并尝试说明它们所提供的加速计算的可能性．我们从小的或台式通用计算机开始．无论构造如何它们中间的每一种都专为执行完成四则运算，并且乘和除法是用多次按位的加及减法来完成的．

这种机器初期典型的模型是大家很熟悉的具有奥得纳轮的奥得纳欧算术计算机（图 2）．在安置机构上数的排置是由每一个数位上的排数杆运动到所需数的刻度上来完成的．做加法时被加数排在安置机构上，然后把摇臂转一圈就输送到结果计数器上，在此它自动的加到那儿已有的数上去．减法由摇臂在反方向旋转来进行．乘法由被乘数排在安置机构上，然后在乘数的每一位上把它多次相加来完成．例如，乘上 45 就相当于被乘数五次相加，然后把被乘数移进一位再四次相加．

对于数的除法被除数应该放在结果计数器上，然后从它把除数多次按位相减就求得了商．结果由摇柄在每位的回转次数来决定．并且能够在计算机的回转次数计量器上读出．

图　2

图　3

　　我们简单地回忆了在算术计算机上的计算顺序，只是为了给出以后改进台式机的更明显的方向．某一些改进的目的在于使得机器更方便些，而不改变它的结构原则上的设计．这类的改善例如电动的算术计算机，可以加速机器的工作并解除了计算员转动摇柄的劳动．

　　为了加速及简化数在安置机构上的排置引进了触键结构．数

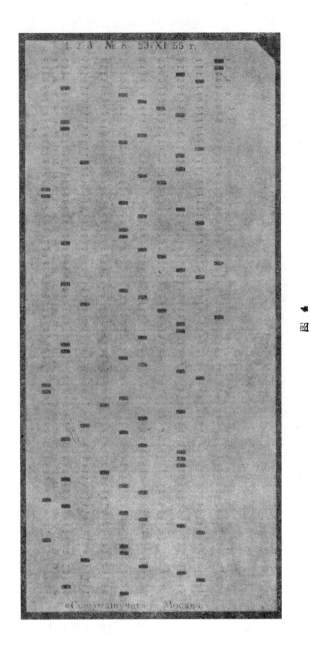

字的安置不是由杆子回转一定刻度数来完成的，而只要单单压一压相应的键就行．已经造出这样的自动计算机，在它上面工作的时候计算员只要安置被运算的数字然后压一下按钮指示要完成四种运算中的哪一种(图3)．留下的事情不用人来过问，机器自动做完．台式计算机的改善也保证了它们工作速度的大大提高，以致于在最完善的机构上乘法的结果只要在开动机器后一秒钟就可得到．机器工作的进一步加快显然是多余的，因为计算员自己执行安置数字及记录结果的操作需要比较长的时间．

分析计算机及继电式机器 分析计算机是造出来为统计计算以及为了财政与工业核算上用的．它们是专为进行大量同一类型不复杂的计算用的．对于执行技术及科学上的计算它们就不太方便，这是因为运算的"记忆"容量非常小以及对它们作出计算的程序的可能性是有限制的．虽然有这些缺点，直到快速电子机出现以前分析计算机在复杂及大量的计算中仍被相当广泛地应用，只要当计算能化为不大的一系列能被大量完成的运算．

分析计算机的数被记录在穿孔卡片上(图4)．利用在确定位置上打孔的办法在卡片上引入数码及符号．卡片被送进机器里通过一列电刷子．在电刷子下面若经过卡片上打穿了的孔，它就使电路闭合并使机器的这一部件或那一部件开始工作．

机器总是成套地工作，并且每套至少由下列机器组成．

穿孔器——作为在卡片上打孔之用．机器有手按的键盘并以打字机的速度进行工作．

分类器——用来把卡片按次序分堆，它们该按那种次序被引进计算机中去．工作的速度是每分钟450—650张卡片．

再生穿孔器或再生器——把打穿的孔从一些卡片上移到另一些上，比较两堆卡片并依一定的标帜在其中进行选择．工作的速度大约每分钟100张卡片．

列表器(图5)——执行加法及减法运算，此外还印出计算结果．每小时可以加工6—9千张卡片．

乘积穿孔器(倍积器)——把数相加、相减及相乘．结果以卡

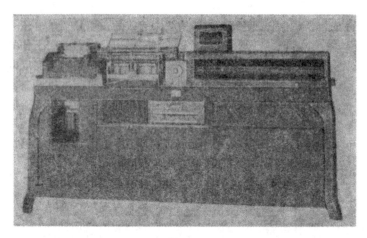

图 5

片上穿孔的形式给出来．在对 6—7 位的数进行工作时每小时可以完成 700—1,000 个乘法．

分析计算机工作起来是比较慢的．假如粗略地估计它们能够完成的工作量，那么可以说上列一套分析计算机能够代替 12—18 个台式自动计算机．试制更快速的计算机器的最初努力的结果就是，继电式机器，它是基于运用电力机械的继电器而做成的．这种机器的工作速度大约比分析计算机的工作速度要大十倍．但是更大的优点却在别的方面：继电式机器能执行复杂的计算程序并且具有非常灵活的控制．这使得大大推广了可以在机器上解的技术与科学问题的范围．但是几乎在继电机器出现的同时就创造了第一批用程序来控制的电子计算机，在这种机器上它使工作速度得到进一步的跃进．转移到电子技术上来时增加速度的可能性有多大，可以依据下列数字来判断：电子管状态改变所需的时间是用百万分之一秒作为单位来测量的．

连续式数学机器 连续式数学机是一种这样构造的物理系统（机械构造、电路等等），使得在系统的连续改变的参数（位移、回转角、电流、电压等等）之间能实现那样的数值关系，正如所需求解的数学问题中的量之间的数值关系一样．这类机器常称为**模拟机**．

每个连续式的机器是专用来解决某一小类问题的.

机器给出的解的精确度与零件制造的质量、机器的装配、调整、工作中的惯性误差等等有关. 根据长期运用机器的经验断定这种机器通常能够给出解中2—3位正确的有效数字. 在这一方面模拟机就大大的赶不上数字计算机, 后者在原则上具有无限的计算精确度.

连续式机器的重要性质为它们便于解决大量的同一类型的问题. 此外, 它们常常能够比数字计算机以快得多的速度给出解答来. 它们主要的优越性是在许多场合中更便于引入问题的初始数据, 并且得到的结果表为更方便的形式.

存在很多种形式的模拟机. 许多问题可以模拟, 并且它们的每一个都可能用几种方法来模拟, 例如利用机械或电的结构以及别的办法. 可以创造一些机器或机器的部件来模拟个别的数学运算, 例如加法、乘法、积分法、微分法等等. 各种计算公式也可以模拟, 例如, 制造计算多项式值的以及函数在调和分析中的傅氏系数的机器. 同样可以制造模型, 用来复制数值的或函数的方程. 从完全不同领域的问题之间多种相似之处导致同样的微分方程. 方程的同一性使得, 例如, 可能用电来模拟热的现象而热工问题就用电的测量的办法来解, 毫无疑问这要有利得多, 因为电的测量比热的精确并且实行起来要容易得多.

由于模拟机数量很多要想用几行字不仅不可能来描述机器本身, 甚至也不可能描述它们的结构原理. 为了使读者对如何模拟数学问题具有初步概念, 我们将提供两个简单数学机器的概要的描述, 其中的一个用来求函数的积分, 另一个则用来求拉普拉斯方程的近似解之用.

阻力积分仪(图6)　正如它本身的名称所示, 是用来求函数的积分用的. 它靠磨擦力的作用来工作. 结构原理的示意图如图7, 其中1——积分仪的机座, 2——水平地安置着的带有轴的阻力盘, 3——阻力小轮, 即小轮有压平的边缘并且不仅能够沿着 盘子滚动, 而且在垂直于滚动平面的平面里移动. 零件4与5组成了螺旋

机构,机件上的螺丝帽4与携带小轮的支架相连接着.假如螺旋的

螺距记作 h, 则当螺旋回转 γ 角度时小轮在图形的平面上移动距离 $\rho=h\gamma$.

设盘的轴转 $d\alpha$ 角度. 此时小轮子的接触点移动了 $\rho d\alpha$ 弧长. 假如小轮子无滑动的沿着盘子滚动,则小轮的回转角就等于

$$d\varphi=\frac{\rho}{R}\,d\alpha=\frac{h}{R}\,\gamma\,d\alpha,$$

假设盘子的轴从角度 α_0 开始旋转并且小轮的初始回转角是 φ_0. 由上式积分之求得

$$\varphi-\varphi_0=\frac{h}{R}\int_{\alpha_0}^{\alpha}\gamma\,d\alpha.$$

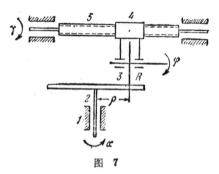

图 6

图 7

取定角度 γ 及 α 之间适当的关系之后, 我们在广泛类别的情况中可以用阻力积分仪来计算积分. 利用积分机器许多微分方程就可能用机械方法求解.

我们举出第二个例子. 设在平面上给定区域 Ω, 它由曲线 l 所限定. 需要求函数 u, 它在区域内满足拉普拉斯方程

$$\Delta u=\frac{\partial^2 u}{\partial x^2}+\frac{\partial^2 u}{\partial y^2}=0,$$

而在回路 l 上取给定的值

$$u|_e=f.$$

作正方网格点

$$x_k=x_0+kh,\ y_k=y_0+kh,\ k=0,\ \pm 1,\ \pm 2,\ \cdots,$$

而区域 Ω 本身用由正方形组成的多边形来代替. 相应地回路 l 用折线来代替. 把边界值 f 及 l 转移到折线上去. 未知函数 u 在结点 $(x_j,\ y_k)$ 上的值表作 u_{jk}. 在 Ω 中求拉普拉斯方程近似解通常以

在区域的所有内点上应该满足的代数方程组来代替它：

$$u_{jk} = \frac{1}{4}\left[u_{j+1,\,k} + u_{j,\,k+1} + u_{j-1,\,k} + u_{j,\,k-1}\right].$$

为了求解此方程组可以作下列电网模型．在平面上作二向度导电网络，电路图如图 8．结点间的电阻认为是一样的．假设在网络区域的边界结点加上数值等于这些结点上边界值的电压．它们在网络的所有内点上也引起了电压．在结点 $(x_i,\ y_k)$ 上的电压记作 $U_{j,\,k}$．若在结点

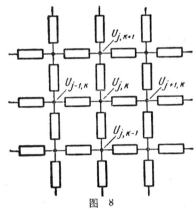

图 8

$(x_j,\ y_k)$ 运用克希霍夫定律，则显然在这结点上应该满足方程

$$\frac{1}{R}\left[(U_{j+1,\,k} - U_{j,\,k}) + (U_{j,\,k+1} - U_{j,\,k}) + (U_{j-1,\,k} - U_{j,\,k})\right.$$
$$\left. + (U_{j,\,k-1} - U_{j,\,k})\right] = 0,$$

它与上面所示对应的方程组只是写法形式上不同而已．代数方程组解的值在网格的结点上应该与电压 U_{jk} 相一致，并且能够从此模型上用普通电学测量的办法求得．

文　　献

Л. В. Канторович и В. И. Крылов, Приближенные методы высшего анализа. Изд. 4-е, Гостехиздат, 1952.

书中叙述了偏微分方程近代数值解法．

Л. Коллатц, Численные методы решения дифференциальных уравнений, М., 1953.

А. Н. Крылов, Лекции о приближенных вычислениях, Изд. 6-е, Гостехиздат, 1954.

曾在近似方法的进一步发展中起了很大作用的第一本教科书．

Э. Уиттекер и Г. Робинсон, Математическая обработка результатов наблюдений, Перев. с англ., Изд. 2-е, ОНТИ, 1935.

本书包含丰富的历史上的资料．

Хаусхольдер, Основы численного анализа, ИЛ, 1956.

通 俗 书 籍

Б. Н. Делоне, Краткий курс математических машин, Гостехиздат, 1952.

Ф. А. Виллерс, Математические инструменты, ИЛ. 1949.

描述各种连续式的数学仪器.

Г. П. Евстигнеев и И. С. Евдокимов, Счетно-цифровые машины, М., 1953.

叙述分析计算机.

Статьи в Большой советской энциклопедии: Графические методы, Номография. Таблицы.

М. С. Тукачинский, Как считают машины, Гостехиздаг, 1952.

储 钟 武 译

冯 康 校

第十四章　电子计算机

§1. 电子计算机的功用和基本工作原理

数学方法广泛地应用在科学与技术中，可是许多重要问题的解都与巨量的计算有关，因此当利用普通手摇计算机进行计算时，这些问题实际上是不可能得到解决的：以空前的速度进行计算的电子计算机的出现，在应用数学解决物理学、力学、天文学、化学等最重要问题方面实现了一个变革.

现代的通用电子计算机在一秒钟内能完成成千上万次算术和逻辑运算，它可以代替几万和几十万计算人员的劳动. 利用这样的速度来计算，例如，炮弹的弹道计算速度就比炮弹本身飞行的速度要快得多.

除了能以高速度进行算术及逻辑运算外，同一台通用计算机还能够解决各式各样的问题. 这种计算机在本质上是一种新的工具，它不仅能大大地提高劳动生产率，而且也能解决过去被认为是不可能解决的问题.

在许多场合下必须快速进行计算，才能使所取得的结果具有实际的价值. 这点在对次日的可靠的天气预报的例子中是显而易见的. 用人工计算一昼夜的可靠天气预报时需要几天几夜的时间. 显然在这种计算速度下所得的结果便失去了实际的价值. 应用电子计算机做天气预报的计算便能完全并及时地解决这个问题.

快速电子计算机　在苏联科学院精密机械及计算技术研究所中所试制出的快速电子计算机(БЭСМ)，就是这种机器的一个例子(图1). 此计算机在一秒钟内平均能完成八千至一万次算术运算. 不能不提醒一下，一位有经验的计算员利用手摇计算机在每一班内(八小时)只能完成二千次算术运算. 这样一来，一台计算机在

图 1　БЭСМ 电子计算机的全貌

几小时内能完成的计算是一位有经验的计算员一辈子也做不完的．这台机器能代替由几万人组成的计算大军，光是为了容纳这些人，就得需要有几十万平方公尺的房屋．

在这台电子计算机的运行期间已经解决了科学与技术的不同领域的大量问题，由此为国家节省了几亿卢布．我们举几个例子．

在国际天文历方面，几天内计算出了太阳系内约七百个小行星的运行轨道，并且考虑到了木星与土星对它们的影响，确定了它们在十年内的坐标，准确地算出了它们每隔四十天所在的位置．从前这种计算需要一个大计算局几个月的工作．

在根据地区测地图数据来制地图时需要解决具有大量未知数的代数方程组．具有 800 个方程的问题大约需要进行二亿五千万次算术运算，这个问题在电子计算机上不到二十小时便解决了．

在计算机上计算出了用来决定运河最陡的而又不塌散的侧面的各种形式的换算表，因而能使得在水力工程建设中节省大量物质和时间．从前有 15 个计算员一起工作，试图解出这个问题的一个方案，但经过几个月的光景也没有成功．在电子计算机上十个方案的计算花了不到三小时．

在机器上可以反复试验这种或那种问题的解的多种方案，并从中选取最合适的一种．这样便能够决定桥梁的最有利的力学结构，找出机翼、喷气发动机、涡轮机叶片的最佳形式等等．

实际上计算的无限准确性能够使我们在电子计算机上算出各种各样的科学和技术用的表．为了使得在 БЭСМ 上计算出具有五万个弗兰涅尔积分值的表，只用一小时．

电子计算机在解逻辑问题方面的运用 电子计算机除了解数学问题外，也能解逻辑问题，例如利用计算机可以把文献从一种语言翻译成另一种语言．在这种情况下，机器中所存储的将不是数字而是代替辞典的单词和个别的词汇．

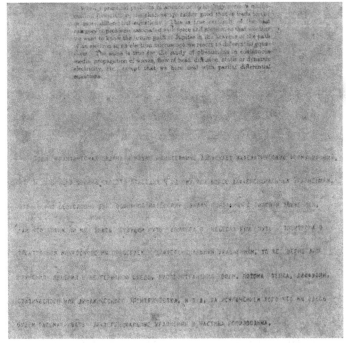

图 2 翻译的例子

计算机通过原文中的单词与"辞典"中的单词相比较找出所需要的单词．然后计算机利用以程序形式记录下来的语法和句法规则对所找到的单词进行"加工"，按格、数、时等变化单词，并将它安放在句子中的适当地位，最后将译文印在纸上．为了达到成功的翻译，要求语言学家与数学家在编制程序方面付出大量和细致的劳动．

在苏联科学院已经编制了用来把科学技术文献从英文译成俄文的试验性字典和程序，并于 1955 年底在 БЭСМ(此计算机并不是专门为了翻译而设计的)上做了第一次翻译试验(图 2)．

做为试验，在 БЭСМ 上成功地解决了复杂的逻辑问题，例如象棋问题．对象棋游戏的全面分析在现代电子计算机上是做不到的，因为游戏中有巨量的可能组合．当采用近似法时，棋子可以用点数来估值，例如皇帝——一万点，皇后——一百点，堡垒——五十点等等．此外，对个别的局势因素，例如开线、重卒等也以适当的点数来估值．计算机经过一连串的测试选取那样一个方案，它在一定的步数内对于对方的任意的回棋给出最佳的点数关系．但是，由于有大量的可能组合，解不得不局限于比较少的步数的测试中，因此不能考虑到棋赛的战略部署．

电子计算机的基本工作原理 现代的电子计算机是电子自动装置的一个复杂的组合，在机器内运用了电子管，锗晶体元件、阴极射线管、磁性元件、光电管、电阻、电容器以及其它无线电技术零件．

算术运算是用电子计数线路以非常快的速度来执行的，这些电子计数线路组成为运算器(图 3)．

为了保证高速计算光凭对数字进行快速的算术运算是不够的．因此在计算机内整个计算过程完全自动化，选取所需数字以及制定对数字做运算的一定的次序也都自动地完成．

需要做运算的数以及计算的中间结果都应该存储在机器内．用来做存储数字的装置——"存储器"——能够选取任一个所需要的数，以及接收计算结果·存储器的容量，即它所能存储数字的数量

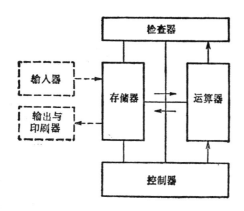

图 3　电子计算机基本部件的概括图

在很大的程度上决定着机器对解各种各样问题的应用的灵活性.

在现代的电子计算机内存储器的容量为 1,000—4,000 个数.

在电子计算机内控制器执行下列操作：从存储器选取所需的数,对这些数需要进行的运算,向存储器传送结果和向下一步操作转移等. 在计算程序和原始数据被送入计算机之后,控制器便可保证计算过程的完全自动化.

为了往机器内输入原始数据和计算程序以及为了将结果印在纸上,在计算机内设有专门的输入器和输出器.

在机器上进行计算时必须对所取得结果的正确性有信心, 也就是必须检查所进行过的计算. 计算正确性的检查或由专门的检查器来实现, 或通过适当的程序设计用逻辑和数学检查方法来实现,这种检查的最简单例子就是"双手计数",即两次计算并比较所得的结果.

在着手解这种或那种问题之前必须了解所研究过程的物理实质,并将问题表为代数公式、微分或积分方程或其它的数学关系的形式. 在应用仔细研究过的数值分析方法时, 几乎什么时候都可以把这样的问题化为一连串的算术运算,这样一来,最复杂的问题也都可用算术四则来解决.

在手算时要执行随便哪一种算术运算时,必须取两个数,对它们进行给定的算术运算,并写出所得的结果,这个结果或者用在进一步的运算中,或者就是所求的答案.

在电子计算机内所执行的也就是这些运算. 机器的**存储器**化分为一系列的存储单元,所有的单元都编有一个番号,为要选取某一个数时,必须给出"存储"这个数的单元的番号.

为要执行随便哪一个算术运算时, 必须给出两个存储单元的番号, 由此选取两个数,给出对这些数所需要进行的操作和一个应该接收所得结果的单元的番号. 用一定的代码形式来表示的上述任务便称为"指令".

因此, 问题的解就等于顺序执行一系列的指令. 这些指令组成一个计算程序,它通常也存储在上面提到的存储器里.

计算程序, 即指令的集合, 是事先由数学家们制定的, 计算程序可保证在解题时所必须的算术运算的一定序列.

为求得问题的解许多问题要求几千万甚至于几亿次算术运算. 因此在电子计算机内采用了这样一些方法, 即是用相当少数的原始指令来完成大量的算术运算.

除了执行算术运算的指令外, 在电子计算机内也规定有实现逻辑运算的指令,例如,利用比较两数的大小来从进一步计算的两种方案中选取一种.

程序的指令以及原始数据以约定的代码形式写出. 通常用穿孔的方法记录在穿孔卡片或穿孔带上; 或以记录代码脉冲的形式记录在磁带上,然后把这些代码送进计算机并转至存储器,以后机器便自动地执行所给的计算程序.

计算结果也同样地记录下来, 例如以代码脉冲的形式记录在磁带上. 特殊的译码印刷装置把记录在磁带上的代码变为数字并把它们印为表格形式.

在电子计算机上以非常快的速度执行复杂的计算工作能在脑力劳动的领域内提供节省, 这种节省如同从前在体力劳动方面采用机器生产所提供的节省. 当然, 根据先由人规定的程序进行工作的电子计算机本身就没有创造的可能性, 因此应用机器的目的不是用机器代替人.

电子计算机在科学研究机关、设计局、计划机构中的广泛应用对解决国民经济问题开辟了无限的可能性.

在计算机的工作原理、构造及其应用和操作的进一步发展的事业中在工程师和数学家的面前呈现着宽广的远景.

电子计算机在人的手中是一个有力的工具. 这些机器对于正在建设共产主义社会的国家的意义是难于估计的.

§2. 在快速电子计算机中的程序设计和代码的编制

程序设计的基本原理 1. 在电子计算机上进行计算时必须将问题近似解的所选取的数学方法表示为一连串的算术运算. 这些运算的实现在机器上是由计算程序来保证的, 前面已经说过, 计算程序是由一系列的指令组成的. 当然, 如果对每一个算术运算都规定一条指令, 则计算程序将非常庞大, 甚至于只是把它们写下来所需的时间就将几乎等于人工执行这些算术运算时所需的时间, 因此在程序设计时力求用比较少数的指令来保证大量算术运算的执行.

为了阐明指令的结构与编制程序的方法我们用一个最简单的例子来研究在人工解题时所需执行的那些操作.

我们详述一下用欧拉方法解带下列已知初始条件的一价微分方程的例子.

$$\frac{dy}{dx} = ay, \ y\vert_{x_0} = y_0. \tag{1}$$

根据这个方法, x 值的整个幅度被划分为等长的区间 $\varDelta x = h$, 在每一个区间的极限内, 假定微商 $\frac{dy}{dx}$ 的值不变并且等于此区间起点的微商值[1]. 在此条件之下, 对于第 k 区间的运算按下列公式进行:

---

1) 实际上常微分方程的数值解是用更复杂的和更准确的公式来求的.

$$\left(\frac{dy}{dx}\right)_k = ay_k,$$

$$\Delta y_k = \left(\frac{dy}{dx}\right)_k h = (ah)y_k,$$

$$y_{k+1} = y_k + \Delta y_k,$$

$$x_{k+1} = x_k + h.$$

做完第 k 区间的计算后转至计算第 $k+1$ 区间. 计算从已知的初始值 x_0, y_0 开始. 运算的序列见表1.

表1　用欧拉方法解方程(1)所必需的运算

运算号码	待定值	公　式	计　　　　算[1]
1	Δy_k	$(ah)y_k$	$(ah)(2)_{k-1}$
2	y_{k+1}	$y_k + \Delta y_k$	$(2)_{k-1} + (1)_k$
3	x_{k+1}	$x_k + h$	$(3)_{k-1} + h$
4	—	—	印出所得之值 x_{k+1}
5	—	—	印出所得之值 y_{k+1}
6	—	—	对 x 和 y 的新值重复运算,从运算号码1开始.
7	—	—	当 x 达到值 x_n 时,计算结束.

在人工计算时只用了前三个运算,而其余的运算并不明写下来而是自然地默认的,例如对下一区间开始重复计算的指令以及结束计算的指令等等. 在机器上计算时所有这些运算(运算4—7)都要正确地规定出来. 这样一来,在机器上除了执行算术运算外,还应该规定有控制运算(运算4—7). 控制运算或者具有完全确定的性质(如运算4和5),或者具有依赖于所得结果的条件性质(例如运算6和7). 因为后两种运算彼此是联系着的(需要执行其中之一),所以在机器上最后两个运算综合为一个(比较运算),它的形成如下:"如果值 $x<x_n$,则必须从运算1起重复计算. 如果值

---

1) 1在"计算"栏里括号内的数字标明对于运算应选取哪一个运算的结果,例如:在第一运算(第一行)中,需要用对上一区间$(2)_{k-1}$执行第二运算(第二行)时所取得的值乘上值 ah;在第二运算中需要将对前一区间$(2)_{k-1}$进行运算所得的值加上对本区间$(1)_k$进行第一运算所得的值.

在开始计算时在"给定值"栏内对运算2及3必须列出原始值 y_0 及 x_0.

$x \geqslant x_n$, 则必须停止运算". 因此, 进一步的计算序列将依赖于在计算过程中所得的现行值 x 的大小.

2. 对表1内算术运算的研究证明：为要执行任意一个算术运算必须指出应该对数字进行哪种运算, 应该取哪些数, 应该把取得的结果送到哪里去, 因为这个结果在进一步的计算中还会用得上.

数码保存在机器的存储器内, 因此应该指出相应单元的番号：应该从哪里取数和往哪里送结果. 这样便形成了最自然的"三地址指令系统".

在三地址指令系统内代码的一定的位数用来标明运算, 即给出运算, 也就是指出对于数所要进行的运算(运算码). 指令码以外的数位分为三个相等的小组, 称为"指令地址"(图4). 第一地址码指出一个存储单元的番号, 从此选取第一个数, 第二地址码指出一个存储单元的番号, 从此选取第二个数, 而第三地址码指出应接收所得结果的存储单元的番号.

| 运算码 | 第一地址 | 第二地址 | 第三地址 |

图 4 指令的三地址系统结构

用来控制计算过程的指令码也可以用三地址系统来表示. 例如, "送数付印"的指令在运算码中应该有表示这一操作的番号；在第一地址内——付印的数所在的存储单元的番号, 在第三地址内——印刷装置的番号(在第二地址内不放代码). 决定计算过程的这样或那样进程的指令叫做"比较指令". 这个指令的运算码指出必须比较两个数, 这两个数的番号在第一及第二地址内标出. 如果第一数小于第二数, 则必须转至执行其番号在比较指令第三地址中所指明的指令, 如果第一个数大于或等于第二个数, 则在完成本指令后必须转至执行按番号顺序的下一指令.

指令码和数码一样也都保存在机器的存储器里, 并且, 如果在没有关于变更计算进程的指令(例如在有比较运算)时, 它们是按番号顺序一个跟着一个的.

我们考虑一下，方才分析过的例子的计算程序是怎样的．假定存储单元内的数码分配如下：

数值 ah 在第 11 单元内

数值 h 在第 12 单元内

数值 x_n 在第 13 单元内

数值 x 在第 14 单元内

数值 y 在第 15 单元内

操作单元是第 16 单元[1]．

根据上表我们得到下面的计算程序(表 2)．

表 2　用欧拉方法解方程(1)的计算程序

指令番号	指 令 码				附　　　注
	运算码	第一地址	第二地址	第三地址	
1	乘法	11	15	16	$\Delta y_k = (ah)\,y_k$
2	加法	15	16	15	$y_{k+1} = y_k + \Delta y_k$
3	加法	14	12	14	$x_{k+1} = x_k + h$
4	印	14	—	1	将 x_{k+1} 印在第一部打印装置上
5	印	15	—	2	将 y_{k+1} 印在第二部打印装置上
6	比较	14	13	1	如果 $x < x_k$，则转至指令番号 1；如果 $x \geqslant x_k$，则转至下一指令，即指令番号 7
7	停止	—	—	—	计算结束

指令码保存在存储器内(在我们考虑的例子中为单元 1—7)．保存在存储器的第一单元内的指令进入机器的控制器，按照这个指令执行乘法，用第 15 存储单元的数乘上第 11 单元的数，即算出量 $\Delta y_k = (ah)\,y_k$．所得的结果送至第 16 操作单元．这个运算完成后，存储器的按番号顺序的下一个单元．即第二单元内的指令进入机器的控制器．按照这一指令求得量 $y_{k+1} = y_k + \Delta y_k$，它被送至第 15 单元，即是代替原来的值 y，同样按第 3 指令求得 x 的新值；第 4 和第 5 指令对于 x 及 y 的新得的值实现印刷；第 6 指令决定计

1) 放置在计算过程中所得的中间值的单元称为工作单元．

算过程的进程. 按照这个指令将位于第 14 单元内的数与位于第 13 单元内的数进行比较, 即将所得的值 x_{k+1} 与最终值 x_n 比较. 如果 $x_{k+1} < x_n$, 则对下一区间必须重复计算, 即回到起始的指令上, 在此情况下就是第一指令. 当第一数小于第二数时所应该转到的指令号码在比较指令的第三地址中指出. 如果计算已达到 $x_{k+1} \geqslant x_n$, 则比较指令向按番号顺序的下一指令, 即第 7 指令转移, 它终止计算过程.

在计算开始以前应该往存储器引进指令码(送入单元 1—7), 常数码(送入单元 11—13)以及初始数据, 即是初始值 x_0 和 y_0(送入单元 14 和 15 内).

在完成第一区间的计算后在第 14 和 15 单元内已经由 x_1 及 y_1 代替了 x_0 及 y_0, 它们就是下一区间的起点的变量值. 这样一来, 在重复程序的同样一些指令时就可完成下一区间的计算等等.

上述的例子可证明, 由于循环地重复一系列的指令便能以比较短的程序完成大量的计算. 程序个别段落的循环重复方法是在编制解题程序中广泛地运用的.

3. 另一个常用的能大大缩短程序的方法是自动地变更某些指令的地址. 我们用计算多项式的例子来解释这种方法的实质.

设需要计算出多项式

$$y = a_0 x^6 + a_1 x^5 + a_2 x^4 + a_3 x^3 + a_4 x^2 + a_5 x + a_6$$

的值. 在计算机上进行计算时将此多项式表为形式

$$y = (((((a_0 x + a_1) x + a_2) x + a_3) x + a_4) x + a_5) x + a_6$$

是比较方便的. 设系数值 a_0—a_6 分别放在存储单元 20—26 内, 值 x 放在第 31 存储单元内. 用显易的方法编制的计算程序如表 3.

我们清楚地看到, 在程序内乘法运算与加法运算是交替进行的. 除了第一指令外, 其余的一切乘法指令都是一样的: 即是用位于第 31 单元的数去乘位于第 27 单元内的数, 而把结果送至第 27 单元. 一切加法指令都具有相同的第一及第三地址. 当由一个加法指令向下一加法指令转移时, 第二地址内的单元番号加一: 在第二指令内从第 21 单元取数, 在第四指令内从第 22 单元取数等等.

表3 多项式的计算程序

指令番号	指令码				备注
	运算码	第一地址	第二地址	第三地址	
1	乘法	20	31	27	a_0x
2	加法	27	21	27	a_0x+a_1
3	乘法	27	31	27	$(a_0x+a_1)x$
4	加法	27	22	27	$(a_0x+a_1)x+a_2$
5	乘法	27	31	27	$((a_0x+a_1)x+a_2)x$
6	加法	27	23	27	$((a_0x+a_1)x+a_2)x+a_3$
7	乘法	27	31	27	$(((a_0x+a_1)x+a_2)x+a_3)x$
8	加法	27	24	27	$(((a_0x+a_1)x+a_2)x+a_3)x+a_4$
9	乘法	27	31	27	$((((a_0x+a_1)x+a_2)x+a_3)x+a_4)x$
10	加法	27	25	27	$((((a_0x+a_1)x+a_2)x+x_3)x+a_4)x+a_5$
11	乘法	27	31	27	$((((a_0x+a_1)x+a_2)x+a_3)x+a_4)x+a_5)x$
12	加法	27	26	27	$y=((((a_0x+a_1)x+a_2)x+a_3)x+a_4)x+a_5)x+a_6$

如果能保证自动改变加法指令第二地址内的单元番号，便能大大减缩计算程序。指令码保存在适当的单元内，并且可以把它们看成是一些数。在这些数上加以适当数时，便可以实现指令地址的自动改变。当利用这种方法时，多项式的计算程序将有表4的形式。

表4　多项式的计算程序

指令番号	指令码			
	运 算 码	第一地址	第二地址	第三地址
1	加法	20	—	27
2	乘法	27	31	27
3	加法	27	21	27
4	加法	3	28	3
5	比较	3	29	2
6	停止	—	—	—

第一指令是用来把第 20 单元的数转送至第 27 单元，以便得到标准化的乘法指令．完成第 2, 3 指令后，即得值 $a_0 x + a_1$．为要做下一步计算必须事先把加法指令(第 3 指令)的第二地址加 1，这正是由第 4 指令来执行的．按照这个指令选取位于第 3 单元的数，即选取正好需要的加法指令(第 3 指令)，并且在这个数上加以存储在第 28 单元内的量．为使得第 3 指令内的第二地址加一，则必须在第 28 单元内存储一个量：

运 算 码	第一地址	第二地址	第三地址
—	—	1	—

这样一来，在完成第 4 指令后就得第 3 指令的下列值：

运 算 码	第一地址	第二地址	第三地址
加法	27	22	27

新得的值存储在第 3 单元内，代替加法指令的原有值．

得到加法指令的新值后，便可以从乘法运算，即第 2 指令开始重复计算．为此目的我们有第 5 比较指令，这个指令将第 3 单元内的新指令与存储在第 29 单元内的量相比较．第 29 单元内保存如下的量：

运 算 码	第一地址	第二地址	第三地址
加法	27	27	27

这个比较最初给出，第一个量(第 3 单元中的)小于第二个量(在第 29 单元中的)，于是计算过程转至在比较指令第三地址中所示的第 2 指令．因此将自动地重复乘法指令(第 2 指令)与加法指令(第 3 指令)，并且每当执行一次加法指令第二地址内的单元号便加一(由指令 4 来完成)．

这个循环的重复将一直进行到加法指令(第 3 指令)的第二地址达到 27 为止，因而须进行六次循环．此时第 3 指令有下列形式：

运 算 码	第一地址	第二地址	第三地址
加法	27	27	27

即指令码将与第 29 单元内所有的数相同．此时比较指令(第五指

令)将察觉到,保存在第3与第29单元内的量相等,于是计算过程转移到按番号顺序的下一条指令上,即第6指令. 到此多项式的计算便告结束.

以程序来实现一些指令地址中的单元番号的自动改变方法在解各种各样问题时被广泛地采用着. 它与循环重复方法相同,都能使我们有可能以相当少数的指令来实现极其大量的计算.

4. 除了我们所考虑的三地址指令系统外,在许多计算机里还采用单地址指令系统. 在采用单地址系统时,每一条指令内除了运算码外,只含有一个地址. 为要对两个数执行运算以及把所得结果送至存储器,则需三条指令:这一条指令从存储器中选取一个数,并送至运算器,第二条指令选取另一个数,并对此二数执行所规定的运算,第三条指令将所得结果送至存储器.在计算时所得的结果往往是要用在下一次算术运算中的,在此情况下便无须将所得结果送至存储器,因而在作下一次运算时无须选取第一个数.因此在采用一地址指令系统时,程序的指令数量几乎比三地址的指令只多一倍. 由于一地址指令所需要的位数比三地址指令的位数少,所以程序在存储器中所占用的位置在两种指令系统中大致相等(通常在采用一地址指令系统时存储器的每一个单元内保存两条指令). 在比较机器的工作速度时必须考虑到指令系统的不同特点. 当以相同的速度执行运算时,一地址的计算机所执行计算的速度约比三地址的计算机慢一倍.

除了上述两种系统之外,有些计算机采用二地址及四地址的指令系统.

5. 通常问题的解分为几个阶段,其中很多阶段对一系列的问题而言是共同的. 例如,按给定变元计算初等函数,在解常微分方程时按给定导数确定函数增量,按已算出的被积函数来计算定积分等.

显然,对这种典型的阶段最好一劳永逸地制定好标准子程序. 如果在解题进程中需要进行标准计算,则应在适当的瞬间把计算转移至一种标准子程序上. 在标准子程序结束后必须回到基本程序的中断处.

由于有了标准子程序便大大减轻了程序设计的负担. 由于这种标准子程序的累积(它们记录在穿孔卡片或磁带上)许多问题的程序设计便可化为编制不长的连结个别标准子程序的基本程序.

6. 用电子计算机解决需要数亿次算术运算的问题. 只要在一个运算中出现错误, 便会导致不正确的结果. 显然, 在这样大量的计算中进行人工检查实际上是不可能的. 因此检查的职能必须由机器本身来实现. 有一些用仪器检查运算的正确性的方法, 并且在发生错误时, 这种方法可以自动地停止机器. 但是这些仪器检查方法会导致仪器的大大增多, 而且通常不能包括机器的一切环节. 由计算程序本身直接规定的检查方法是比较有发展前途的

其中的一种检查方法就是在人工计算时所采用的重复计算——"双手计算". 如果在单独重复计算时得到相同的结果, 则足可以证明没有偶然性错误. 自然, 当有系统性的错误时利用这种方法是不能察出的. 为要免除系统性错误, 在解题之前用机器进行答案为已知的检查计算. 这些计算应该涉及到机器的一切环节, 在检查计算中所得结果正确时, 则可证明没有系统性的错误.

除了"双手计算"外, 根据问题的类型还可以采用更复杂的检查方法, 例如在计算炮弹的弹道时, 除了对相对速度的两个分量解微分方程组外, 还可以额外地求解整个速度的微分方程, 并在每一积分段上按公式

$$v^2 = v_x^2 + v_y^2$$

进行检查. 当解常微分方程时, 除了对积分步长 h 进行计算外还可以对步长 $\dfrac{h}{2}$ 进行第二次计算. 计算时这不仅能保证没有偶然性的错误, 并且也能对积分段选择的正确性予以估价. 在按递推公式计算表时, 有时可以用其它方法来计算出一些关节值. 关节值的正确出现足以保证算出的中间值的正确性. 在一系列的情况

中可按所得的结果之间的差来进行检查.

在编制程序时, 必须规定对于已进行的计算这种或那种形式的逻辑检查.

数和指令的编码 数和指令在机器内用代码的形式表示. 在大多数的场合下采用二进位计数制, 而不用一般的十进位制.

在十进位制中以 10 为计数制的基数. 每一位的数字可以取十个不同的数值: 从 0 到 9. 次一位的单位值为原位的十倍, 因此在十进位制中整数部分可以写为下列形式

$$N_{10} = k_0 10^0 + k_1 10^1 + k_2 10^2 + \cdots + k_n 10^n,$$

这里 $k_0, k_1, \cdots, k_n$ 可以取从 0 到 9 中的任一值.

在二进位制中以 2 为计数制的基数, 每一位的数字只可以取两个数码: 0 或 1, 次一位单位值为原位的二倍. 因此在二进位制中整数部分可以写成

$$N_2 = k_0 2^0 + k_1 2^1 + \cdots + k_p 2^p,$$

这里 $k_0, k_1, \cdots, k_p$ 可取值 0 或 1.

在二进位制和十进位制中自然级数的前几个数可以写为下列形式

二进位制　0 1 10 11 100 101 110 111 1000 1001 1010 1011 等等

十进位制　0 1 2 3 4 5 6 7 8 9 10 11 等等

非整数部分利用基数的负幂按上述方式写出, 例如 $3\frac{1}{8}$ 在二进位制中写成

11.001.

数从一种进位制转变为另一种进位制是按一定的算术运算进行的, 并通常是在电子计算机上按特定的程序直接实现的.

对二进位数做的算术运算是与十进位制中的运算相同. 在二进位制中, 当某一位的两个 1 相加时, 在原位上得 0, 而向上一位进 1. 例如,

$$1010 + 111 = 10001.$$

在二进位中乘法和除法比在十进位制中简单, 因为乘法表被简单

的乘法规则代替了，也就是只用 0 或 1 去乘某数．例如，

$$\begin{array}{r} 1010\ \ (10) \\ \times\ \ 101\ \ \ (5) \\ \hline 1010 \\ 0000 \\ 1010 \\ \hline 110010\ (50) \end{array}$$

在大多数计算机内采取二进位计数制的原因在于利用这种计数制可以大大地简化运算器（主要是在于执行乘法和除法运算），除此之外，利用接通的或断开的继电器，在某线路上有或无信号的形式来表示每一位的数字是很方便的（在二进位制中每一位数字只可能取两种值：0 或 1）．

二进位数的每一位可以用电路上有无信号或继电器的状态的形式来表示，在此情况下每一位必须有自己的电路或继电器（图 5），而它们的个数应等于位数（并行制）．二进位数也可以用时脉冲码的形式来表示．在此情况下数的每一位隔一定的时间间隔沿一条线路进入（串行制）．通过每一位的时间标志是由整个机器所共用的同步脉冲来判定的．

按照数的这些编码原理电子计算机分为两种类型：并行式计算机与串行式计算机．在并行式计算机中数的所有位同时传送，并且每一位都要有自己的电路．在串行式计算机中数的传送是沿一条电路进行的，但传送时间与位数

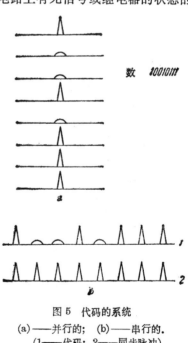

数 10010111

图 5 代码的系统

(a)——并行的； (b)——串行的.
(1——代码；2——同步脉冲)

成正比. 因此并行式计算机较串行式计算的速度快，但并行式计算机却需要较多的设备.

每一架电子计算机都具有一定的位数. 在执行计算时所涉及到的一切数都不得超过一定的位数，自然这时就应该考虑到分割整数与小数的小数点的位置.

在一些计算机中小数点的位置是硬性选定的——这是定点制的计算机. 通常小数点固定在第一个最高位之前，即一切数在计算中均应小于1，这点是用选取适当的比例方法来保证的. 在复杂计算中事先难以确定所得结果的位数，因此选择比例时应估计留出一定的保险位，但这样便降低了准确性，或者也可以在计算程序中规定自动变比例法，但这会使程序设计复杂化.

在某些计算机中对**每一个数都指出小数点的位置**——这是记阶法的计算机，或者通常称为"浮点制"计算机. 指出小数点的位置就等于把数表为数值部分和阶的部分，例如：

$$N_{10}=10^k N'_{10}\quad 在十进位制中,$$
$$N_2=2^p N'_2\quad 在二进位制中.$$

于是，数 97.35 可以表示为 $10^2 \cdot 0.9735$，表示一个数时在机器上应指出数的阶（p 或 k）和它的数值部分. 这时数值部分的所有位全部被利用，而与数的大小无关，也就是任意一个数都用全部有效数字来表示，并带有同样的相对误差，这样便能提高计算的准确性，特别在执行乘法运算的时候更为突出，并且在大多数的场合下可以避免特殊选择比例.

在记阶法的计算机中计算准确性的提高和程序设计的根本简化的代价是运算器复杂化，主要的是执行加法和减法的部分. 因为数可能有不同的阶，所以在做加法和减法之前必须先对位，并且在对位时舍去较小数的低位数，例如：

$$10^2 \cdot 0.7587 + 10^0 \cdot 0.3743 = 10^2 \cdot 0.7587 + 10^2 \cdot 0.0037$$
$$= 10^2 \cdot 0.7624.$$

为适于二进位编码系统在定点制的计算机中数（它小于1）只是用一连串的二进位符号来编码；例如：

$$.00110110000000 = \frac{27}{128}.$$

在浮点制的计算机中,代码的一定部分用来记录阶,它也以二进位的记录形式编成代码. 例如,数可写成下列形式:

$$6\frac{3}{4} = 2^3 \cdot \frac{27}{32} = 0011.11011000000.$$

此外,为要记录代数符号(例如"+"表示为 0 或"−"表示为 1) 通常用一个阶的符号位和一个数的符号位.

指令与数都编成代码,代码的一定部分用来记录运算的番号 (以二进位制的形式记录)和每一个地址的单元番号.

§3. 快速计算机部件的技术原理在电子计算机上执行运算的次序

在计算机上按已取得的顺序指令执行每一个算术运算系分为如下阶段(假定我们考虑的是三地址指令系统).

1. 从存储器选取第一个数,并把它送至运算器(放置此数的存储单元番号在指令码的第一地址中指出).

2. 从存储器选取第二个数并把它送至运算器(单元番号在指令码的第二地址中指出).

3. 运算器根据运算码执行数的给定运算.

4. 所得结果由运算器送至存储器的相应单元(单元番号在指令码的第三地址中指出).

5. 从存储器选取下一个相继指令,于是机器着手执行下一运算.

在机器内指令码送至"指令存储部件"(图 6 БЗК). 电子换接器(ЭК)把运算码的二进位番号变换为控制电压,并从相应于给定算术运算的一条电路中送出. 这控制电压通过控制器(УУ$_п$)准备好对执行必要运算所需的机器电路.

为要选取第一个数,指令的第一地址(A$_1$)的码沿地址代码总

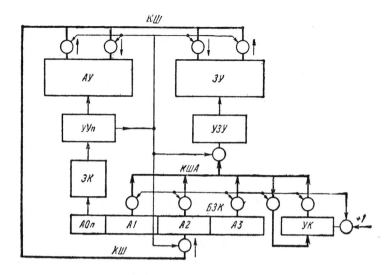

图6 电子计算机结构线路图

线(КША)从指令存储部件(БЗК)传至存储器的控制部件(УЗУ).
传送这个代码的信号是由机器的控制器(УУₙ)发出的. 第一个数
是从相应于被传送的番号代码的存储器单元中选出的, 然后它沿
代码总线(КШ)进入运算器(АУ). 运算器的输入电路的开放是由
机器的控制器(УУₙ)发出的相应信号来实现的.

第二个数也是以类似的方法选取的. 机器控制器(УУₙ)发出
的信号把指令的第二地址(А₂)的码从指令存储部件(БЗК)传至存
储器的控制部件(УЗУ). 从存储器(ЗУ)中选出的第二个数沿代码
总线(КШ)送至运算器(АУ).

运算器(АУ)根据预先已确定的运算码对这两个数进行给定
的运算.

为要把所得结果传至存储器, 指令的第三地址码(А₃)沿地址
代码总线(КША)从指令存储部件(БЗК)传至存储器的控制部件
(УЗУ). 传送这个代码的信号是从机器控制器(УУₙ)送出的. 根
据所接收的番号选取存储器的单元并将其输入电路开放. 选取数
或接收数的状态是用机器控制器(УУₙ)所发出的信号来给出的.

由机器控制器($\text{УУ}_\text{п}$)所发出的信号将所得的结果从运算器(АУ)送到代码总线(КШ)上,数沿此条线进入存储器的已选定的单元.

为要选取指令在机器中规定有指令控制部件(УК). 在此部件中给出要选取的指令的番号. 通常指令是相继运行的, 因此为要给出下一指令的番号必须在位于指令控制部件(УК)中的数上加 1. 这点是由机器控制器来实现的(电路+1). 指令保存在存储器内. 为要选取下一指令新得的番号从指令控制部件(УК)沿地址代码总线(КША)传至存储器的控制部件(УЗУ). 用来做传送的信号是由机器控制器($\text{УУ}_\text{п}$)发出的. 从存储器(ЗУ)中选出的新指令沿代码总线(КШ)传至指令存储部件(БЗК),而这个部件的输入电路是由机器控制器的信号开启的, 至此便完成了机器工作的一个循环. 在次一个循环里机器便执行新接受的指令. 指令按其番号的正常顺序可能在执行比较运算,例如在比较指令时遭到破坏. 这种指令不是执行某一算术运算, 而是确定计算过程的进程. 如果第一数小于第二数, 则必须转至执行在第三地址内所指出的番号的指令. 如果第一数大于或等于第二数, 则选取下一条顺序的指令.

当比较指令代码进入指令存储部件(БЗК)时,电子换接器(ЭК)把运算码的二进位番号变换为控制电压并送至相应于该运算的一条输出电路上. 此控制电压准备好对执行比较运算所需要的机器电路.

从存储单元(在比较指令的第一和第二地址内指出的番号)选取两数是与在执行算术运算时完全相同的. 两数的比较可以在运算器(АУ)内用从第一数减去第二数的方法来实现. 根据结果的符号控制器($\text{УУ}_\text{п}$)或者把下一指令的番号码从第三地址(A_3)沿地址代码总线(КША)送到指令控制部件(УК)上,或者对位于指令控制部件(电路+1)中的数加 1, 这点与算术运算相同. 在指令控制部件(УК)中确定出下一条指令的番号后, 从存储器中选取指令,这点也与在执行算术运算时的选取相同.

运算器和控制器 电子计算机运用电子自动装置的现代工

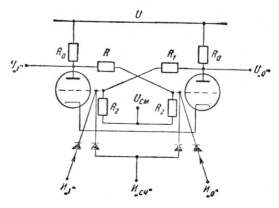

图 7　触发单元线路图

具．基本上，计算机的各装置是按粗略的"是——非"原则，即是在实质上是有信号或无信号的原则来工作．正因为如此电子线路中的参数的相当大的变化也不会影响机器工作的正确性．

触发单元是电子计算机内所采用的最普通的元件之一．最普通的触发线路(图 7)是两个带有阳极电阻 R_a 的放大器，它们通过分压器 R_1 和 R_2 相互作用着．利用固定偏压(U_{cm})的方法来选择线路的这样一种状态，即其中一个电子管关闭，而另一个电子管开放．　因为线路的两半部是对称的，所以任何一个电子管都可能被关闭，即线路有两种稳定的平衡状态．实际上，如果左边电子管关闭，而右边电子管开放，则在左边电子管($U_{"1"}$)的阳极上有高电压，而在右边电子管的阳极上有低电压(由于电子管电流引起在阳极电阻 R_a 上的低压缘故)．这些电压通过分压器 R_1 和 R_2 被送到另一个电子管的栅极上，于是在左边电子管的栅极上就有低电压，而在右边电子管的栅极上就有高电压．在正确选择线路的参数时，这些栅极电压可使电子管保持在给定的状态中．

同样，如果左边电子管开放，而右边电子管关闭，则在左边电子管的阳极上以及在右边电子管的栅极上就有低电压，而在右边电子管的阳极上以及在左边电子管的栅极上就有高电压．

触发单元从一种状态往另一种状态的转换可以通过二极管加

到电子管栅极上的负脉冲来实现. 如果把负脉冲加到左边电子管的栅极上, 则左边电子管就将截止, 而它的阳极电压将增大, 这样就会引起右边电子管的栅极电压加大, 并以此开启右边电子管. 因此, 触发器处于第一个平衡状态(在左边的电子管的阳极上有高电压). 假如把负脉冲加到右边电子管的栅极上, 则触发器处于另一个平衡状态(在右边电子管的阳极上有高电压). 如果把负脉冲同时加到两个电子管的栅极上, 则每一个负脉冲都使触发器从一种平衡状态转换到另一种状态.

当我们把向电子管栅极传送脉冲的电路看做是线路输入端, 而把阳极电压看做是输出端时, 我们则得到触发单元的工作图表, 如图8.

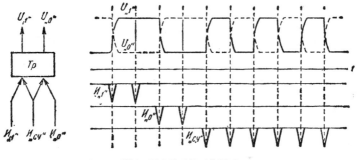

图8　触发单元的工作图表

触发单元的特性适用于电子计算机的各种装置. 触发器的一种平衡状态可以标明代码"0", 例如在右输出端($U_{"0"}$)有高电压时; 而另一种平衡状态可以标明代码"1", 例如在左输出端($U_{"1"}$)有高电压时. 于是输入端可以标明如下: $И_{"0"},И_{"1"}$ 和 $И_{"cч"}$ (计数输入端).

在电子计算机内触发单元是用来暂时存储代码的(接收寄存器)(图9). 用向所有单元的零的输入端上加负脉冲($И_{"ram"}$)的办法来事先将全部触发单元置于代码"0"的状态. 数码或指令码以负脉冲的形式传送到触发单元的"1"的输入端. 在具有代码脉冲的那些位上触发单元转换为代码"1"的状态, 并将此状态一直保

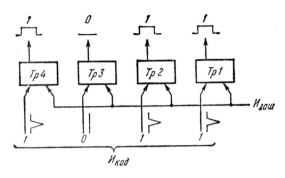

图 9 由触发单元组成的接收寄存器的线路

持到加入熄灭脉冲($H_{\text{"ram"}}$)时为止. 在运算器内接收寄存器用来存储要执行的指令码,给出存储器所需单元的番号等等.

另一处采用触发单元的就是加法线路. 在这里每当把负脉冲加到计数输入端(同时加到两个输入端上)时, 利用触发单元的特性改变自己的平衡状态. 如果触发器处于代码"0"的状态时,则加入的脉冲使触发器转换为代码"1"的状态. 假如触发器处于代码"1"的状态时, 则加入的脉冲使它转换为代码"0"的状态. 当没有脉冲时,触发器就停留在原来状态. 触发器的初始状态可以看做是第一个数的给定位的代码, 而加入的脉冲可看做是第二个数的给定位的代码. 因此不难确信,触发器的性能完全对应于每一位的二进位加法规则(0+0=0; 0+1=1; 1+0=1; 1+1=10, 即"0"是在给定位上, 而"1"是向上一位进位). 为了实现二进位数的加法线路,必须保证从一位往另一位上进位. 在两个1相加时,即当触发器从代码"1"的状态转换到代码"0"的状态时,产生向高位的进位. 在这种转换时触发器左输出端上的电压由高变低. 如果此电压被电容——电阻电路微分时,则在电路的输出端上产生负脉冲. 此进位脉冲通过延迟线可以进入上一位的计数输入端.

图 10 是由触发单元组成的最简单的加法线路. 所有的触发单元都预先用脉冲 $H_{\text{"0"}}$(它加到零输入端上)置于代码"0"的状态. 在接收以负脉冲形式进入计数输入端的第一个数的代码时, 触发

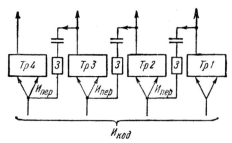

图 10　由触发单元组成的加法线路

单元将有相应于第一个数的代码的状态. 在接收第二个数的代码时, 就进行二进位数的逐位相加, 并且在两个 1 相加的那些位上产生进位脉冲, 它们经过延迟时间 t_3 进入高一位触发单元的计数输入端. 这些进位脉冲可能使高一位的触发器从代码"1"的状态转换成代码"0"的状态. 这时便又产生向更高一位进位的脉冲. 在最坏的情况下, 当代码相加时, 所有的位都置于代码"1"的状态, 而最低位从代码"1"的状态转换为代码"0"的状态, 这时在每一位上都将产生进位脉冲, 并且每个脉冲都要经过延迟时间 t_3. 这样一来, 进位脉冲所通过的总时间将等于每一位的延迟时间 (t_3) 乘上所有的位数. 由触发单元构成的比较复杂的电子线路可以不采用类似的按位进位, 因此就可以缩短加法的时间.

为了做数的乘法, 由触发单元构成的运算器 (图 11) 有两个用来存储被乘数和乘数 (P_1, P_2) 的接收寄存器和一个加法器 (O_M). 乘法按下列方式来实现. 乘数的代码向右移一位, 如果乘数的最后一位是代码"1"时, 则在乘数寄存器的右输出端上产生脉冲, 它给到控制电路 (电路 $+u$) 上, 此电路可将代码从被乘数寄存器送到加法器上. 然后在加法器中所取得的部分乘积向右移一位, 并且重复上述运算. 这样一来在加法器内将累积部分乘积的和. 数码有多少位, 这些运算就要重复多少次. 在两个有"n"个位的数相乘时, 乘积将有"$2n$"个位. 乘积的高"n"位放置在加法器内. 乘积的低"n"位可以在向右移位时放在乘数寄存器中所空出的位上. 因此乘法结束时乘积的低"n"位留在乘数寄存器内. 数码有多少位,

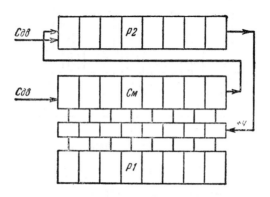

图11 由触发单元构成的乘法线路

乘法时间大约就比加法时间多多少倍.

在触发单元内代码的移位按图12所表示的线路进行. 当把移位脉冲($И_{сдв}$)给到全部触发单元的零输入端时, 使它们置于代码"0"的状态. 在处于代码"1"的状态的那些触发单元内产生进位脉冲, 它们通过延迟时间 t_3, 使相邻单元置于代码"1"的状态. 因此每一个加入的移位脉冲都把代码移一位.

由触发单元构成的运算器也可实现数的除法. 这种运算器也是由两个接收寄存器和一个加法器组成的.

通常, 一个由触发单元构成的运算器对执行全部算术运算和逻辑运算来讲是作为通用的.

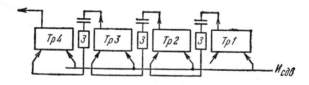

图12 代码在触发单元内移位的线路

在电子计算机内触发单元也用来计算脉冲的数量, 这在一系列的控制线路中是必要的. 电子计数器线路(图13)不同于基本加法器线路(图10)之处仅在于电子计数器的脉冲进位链内没有延迟

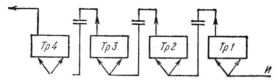

图 13　由触发单元构成的电子计数器线路

线.这样的计数器可计到 2^n 个脉冲(n——计数器的位数),在这之后计数器的状态重复.用某种使线路复杂化的办法可以取得计任意数量的脉冲的电子计数器(不等于 2^n).

为要实现电子计算机的逻辑运算和控制线路采用了符合装置,反相器和二极管分离电路.

符合装置按逻辑定律"同——同"(即此又彼)工作,即只有在这种情况下,如果在全部输入端上都有信号时,在此装置的输出端才产生信号.反相器是按逻辑定律"是——非"工作的,即如果在输入端有信号,则在输出端就没有信号,并且相反,当在输入端没有信号时,则输出端有信号.二极管分离电路执行逻辑定律"或——或",即只要在一个输入端上有信号的情况下,在输出端上就有信号.

在计算机内符合装置广泛地用来"选通"电气信号,即把信号送至必需的电路内.例如图 14 是数的一位的代码总线.存储器单元的输入端和输出端,运算器的两个接收寄存器的输入端及加法器的输出端都通过符合装置与代码总线相连接.当把控制信号给到存储器某个单元的输出符合装置上时,我们就把保存在此单元内的代码传送到代码总线上.如果于此同时把控

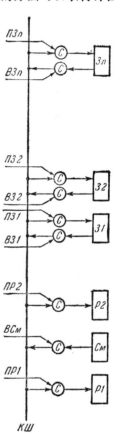

图 14　用符合装置
控制信号的选通

制信号给到输入符合装置，例如第一个接收寄存器的输入符合装置时，则按着代码总线所传送的代码就进入第一个寄存器．同样，如果把控制信号给到加法器的输出符合装置时，则在加法器内所取得的代码传送到代码总线上．如果这时把控制信号给到存储器的某一单元的输入符合装置时，则按代码总线所传送的代码送到此单元去．当然，在把代码送到存储单元或运算器的接收寄存器时，必须事先消除里边原有的代码．

在电子计算机内用来做"选通"电气信号的符合装置的运用方法是很多的，只用上述的一个例子是不能详尽说明的．在存储器、运算器及机器的控制器内都广泛地采用符合装置．

表 5

代 码	第 二 触 发 器		第 一 触 发 器	
	左输出端	右输出端	左输出端	右输出端
"00"	H	B	H	B
"01"	H	B	B	H
"10"	B	H	H	B
"11"	B	H	B	H

H——在输出端上为低电压；　B——在输出端上为高电压.

除了执行"选通"信号任务外，符合装置能完成更复杂的职能．例如，在选择存储器的单元时常常需要把以二进位数的形式给出的单元番号转换为控制电压并且直接送到此单元内．这种任务是由以符合装置构成的电子换接器来实现的．图15是有四个输出电路的电子换接器线路．单元番号用两个触发单元以二进位代码的形式给出．这些触发单元的状态的四个可能的组合列入表格5内．

如果高电压对符合装置来讲是控制信号，则为要在"0"的输出电路内取得信号，必须把符合装置的输入端接到第一和第二触发器的右输出端上．在这种情况下，只有当触发单元处于代码"00"状态时，在此符合装置的输出端上才产生信号．同样，为了在第"1"输出端电路(代码"10")上取得信号，相应的符合装置的输入端

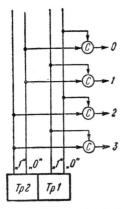

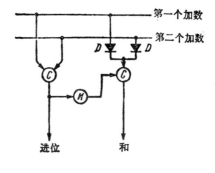

图15　有四个输出电路的
　　　　串子换接器线路

图16　一位的半加法器线路

应当接到第一触发器的左输出端和第二触发器的右输出端上．对第"2"（代码"10"）和第"3"（代码"11"）电路也按此原则连接符合装置．

在很多情况下为要建立运算器常常同时采用符合装置，反相器和分离二极管．对于两个二进位的逐位加法同样也有四个可能的组合：

表 6

№	两个加数的数值		和的值	向高一位进位
	第一个数	第二个数		
1	0	0	0	0
2	0	1	1	0
3	1	0	1	0
4	1	1	0	1

这些关系的执行可以由图16所表示的线路来实现．这样的线路称为"半加法器"．向高位进位的信号由符合装置（组合4）来进行．当输出端上没有进位信号时，为要取得和的信号（组合2和3）只要在其中的一个输出端上有信号就够用了，这可由符合装置，反相器和二极管连接电路来执行．在两数相加时，除了给定位的

数字外, 也必须考虑到由前一位转来的进位. 此进位可以这样来考虑, 即是把从前一位传来的进位重复加到所取得的结果上. 这样一来, 把两个半加法器串连起来便可完全保证两个二进位数的一位加法. 一位的加法器线路也可直接实现, 只要在研究可能的组合时能考虑到由前一个低位传来的进位.

在顺序传送代码的计算机内采用由符合装置构成的加法线路最为合适. 在此情况下数码按一个代码总线传送. 数的所有位应当通过严格给定的一定时间间隔相继地进行. 在此场合下可采用一位的加法器(图17). 两数的代码进到一位加法器的两个主要输入端(数是先从低位传送的). 进位的输出通过延迟线 (3) 进到加法器的第三输入端. 延迟时间等于脉冲之间的间隔时间. 于此,

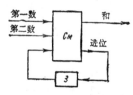

如果数的某些位相加时产生进位脉冲, 则此脉冲恰好在下一个高位的脉冲到来的瞬间给到加法器的输入端上. 两数相加的时间等于一个数的代码的通过时间.

图17 由符合装置构成的串行加法器线路

在采用顺序代码时在一位的加法器上也可进行两数的乘法. 这时, 数码有多少位, 数就必须在加法器内通过多少次, 即乘法时间要比加法时间多"n"倍.

存储器 计算机的可能性在颇大程度上取决于存储器的容量, 即在计算机内能够存储数的数量. 现代的通用电子计算机的容量一般为 500—4000 个数.

为了保存代码可利用触发单元. 但是这时的设备就非常庞大, 因而几乎不采用这种存储器.

在串行式的计算机内电声汞管存储器得到了普遍应用(图18). 电信号以脉冲形式进入管子输入端的石英晶体上. 石英晶体具有使电脉冲转换为机械振荡和相反的转换的性质. 这样一来, 输入的电信号转换为机械振荡(超声波的)并使它沿着管子以一定速度传播. 当信号到达管子的末端和要进入石英的接收晶体时, 它就

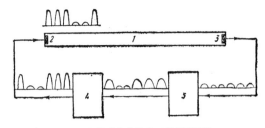

图 18 用电声管动态存储代码的原理线路

1——汞管；2——石英的传送晶体；3——石英的接收晶体；
4——恢复脉冲的形状；5——脉冲放大.

又转换为电脉冲. 当信号经过放大及恢复它的原来形状时, 从新把信号传送到管子的输入端. 因此, 以脉冲形式引入汞管内的数码将无限期地沿着管子循环. 为了输入数, 代码从机器内给到管子的输入端上, 并且同时在此时间间隔切断管子末端的脉冲循环电路. 为了在相应的瞬间, 即当所需代码到达管子末端时选取数, 就要开放能传送代码至机器其他装置的输出电路. 数的输入和输出是由相应的电子线路自动实现的. 通常为了减缩设备, 在每一支汞管内存储几个数. 因此, 在选取数时必须等待所需的代码到达管子的末端为止. 在管子内存储的数愈多, 等待所需数的平均时间也愈长.

采用电声汞管做存储器的串行式计算机的工作速度每秒钟大约为一、二千次运算.

经常采用电信号的磁记录原理做存储器, 这种原理类似于录音方法. 记录或者用磁带, 或者用镀有铁磁材料的不断旋转的磁鼓进行(图19). 磁头是沿磁鼓的纵线放置的. 如果在一定瞬间电流脉冲通过磁头的线圈, 则信号就以剩磁形式被记录在磁鼓表面的相应位置上. 当磁鼓旋转时, 剩磁场在磁头下通过时, 将使磁头感应出电信号, 它们经放大器放大之后, 送至机器的其他装置内. 磁鼓既可用在代码的串行传送系统中, 又可用在代码的并行传送系统中. 但是, 电声汞管的缺点——在选取数时的等待时间——不但是磁鼓所固有的, 而且程度还很大. 因此磁鼓存储器

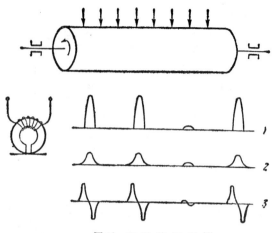

图 19 磁鼓的原理图

1——通过线圈的电流; 2——剩磁; 3——读数时在线圈内的电动势.

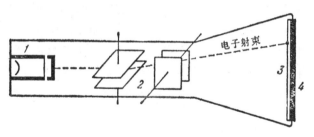

图 20 电子射线管的原理图

1——电子枪; 2——偏转板; 3——屏幕; 4——信号板.

一般在速度较慢的计算机内(大约每秒钟为几百次运算)采用. 但是另一方面, 磁鼓能够在少量的设备下大大增加存储器的容量, 这在有时候有本质的意义. 因此在通用计算机内除了快速(内)存储器之外, 时常采用磁鼓和磁带做补助(外)存储器.

在并行式的快速电子计算机内采用电子射线管(图 20)作存储器. 如果电子射束射到介质屏幕上的某一点上, 则在此点上受到充电. 电荷将保存很久, 因而在屏幕上可以记录数码. 读数时, 电子射束重新射到所需的点上. 如果给定部分没有被充电, 则此部分就进行充电,并且有电流脉冲通过信号板和输出放大器. 如果此部分已充电,则信号就不进入. 因此可以确定,在给定点上是否记录着信号. 在选取代码之后必须使此部分恢复原有状态,这点是用专门线路自动实现的. 同样也必须周期地恢复所进行的代码记录, 以便防止由寄生电子和介质漏电所引起的电荷的较大变化.

通常, 在屏幕上容纳 1024(32×32) 或 2048(32×64) 个点. 使电子射束射到所需的点上是用把相应电压加到两对偏转板上的办法来实现的.

在并行式计算机内二进位数的每一位都有自己的电子射线管, 而数的选取是从所有的管子同时进行的. 选取时间(包括整个线路的工作)可能达几微秒.

最近以来用具有矩型磁滞回线的磁性元件作成的存储器(图21)得到了采用. 如果通过线圈加正信号, 则磁心就受到正磁化,加负信号时, 就受到负磁化.

当去掉信号时, 磁心仍然保留在磁化状态, 或者是正磁化, 或者是负磁化. 因此, 磁心的状态可标明所记录的信号. 在读数时, 通过线圈加入一定极性的信号,例如正信号. 如果这时磁心原为负磁

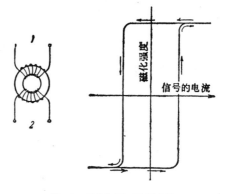

图 21 具有矩型磁滞回线的
存储元件的原理图

1——输入线圈; 2——输出线圈.

化, 则对它进行反磁化(改变磁通)并且在输出线圈上感应出电动势,然后它由放大器放大. 如果磁心的磁化原是正的, 则不改变它的状态,并且在输出线圈内不产生信号. 于是, 可以辨别出, 在此元件上记录着甚么样的信号. 自然在选取代码之后必须恢复磁心的原有状态,此工作是由专门线路实现的.

§4. 电子计算机的发展和使用的远景

　　电子计算机的应用对现代科学和技术的很多领域的发展，特别是对物理数学科学的发展应有巨大的影响．因此试图指出计算机的进一步应用的基本前途及其对数学应起的作用是很适宜的．

数学机器运用领域的进一步扩展

　　1. 目前通过进一步改善结构，运用新的物理原理和新型部件在制造快速计算机的领域中有着不断的和重大的技术进步，因而可以期待这些计算机的技术特性(快速，存储量，工作中的连续性及可靠性)的改进以及它们的结构和操作的大大的简化和便利，这样便可保证这种计算机的广泛使用的可能性．

　　计算机的类型繁多也可促进计算机的广泛使用．除了生产率很高的大型计算机外还有小型的，即是操作简便的，任何科学及设计研究所或工厂可以置备的小型计算机，除了通用计算机外还有用来解一定范围内的问题的比较简单的专用计算机；除了纯数字计算机外还制造一种这样的计算机，即它能按仪表上的指数不断接受数据和以数字形式加工数据以及以曲线或参数形式给出结果，以便控制与计算机相连接的装置．

　　2. 提高这些计算机的使用效率的另一个方法就是进一步的改进程序设计的方法．用§2内所描述的一般方法只能对比较简单的数学问题编制程序；而编制大的实际问题的程序还是一件非常复杂而冗长的工作．使用由对于计算基本函数和执行某些常用的数学运算(矩阵反演，数值积分)而一次编好的标准子程序所组成的"图书馆"在某种程度上可以减轻程序设计的工作．虽然如此，基本程序与子程序的编排，结果的赋地址法和改地址，程序的检查和调整仍是一件需要一定技巧的相当复杂而冗长的工作．这种情况会大大阻碍对电子计算机提交新的工作．

　　在此方向中有两条进一步发展的道路．第一是利用计算机本身自动组织程序，即利用计算机按专门的"设计程序的程序"把以代码形式输入到机器内的问题的基本公式和逻辑方案转变为程序.

第二种方法是：计算机在按某种特制的通用的程序操作时，根据已输入机器内的，含有一系列巨大算题(例如，解方程组)的总的计算方案不经编制详细的工作程序而来直接分析和执行运算，同时保证结果的正确放置和输出.

3. 计算机在数学方面应用中的进一步发展是与不仅在执行数值运算而且也在执行分析运算时，使用计算机是有关系的.

原则上，在很多情况下这种可能性是显而易见的，而且也是完全可以实现的. 比如说，如果多项式用它们的系数列来记录，则多项式的乘法和除法这一类的运算只是对于系数列的算术运算，在计算机上是很容易编制程序的. 利用确定的编码来记录函数时，完全可能编成按初等函数给出(用同一编码记录的)导数，即可以进行分析形式的微分. 这样今后就有可能按固定方法(例如用幂级数解微分方程组)实现解题并完全实现分析运算和数值运算. 因此，计算机可以用来执行相当细致和高水平的脑力工作(但只能是定型的工作)，正如普通机器用来不仅代替土工而且也代替刺绣工的劳动一样.

快速计算机对数值方法和近似方法的影响 当然，所采用的各种劳动手段和工具对工作方法本身有影响. 例如利用对数计算的三角公式在使用直接执行乘法和除法的计算机时是不合适的. 台式自动计算机的应用使得近似方法中的某些计算方案(例如，微分方程中的非差分方案)成为合适的.

因此，计算工具中的那些根本改变和由于电子计算机的运用而开辟的那些可能性不仅使我们对数值分析方法应给予重新的估价，而且在某种程度上更一般地对数学的问题及其应用也给予重新的估价.

我们列举几个这方面的问题，其变化对这些问题来讲是最清楚的.

数学表和引入函数进行计算的其他方法 首先电子计算机根

本上改变了数学表计算的可能性. 从前每年只能制出一种函数表, 而将来却可制出数百种, 因而使我们有可能制出一个变数甚至于几个变数的所有基本特殊函数的完整而准确的表来. 同时表的结构也应当有本质的改变. 在应用快速计算机时采用含有稀疏基值而针对高阶内插的紧凑表是很方便的.

在很多场合下, 利用其他引入函数的方法——最佳近似法的区间多项式, 展开成连续小数, 基于函数积分表示式的数值解近似公式等来代替表是更方便的, 这些方法应当导至于给定函数的计算程序.

特殊函数和特殊的分析解　特殊函数的运用和最终以分析形式构成解对问题的定性研究, 以及对阐明它们特性(在数值解时考虑这些特点也是很重要的)仍保留自己的作用. 对某些大容量的问题它也可能就提供最经济的数值解法. 但同时在利用结构上复杂的工具和特种函数来构成在许多特殊情况下为可能的准确解或近似解的办法(从前是为了减轻它的计算而这样做的)是没有充分根据的. 在应用计算机时以利用一般的数值方法, 而不用上述分析表达的可能性来求解可能是更为简便迅速.

因此, 过去为取得技术学科和力学中的某些特殊问题的复杂的分析形式的解而花费的巨大努力在很多场合下将是不必要的了.

数值方法的选择　如果认为由于电子计算机有高度的生产率而无须发展近似方法并且可以应用最原始的近似方法, 这是不正确的. 实际上, 只有在解极简单的一维问题才不依赖于方法的选择——运算的次数只有几十次或者几万次,——这样的问题在电子计算机上只用几秒或几分钟就可解完.

因为在系统地解新的, 比较复杂的问题时, 一个问题常常都需要执行几千万和几亿次的运算, 所以正确的选择能够缩减运算次数的方法也是极其重要的, 因此研究有效的近似方法首先对多维的问题(多变数函数的补插, 多重积分的计算, 非线性代数和超越方程组的解, 空间积分方程的解, 偏微分方程及方程组的解等)是有着现实意义的.

同时对数值方法的评价的看法也大大地改变了：方法是应当根据在机器内实现它们的可能性和通用性，即按其应用的宽度和大量性来评价.因此那些基于问题的局部特点和计算者的技巧的方法在一定程度上失掉了价值.

能应用于各种各样问题的通用方法,例如差分法,变分法,梯度法,迭代法,线性化法等等)应当具有最大意义.

当然，在选择数值方法及实现它们的方案时应当注意到这种方法是要用机器来实现的，并且有时也应当考虑到机器的结构特性.特别是最大限度地利用内存储器的可能性，减少从外部输入的数据量,执行中间检查的可能性,问题的程序设计的方便性更为重要.

但是不应当认为，在机器内只能实现以同一类型运算为基础的最简单的方法.程序设计的广泛可能性及其方法的进一步改善能使我们在计算机上实现非常复杂的带有各种分支和按所得结果改变计算过程的计算方案,这些方案用人工计算也是难以实现的.主要的只是在程序中都应完全规定出所有这些可能性.

同样也不应该认为，在机器内不能实现需要代数运算的方法.上面已经提到,执行某些分析运算也是完全可能的.

误差估值的意义　在近似方法的误差估计问题中，渐近特性的估计应有很大的意义,因为在差分法中大的值 n（例如用代数方程组代替积分方程时的方程个数），小的步长等在快速电子计算机上都是完全可以实现的.据此,在对近似方法做比较评价时,表明方法收敛速度的特点的渐近值会取得决定性作用.

当在机器上实现计算方法时，误差的后天估计——根据算出的解的估计——应有更大的应用.这种估计可以被包括在计算程序之内;计算进程可能依赖于它们的结果.比如,如果误差大于容许限度时，把步长减小一半自动重复计算.在这方面后天估计会比先天估计要更加方便和更加现实.先天估值常常偏高,并且结构也远为复杂.

问题的理论分析的可能性 应当指出另一种利用由问题数值解所得的数据的可能性。这就是在运用函数分析的方法时，按所取得的近似解应用泛函分析的方法可以判断解的存在性和统一性，同时也可以确定解的分布区域。由于用纯理论的方法来进行这种研究有时是非常复杂和冗长的，并且在某些特殊问题中这种研究实际上是不可能实现的，因此，利用这种为此目的在机器上进行的数值计算的可能性无疑的是有趣的。

数值方法中的新问题 计算可能性的急剧增大及其运用实践经验的积累在数值方法的研究中引起了新问题。在过去解含有大量未知数的线性方程组的问题只是个别的，而现在这种方程组在解数学问题时已成为经常的了，因而关于不仅由系数引起的，而且也由计算过程引起的舍入误差对于未知数的精确度的影响问题有了现实意义。对这个问题已进行了一系列有意义的研究。

在机器上对于大区间上微分方程组应用小步长数值积分的可能性使得关于方程的数值积分过程的稳定性问题更加显著了。此问题的试验性的分析和随后所进行的理论研究导致对微分方程的数值积分方法的本质上的重新评价。

稳定性的问题对偏微分方程差分解法也具有极重要的意义。

新方法 计算机使用的可能性使得出现了完全新式的近似和数值方法，或使得从前被认为是完全不能实现的方法成为完全可以现实的。一个典型例子就是随机试验法(或通常称为"蒙特-卡罗法)。这方法在于对求我们所要定的未知量找出一个概率问题，此问题的解(概率，数学期望)要与我们的未知数量相符合。这个概率问题的解通过随机试验实验地求得，它表为一系列试验的平均值。例如，为要确定由不等式 $F(x, y) \geqslant 0$ 决定的位于正方形 $(0.1; 0.1)$ 之内的图形的面积，则在正方形中选择随机数偶 (x, y)，而确定它们满足于上述不等式的比较。当然，如果用人工进行这些试验的话，这种方法的效率是非常低的，但是，如果利用计算机，则它就完全可以实现。试验本身则可借助于随机数的表来实现。对某些问题，例如以不大的准确度求多维积分，这种方法可能比其他方法更加有效.

这类方法可以用来解矩阵的反演问题，如果采用适当的马尔科夫网路，也可以用来解偏微分方程，如果已指出相关的随机过程.

快速计算机对于数学分析、力学和物理学的作用 在数学分析中，有关数学物理中的积分方程和边界问题的多维问题的研究具有本质上较大的兴趣和实际的意义. 这些研究和已找到的解法将不再是无益处的，它们很可能由于利用计算技术的新工具得到完全实现，尤其是，这种问题的系统解现已具有极其现实的意义了.

自然，新研究出的解法应该考虑到实现它们的可能性.

另一方面，在进行数学问题的初步研究时，由于利用计算机以足够的准确度进行多次的试验计算的可能性大大地扩展了"数学实验"的应用范围并提高其效率. 因此总的来说，以及在各别问题中，例如在微分方程的定性研究中，应用数学实验方法的研究成为很重要的了.

有趣味地也应指出，在数学分析问题中可以使用计算机不仅是为了联系到实用，而且也为了它的内在理论的需要. 例如，用计算机进行计算对于确定某些函数不等式和估值中的常数会是很必要的；机器计算不仅在分析中，而且在数论中都取得了这种应用.

最后，计算机可以用来检查数理逻辑公式的真伪性，而且由于一系列的数学命题和证明可以用数理逻辑的记号写出，因而在原则上有可能用快速计算机检查某些数学推理的逻辑的正确性.

如果谈到力学和物理学时，则首先应该着重指出数学在这两门科学中的应用的巨大的扩展. 直到目前为止数学在数学物理的具体问题中的运用是受到必要的计算的复杂性和工作量所限制的. 在实际问题中这种范围通常是这样的，只是算一个问题就需要几个月，有时甚至需要几年的计算工作. 因此，尽管力学和理论物理学的许多问题的一般数学提法已经明确，并且在原则上已研究出了一系列的解法，但实际上准确的或数值的数学解只能在为数不多的某些理想化了的和简化了的场合下才能实现(平面或轴对称的问题、最简单的边界回线、无限长的机翼等).

因此，数学解与其说是用来寻求所需计算的量还不如说是用来对问题进行定性或定向的研究，这种研究在实践上必须以昂贵的实验来补充.

但是，新式计算工具的应用为按照真实情况的复杂程度广泛地解决力学和物理学问题开辟了可能性(如空间问题、带有复杂的边界回线问题、非线性方程、偏微分方程组等).

当然，为要实现这一可能性要求进一步研究上述问题的数值分析方法和用计算机解它们的方法. 但是利用快速计算机成功地解气象学和气体动力学中的偏微分方程组，颗粒介质方程及其他问题的现有经验已经可以证明这种可能性是可以实现的.

对实现力学和物理学问题的理论数学分析以及使这些问题的提法接近于实际物理问题的条件的广泛可能性，和由于采用快速计算机所赋予此分析法的快速性和灵活性使得我们有可能在很多的情况下以数学实验代替物理实验. 这样一来，将使物理和力学问题的研究方法有进一步的改善以及使理论方法和计算方法在这种分析中占据更重要的地位.

电子计算机对技术和生产的作用　数学分析的问题的快速性和有效的数值解也可以使技术问题的理论研究法在各种技术学科(建筑力学、电工学和无线电技术、水力学和水力工程学等)中广泛地利用，并且使这种分析更加准确和现实. 这样我们也将有可能把数学分析应用在直到如今尚未用过这种分析的那些技术问题中去.

除了数学分析的问题(在技术科学中常遇到的问题)的数值解外，数学机器在技术中的运用还有全然不同的其它的可能性. 例如在技术设计中，在选择设计决议的方案或者选择某些设计项目的配置时，都可以采用数学机器. 在组织生产的问题中，选择工作的分配和次序时，可能有各种不同的解答方案. 选择最好的、生产率最高的和最经济的方案是一件非常困难的事情. 于是机器就在这儿也找到了用处, 因为如果能对上述方案的系统的反复考虑过程设计出程序, 并且能算出我们所需要的特性时, 则利用机器计算就可以比较几万和几十万个方案, 这在用一般方法时是力所不及的.

尤其是, 很多种继电器—接触线路能以数理逻辑方法进行分析和检查, 这种数理逻辑方法是可以用快速计算机来实现的. 用这种方法可以按这些或那些特征来比较上述线路的某些方案, 并从中选出最好的方案.

在生产的自动管理方面利用计算机是非常有前途的, 只要是把这些机器与跟踪仪和传送器联接在一起时. 例如, 根据送入机器内的有关加工品的几何数据. 机器可按一定程序制造产品, 并给出确定机床工作状态的参数和必要的改变. 由于运算速度快, 同一架电子计算机可用来同时控制几台机床的工作. 这类计算机在自动控制运动的物体中, 例如控制星际导弹, 所具有的意义是十分清楚的. 因为控制程序除考虑预先引入的数据外还能考虑到由仪表指数所表示的情况的变化.

这样一来, 关于计算机的构造和工作分析及其应用它们的可能性的问题对数学来说是一个广泛的活动领域. 最近的将来数学机器的使用对苏联技术和文化的发展必然会起很大的作用.

文　　献

С. А. Лебедев, Электронные вычислительные машины, Изд. АН СССР, 1956.

Ф. В. Майоров, Электронные цифровые вычислительные машины, "Природа", № 11, 1954.

С. Л. Соболев, А. И. Китов и А. А. ляпунов, Основные черты кибернетики, "Вопросы философии", № 4, 1955.

М. Уилкс и др, Составление программ для электронных счетных машин, ИЛ 1953.

用一架计算机的例子阐述程序设计的一般原理.

Быстродействующие вычислительные машины, Сборник переводов под ред. Д. Ю. Панова, ИЛ, 1952.

А. И. Базидов, 电子数学计算机, 科学出版社, 1958 年版.

于桂芝 译

冯　康 校